“十二五”职业教育国家规划立项教材

电冰箱结构原理与维修

主　编　周大勇
副主编　张天知
参　编　魏文校　高夕庆　魏国祥
　　　　周继伟　袁开华
主　审　邓高聪

机 械 工 业 出 版 社

本书是经全国职业教育教材审定委员会审定的“十二五”职业教育国家规划立项教材，是根据教育部公布的《职业院校制冷和空调设备运行与维修专业教学标准》，同时参考制冷设备维修工、家用电器产品维修工职业资格标准，采用基于工作过程导向的项目式教学理念编写而成的。

本书主要内容有电冰箱基础知识、电冰箱的结构与工作原理、电冰箱管路加工与连接技能、电冰箱维修基本技能、电冰箱制冷系统部件的检修、电冰箱电气控制系统部件的检修、微电脑控制电冰箱的检修、电冰箱综合故障的分析与维修等。本书图文并茂，通俗易懂，贴近岗位、贴近学生、贴近课堂，具有较强的针对性和实用性，突出对学生进行专业操作技能、综合职业素养和可持续发展能力的培养。

本书可作为职业院校制冷和空调设备运行与维修、家用电器维修等专业的教材，也可以作为制冷设备维修工、家用电器产品维修工考级培训和维修人员自学用书。

为便于教学，本书配套有电子教案、习题册与答案等教学资源，选择本书作为教材的教师可登录 www. cmpedu. com 网站，注册、免费下载。

图书在版编目（CIP）数据

电冰箱结构原理与维修/周大勇主编．—北京：机械工业出版社，2016.10（2023.8 重印）
“十二五”职业教育国家规划立项教材
ISBN 978-7-111-54747-1

Ⅰ.①电…　Ⅱ.①周…　Ⅲ.①冰箱-理论-高等职业教育-教材②冰箱-维修-高等职业教育-教材　Ⅳ.①TM925.21

中国版本图书馆 CIP 数据核字（2016）第 210199 号

机械工业出版社（北京市百万庄大街 22 号　邮政编码 100037）
策划编辑：汪光灿　责任编辑：汪光灿
责任校对：刘秀芝　封面设计：张　静
责任印制：郜　敏
北京富资园科技发展有限公司印刷
2023 年 8 月第 1 版第 6 次印刷
184mm×260mm · 18.5 印张 · 431 千字
标准书号：ISBN 978-7-111-54747-1
定价：49.90 元

电话服务　　　　　　　　　　网络服务
客服电话：010-88361066　　机　工　官　网：www. cmpbook. com
　　　　　010-88379833　　机　工　官　博：weibo. com/cmp1952
　　　　　010-68326294　　金　　书　　网：www. golden-book. com
封底无防伪标均为盗版　　机工教育服务网：www. cmpedu. com

前　言

本书是根据教育部《关于职业教育专业技能课教材选题立项的函》（教职成司［2012］95号），由全国机械职业教育教学指导委员会和机械工业出版社联合组织编写的“十二五”职业教育国家规划立项教材，是根据教育部公布的《职业院校制冷和空调设备运行与维修专业教学标准》，参考制冷设备维修工、家用电器产品维修工职业资格标准，采用基于工作过程导向的项目式教学理念编写的。

本书在编写时把握“贴近岗位、贴近学生、贴近课堂”的原则，具有较强的针对性和实用性。同时密切联系新技术、新工艺和新产品现状及发展，因而又具有先进性和科学性。在编写过程中，内容上力求做到“应用为主，理论够用，上手要快”，形式上力求让学生“学得懂、看得会、用得上”，重点强调对学生进行专业操作技能、综合职业素养和可持续发展能力的培养，突出应用和可操作性。本书主要有以下的特色：

1）执行新标准。本书依据最新教学标准和课程大纲要求，适当增加了部分制冷管道加工和焊接方法的内容，突出了电冰箱检测与维修工具、设备和仪表的使用；选取了大量来自电冰箱生产、调试、维修岗位一线典型实例，使课程内容有效对接职业标准和岗位需求；同时严格贯彻了国家有关技术标准和安全生产的要求。

2）体现新模式。本书采用理实一体化的编写模式，将工作任务进行提炼并转化为典型实例，将抽象的理论知识融入到真实的维修案例之中，突出“做中教，做中学”的职业教育特色，同时使用了大量图形、实物照片和表格将各个知识点和操作步骤生动地展示出来，直观简明，使教材更能吸引学生，老师教起来轻松，学生学起来容易。

3）融入新内容。编写中注意吸收本行业的最新科技成果，合理选择教材内容，尽可能多地在教材中充实新知识、新技术、新设备和新材料等方面的内容，如智能电冰箱、变频电冰箱维修的相关知识和技能，力求使教材具有较鲜明的时代特征。同时，在教材的立体化资源包中，将定期以电子文档、视频等形式更新和增加课程内容，以使课程内容跟上行业的发展需求。

本书在内容处理上主要有以下几点说明：①对于单元二中介绍的6种典型电冰箱机型，可根据实际实训条件和教学情况侧重讲解3种或4种机型；②关于电冰箱管路加工与连接技能部分，应与《金属加工与实训》课程做好相关内容的衔接；③在学习单元八时，要与前面所学的内容紧密联系起来，做到融会贯通；④本书建议学时为60学时，学时分配建议见下表，各校也可根据实际情况做适当调整。

序号	内容	学时安排	教学建议
单元一	电冰箱基础知识	4	
单元二	电冰箱的结构与工作原理	6	配合样机实物讲解
单元三	电冰箱管路加工与连接技能	8	理实一体化
单元四	电冰箱维修基本技能	8	理实一体化
单元五	电冰箱制冷系统部件的检修	8	理实一体化
单元六	电冰箱电气控制系统部件的检修	10	理实一体化
单元七	微电脑控制电冰箱的检修	8	理实一体化
单元八	电冰箱综合故障的分析与维修	8	综合实训
合计		60	

全书共8个单元，由荆门技师学院周大勇任主编，贵州省电子信息技师学院张天知任副主编。具体分工如下：周大勇编写了单元四和单元八，张天知编写了单元五，南京五洲制冷技术学校的魏文校编写了单元三，天津电子信息高级技术学校的高夕庆编写了单元六，钟祥市技工学校魏国祥编写了单元七，广西南宁高级技工学校的周继伟编写了单元二，荆门技师学院袁开华编写了单元一。全书由中国轻工业长沙工程有限公司高级工程师邓高聪担任主审。本书经全国职业教育教材审定委员会审定，评审专家对本书提出了宝贵的建议，在此对他们表示衷心的感谢！在编写过程中，编者参阅了国内出版的有关教材和和部分电冰箱厂家的维修资料，在此一并表示衷心感谢！

由于电冰箱生产厂家的产品型号不同，在原理图及结构图的标注上存在不统一的现象，为便于查阅和方便维修，本书中的元器件图形符号及主要符号仍随原图标注，没有进行全书的统一。

由于编者水平有限，书中不妥之处在所难免，恳请广大读者批评指正。

编　者

目 录

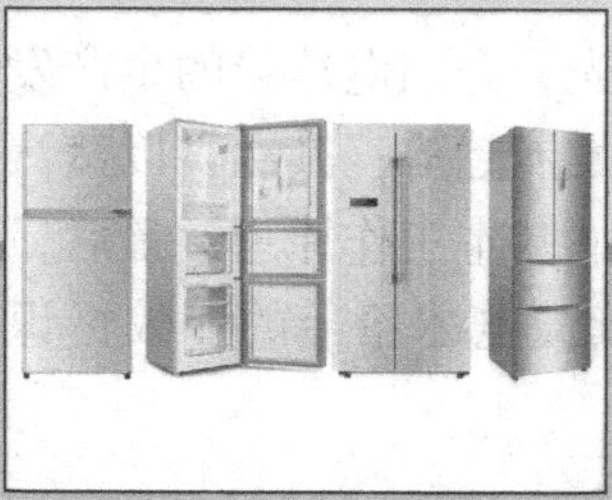

单元一

电冰箱基础知识

【内容构架】

- 电冰箱基础知识
  - 电冰箱及其发展概况
    - 电冰箱的定义及作用
      - 1.电冰箱的定义
      - 2.电冰箱的作用
      - 3.环保型电冰箱
    - 电冰箱的发明及历史
    - 电冰箱的生产发展情况
    - 电冰箱的技术发展情况
      - 1.CFCs替代技术
      - 2.高效节能技术
      - 3.超静低噪技术
      - 4.抗菌和除臭技术
    - 电冰箱的发展趋势
  - 电冰箱制冷原理
    - 制冷技术基础
      - 1.制冷技术
      - 2.物质的三种状态
      - 3.液体的汽化和气体的液化
      - 4.制冷剂
    - 典型电冰箱工作原理
      - 1.压缩式电冰箱基本工作原理
      - 2.吸收式电冰箱的基本工作原理
      - 3.半导体式电冰箱的基本工作原理
  - 电冰箱组成、分类及型号
    - 电冰箱的组成
      - 1.箱体
      - 2.制冷系统
      - 3.电气控制系统
      - 4.附件
    - 电冰箱的分类
      - 1.按结构类型分类
      - 2.按用途分类
      - 3.按冷冻室温度分类
      - 4.按适用的气候环境分类
      - 5.按冷却方式分类
      - 6.按不同驱动方式分类
      - 7.根据不同的控制方式分类
    - 电冰箱的型号
      - 1.电冰箱的型号表示方法
      - 2.新型电冰箱的型号表示方法
    - 电冰箱上的能效标识和铭牌

【学习引导】

本单元的主要目标是让学生了解电冰箱的一些基础知识。首先，介绍电冰箱的生产发展和技术发展情况，让学生了解电冰箱的历史、最新技术和今后的发展趋势；其次，以蒸汽压缩式电冰箱、吸收式电冰箱、半导体式电冰箱为例讲解了电冰箱的基本工作原理；最后，介绍电冰箱的组成、常见的分类和型号表示方法，告诉学生如何读懂电冰箱上的能效标识和铭牌。

目的与要求

1. 了解电冰箱的历史。
2. 了解电冰箱的技术发展情况及发展趋势。
3. 掌握蒸汽压缩式电冰箱的制冷原理。
4. 掌握电冰箱的组成部分及其作用。
5. 熟悉电冰箱的分类及型号。
6. 读懂电冰箱的能效标识和铭牌。

重点与难点

重点：

1. 电冰箱的技术发展及发展趋势。
2. 电冰箱制冷原理及基本工作原理。
3. 电冰箱的组成部分及其作用。
4. 电冰箱的分类及型号。

难点：

1. 电冰箱的制冷原理。
2. 电冰箱的组成部分及其作用。

课题一 电冰箱及其发展概况

【相关知识】

一、电冰箱

电冰箱是一个习惯的称呼，它泛指以人工方法获得低温，供储存食品和其他需要低温储藏物品的制冷设备。一般来说，它是家庭、商业、医疗卫生和科研上使用的各种类型、性能和用途的冷藏箱（柜）和冷冻箱（柜）的总称。本书中所介绍的电冰箱主要是指家用电冰箱，它是以电能作为原动力，通过不同的制冷机械，而使箱内保持低温的制冷设备，如图 1-1 所示。

电冰箱的主要作用是保鲜、保质，储藏食品和其他物品。电冰箱的应用是人类 20 世纪人类发展史上重要的一页，电冰箱给人们的生活、工作带来了极大的方便，使人们的生活质量有了较大提高，使食物长时间存放成为了可能。有些食品有生命，会成熟或衰老；食品也会受到环境影响，发生结构和成份的变化；食品还会遭到微生物的侵染、腐烂变质，因此食

图 1-1　电冰箱

品不容易保藏。用人工制冷的方法降低食品的温度或使食品冻结，就能有效地控制微生物和酶的作用，保证食品长期存放而不变质，这就是食品冷加工原理。使用电冰箱储藏食品，就是利用的这一食品冷加工原理，保证食品安全存储。冷加工分为冷冻和冷藏。冷冻就是将食品温度降至指定的低温；冷藏就是将食品在低温下储藏。

普通电冰箱的制冷剂采用 R12，发泡剂采用 R11。20 世纪 70 年代以来的研究表明，氯氟烃类物质（CFC，俗称氟利昂）对臭氧层有破坏作用，于是新型环保电冰箱应运而生。新型环保电冰箱，一类是不再使用氟氯烃物质作为制冷剂的符合环保要求的电冰箱；另一类是指电冰箱的制冷剂和箱体保温发泡材料都不使用氟氯烃物质，分别改用替代物，不再污染环境的电冰箱。按国际惯例，这种电冰箱可以称之为“双绿色”，这是一种完全符合国际环保要求的新型电冰箱。

二、电冰箱的历史

最早的人工制冷专利是 1790 年登记的。几年后，人们相继发明了手摇压缩机和冷水循环冷冻法，为制冷系统奠定了基础。

1820 年，人工制冷试验首次获得成功。

1834 年，美国工程师雅各布 · 帕金斯发现当某些液体蒸发时，会有一种冷却效应。根据这一发现，他发明了世界上第一台压缩式制冷装置，这就是现代压缩式制冷系统的雏形。同年，帕金斯获得了英国颁布的第一个冷冻器专利。

1855 年，法国制成了世界上第一台吸收式制冷装置，为多年后出现的电冰箱奠定了基础。

1872 ~ 1874 年，D. 贝尔和 C · 冯 · 林德分别在美国和德国发明了氨压缩机，并制成了氨蒸气压缩式制冷机，这就是现代压缩式制冷机的开端。

1879 年，德国工程师卡尔 · 冯 · 林德制造出了第一台家用冰箱。但在 20 世纪 20 年代电动冰箱发明出来之前，冰箱并没有大规模进入家庭。

1880 年，世界上第一艘可供实用的冷藏船“斯特拉斯列文”号成功地将冻肉运至伦敦。

1910 年，蒸汽喷射式制冷机出现了。

1913 年，世界上第一台真正意义上的电冰箱在美国芝加哥诞生。这种名叫“杜美尔”牌的电冰箱外壳是木制的，里面安装了压缩制冷系统，但其使用效果并不理想。这是第一台人工操作的家用电冰箱。

1918 年美国卡尔维纳特（KE - LVZNATOR）公司的科伯兰特工程师设计制造了世界上第一台机械制冷式的家用自动电冰箱。这种电冰箱粗陋笨重，外壳是木制的，绝缘材料用的是海藻和木屑的混合物，压缩机采用水冷，噪声很大。但是，它的诞生却宣告了家用电冰箱的发展进入了新阶段。到 1920 年为止约售出 200 台。

1923 年，美国弗雷基代尔引进了一种新的机械冰箱组件，并组装成电冰箱。弗雷基代尔电冰箱的设计是把储存易腐烂食品的“冰盒”和制冷机械部分装进一个特制的柜子。这种装置安静、方便，且结构紧凑。至此，一种新的冰箱式样随着到处可见的商标名诞生了。

1926 年，美国奇异公司经过 11 年的试验，制造出世界上第一台密封式制冷系统的电冰箱。

1927 年，美国通用电气公司研制出全封闭式冰箱。

1930 年，采用不同加热方式的空气冷却连续扩散吸收式冰箱投放市场。

1931 年，新型制冷剂氟利昂研制成功。

到 1944 年，约 85% 的美国家庭都有了机械冰箱。

三、电冰箱的生产发展情况

美国是电冰箱生产的鼻祖，产品量大，质量优，技术先进，且多为大型的。日本在 1930 年开始仿造美国产品，特点是制作精巧、装饰性好。意大利号称“冰箱王国”，素以质量好、款式新、价格便宜闻名于世。

在古代，冰箱又称冰桶，由古时的“冰鉴”发展而来，功能明确，既能保存食品，又可散发冷气，使室内凉爽，它是古代人的发明创造。冰鉴是古代盛冰的容器。《周礼·天官·凌人》中记录有：“祭祀共（供）冰鉴”。可见周代当时已有原始的冰箱，只是冰并不是一年里时时都有，特别是在炎热的夏季，冰可谓弥足珍贵。清代晚期有木胎冰箱。图 1-2 所示为大清乾隆御制掐丝珐琅冰箱，盖的边缘饰以鎏金，阳刻楷书“大清乾隆御制”六字款。

图 1-2　大清乾隆御制掐丝珐琅冰箱

我国电冰箱生产起步较晚，落后国外 20 余年，第一台电冰箱是 1954 年由沈阳医疗器械厂生产的 200L 单门电冰箱，这台电冰箱的名字就叫长城。国内第一台商用电冰箱是在 1956 年由北京雪花冰箱厂研制成功的。20 世纪 80 年代初电冰箱产量连年翻番，1983 年产量约为 18 万台，1984 年产量了 40 万台，1988 年国家确定四十余家电冰箱定点厂，全国引进 50 多条电冰箱生产装配线，年产能力达 1500 万台以上，规格已有 50 ~ 200L 大型电冰箱的多种系列，品种有单门、双门、多门，型式有直冷式，也有间冷式。图 1-3 所示为电冰箱生产现场。在 20 世纪 90 年代，电冰箱技术已经向高效率、智能化和多门多温控多功能的方向发展。

改革开放给我国电冰箱产业带来了商机，一些大的电冰箱企业均诞生于 20 世纪 80 年代。科龙电器公司在 1984 年推出了我国第一台双门电冰箱，宣告中国双门电冰箱全部依赖进口的历史正式终结，容声电冰箱成为很多中国家庭“第一台冰箱”的品牌记忆。

海尔集团是中国第一家在美国投资设厂的大型企业，1999 年 4 月，海尔美国电冰箱厂

图 1-3　电冰箱生产现场

在南卡罗来纳州坎登市破土动工，次年 3 月，第一台在美国制造的海尔电冰箱下线。图 1-4 所示为海尔美国工厂生产线。

图 1-4　海尔美国工厂生产线

电冰箱是我国最早实现国产化的制冷电器之一。目前，我国电冰箱已占世界总产量的 16%，位居全球首位。当前国内市场已进入成熟期，市场运行的基本特征是相对平稳，不会出现需求上的大起大落。国内电冰箱需求增长的条件还较充裕，一是农村等三、四级市场的巨大需求空间，二是城镇居民消费升级，三是城镇化进程。

四、电冰箱技术发展情况

电冰箱行业是个传统行业，但并不是夕阳行业，仍有许多新技术需要开发，操作方便性、功能的多元化以及环保、节能、低噪、抗菌和除臭等到都是其主要的发展方向。

1. CFCs 替代技术

环保节能是家用电器的永恒主题。我国于 1991 年 6 月以发展中国家的身份加入《蒙特利尔议定书》，根据《中国消耗臭氧物质逐步淘汰国家方案》和《中国家用制冷行业 CFCs

逐步淘汰战略研究》的有关要求，保护臭氧层，保护环境，我国制冷行业在2012年前已完全禁止使用CFC－12和CFC－11。目前，我国电冰箱行业主要有两种替代方案，即海尔、科龙等生产厂商采用异丁烷（HC－600a）替代CFC－12、环戊烷（C5H10）替代CFC－11方案和华凌、上菱等无霜电冰箱生产厂商及新飞公司等采用HFC－134a替代CFC－12、HCFC－141b或C5H10替代CFC－11方案。

2. 高效节能技术

电冰箱耗电量是广大消费者购买电冰箱时最关心的主要参数之一。节能与CFCs替代技术的开发将作为家用电器行业参与国际竞争，赶超国际水平的重点项目。美国能源部颁布的电冰箱电耗限定值，几乎是每三年就提高一次。为了和国际接轨，扩大电冰箱出口，我国也已制订新的国家标准《家用电冰箱耗电量限定值及能源效率等级》。该标准比原国标《家用电冰箱耗电量限定值及能源效率等级》（GB12021.2－2003）对耗电量要求更高，新标准已接近欧美相应标准要求。因此，节能技术的开发已成为电冰箱行业的重要课题。

3. 超静低噪技术

如何最大限度地降低电冰箱运行噪声一直是各电冰箱厂商追求的目标之一。一般采用以下措施进行降噪：一是采用超静压缩机，由于压缩机是电冰箱的最大噪声源，因此要降噪必须采用超静压缩机；二是电冰箱风扇电动机降噪设计；三是优化配管设计；四是将机械室后盖设计成吸音结构形式。

4. 抗菌和除臭技术

电冰箱会直接影响食品的营养价值和消费者的身体健康。电冰箱中存放的生冷食品大多数没有经过消毒处理，难免将细菌带入；电冰箱在长期使用过程中，难免会产生硫化氢和氨气等臭味；因此杀菌技术在电冰箱上的应用对于消费者来说非常重要。这方面的技术主要有：发光二极管保鲜技术、除臭光触媒片、银离子技术、正负离子群保鲜技术、“门送冷”保鲜技术、速冻保鲜（－1～－5℃，30min）、除臭保鲜技术、钛光抗菌保鲜技术等。

五、电冰箱的发展趋势

随着新技术的不断进步，展望未来几年，我国家用电冰箱发展将呈现出如下趋势：

1. 新型环保电冰箱成为市场主流

在美国，主要以生产用R134a做制冷剂、R141b做发泡剂的电冰箱为主。而欧洲认为R134a和R141b并不能完全满足环保要求，其GWP（全球变暖潜能值）仍相当可观。因此他们更倾向于采用R600a替代R12、用环烷替代R11的方案。R600a的环保性能最好，对大气臭氧层的破坏作用和温室效应均为零，并且它的制冷性能优于R12，可使压缩机的能耗减少30%～40%。R600a无毒、无味，目前已能把它爆炸的可能性控制到百万分之六以下，是相当理想的制冷剂。

目前，我国大部分电冰箱生产企业已率先采用替代技术实现了批量生产，各种无公害的“双绿色”电冰箱已陆续投放市场。各国的科学家正竞相寻找从根本上解决CFC制冷剂问题的途径，研究开发新制冷原理和有前途的电冰箱技术，如吸收——扩散式电冰箱、半导体制冷电冰箱、太阳能制冷电冰箱、磁制冷电冰箱等。可以预见，未来几年HFC－134a和HC－600a将加速替代CFC－12，C5H10和HFC－245Fa等将加速替代CFC－11。环保电冰箱将在未来几年得到进一步发展，并成为市场主流。

2. 向大容量、多门、多温区方向发展

随着人们生活节奏的加快，人们已逐渐形成一次购买几天甚至一个星期的新鲜肉类、蔬菜的习惯，市场也就需要大容量、多门、多温区的电冰箱。虽然双门电冰箱目前尚在批量生产，但逐渐将被三门、四门电冰箱所代替。箱门的增多可适应电冰箱容量的增大、温区和功能增多的需要；温区增多后又可适应不同食品对冷藏或冷冻温度的不同要求，从而提高电冰箱的使用价值。

市场上带抽屉和超大容量冷冻室电冰箱的出现，满足了现代家庭对分类存储食品和增大冷冻室容积的需要。由冷藏箱和冷冻箱两部分组成的分体组合式电冰箱也是市场上出现的新品种。如海尔公司推出的双王子系列电冰箱，就是冷藏箱与冷冻箱的独立组合，既可将两部分垂直放置合二为一，又可将两部分并列放置，还可根据需要单独或同时使用两部分。

市场上有一款多循环电冰箱，使用两个压缩机，制冷速度大幅提高。其温区和温度均可自由调节：整个电冰箱可以变成零度箱，保鲜不结冰；关闭冷冻室，冷藏室照常工作，关闭冷藏室，冷冻室照常工作，所有变化过程中温度均可精确调控；节能标准达到了欧洲 A 级。如果这样发展下去，电冰箱产业将彻底地进入一个以多压缩机、快速制冷为技术方向的新纪元。

3. 向多元化发展

我国地域广大，南北气候差异较大，各地区发展不平衡，经济文化、生活习惯有差异，加之个性发展与市场细分，因此家用电冰箱将向多元化发展。只有针对不同地区、不同层次的消费者需求设计出多元化的产品，才能满足广大用户不同的需要。例如，以北京为代表的广大北方用户喜欢豪华气派的大冷冻室抽屉式电冰箱；以上海为代表的华东沿海用户喜欢精致美观的电冰箱；以东南沿海地区为代表的用户则注重营养保鲜功能，喜欢有冰温保鲜室、大果菜室、能自动除臭的无霜电冰箱。带变温功能的多门电冰箱（某一间室可用于速冻、局部冷冻、冰温保鲜、冷藏或作为果菜室，一室五用）可以较好地满足消费者不同的储物需求。

4. 向隐形化发展

随着国民素质的不断提高，对电冰箱的外观造型设计提出了更高、更全面的需求。设计时既要考虑到电冰箱本身的色彩和造型，又要考虑到电冰箱与家居环境的协调与配套。根据今后全国住宅设计的发展趋势，家用电冰箱设计将与厨房用具、家具相结合，如可并列摆放或叠放，可随意组合，可将电冰箱放进墙壁或厨具结合在一起等。电冰箱的隐形化应成为未来电冰箱发展的一个趋势。

5. 向智能化、网络化方向发展

现在整个电冰箱行业进入电脑温控时代，各种各样的多循环电脑冰箱相继亮相。新型电冰箱中已应用了变频与模糊逻辑控制、箱外显温控温、电脑温控与自动除霜系统、自动解冻、自动制冰、自我诊断、功能切换以及深冷速冻等智能化技术。

目前生产厂家已开发出了网络化家电产品，它将所有家电包括电冰箱联网，由计算机进行控制，再与 Internet 联网。超市使用这种电冰箱还可以通过网络，了解电冰箱中食品存货情况，并及时送货，让用户享受各种网络化服务。

课题二 电冰箱的制冷原理

【相关知识】

一、制冷技术基础

1. 制冷技术

电冰箱是使用制冷技术来达到降温的目的的制冷设备。制冷技术是一种用人工方法取得低温的技术，即用人工的方法，通过一定的设备在一定时间内使某一空间内物体的温度低于周围环境的温度，并维持这个低温的技术。

人工制冷是借助制冷装置，消耗一定的外界能量，迫使热量从温度相对较低的被冷却物体转移到温度相对较高的周围介质（水或空气），从而使被冷却物体的温度降低到所需要的温度，并保持这个低温。人工制冷的方法很多，根据补充能量的形式和制冷方式可分为蒸气压缩式制冷、气体的绝热膨胀制冷、绝热去磁制冷和半导体的温差电效应制冷。目前应用较广泛的是蒸气压缩式制冷。

制冷的另一种途径是天然制冷。天然制冷采用天然冰、深井水和地道风等天然冷源。采用天然冷源耗能较少，但是它受到地理条件限制，使用范围较窄，因而在现代生产中很少采用，而人工制冷的应用则很广泛。

2. 物质的三种状态

众所周知，自然界的物质有三种状态，即固态、液态和气态。例如，外界把水加热到100℃，水就变成气态（水蒸气）；水蒸气冷却后，又可以变成液态水；水温度降低到0℃后，继续冷却，会凝结成固态（冰）；而对冰加热，在常温下冰又变成液体（水）。图1-5所示为水的三种状态变化。结合热量的吸收和放出来研究物质的状态变化，对制冷技术有着极其重要的意义。

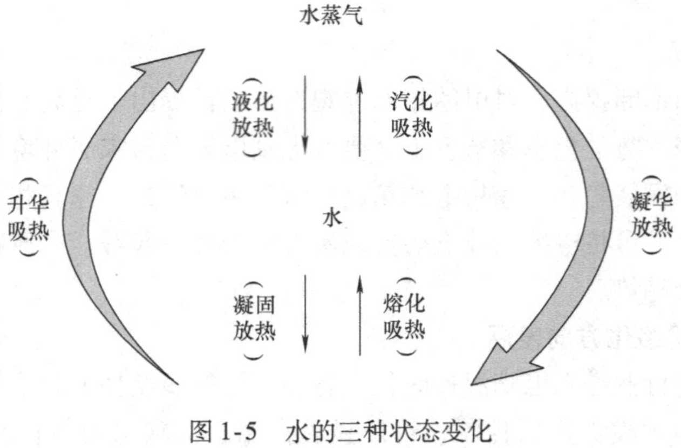

图1-5 水的三种状态变化

3. 液体的汽化和气体的液化

（1）液体的汽化 物质由液态变为气态的过程称为汽化。液态变成气态必须从外界吸收热量，因此，汽化是一个吸热过程。汽化有蒸发和沸腾两种形式。

蒸发是指液体表面发生的汽化现象。液体的蒸发是在低于周围空间压力时进行的，蒸发过程一般是吸热过程。在任何温度下液体都能蒸发，温度越高，液面上的压力越低，蒸发越快。

沸腾是指在一定压力下的液体温度升高到某一温度时，液体中涌现出大量的气泡，整个液体剧烈汽化的现象。液体沸腾时的温度称为沸点。沸点与液体表面上的压力有关，压力越低，蒸发温度也越低。

因此保持低的制冷压力，就能使制冷剂在低温下蒸发。

（2）气体的液化（冷凝）　气体的液化与液体的汽化过程恰恰相反。气体在一定压力下冷却到一定的温度时，就会由气态转变为液态，这个过程称为气体的液化，又称冷凝。在冷凝压力下，制冷剂液化时的饱和温度称为冷凝温度。在冷凝温度下，制冷剂液化时的饱和压力称为冷凝压力。

制冷技术中的冷凝是在饱和温度下进行的，压力越高，饱和温度越高。提高制冷剂的饱和压力，就能使其在高温下冷凝从而使高温的制冷剂蒸气在冷凝过程中向周围环境放热。

4. 制冷剂

制冷剂又称制冷工质，它是在制冷系统中不断循环并通过其本身的状态变化以实现制冷的工作物质。制冷剂在蒸发器内吸收被冷却介质（水或空气等）的热量而汽化，在冷凝器中将热量传递给周围空气或水而冷凝。

为了书写方便，国际上统一规定用字母 R 和一组数字及字母作为制冷剂的代号，如氨用 R717 表示，氟利昂 12 用 R12 表示，氟利昂 134a 用 R134a 表示。R 是英文制冷剂（Refrigerant）的第一个字母，后面的数字或字母则根据制冷剂的分子组成按一定的规则编写。

目前使用的制冷剂已达七八十种，并正在不断发展增多。但用于食品工业和空调制冷的仅十多种，其中用于电冰箱的制冷剂有 R12、R134a、R600a、R152a/R22 等，如图 1-6 所示。

图 1-6　用于电冰箱的部分制冷剂

（1）R12　R12 为烷烃的卤代物，学名二氟二氯甲烷。它是我国中小型制冷装置中使用较为广泛的中压中温制冷剂。R12 在标准大气压上蒸发温度为 -29.8℃，常温下最低冷凝压力为 0.6MPa，凝固温度为 -155℃，单位容积标准制冷量约为 288kcal/m^3。

R12 是一种无色、透明、没有气味、几乎无毒性、不燃烧、不爆炸、很安全的制冷剂。只有在空气中容积浓度超过 80% 时才会使人窒息。但与明火接触或温度达 400℃ 以上时，则会分解出对人体有害的气体。

R12 能与任意比例的润滑油互溶且能溶解各种有机物，但其吸水性极弱。因此，在小型氟利昂制冷装置中不设分油器，而装设干燥器。同时规定 R12 中含水量不得大于 0.0025%，系统中不能用一般天然橡胶作密封垫片，而应采用丁晴橡胶或氯乙醇等人造橡胶。否则，会造成密封垫片膨胀引起制冷剂泄漏。

R12 对臭氧层有严重破坏作用，并会产生温室效应，危及人类赖以生存的自然环境，因此它已受到限用与禁用。但它以前是国内应用较广的中温制冷剂之一，2010 年 1 月 1 日起已在我国完全停止生产和消费。

（2）R134a　R134a 对大气臭氧层无破坏作用，但仍有一定的全球变暖系数值（GWP 值约为 0.27），目前是 R12 的替代工质之一，它的许多特性与 R12 很相像。R134a 的毒性非常低，在空气中不可燃，安全类别为 A1，是很安全的制冷剂。

R134a 中文名称是四氟乙烷，标准蒸发温度为 -26.5℃，凝固点为 -101.0℃，属中温制冷剂。它的特性与 R12 相近：无色、无味、无毒、不燃烧、不爆炸；但气化潜热比 R12 大，与矿物性润滑油不相溶，必须采用聚酯类合成油（如聚烯烃乙二醇）；与丁腈橡胶不相容，须改用聚丁腈橡胶作密封元件。其吸水性较强，容易与水反应生成酸，腐蚀制冷管路及压缩机，故对系统的干燥度有较高的要求，系统中的干燥剂应换成 XH-7 或 XH-9 型分子筛，压缩机线圈及绝缘材料须加强绝缘等级；击穿电压、介电常数比 R12 低；热导率比 R12 约高 30%；对金属、非金属材料的腐蚀性及渗漏性与 R12 相同。

（3）R600a　R600a 中文名称是异丁烷，是国际公认的电冰箱制冷剂之一，对臭氧层无破坏作用，温室效应为零，热学性能也比较好，为欧洲环保组织积极倡导。异丁烷冰箱在欧洲占有很大的市场份额，我国出口到欧洲的电冰箱很多采用异丁烷作为制冷剂。

R600a 是一种性能优异的制冷剂，其特点是冷却能力强，耗电量低，负载温度回升速度慢。该产品中异丁烷的含量不小于 99.9%，含硫量小于 1mg/L，水份含量不大于 0.001mg/L，烯烃含量小于 5mg/L。

R600a 的标准蒸发温度为 -11.7℃，凝固点为 -160℃，属中温制冷剂。它对大气臭氧层无破坏作用，无温室效应、无毒，但可燃、可爆，在空气中爆炸的体积分数为 1.8% ~ 8.4%。故在有 R600a 存在的制冷管路，不允许采用气焊或电焊。它能与矿物油互溶。气化潜热大，故系统充灌量少。R600a 热导率高，压缩比小，对提高压缩机的输气系数及压缩机效率有重要作用。等熵指数小，排温低。单位容积制冷量仅为 R12 的 50% 左右。工作压力低，低温下蒸发压力低于大气压力，因而增加了吸入空气的可能性。由于具有极好的环境特性，对大气完全没有污染，价格便宜，故目前广泛被采用，作为 R12 的替代工质之一。

R600a 用于电冰箱时，电器元器件采用防爆型，并应避免产生火花，因此压缩机铭牌上有黄色火苗易燃标志，使用无触点的 PTC 起动元件。除霜系统（用于无霜电冰箱时）可采用电阻式接触加热方式，使其表面温度远低于 R600a 的燃烧温度（494℃）。压缩机必须采用适合于 R600a 的专用压缩机。R600a 的单位容积制冷量比 R12 低，但要求压缩机的排气量至少增加 1 倍。实验结果表明，与 R12 相比，其耗电量降低了约 12%，噪声降低了约 2dB（A）。若电冰箱制冷管路用制冷剂为 R600a，用 R12 代换将引起回气压力升高、压缩机过热和高压压力过高，使压缩机使用时间变短并容易损坏，所以 R12 与 R600a 是不允许代换的，故不能采取此种代换方法。

（4）R152a/R22 共沸制冷剂　R152a/R22 共沸制冷剂易燃，与 R12 制冷系统通用。替代后，原有制冷系统不必做重大变动。泄漏对 R152a/R22 共沸制冷剂的组成成分影响较小，在配比为 50/50 的质量分数下，臭氧消耗潜能值（ODP）和全球变暖潜能值（GWP）均在可接受的范围之内。在选择合适配比后，具有较优良的热工性能，冷却速度快，耗电量略有下降。

但 R152a/R22 仍具有排气温度高、单位容积制冷量小，溶油性差、可燃等一系列缺点，有待进一步探索和改进。

二、蒸气压缩式电冰箱基本工作原理

蒸气压缩式电冰箱的制冷系统主要由压缩机、冷凝器、毛细管、干燥过滤器和蒸发器五大部分组成，并由制冷管道连成密闭系统，如图 1-7 所示。制冷剂（工质）在这个密闭系统中不断地循环流动，发生状态变化，与外界进行热交换。其工作原理可概括为蒸发、压缩、冷凝、节流四个过程，即液态制冷剂在蒸发器中吸收被冷却的物体热量，汽化成低压、低温的蒸气，被压缩机吸入并压缩成为高压、高温的蒸气，然后排入冷凝器中向冷却物质（水或空气）放热而冷凝成为稍高于常温的高压液体。这种制冷剂液体先通过干燥过滤器将制冷剂中可能混有的污垢和水分清除后，再经毛细管节流以后变为低压、低温的制冷剂液体进入蒸发器吸热汽化，如此反复循环，从而使电冰箱内温度逐渐降低，达到人工制冷的目的。

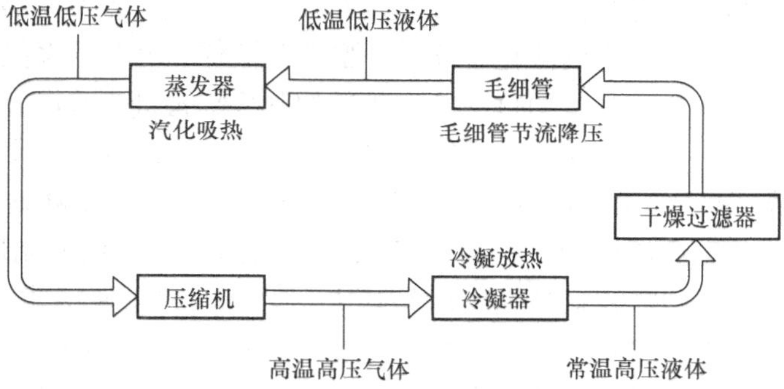

图 1-7 蒸气压缩式电冰箱工作原理图

制冷剂在系统内状态的变化为：在冷凝器中制冷剂冷凝为液体并放热，在蒸发器中制冷剂蒸发吸热。在压缩机的吸入管及蒸发器的末端制冷剂呈过热蒸气状态（吸气过热），在压缩机排气管及冷凝器入口处制冷剂也呈过热蒸气状态（排气过热），而在冷凝器的末端出口处由于外界物质（冷却水或冷却空气）的充分吸热，制冷剂液体呈过冷状态（过冷液体）。

系统中的压力分布是：压缩机排气口至毛细管入口处为高压部分，称为冷凝压力（相应的温度为冷凝温度），从毛细管末端至压缩机吸入端为低压部分，称为蒸发压力（相应的温度为蒸发温度）。而在压缩机中压力由低至高变化。

通过上述分析，可以看出电冰箱五大部件各有不同的功能：

1）压缩机用来提高制冷剂气体压力和温度。

2）冷凝器用来放热，使制冷剂气体凝结成液体。

3）干燥过滤器用来滤除制冷剂液体中的污垢和水分。

4）毛细管使制冷剂液体在冷凝器和蒸发器之间形成一个压力差，同时达到节流、降压的目的。

5）蒸发器能使制冷剂液体吸热汽化，从而降低其周围温度。

因此，要使制冷剂永远重复利用，在制冷循环系统中达到制冷效果，上述五大部件缺一不可。由于使用条件的不同，有的制冷系统在上述五大部件的基础上，还增添了一些附加设备以满足系统的需要。

三、吸收式电冰箱的基本工作原理

吸收式电冰箱制冷系统主要由发生器、冷凝器、蒸发器、吸收器、储液器和热源等组成。图 1-8 所示为吸收式电冰箱工作原理图。

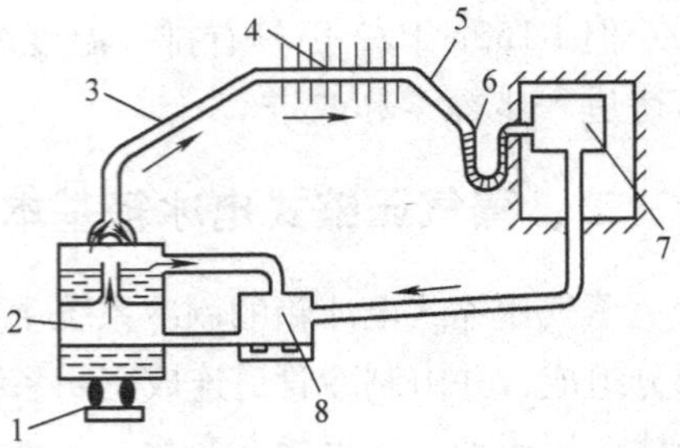

图 1-8 吸收式电冰箱工作原理图
1—热源 2—发生器 3—精馏管
4—冷凝器材 5—斜管 6—储液器与液封
7—蒸发器 8—吸收器

吸收式电冰箱的基本工作原理为：系统工作时，首先对发生器加热，发生器中有吸收剂和制冷剂混合溶液。混合溶液吸热后，制冷剂汽化从吸收剂中大量逸出，同时吸收剂也吸热汽化，在这两种混合气体中，以制冷剂气体为主。发生器产生的混合气体上升，进入冷凝器，在进入冷凝器之前，混合气体在管道中放热、降温，其中吸收剂先降到液化温度，变为液体，并顺管壁流入吸收器，而制冷剂由于液化温度比吸收剂液化温度低，仍为气态，并继续上升，进入冷凝器。制冷剂通过冷凝进一步放热、降温，当温度下降到液化温度时，也变为液体，并流入蒸发器。在蒸发器中液体制冷剂吸热汽化，从而达到制冷的目的。汽化后的制冷剂再进入吸收器，并被吸收器中的吸收剂溶解吸收，又返回到发生器，进行第二次加热汽化，如此反复，形成制冷循环。

这种电冰箱早在 1927 年就研制成功了，但因压缩式制冷系统不断地发展和完善，吸收式制冷系统一直未能得到广泛应用。目前由于压缩式电冰箱所采用的制冷剂 R12 和发泡剂 R11 有害而被禁用，考虑到吸收式燃气冰箱具有比其他类电冰箱使用能源多样、结构简单、成本低廉及无噪声等优点，又加之石油工业的发展，因此以燃气为能源的冰箱得到许多国家重视并得到了迅速发展。这种电冰箱不会对环境造成污染，又称“绿色电冰箱”。它可使用各种燃气（包括液化石油气、天然气、煤气及沼气等）工作，使冰箱获得低温。它比以电为能源的压缩式电冰箱效率低，但在燃气丰富和电能紧张的地区使用非常有利，特别适于在无电源的边远牧区或船舶上等使用，具有很大的发展前景。

四、半导体式电冰箱的基本工作原理

半导体式电冰箱又称温差电制冷或电子制冷冰箱，是一种在制冷原理上与普通冰箱完全不同的产品，是由 P 型半导体、N 型半导体、散热片、可变电阻器等组成，被喻为世界最小的“压缩机”。

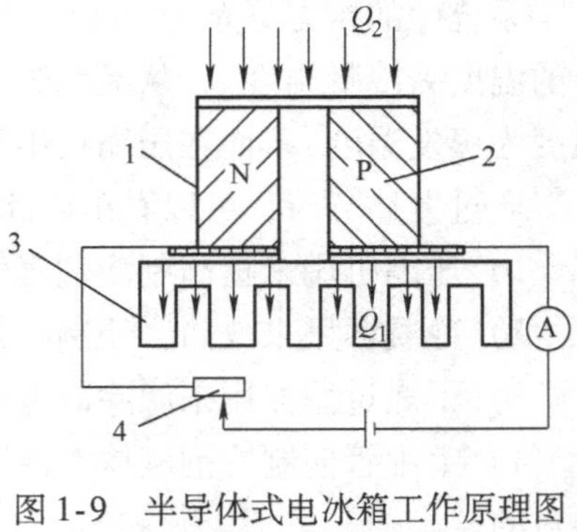

图 1-9 半导体式电冰箱工作原理图
1—N 型半导体 2—P 型半导体
3—散热片 4—可变电阻器

半导体制冷系统是利用半导体的珀尔贴效应，在其两端形成温差而实现制冷的。换句话说它是建立在珀尔贴效应上依靠电子运动传递热量实现制冷的。其工作原理如图 1-9 所示。

由图 1-9 可以看出，一块 N 型半导体材料和一块 P 型半导体材料用金属连接成电偶时，电偶由直流电源连成电路后就能发生能量的转移。电流由 N 型半导体流向 P 型半导体时，其 PN 结合处便吸收热量成为冷端。冷端紧贴压在吸热器（蒸发器）平面上，置于冰箱内用于实现制冷；当电流由 P 型半导体流向 N 型半导体时，其 PN 结合处便释放热量成为热端。热端装在箱背，用冷却水或加装散热片后靠空气对流方式冷却。串联在电路中的可变电阻器用来改变电流的强度，从而控制制冷的强弱，达到制冷目的。如果改变电路中电流方向，或改变电源极性，则冷热点位置互换，可达到除霜目的。

根据工作原理来分，电冰箱还有电磁振动式冰箱、太阳能电冰箱、绝热去磁制冷电冰箱、辐射制冷电冰箱、固体制冷电冰箱。

特别提示：目前市场上电冰箱以压缩式电冰箱为主，其优点是寿命长，使用方便；吸收式冰箱效率低，降温慢，现已逐渐被淘汰；半导体式电冰箱的优点是制冷系统中无机械运动、无噪声、制造方便，缺点是效率低，因此目前仅用于几十升的小容器及一些军事、医药、生物工程上的专用设备和仪器等特殊场合。

课题三 电冰箱的组成、分类及型号

【相关知识】

一、电冰箱的组成

电冰箱发展到今天，在工作原理、性能、外观等方面都有了巨大的发展，它的结构也在不断完善，但目前我国使用得最多还是蒸气压缩式电冰箱，所以本书将主要介绍这类电冰箱。

电冰箱应具有制冷、保温和控温三项基本功能，使箱内空间形成冷藏、冷冻所需要的低温环境，尽可能减少外界热量的传入，维持箱内的低温环境并控制箱内温度在一定范围内。

为实现三项基本功能，蒸气压缩式电冰箱主要由箱体、制冷系统、电气控制系统和附件四部分组成，如图 1-10 所示。其中箱体是绝热保温和结构组成部件，制冷系统是电冰箱的核心部件，电气控制系统是电冰箱的指挥部件。

图 1-11 所示为 BCD－182R 双门电冰箱的分解图，图 1-12 所示为 BCD－192S 三门电冰箱的分解图。结合这两个分解图，下面介绍一下电冰箱各部分的具体组成。

图 1-13 所示为变频电冰箱的结构图。从外形上看它和普通电冰箱的结构图基本相似，几乎看不出区别，主要区别在压缩机及控制电路方面。变频电冰箱采用的是变频压缩机和变频驱动电路。变频驱动电路板一般位于变频电冰箱的后背钢板总成的下方。

1. 箱体

电冰箱的箱体包括门体和主箱两部分，两者紧密的结合在一起，组成一个相对密闭的储物空间，使箱内空气与外界空气隔绝，以保证箱内冷量尽可能少地散发到箱外，从而保持箱内低温，便于在冷冻室、冷藏室存放食品。同时，还起着美化电冰箱外观的重要作用。另外，箱体还是制冷系统、电气系统等各部件、零件的固定和支撑体，用来隔热保温。

箱体具备美观、实用、耐腐蚀、有一定机械强度等特性。箱体主要由外壳、内胆、隔热层、箱门、门封等部件组成。

（1）外壳　箱体外壳主要由薄钢板或高强度塑料制成，可以说是电冰箱的“骨架”，确

- 箱体
  - 箱体
    - 箱体外壳
    - 箱体内胆
    - 隔热层(聚氨酯发泡)
  - 箱门
    - 门面板
    - 门内胆
    - 隔热层(聚氨酯发泡)
    - 磁性门封条
- 制冷系统
  - 压缩机
  - 冷凝器
  - 蒸发器
  - 干燥过滤器
  - 毛细管
  - 管路及阀(单向阀、压差阀)
- 电气控制系统
  - 控制器件
    - 温度控制器
    - 化霜定时器
    - 双金属恒温器
  - 电气元件
    - 电磁阀(二位三通电磁阀、二通电磁阀)
    - 起动继电器(重锤式或PIC)、起动电容
    - 保护装置(热保护继电器、温度熔丝)
    - 加热器(化霜加热器、温度补偿加热器)
- 其他部件
  - 门开关、照明灯
  - 温度传感器(热敏电阻)
  - 风扇
  - 显示装置
  - 温度补偿开关
  - 搁架
  - 抽屉

图 1-10　电冰箱的组成

定了电冰箱的外型。国产和欧洲产电冰箱箱体外壳多为拼装式结构，而美产、日产电冰箱箱体外壳多为整体式结构。

（2）内胆　内胆一般采用强度较高的 ABS 板或 HIPS 板经真空成型制成，易成型、耐腐蚀、重量轻、隔热好、美观大方。目前，电冰箱内胆大多采用 ABS 材料，但 ABS 材料加工较困难、有气味，且成本高。相比之下 HIPS（耐高冲击聚苯乙烯）材料加工容易，耐腐蚀，且性质坚韧，故现在已有不少厂家采用 HIPS 材料作为内胆。塑料内胆由于可一次真空吸塑成型，生产效率高，成本低，而无味，重量轻，因而在家用电冰箱中得到了广泛应用。其不足是硬度和强度较低，易划伤，耐热性较差，使用温度不允许超过 70℃。因此，使用塑料内胆的电冰箱箱内若有电热器件，则必须加装防热和过热保护装置。

（3）箱门　电冰箱的箱门由门面板、门内衬和磁性门封条等组成。为了使外形更加美观，又在门周边加上了门框。箱门外壳与内衬间充有保温层，并且门内衬镶嵌有瓶架和储物盒，如图 1-14 所示。

（4）门封　箱门四周边沿的内侧嵌有磁性门封，箱门关闭时，能通过磁力牢牢地吸住钢制门框，以防箱内冷空气泄漏。磁性门封由塑料门封条和磁条两部分组成。塑料门封条采用乙烯基塑料挤塑成型，具有良好的弹性和耐老化性。磁性胶条是在橡胶塑料的基料中渗入硬性磁粉挤塑成型，具有足够的磁感应强度。将磁性胶条穿入塑料门封条中，根据门的尺寸，将四角切口热粘合，制成各种形式的单气室、多气室等结构，既能起到隔热的作用，又能使门封保持良好的弹性。图 1-15 所示为磁性门封的几种形式。磁性门封条失去磁性、老化变形会使箱门密封不严，引起电冰箱制冷效果不好。

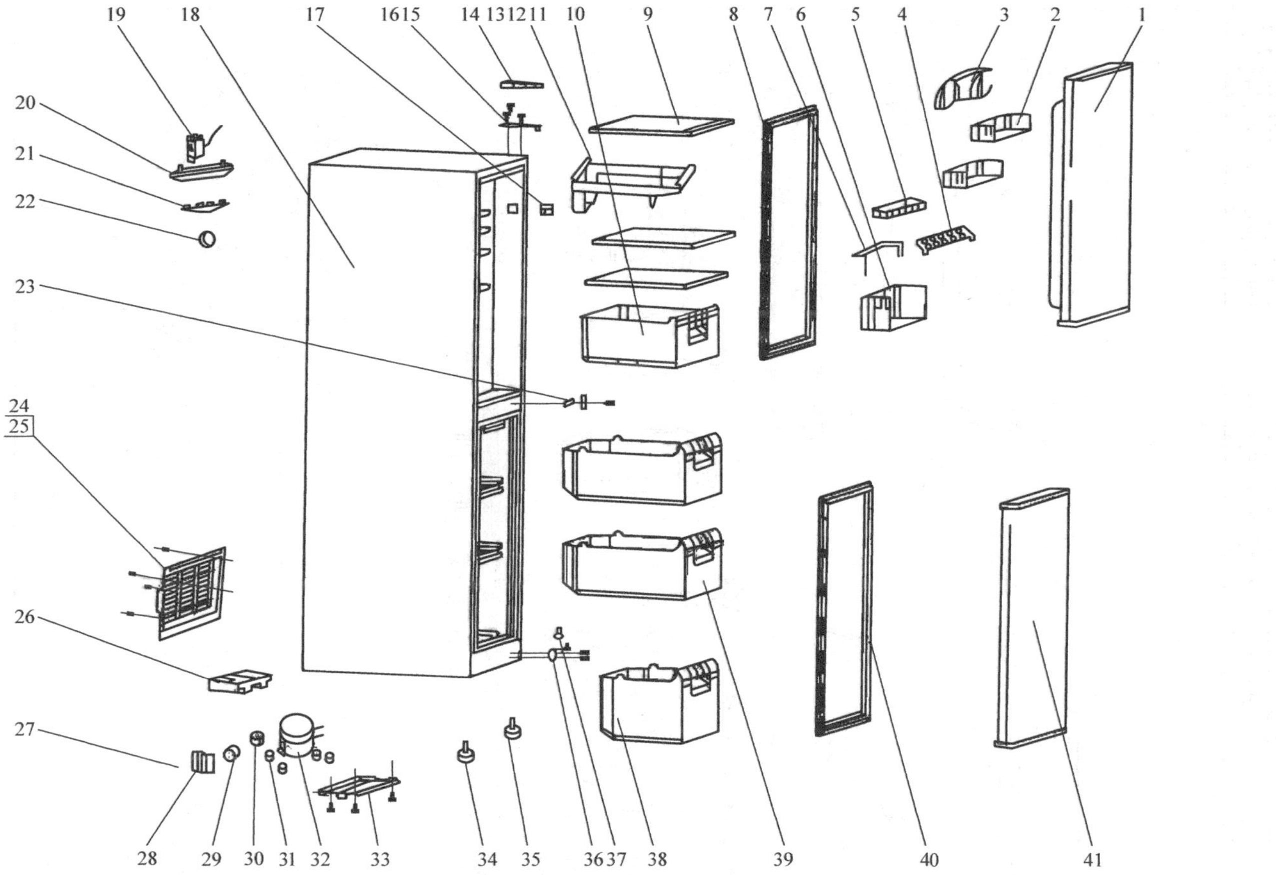

序号	名称	数量
41	冷冻发泡门体	1
40	冷冻门封组成	1
39	中抽屉	2
38	大抽屉	1
37	轴套	1
36	下铰链组成	1
35	调平底脚	1
34	固定底脚	1
33	压缩底板组件	1
32	压缩机	1
31	减振垫	4
30	过载保护器	1
29	PTC起动器	1
28	压缩机护罩	1
27	压缩机护罩卡簧	1
26	接水盘	1
25	大扁头自攻螺钉	4
24	压缩机室后罩	1
23	中铰链	1
22	温控旋钮	1
21	温控盒盖	1
20	温控盒	1
19	遥控器	1
18	发泡箱体	1
17	灯开关	1
16	六角头螺栓M5×16	12
15	上铰链组成	1
14	上铰链盖	1
13	酒架钢丝条	1
12	酒架支架Ⅱ	1
11	酒架支架Ⅰ	1
10	果菜盒	1
9	玻璃搁架	3
8	冷藏门封组成	1
7	钢丝栏条	1
6	大瓶栏	1
5	结冰盒	1
4	蛋格	1
3	瓶栏翻盖	1
2	小瓶体	2
1	冷藏发泡门体	1
BCD182R Exploded Vicw		

图 1-11　BCD－182R 双门电冰箱的分解图

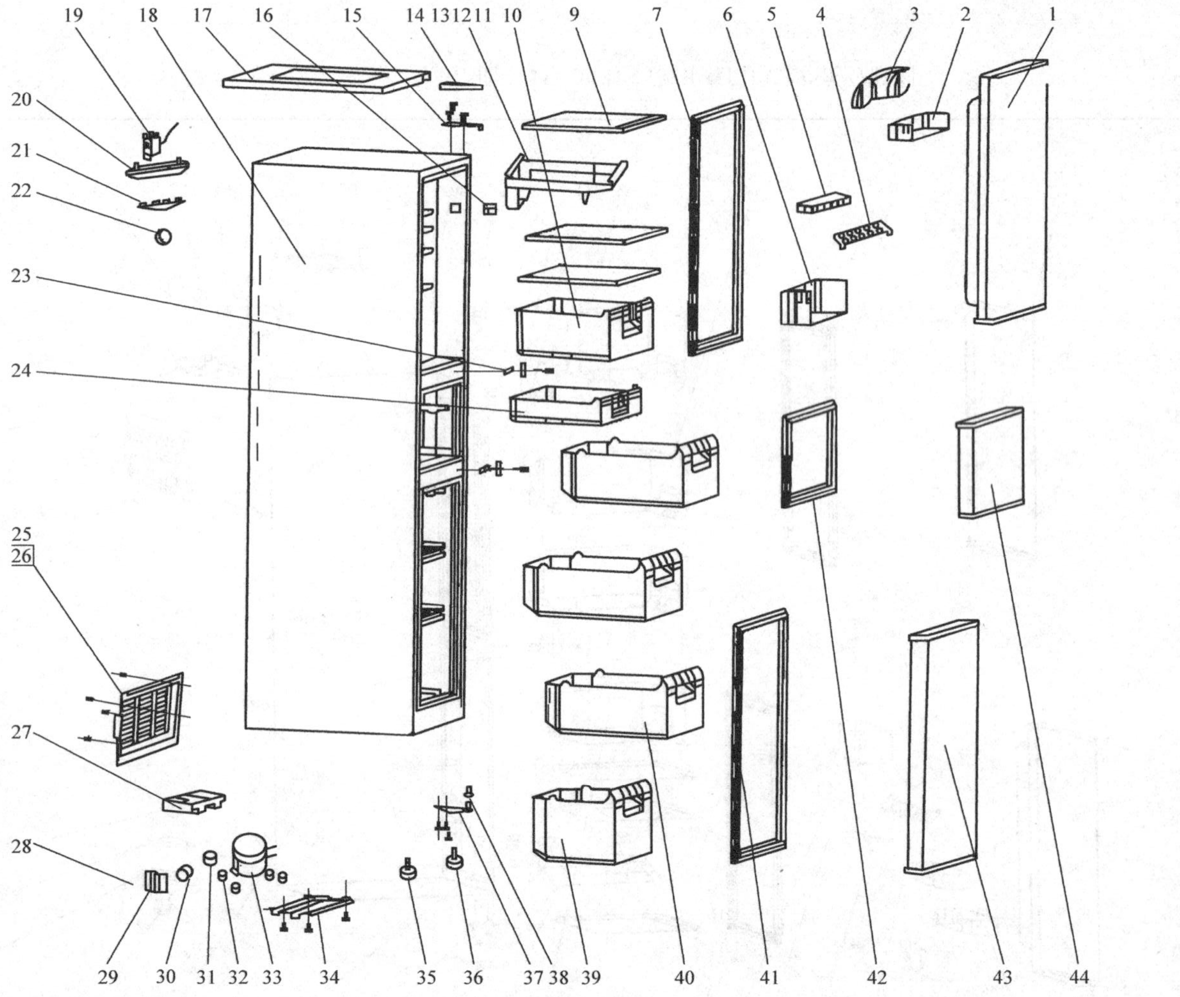

序号	名称	数量
44	微冻发泡门体	1
43	冷冻发泡门体	1
42	冷冻门封组成	1
41	冷冻门封组成	1
40	中抽屉	3
39	大抽屉	1
38	轴套	1
37	下铰链组成	1
36	调平底脚	1
35	固定底脚	1
34	压缩底板组件	1
33	压缩机	1
32	减振垫	4
31	过载保护器	1
30	PTC起动器	1
29	压缩机护罩	1
28	压缩机护罩卡簧	1
27	接水盘	1
26	大扁头自攻螺钉	4
25	压缩机室后罩	1
24	小抽屉	1
23	中铰链	1
22	温控旋钮	1
21	温控盒盖	1
20	温控盒	1
19	遥控器	1
18	发泡箱体	1
17	顶盖板	1
16	灯开关	1
15	六角头螺栓M5×16	12
14	上铰链组成	1
13	上铰链盖	1
12	酒架钢丝条	1
11	酒架支架Ⅱ	1
10	酒架支架Ⅰ	1
9	果菜盒	1
8	玻璃搁架	3
7	冷藏门封组成	1
6	大瓶栏	1
5	结冰盒	1
4	蛋格	1
3	瓶栏柄盖	1
2	小瓶体	1
1	冷藏发泡门体	1
BCD192S Exploded Vicw		

图 1-12 BCD－192S 三门电冰箱的分解图

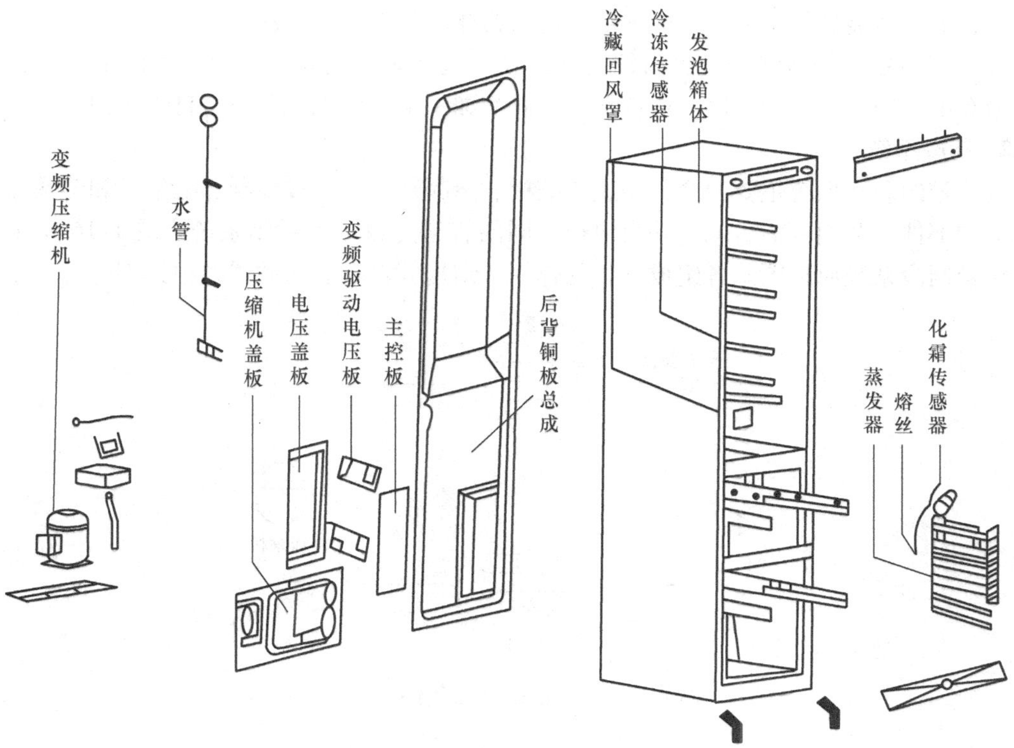

图 1-13　变频电冰箱的结构图

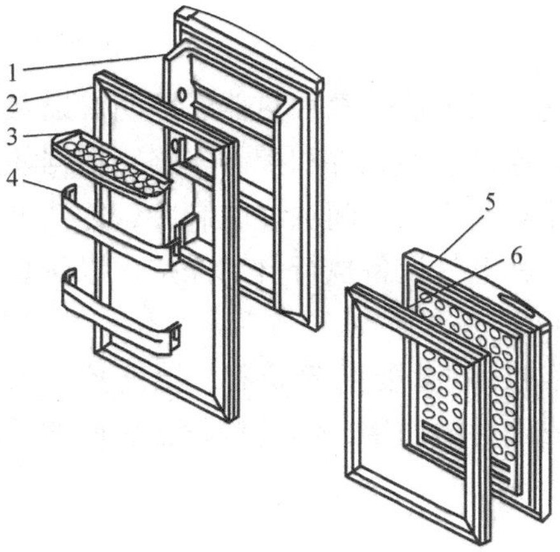

图 1-14　电冰箱门体

1—冷藏室门体发泡组件　2—冷藏室门封条

3—蛋架　4—瓶架　5—冷冻室门体发泡组件

6—冷冻室门封条

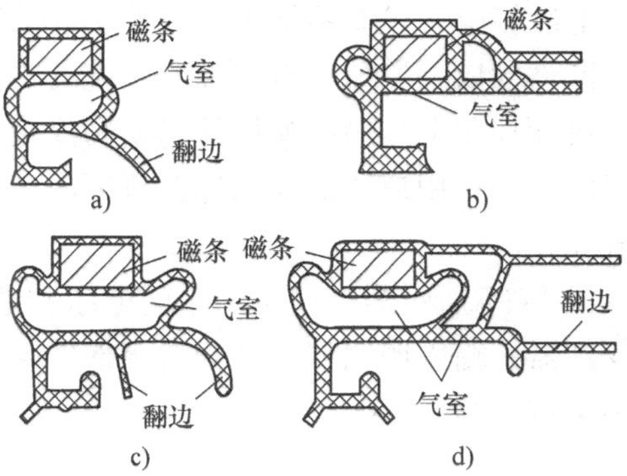

图 1-15　磁性门封

（5）隔热层　隔热层可防止较高温度的环境热量传到较冷温度的箱内。隔热层填充在箱体的外壳与内胆之间，现代电冰箱大多采用硬质聚氨酯材料发泡成型。聚氨酯发泡塑料是在异氰酸酯、聚醚的聚合反应中，加入发泡剂发泡而成的。发泡剂过去都采用 R11，这种发泡剂对大气层的臭氧层有较大的破坏作用。现在的发泡剂逐渐改为 R141b 或环戊烷，这两种发泡剂都属环保型发泡剂，目前环戊烷是电冰箱的主流发泡剂。聚氨酯发泡塑料这种材料密度小，隔热性能良好，有一定的强度，能与箱体的外壳、内胆良好粘合。

（6）门铰链　箱体和门体由门铰链连接在一起。单门电冰箱有上、下两个铰链，双门电冰箱有上、中、下三个铰链。门铰链上一般都加一个限位机构和一个自锁机构。

2. 制冷系统

电冰箱的制冷系统主要由全封闭式压缩机、冷凝器、干燥过滤器、毛细管和蒸发器五个最基本的部件以及制冷剂组成，并由内径不同的管道连成一个封闭系统。图 1-16 所示为简单电冰箱制冷系统原理图。各组成部件的作用、结构等将在后面的课题中详细进行介绍。

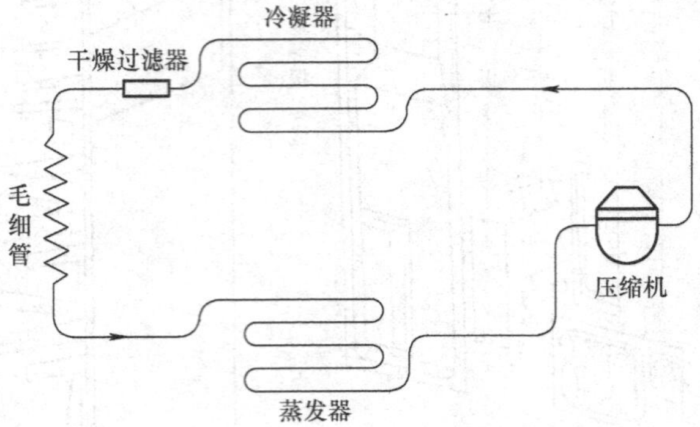

图 1-16　简单电冰箱制冷系统原理图

制冷系统的作用就是保持稳定不断地从冰箱箱体内吸收热量，排放到大气中去，以使电冰箱内长期处于低温状态。

3. 电气控制系统

电冰箱电气控制系统由温控器、起动继电器、过载保护器、电加热器、照明灯以及其他电气部件构成。电冰箱电气控制系统的主要作用是：通过感温元件和控制电路，根据使用要求，自动控制电冰箱压缩机的起动和停止，从而使冰箱制冷系统间歇性的制冷，并使电冰箱内温度控制在用户所需要的低温范围内，对电冰箱及其电气设备执行自动保护，以防止发生事故。

图 1-17 所示为一简单的单门电冰箱电气控制系统，它主要由起动器、温度控制器、过载保护器、箱内照明灯及灯开关等部件组成。各组成部件的作用、结构等将在后面的课题中详细进行介绍。

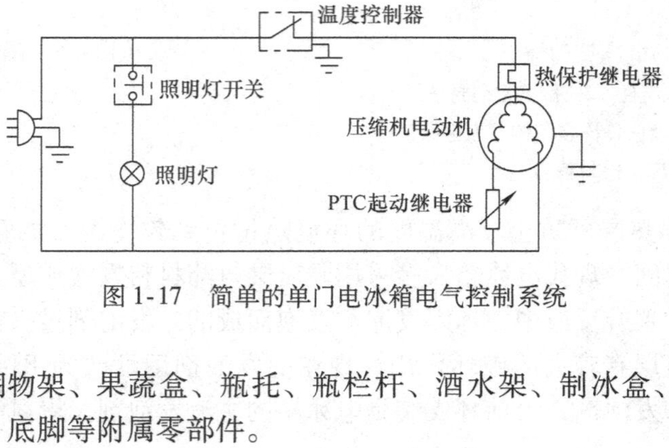

图 1-17　简单的单门电冰箱电气控制系统

4. 其他附件

其他附件包括搁物架、果蔬盒、瓶托、瓶栏杆、酒水架、制冰盒、储冰盒、冷冻室抽屉、蒸发皿、铰链、底脚等附属零部件。

对上置冷冻室，冷冻室搁架为钢丝搁架，冷藏室搁架和果菜盒为平面钢化玻璃，门搁架为 PS 塑料搁架。

对下置冷冻室，冷冻室抽屉为 ABS 不透明抽屉或为 AS（也有 PS）透明抽屉，冷藏室搁架和果菜盒为平面钢化玻璃，门搁架为 PS 塑料搁架。

二、电冰箱的分类

电冰箱的种类很多，它的形式向实用性和美观性方面不断地变化。从不同的角度出发，有不同的分类方法，通常主要有以下几种。

1. 按结构类型分类

按照结构类型分类即按电冰箱门数量的多少来区分，一般可划分为单门电冰箱、双门电冰箱、对开双门壁柜电冰箱、三门电冰箱及多门电冰箱，见表 1-1。

表 1-1　电冰箱按结构类型分类

结构类型	实物外形图	结构	主要特点
单门电冰箱		单门式电冰箱只有一扇门，外形上看比较小巧，结构比较简单	它的冷却方式是靠箱内顶部蒸发器的低温，使箱内空气自然对流来传递热量。其冷却食物速度快，耗电少，但箱内温度不十分均匀
双门电冰箱		双门电冰箱有上、下两扇门，是最常见的电冰箱	老式电冰箱一般上面为冷冻室、下面为冷藏室。目前双门电冰箱多采用大冷冻室且冷冻室内藏抽屉式的结构形式，下面为冷冻室、上面为冷藏室。这种电冰箱大大减少了用户每天弯腰和下蹲打开冷藏室的次数，方便了用户
对开双门电冰箱	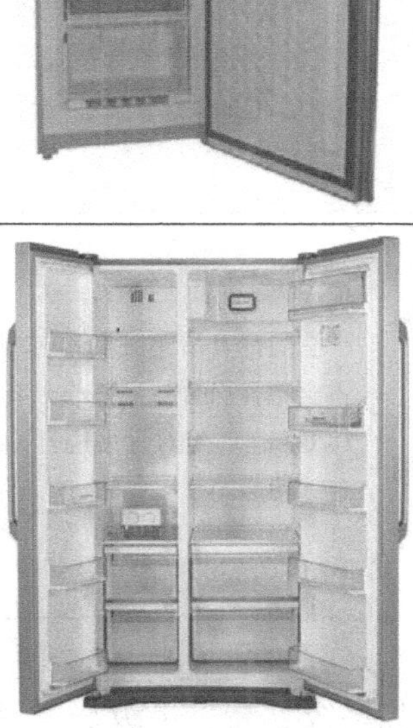	对开双门电冰箱，又可称为立式大型双门双温电冰箱，是指两扇门直立并排的电冰箱，容积较大，一般在 500L 左右。由于外形类似大衣柜，也称作壁柜式电冰箱	箱体一侧是冷冻室，温度为 -6℃、-12℃、-18℃（三星级）三档。另一侧为冷藏室，温度为 0℃～8℃。由于两侧温度不同，箱体中间用隔热层分隔开。温度调节与化霜均为自动控制

（续）

结构类型	实物外形图	结构	主要特点
三门及多门电冰箱		此类电冰箱在双门冰箱的基础上，多设了蔬菜室、冰温保鲜室和功能转换室等	冰温保鲜室也称微冻室，温度为 -3～0℃，用于短时间内（一周左右）储藏新鲜鱼类、肉类。蔬菜室其温度略高于冷藏室，适合于储藏水果、蔬菜和饮料。功能转换室可以根据用户实际需要转换成冰温保鲜室、冷藏室或冷冻室

2. 按用途分类（见表 1-2）

表 1-2　电冰箱按用途分类

用途分类	实物外形图	主要特点	主要用途
冷藏式电冰箱		冷藏式电冰箱是指只有冷藏室，仅具有冷藏功能的电冰箱门	箱内大部分空间的温度保持在 0～10℃，专供冷藏不需要冷冻的食品或物品之用
冷冻式电冰箱	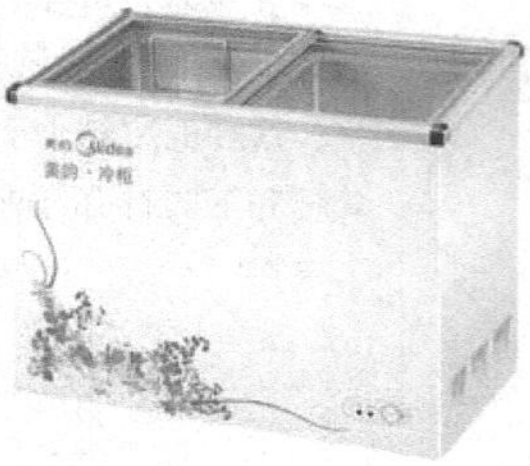	冷冻式电冰箱是指只有冷冻室的电冰箱，又称冰柜、冷柜	没有高于 0℃ 的冷藏功能。一般在 -18℃以下，专供食品的冷冻和储藏。目前，我国生产的冷冻式电冰箱多数为卧式，其箱盖在顶部，为顶开式或移门式，一般容积为 200～500L，主要供饮食业和科研单位使用
冷藏冷冻式电冰箱		冷藏冷冻电冰箱指双门或多门电冰箱，这种电冰箱是家庭中常用的电冰箱	它们都具有单独的冷冻室，冷冻容积大，占全箱容积的 1/4～1/2，冷冻室的温度在 -18℃以下，可对食品进行冷冻，有的还具有速冻功能

3. 按冷冻室温度分类

按照冷冻室温度的不同，电冰箱可分为一星级、二星级、高二星级、三星级和四星级，见表1-3。

表1-3　电冰箱星级含义表

星级	符号	冷冻室温度	冷冻室食品储藏期
一星级	*	低于-6℃	1周
二星级	**	低于-12℃	1个月
高二星级	**	低于-15℃	1.8个月
三星级	***	低于-18℃	3个月
四星级	****	低于-24℃	6~8个月

4. 按适用的气候环境分类

电冰箱按照适用的气候环境可分为亚温带型、温带型、亚热带型和热带型4种类型，见表1-4。

表1-4　电冰箱适用气候环境类型表

气候类型	代表等号	环境温度	适用地区
亚温带型	SN	10~32℃	东北、内蒙古北部、新疆等地区
温带型	N	16~32℃	华北、内蒙南部地区
亚热带型	ST	18~38℃	华中等地区
热带型	T	18~43℃	广东、海南等地区

5. 按冷却方式分类

按电冰箱冷却方式的不同，可分为直冷式、间冷式和间直冷混合式3种类型。我国生产的电冰箱以直冷式和间冷式为主，尤其是直冷式电冰箱所占的市场份额最大。

（1）直冷式电冰箱　食品放在蒸发器中直接冷却并冻结，蒸发器下面的冷气因密度大而下降，通过空气的自然对流使冷藏室降温。这种由蒸发器直接夺取热量的冷却形式称为直冷式电冰箱。直冷式电冰箱又称冷气自然对流式电冰箱或有霜电冰箱，它是利用电冰箱内空气自然对流的方式来冷却食品的。

常见的有单门和双门直冷式电冰箱两种。单门直冷式电冰箱只有一个蒸发器，并且安装在冰箱内上部，冷冻室就是由这个蒸发器直接围成，食品置于其中，除冷空气自然对流冷却外，蒸发器还直接吸取食品的热量进行冷却降温。冷藏室内食品是利用箱内冷热空气的自然对流而冷却的，故称为直冷式电冰箱。目前，国内外生产的单门电冰箱基本上都属于直冷式电冰箱。

双门直冷式电冰箱除了冷冻室有一个蒸发器外，冷藏室内也有一个蒸发器。冷冻室抽屉之间有一排排的制冷管路就是蒸发器，无抽屉式电冰箱的这些制冷管路处于冷冻室内胆外层。

直冷式电冰箱是最早期的制冷技术，其优点是结构简单、成本低、食物不易风干、保鲜效果较好。其缺点是箱内温度不太均匀、冷藏室降温慢、冷冻室蒸发器易结霜、除霜较为麻烦。

（2）间冷式电冰箱　蒸发器装在冷冻室和冷藏室之间，小风扇装在蒸发器后面，利用冷气强制循环使箱内降温。这种冷气强制循环的冷却形式所构成的电冰箱称为间冷式电冰箱。之所以称这种电冰箱为间冷式电冰箱，是因为箱内食品不与蒸发器直接接触。由于间冷式电冰箱采用冷风强制通过蒸发器，形成电冰箱内冷风的强制循环，从而冷冻或冷却箱内食品，冷冻室内无霜或结霜很少，所以又称为无霜电冰箱。又由于间冷式电冰箱利用一只小型风扇强迫箱内冷、热空气对流循环，以达到降低整个箱内温度的目的，所以也可称其为冷气强制循环式电冰箱。

间冷式电冰箱只有一个蒸发器，它安装在箱内冷冻室和冷藏室之间的夹层中，或者安装在冷冻室壁夹层中。电冰箱工作时，小型风扇把被蒸发吸收了热量的冷风分别吹入冷冻室和冷藏室，强迫冷、热空气对流循环，从而使食品得以冷却或冷冻。间冷式电冰箱一般安装有两个温控器：一个安装在冷冻室里，控制冷冻室温度和压缩机的起停；另一个安装在冷冻室和冷藏室的风道上，通过该温控器的波纹盒的热胀冷缩推动风门的开关，调节冷冻室的冷风进入冷藏室的风量，从而控制冷藏室的温度。

由于箱内食品蒸发出的水分随时被冷风吹走，在通过蒸发器时冻结在蒸发器表面，所以蒸发器需要定时加热化霜。化霜后产生的水再经过管道引到冷凝器上蒸发掉。也正因为以上原因，所以电冰箱内的食品表面不会结霜，箱内也看不到霜层，故间冷式电冰箱又称为无霜电冰箱。其优点是箱内温度均匀，制冷效率高，但结构复杂，成本较高。

（3）间直冷混合式电冰箱　间直冷混合式电冰箱一般是冷冻室采用间冷式冷气循环，而在冷藏室采用直冷式冷气循环。

6. 按不同的驱动方式分类

电冰箱按照压缩机驱动方式的不同，可分为普通电冰箱（恒频电冰箱）和变频电冰箱两大类。从外形上看，两者没有明显区别。只是普通电冰箱采用恒频压缩机，由机械或微电脑电路驱动；变频电冰箱采用变频压缩机，由变频电路驱动。

7. 根据不同的控制方式分类

根据控制方式不同电冰箱可分为机械电冰箱和电脑电冰箱。机械电冰箱是通过机械方式调节电冰箱温度，是最早、最简单的一种温控方式，它靠冷藏室的温控器毛细管感温头进行感温来控制压缩机的起停。电子电冰箱是在机械电冰箱的基础上增加了一些电子显示功能，但整机的温度控制权仍然属于冷藏室的温控器。电脑电冰箱是靠温度传感器（即热敏电阻）进行感温，来控制压缩机及其他负载的起停，其突出特点是精确控温、模糊控制、附加功能（开门提醒、掉电记忆、键盘锁定、时钟、定时等）。

三、电冰箱的型号

1. 电冰箱的型号表示方法和含义

根据国家标准 GB 8059.2—1995 的规定，我国电冰箱的型号用字母、数字标注，它标明了电冰箱的类型、有效容积等内容。型号的表示方法和含义如图 1-18 所示。

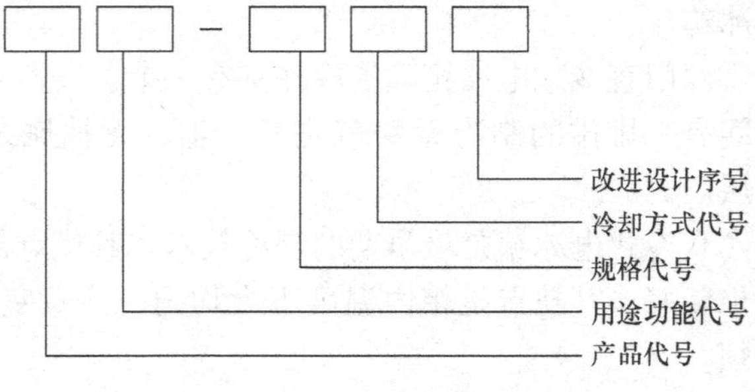

图 1-18　电冰箱的型号表示方法和含义

第一部分说明产品的代号，“B”表示家用电冰箱。

第二部分说明产品的功能，“C”表示冷藏箱；“D”表示冷冻箱；“CD”表示冷藏冷冻箱。

第三部分说明产品的有效容积，用阿拉伯数字表示，而且与第二部分之间用“-”隔开。

第四部分说明冷却方式，用字母“W”表示无霜即间冷式电冰箱，直冷式电冰箱则无特别标识。

第五部分说明改进设计序号，即电冰箱生产设计版本，“A”表示第一次改进设计，“B”表示第二次改进设计，依此类推。

现举例说明电冰箱型号的含义：

BC-150：冷藏式家用电冰箱，有效容积为150L。

BCD-175：冷藏冷冻式家用电冰箱，有效容积为175L。

BCD-185A：冷藏冷冻式家用电冰箱，有效容积为185L，第一次改进设计。

BCD-180W：冷藏冷冻式家用无霜电冰箱，有效容积为180L。

BCD-186WB：冷藏冷冻式家用无霜电冰箱，有效容积为186L，第二次改进设计。

2. 新型电冰箱的型号表示方法和含义

新型电冰箱的型号表示方法和含义如图1-19所示。

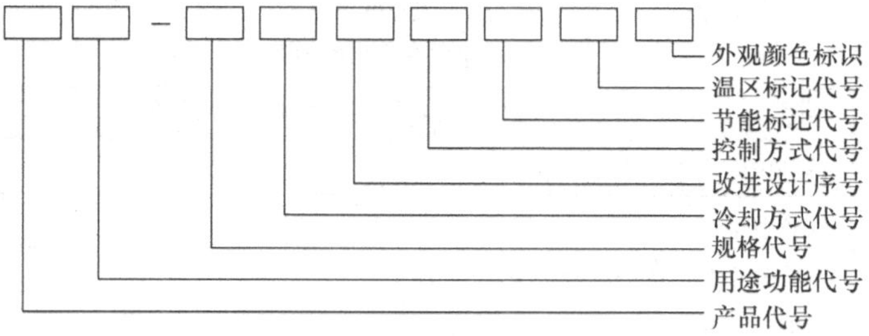

图1-19 新型电冰箱的型号表示方法和含义

产品代号：B表示家用电冰箱。

类型功能代号：冷藏箱为“C”，冷藏冷冻箱为“CD”，冷冻箱为“D”。

规格代号：有效容积（L）用阿拉伯数字表示。

冷却方式代号：无霜电冰箱用汉语拼音字母“W”表示。

改进设计序号：用汉语拼音字母顺序表示，不能使用I、M、O、S、W、Y。

控制方式代号：机械控制不标注，电脑控制用“Y”表示。

节能标记代号：普通及普通节能不标注，S表示超级节能。

温区标记代号：双温区及以下不标注，多温区用“M”表示。

外观颜色标识：A表示珍珠白（覆膜版），F表示金丝黄（覆膜版），L表示拉丝银（覆膜版），E表示拉丝银（印刷版），D表示银色（喷涂版），M表示银灰（覆膜版）。

特别提示：国内电冰箱型号的表示方法的前四个代号规定一般都是相同的，但后面的代号字母因各厂商不同有所差异。国外进口电冰箱的型号没有统一规定，因各厂商商标不同而异，而且型号中数字也不一定代表电冰箱的容积。

四、电冰箱上的能效标识和铭牌

1. 能效标识

能效标识是突出表明了该产品能源消耗量的大小和能效等级。贴有此种标识的产品能得到直观的能耗信息，并可估算日常消费费用，以判断同类型产品中哪些型号能效更高、使用成本更低。图 1-20 所示为电冰箱的能效标识，其能效级别为 1 级，消费者在购买产品时可作为参考。

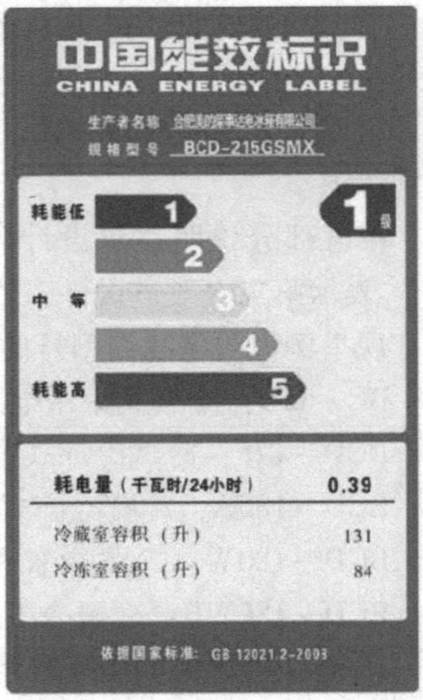

图 1-20　电冰箱的能效标识

能效等级是表示用能产品能效水平高低的等级指标，欧洲标准只有 A++、A+、A 和 B 四个等级。按照国家推出的《家用电冰箱耗电量限定值及能源效率等级》最新标准规定，我国分为 1、2、3、4、5 级，见表 1-5。其中 1 级表示产品能效水平最高，5 级表示产品达到能效限定值。能源效率限定值是国家强制性实施的，目的是淘汰市场中低效劣质的用能产品。

2. 铭牌

图 1-21 所示为某电冰箱产品的铭牌，通过查看铭牌可以具体了解电冰箱的一些性能指标和参数，如有效容积、冷冻能力、耗电量、制冷剂名称及装入量、发泡剂等。

表 1-5　电冰箱能源效率等级

等级	说明
1	达到国际先进水平，最节电
2	比较节电
3	能源效率为市场的平均水平
4	能源效率低于市场的平均水平
5	耗能高，是市场准入指标，低于该等级要求的产品不允许生产和销售

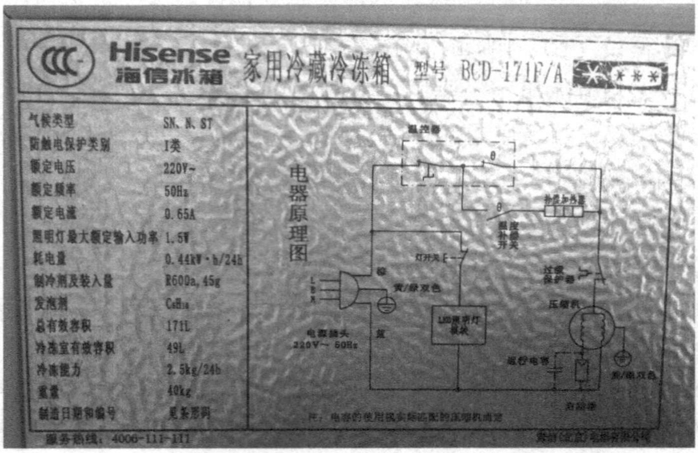

图 1-21　电冰箱的铭牌

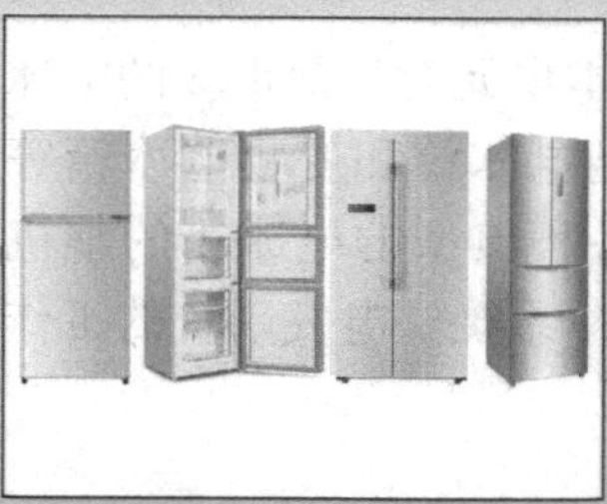

单元二 电冰箱的结构与工作原理

【内容构架】

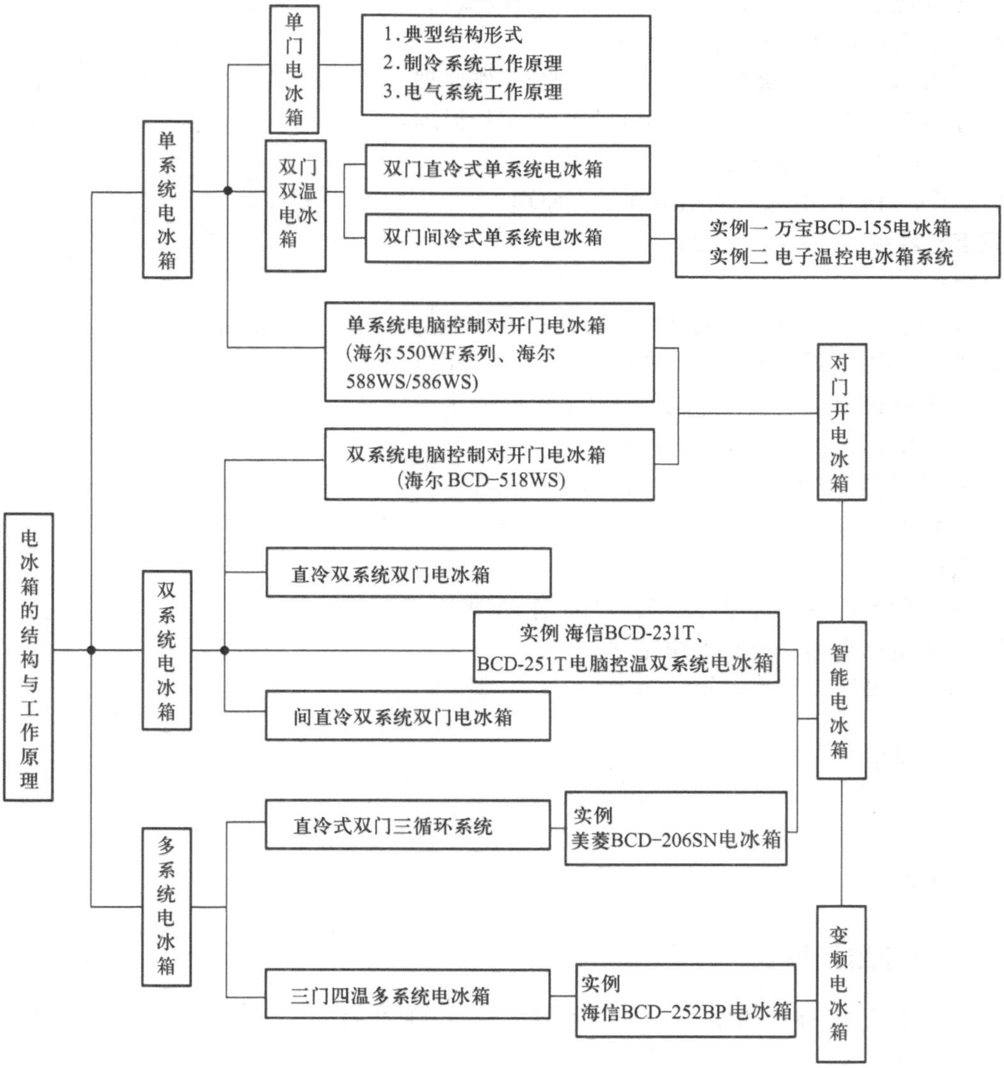

【学习引导】

本单元的主要目标是让学生掌握电冰箱的结构与工作原理。本单元对目前市场的电冰箱产品进行归纳整理，选择了部分极具代表性的普通电冰箱、智能电冰箱和变频电冰箱等产品，运用图解和产品实物样机等方式，向学生系统全面地介绍各种典型的电冰箱的整机结构，让学生了解各种不同型号电冰箱产品的结构组成，熟悉其制冷系统、电气系统的工作原理，为进一步学习电冰箱维修技能做好准备。

目的与要求

1. 掌握单门电冰箱结构形式、制冷系统及电气系统的工作原理。
2. 掌握双门直冷式和间冷式电冰箱的典型结构形式、制冷系统及电气系统的工作原理。
3. 弄清双门间冷式电冰箱与双门直冷式电冰箱之间的区别。
4. 了解新型电冰箱的技术改进情况。
5. 掌握直冷、间直双系统双门电冰箱结构及工作原理。
6. 掌握电脑控温双系统电冰箱结构及工作原理。
7. 掌握变频电冰箱的特点及工作原理。
8. 掌握双门三循环系统电冰箱的结构与工作原理。
9. 掌握三门四温多系统电冰箱的结构与工作原理。
10. 了解大容积电冰箱的特点。
11. 了解对开门电冰箱的结构和工作原理。

重点与难点

重点：

1. 双门直冷式、间冷式电冰箱的制冷系统及电气系统的工作原理。
2. 直冷、间直双系统双门电冰箱的结构及工作原理。
3. 微电脑控温双系统电冰箱的结构及工作原理。
4. 变频电冰箱的特点及工作原理。
5. 双门三循环系统电冰箱的结构与工作原理。
6. 三门四温多系统电冰箱的结构与工作原理。

难点：

1. 微电脑控温双系统电冰箱结构及工作原理。
2. 变频电冰箱的特点及工作原理。
3. 双门三循环系统电冰箱的结构与工作原理。

课题一　单门电冰箱的结构与工作原理

【相关知识】

一、典型结构形式

单门电冰箱是一种结构最简单的电冰箱，又叫普通电冰箱、单门单温直冷式电冰箱、直冷单系统单门电冰箱，如图 2-1 所示。

图 2-1 单门电冰箱实物图

这种电冰箱只有一扇门，没有专门的冷冻室。冷冻室箱体直接由蒸发器构成，采用盒式结构，带有小门，安装在冰箱内胆的上部，其内温度一般为 -12 ~ -6℃，可供制冰或少量食物的冷冻用。蒸发器下面是冷藏室，中间无隔热设施，靠自然对流得以降温，一般温度可以控制在 0 ~ 10℃，内有接水盘、温度控制器、照明灯、搁架、果菜盒等。图 2-2 所示为单门电冰箱的结构示意图。

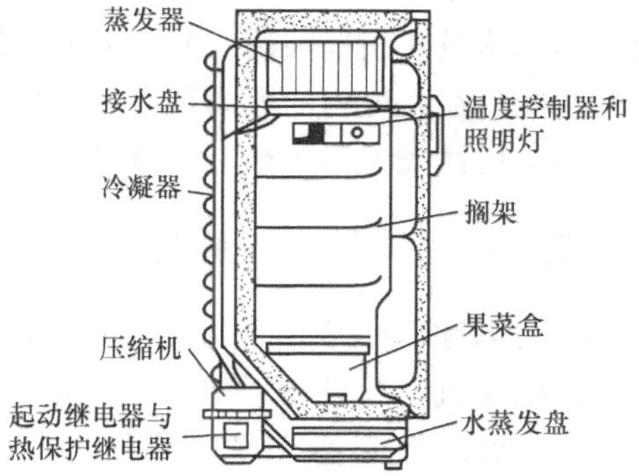

图 2-2 单门电冰箱结构示意图

二、制冷系统工作原理

单门电冰箱的制冷系统都由压缩机、冷凝器、干燥过滤器、毛细管及蒸发器组成，其工作原理和结构如图 2-3 所示。

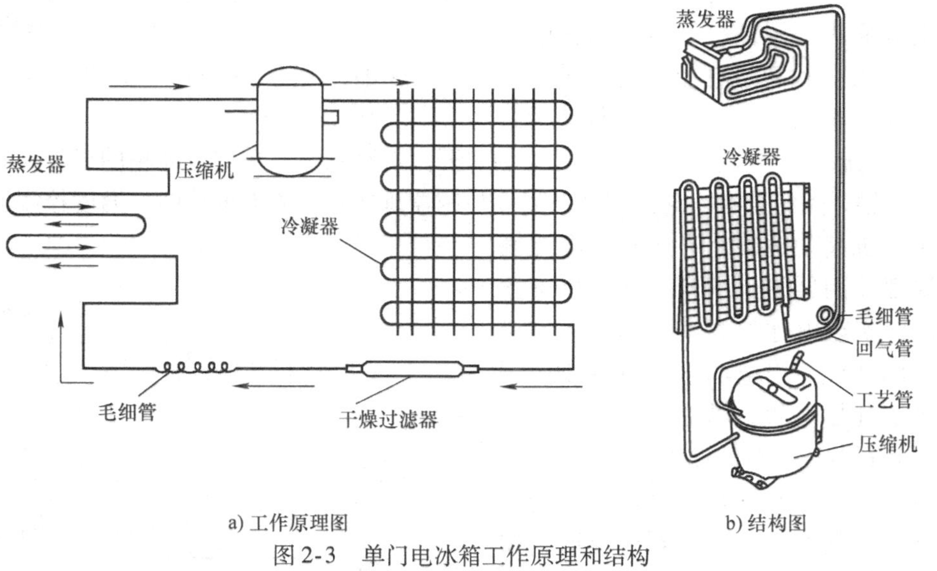

a) 工作原理图 b) 结构图

图 2-3 单门电冰箱工作原理和结构

由图 2-3 可知，当电冰箱通电运行时，制冷剂经冷凝器→干燥过滤器→毛细管→蒸发器，被压缩机吸回，即为一个单系统循环（俗称单系统）。被吸回的低温低压制冷剂为气态，经压缩机压缩变为高温高压过热蒸气，经排气管进入冷凝器；高温高压气体在冷凝器中散热，变为高压中温液态，然后经过干燥过滤器滤除杂质和水分后，进入毛细管；在毛细管中经节流降压后进入蒸发器内蒸发；在蒸发器中，制冷剂液体汽化为干饱和蒸气，从而大量吸收箱内空气和食物的热量，达到制冷目的；在回气管中，制冷剂过热气体再次被吸入压缩机，如此周而复始地实现制冷循环。

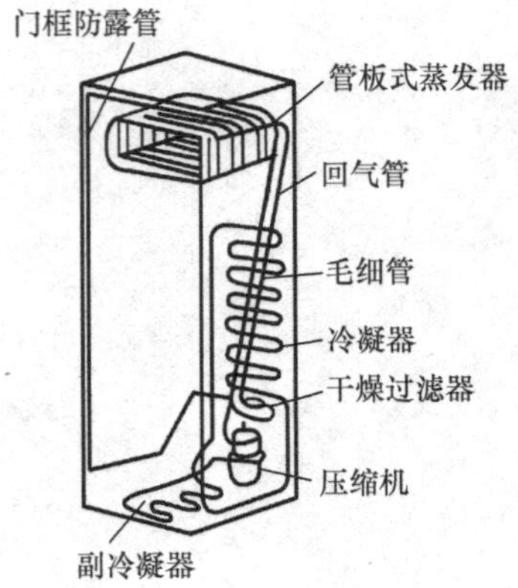

图 2-4　直冷式单门电冰箱制冷系统

图 2-4 所示为另一种直冷式单门电冰箱的制冷系统。与前述相比，该系统增设有副冷凝器、蒸发盘加热器及门框防露管。副冷凝器设置在电冰箱底部的接水盘上，依靠冷凝热去蒸发融霜水。门框防露管布置在门框周边，用它散发出的热量对门框加热，使门框不凝露。

制冷剂在系统内的流向是：压缩机→副冷凝器（蒸发盘加热器）→主冷凝器→箱门防露管→干燥过滤器→毛细管→蒸发器→低压吸气管→压缩机。

三、电气系统工作原理

单门电冰箱的电气系统，由全封闭压缩机电动机、起动器、保护器、箱灯、灯开关、温度控制器（以下简称为温控器）和电源插头等组成。具有代表性的单门直冷式电冰箱（PTC 起动继电器）电路图如图 2-5 所示。

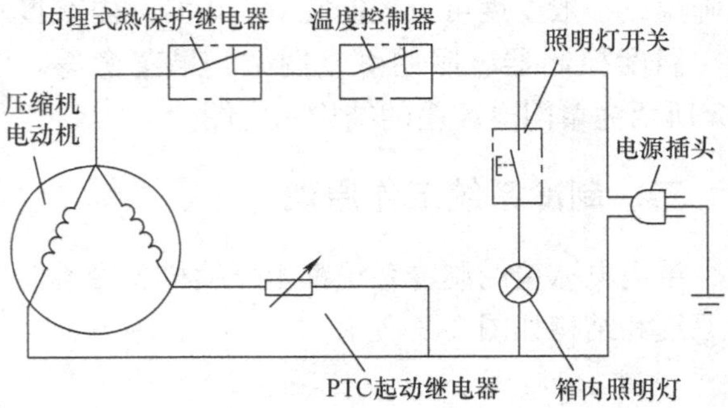

图 2-5　单门直冷式电冰箱（PTC 起动继电器）电路图

由图 2-5 可知，当电冰箱通电时，电流经电源插头→温度控制器→保护继电器→压缩机→起动继电器→电源插头另一端构成一条回路，压缩机即起动运行。箱灯受门触开关控制，能实现关门灯熄、开门灯亮功能。单门电冰箱的温度控制器一般与灯盒、门触开关组合在一起。当调节温度控制器旋钮在上限温度值时，温度控制器触点接通，使压缩机起动运转；当达到下限温度值时，温度控制器触点断开，压缩机停止运转，从而实现电冰箱温度控制和压缩机自动起停的功能。当电源电压过低或由于某种原因引起压缩机过载时，电路中的保护器便可起到对压缩机的保护作用。

单门电冰箱一般具有半自动除霜的温度控制器，当蒸发器表面结霜过厚时，按下温度控制器旋钮上的除霜按键，即可除霜，除霜后又可自动开机实现半自动除霜功能。也有的单门电冰箱具有自动除霜机构。

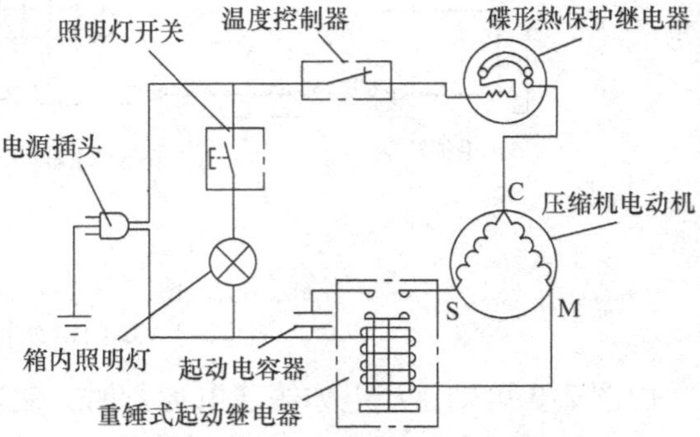

图 2-6　单门直冷式电冰箱电气系统图

另一种常见的重锤式起动断电器电冰箱的电气系统如图 2-6 所示。

特别提示： 单门电冰箱一般有效容积在 45～170L 之间。单门电冰箱的特点是结构简单、价格便宜、耗电量较小；但单门电冰箱的冷冻间容积一般都很小，储存冻结食品的时间较短。单门电冰箱一般在宾馆和单身宿舍使用较多。

课题二 双门直冷式电冰箱的结构与工作原理

【相关知识】

现在人们正在使用的电冰箱绝大多数都属于双门直冷式电冰箱，因此它也是维修中会经常碰到的机型。本课题将介绍双门直冷式电冰箱的典型结构，特别是目前比较流行的冷冻室下置抽屉式电冰箱，同时也将对双门直冷式电冰箱制冷系统和电气系统进行介绍。

双门双温单系统电冰箱有两种结构：一种是双门直冷式单系统电冰箱，另一种是双门间冷式单系统电冰箱。本课题介绍的双门直冷式单系统电冰箱，简称为双门直冷式电冰箱。

双门直冷式电冰箱的冷冻室和冷藏室都有各自的蒸发器，冷冻室和冷藏室是隔开的。直冷式电冰箱蒸发器的金属表面直接与食品或空气相接触，因此霜直接结在蒸发器表面，所以又称为有霜电冰箱。

一、典型结构形式

双门直冷式电冰箱就是有两扇箱门的电冰箱，其中以上下箱门结构的电冰箱最为常见。

1. 早期的双门直冷式电冰箱的结构形式

早期的双门直冷式电冰箱冷冻室较小，通常位于上部；冷藏室较大，位于下部，其实物图如图 2-7 所示。

早期的双门直冷式单系统电冰箱的结构如图 2-8 所示。这种电冰箱由两个互不相通的空间和两个独立的蒸发器组成。上部较小的空间为冷冻室，由蒸发器直接围成，室内空气和

图 2-7 早期的双门直冷式电冰箱实物图

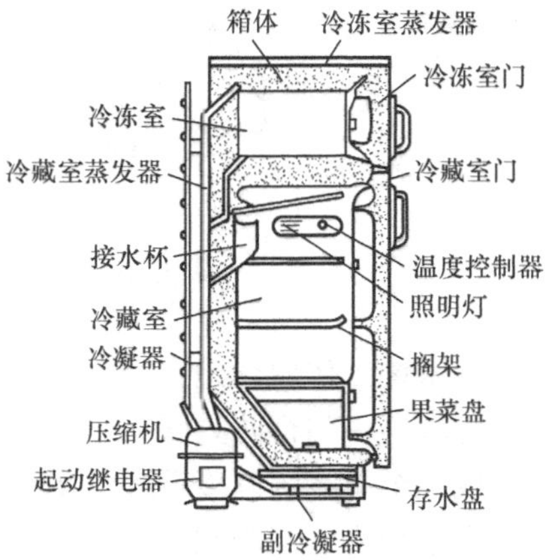

图 2-8 早期的双门直冷式单系统电冰箱结构图

食品被蒸发器直接吸取热量而冷却，温度一般可达 -18℃，甚至更低。下部空间称为冷藏室，用一个板形盘管式蒸发器进行冷却。

双门直冷式电冰箱往往设有副冷凝器和防露管。副冷凝器安放在电冰箱底部存水盘的下面。由于存水盘中的水是从箱内接水杯里通过管道流来的，水温低，对副冷凝器的冷却效果好。门框防露管安放在箱门的内表面处，以防止箱门出现露珠。

2. 新型双门直冷式电冰箱的结构形式

随着人们生活水平的提高和电冰箱设计的合理性日益完善，新型双门直冷式电冰箱出现了，如图 2-9 所示。其冷藏室的空间越来越大，且常位于冷冻室之上，即冷冻室下置抽屉式。

图 2-9　新型双门直冷式电冰箱

二、制冷系统工作原理

1. 早期双门直冷式电冰箱的制冷系统工作原理

双门直冷式电冰箱在冷藏室和冷冻室中各设一个独立的蒸发器，两个蒸发器串联在制冷系统中，共用一根毛细管，这种蒸发器称为单节流双蒸发器。这种电冰箱的冷凝器有的安装在箱内背后，有的则采用内藏式，安装在箱体两侧或箱门附近的外壳内（即所谓的门框防露管）。图 2-10 所示为早期双门直冷式电冰箱的制冷系统图。

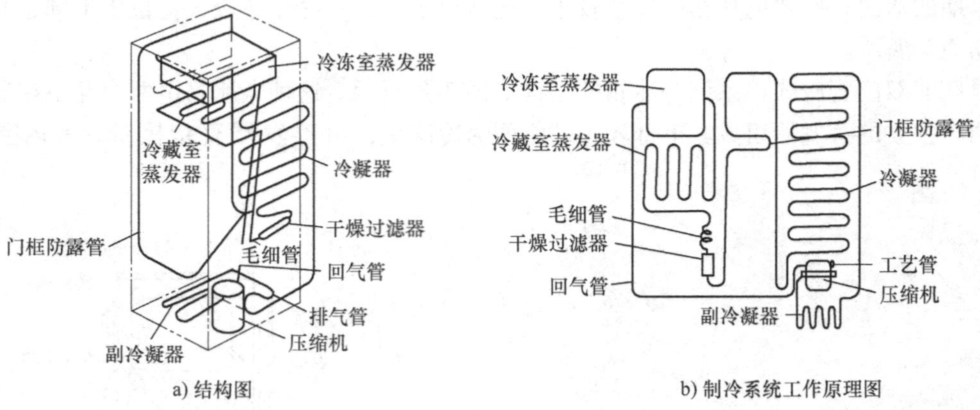

图 2-10　早期双门直冷式电冰箱的制冷系统图

其制冷系统工作原理是：当电冰箱通电运行时，制冷剂在系统中的流向是：压缩机→副冷凝器→冷凝器→门框防露管→干燥过滤器→毛细管→冷藏室蒸发器→冷冻室蒸发器→压缩机，即完成一个单系统制冷循环，实现了冷冻室、冷藏室制冷的目的。

在这个系统中，制冷剂经毛细管后先进入冷藏室蒸发器，再进入冷冻室蒸发器。这种流程的优点是：在工作状况变动时，冷藏室蒸发器内始终有液态制冷剂蒸发，以保证冷藏室需要的温度。而对于冷冻室来说，由于蒸发器面积大，工作状况变动对其影响不明显。

另外，装设在箱门框的防露管用以对门框四周加热使之不结霜。

2. 双门直冷冷冻室下置抽屉式电冰箱的制冷系统工作原理

目前，比较流行的冷冻室下置抽屉式电冰箱的制冷系统结构图如图 2-11 所示。

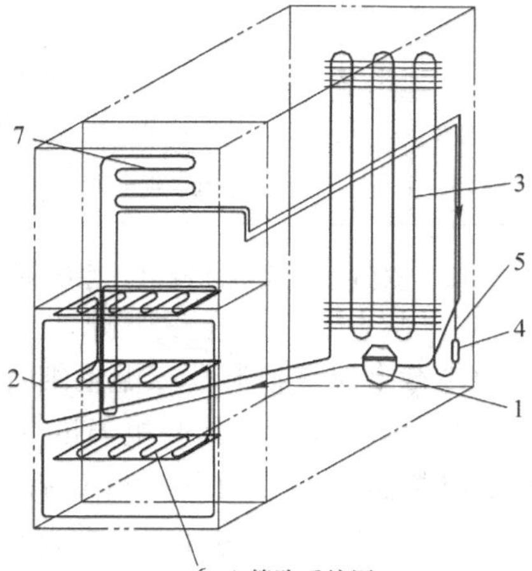

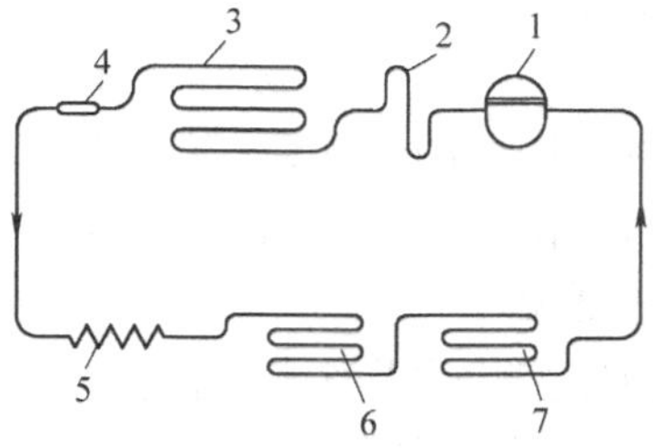

图 2-11　双门直冷冷冻室下置抽屉式电冰箱制冷系统结构图

1—压缩机　2—防凝管　3—冷凝器　4—干燥过滤器　5—毛细管

6—冷冻室蒸发器　7—冷藏室蒸发器

其工作原理是：当电冰箱通电运行时，制冷剂在系统中的流向为：压缩机→防凝管→冷凝器→干燥过滤器→毛细管→冷冻室蒸发器→冷藏室蒸发器→回气管→压缩机，至此完成了一个单系统制冷循环，实现了冷冻室、冷藏室制冷的目的。制冷剂一般先进冷冻室蒸发器，再进冷藏室蒸发器。

冷冻室蒸发器为外露式：蒸发器为搁架式蒸发器，多层串联，将空间分割成若干层，生熟或不同食品储存在不同抽屉中，相互不串味，冷冻室温度比较均匀，制冷速度快，结霜量较少，而且存取食品互不影响，既提高了食品的储存质量，又降低了能耗。冷藏室蒸发器为内藏式。

冷凝器布置有两种方式：一种是外露式，即百叶窗式或丝管式冷凝器挂在电冰箱后背，虽然占用空间但散热效果好；另一种是内藏式，即冷凝盘管埋在发泡隔热层中，紧贴后背板或两侧钢板，箱体整洁美观。

三、电气控制系统工作原理

典型双门直冷式电冰箱电气控制系统原理图如图 2-12 所示。其工作原理如下：

双门直冷式电冰箱控制电路与单门直冷式电冰箱的控制电路大致相同。当电源接通时，电流经插头一端→温度控制器→过载保护器→压缩机与起动器→插头另一端，压缩机通电运转，进行制冷循环。

箱内照明灯由门开关控制，开门时灯开关闭合，灯亮；关门后灯开关断开，灯熄。

压缩机与外置过载保护器串联，当压缩机电动机因某种原因引起电动机过载时，保护器触点由于串联在电路中便起到过电流保护和超温保护的作用。

加热器控制回路是与单门直冷式电冰箱机械温控电路的主要区别之处。由图中可以看出，一般采用定温复位型带有三个接线插片的机械温控器，通过温度补偿开关（三档开关或发热丝开关）控制箱内加热器通电发热，以实现冬季使用电冰箱时，保证压缩机正常工作。

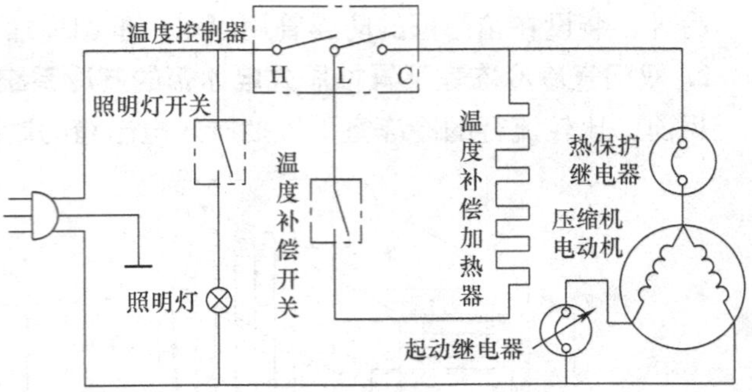

图 2-12　双门直冷式电冰箱电气系统原理图

加热器控制回路的作用：当冬季使用电冰箱时，由于箱内外温度差较小，冷冻室最低温度为 -18℃，这是依靠冷藏室温度变化调节冷藏室温控器实现的。因冷藏室温度国标规定为 0～10℃，而冷藏室温度控制器感温毛细管又贴压在冷藏室蒸发器表面，直接感受冷藏室内温度和蒸发器表面的温度，其开机温度为 5～6℃。当箱外温度低 15℃或与箱内开机温度相等时，温度控制器的温控触点 L 与 C 就会永远断开，使压缩机长停不开。因此，这类双门或多门直冷单系统单温控的电冰箱都普遍设计有温度补偿加热器和冬季用开关，在停机时使加热器通电发热，来保证冬季压缩机正常工作。

当电冰箱接通电源达到冷藏室温控器调定下限温度时，其触点 L 与 C 断开，压缩机停止工作，电源经 L 点→加热丝开关（应在闭合状态）→箱内加热丝→过载保护器→压缩机运行绕组构成回路，这时箱内发热丝通电发热。由于该发热丝（温度补偿加热器）贴压在冷藏室蒸发器与温度控制器感温毛细管上，能使感温毛细管内感温剂遇热膨胀，提前使其温控触点 L 与 C 接通，压缩机起动运行，以实现压缩机正常的制冷循环，保证冬季冷冻室或冷藏室内的温度达到要求。当压缩机运转，其触点 L 与 C 接通时，由于发热丝阻值高于压缩机绕组阻值，发热丝被短路，无法通电发热。这类电冰箱利用温控断开加热的方法较多，大致可分为温控器加热器、融霜加热器等。

四、双门直冷式电冰箱的特点

1）结构简单，制造方便。双门直冷式电冰箱的冷冻室和冷藏室各有一个蒸发器，箱内温度由冷藏室内一只温度控制器进行调节。

2）冷却速度快。蒸发器直接吸取食品中的热量，冷冻速度快。

3）由于直接传热，不使用小风扇比较省电。

4）价格便宜。双门直冷式电冰箱比双门间冷式电冰箱要少一些零部件，如除霜定时器、双金属除霜温度控制器、蒸发器风扇、除霜加热器、除霜保护熔断器和冷藏室风门调节器等，价格一般要比间冷式电冰箱便宜 10%～15%。

直冷式电冰箱冷冻室容易结霜，除霜比较麻烦，箱内温度均匀性较差。

课题三　双门间冷式电冰箱的结构与工作原理

【相关知识】

间冷式电冰箱的制冷原理是从直冷式电冰箱的基础上发展而来的，间冷式电冰箱是依靠箱内空气强制对流，把冷却对象的热量通过增加空气流速带给蒸发器，提高了制冷效果。因增加了微型风扇和发热元件，所以比直冷式电冰箱耗电。

双门间冷式电冰箱的蒸发器装在冷冻室和冷藏室之间，小风扇安装在蒸发器后面，利用冷气强制循环使箱内降温。由于冷风强制通过蒸发器，形成电冰箱内冷风的强制循环，从而冷冻或冷却箱内食品，冷冻室内无霜或结霜很少，所以又称为无霜电冰箱、风冷式电冰箱。

一、典型结构形式

间冷式双门电冰箱的结构如图 2-13 所示。这种电冰箱与双门直冷式电冰箱的外观相似，它的箱体也分为上、下两个箱腔。一般上箱腔较小，专供制冷及冰冻食品用；下箱腔较大，供食品冷藏用。上、下箱腔的端口都配有门。与双门直冷式电冰箱相比，间冷式双门电冰箱只有一个蒸发器，且采用翅片盘管式；增加了一套由风扇、风道和风门温度控制器组成的冷风循环系统和一套除霜装置。

a) 实物图

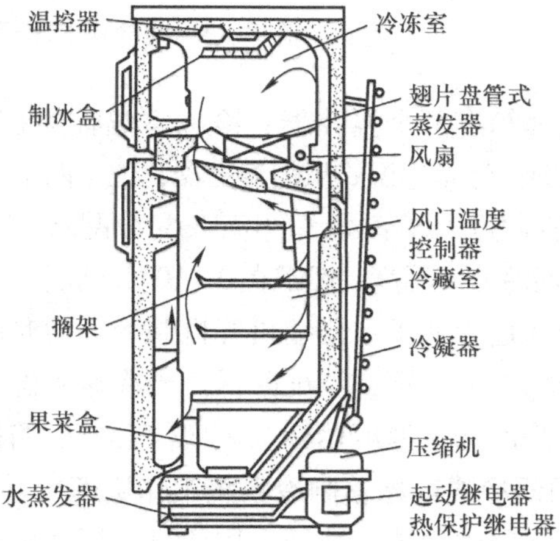

b) 结构图

图 2-13 间冷式双门电冰箱的结构

近年来，国内市场上推出的一些间冷式电冰箱，已将冷冻室与冷藏室上下倒置，并把蒸发器安装在下部的冷冻室内。上部冷藏室的制冷依靠下部冷冻室内的小型风扇，强迫箱内冷空气通过蒸发器吹入上部冷藏室内，然后再对所储藏的食品进行冷却。这种电冰箱，对电源电压的要求较高。当电源电压下降 10% 时，风扇电动机的转速也会相应下降 10% 左右，就会造成上部冷藏室因冷气循环量不够而使箱内温度过高，导致食品变质。

二、制冷系统工作原理

双门间冷式电冰箱与双门直冷式电冰箱相比，最主要的区别是蒸发器和温控器。此类电冰箱只有一个蒸发器，且采用翅片盘管式。图 2-14 所示为双门间冷式电冰箱蒸发器、风扇的两种安装位置，以及冷气的循环方向。蒸发器水平安装在两个箱腔之间的夹层中，也有垂直安装在冷冻室后壁内的。蒸发器内侧装有小型轴流风扇，强迫空气通过蒸发器变冷，并在箱内循环。由风扇吹出的冷风通过冷气分配通道和风门分成两路：一路向上进入冷冻室，冷却冷冻室的食品后再向下回到蒸发器；一路向下通过感温风门进入冷藏室，冷却冷藏室中的食品后再向上回到蒸发器。

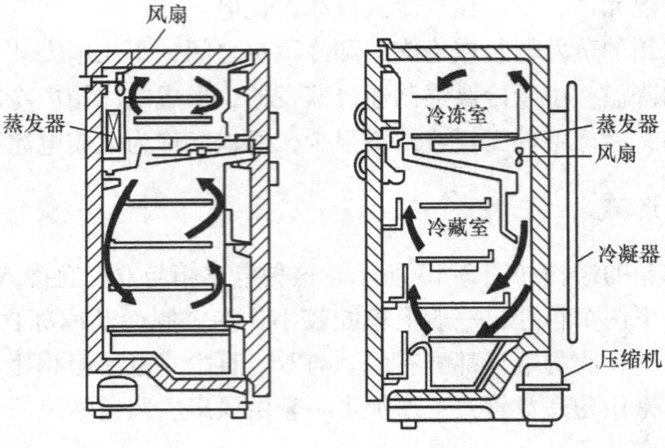

a) 风扇在顶部　　b) 风扇在中间

图 2-14　间冷式电冰箱冷气循环示意图

此类电冰箱有两个温控器：冷冻室温控器控制压缩机的起、停来达到冷冻室的星级要求；冷藏室温控器是感温式风门温控器，位于两室之间的风道，能根据风道温度自动调节风门开启的大小来控制进入该室风量。由于冷量分配的不同，冷冻室的温度有 -6℃、-12℃、-18℃等多种等级，而冷藏室温度一般都在 0~10℃之间。

冷风循环过程如下：压缩机开机制冷，同时风扇运转，冷藏室风门开至最大，冷藏室冷冻室同时开始冷风循环，温度降低。当冷藏室温度达标，冷藏室风门关闭，冷冻室冷风继续循环制冷。当冷冻室温度达标，风扇停转，压缩机关机。

1. 双门间冷式电冰箱制冷系统工作原理（往复式压缩机）

常见的双门间冷式电冰箱采用往复式压缩机制冷系统，如图 2-15 所示。

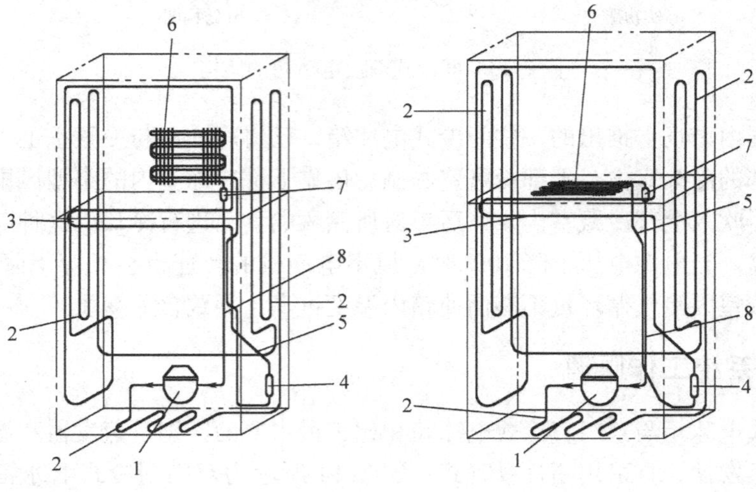

a)　　b)

图 2-15　双门间冷式电冰箱制冷系统

1—压缩机　2—冷凝器　3—门防露管　4—干燥过滤器　5—毛细管

6—蒸发器　7—气液分离器　8—回气管

其工作原理是：当电冰箱接通电源运行时，制冷剂在系统中的流向为：压缩机→蒸发皿管→冷凝器→门防露管→干燥过滤器→毛细管→蒸发器→气液分离器，最后被压缩机吸回，即完成一个单系统循环，如此周而复始达到制冷目的。

冷凝器布置有两种形式：一是外露式即百叶窗式冷凝器或丝管式冷凝器挂在电冰箱后背，占用空间但散热效果好；二是内藏式即冷凝盘管埋在发泡隔热层中，紧贴后背板或两侧钢板，箱体整洁美观。副冷凝器布置在电冰箱底部，弥补主冷凝器的散热不足。

2. 双门间冷式电冰箱制冷系统工作原理（旋转式压缩机）

双门间冷式电冰箱另一类以上菱系列为代表的采用旋转式压缩机制冷系统，如图 2-16 所示。

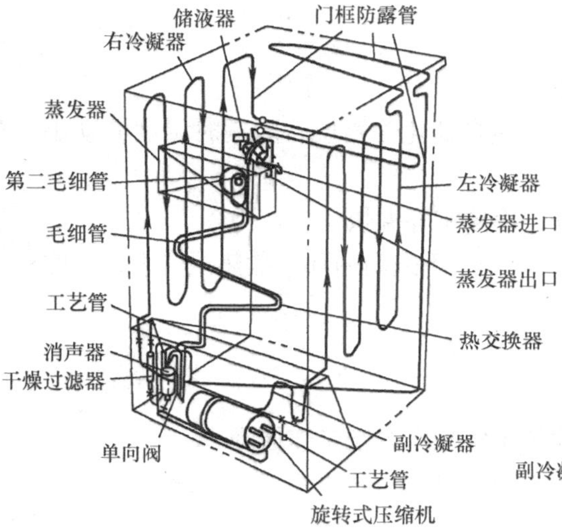

a) 管路图

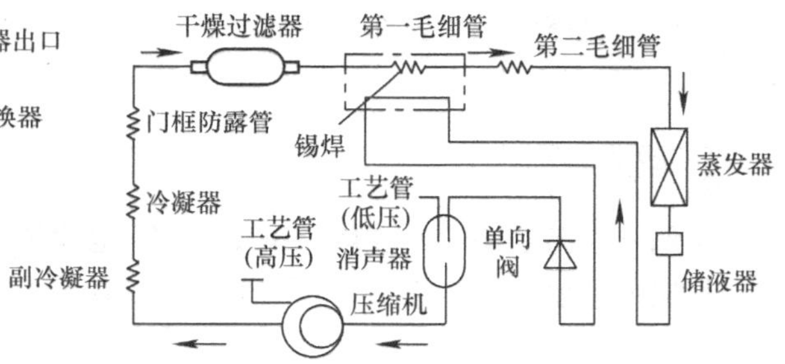

b) 工作原理图

图 2-16 旋转式压缩机双门间冷电冰箱制冷系统图

旋转式压缩机制冷系统工作原理如下。由图 2-16 可以看出，除有蒸发器、储液器、副冷凝器、冷凝器、门防露管、干燥过滤器和毛细管外，由于旋转式压缩机无吸气阀门，故在吸气管设了消声器。它和单向阀的制冷系统变化不同，消声器起着油气分离的作用，同时在压缩机吸气过程中又起到缓冲、消声的作用。单向阀只能让气流流向压缩机，阻止向蒸发器回流，使单向阀到压缩机这段吸气管保持较高的平衡压力，有利于压缩机起动。

两根毛细管串联与干燥过滤器出端连接，第一毛细管起节流作用，它与吸气管锡焊在一起，其作用与单系统组成管相同；第二毛细管仍是单系统的毛细管，仅起缓冲节流的作用，对降低噪声有效。当电冰箱通电运行时，制冷剂在系统中的流向是：压缩机→副冷凝器→冷凝器→门防露管→干燥过滤器→第一毛细管→第二毛细管→蒸发器→储液器→单向阀→消声器→压缩机，即完成一个单系统制冷循环，如此周而复始达到制冷目的。

三、电气控制系统工作原理

双门间冷式电冰箱由于是靠箱内空气强制对流来进行冷却的，所以它在直冷电冰箱的控制电路的基础上，还必须增设风扇电动机的控制和化霜加热器及化霜的控制电路等。

无霜双门双温电冰箱电路的主要特点是采用了全自动化霜和增加了风扇电动机。双门间冷式冰箱电路由以下五个部分组成：

1）压缩机电路，它是由压缩机电动机、起动器、过电流过热保护器组成。

2）温控电路，用一温度控制器来控制冷冻室的温度。

3）除霜电路其中包括排水管加热器、除霜温度控制器、除霜加热器和除霜加热过热熔断器。

4）各种加热防冻加热器，包括排水管加热器、感温风门外壳加热器、风扇口加热器、接水盘加热器、出水口加热器等电热丝加热电路。

5）由风扇电动机、照明灯和两个门开关组成的通风及照明电路。

四、双门间冷式电冰箱的特点

1）冷冻室和冷藏室都不会结霜，使用方便。

2）间冷式电冰箱装有全自动定时除霜系统，能自动化除霜层，除霜时温度波动小，对食品冷冻储藏十分有利。

3）由于冷气强制循环，箱内温度均匀性好，冷藏室降温快。

间冷式电冰箱结构复杂，零部件多，价格较贵。由于强制循环，漏热损失大，因此耗电量较大。

【典型实例】

实例一　万宝 BCD－148、BCD－155 电冰箱电气控制系统工作原理

其典型控制电路如图 2-17 所示（万宝 BCD－148、BCD－155 电冰箱电路）。

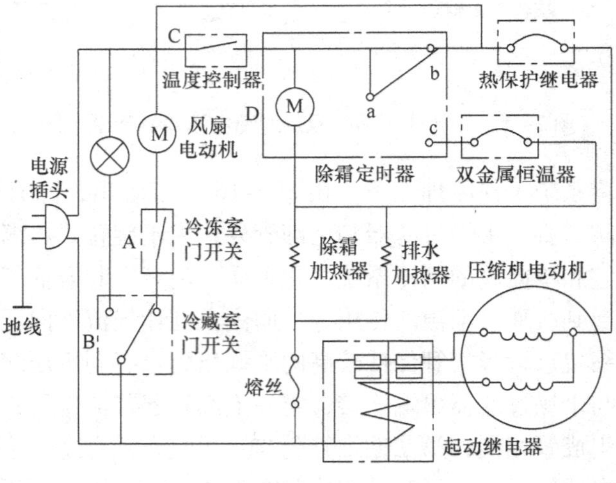

图 2-17　万宝 BCD－148、BCD－155 电冰箱电路图

1. 制冷时的电流通路

当电冰箱通电时，电源插头一端→温度控制器→除霜定时器→过载保护器→压缩机和起动器→电源插头另一端，为一条压缩机运转回路，压缩机工作时进行制冷循环。

2. 化霜时的电流通路

化霜控制回路是在压缩机连续运行且除霜定时器计时累计 8h 时，定时器触点由 b 跳到 c，a 与 c 接通，压缩机停止工作而接通除霜温度控制器、除霜加热器和排水加热器而通电发热。此时电流通路为，电源插头一端→温度控制器→除霜定时器→除霜温度控制器（双金属开关）→并联的加热器→温度熔断器（保险丝）→电源插头另一端。这时由于定时器电动机线圈呈短路状态，停止运行计时。随着除霜进行，当蒸发器上固定的双金属开关升温5℃左右使其触点断开时，化霜回路随着断开，加热器停止通电加热。定时器电动机通电运转计时，约数十分钟后，定时器触点由 c 跳到 b，接通压缩机回路，压缩机和风扇电动机即可恢复制冷运行。有的电路系统中增加了一个熔断器，重复保护二极管（使除霜加热器电源变压）及压敏电阻器（防止系统中产生干扰或浪涌高压），以达到保护目的。

3. 风扇电动机的电流通路

间冷单系统无霜电冰箱中的风扇电动机（简称风机）控制回路是与直冷式电冰箱的主要区别。当电冰箱接通电源制冷时，电源插头一端→温控器→定时器→风扇电动机→冷冻室门开关→冷藏室门开关→电源插头另一端，构成一条风扇电动机运转回路，并受冷冻和冷藏室门开关控制。另外，也有些电冰箱的电路中风扇电动机不受冷冻和冷藏室门开关控制。

箱灯等辅助控制与直冷单系统双门电冰箱相同，灯开关受门触控制，实现开门灯亮、关门灯熄。

实例二 电子温控电冰箱系统

电子温控电冰箱是继机械温控电冰箱之后的第二代新产品，电子温控电冰箱与机械温控电冰箱主要区别在温控器及其电气线路结构的不同，其箱体构造、制冷工作原理大致与机械温控电冰箱相同，在此不再重复介绍。

电子温控电冰箱既有直冷式又有风冷式（无霜），其控制功能多种多样，除根据冷藏、冷冻温度控制压缩机起停外，还能自动显示冷藏、冷冻室的温度，并具有可根据霜层厚度与压缩机工作时间自动除霜，以及过电压保护、自动除臭和语言提示等功能。一般来说，电子温控比机械温控复杂。无论电子控制还是电脑控制的电冰箱，都是模糊控制系统的最新应用，解决了多功能电冰箱控制问题，然而由于控制复杂也给维修带来诸多不便。

电子温控门大都采用热敏电阻式温控器（温度传感器），因为它的温感探头是随温度升高电阻变小，温度下降电阻变大。利用热敏电阻的这一特性，控制压缩机起动与停机，从而实现电路控制。图 2-18 所示为风冷单系统电子温控电冰箱控制原理图，其电路分析在此就不做介绍了。

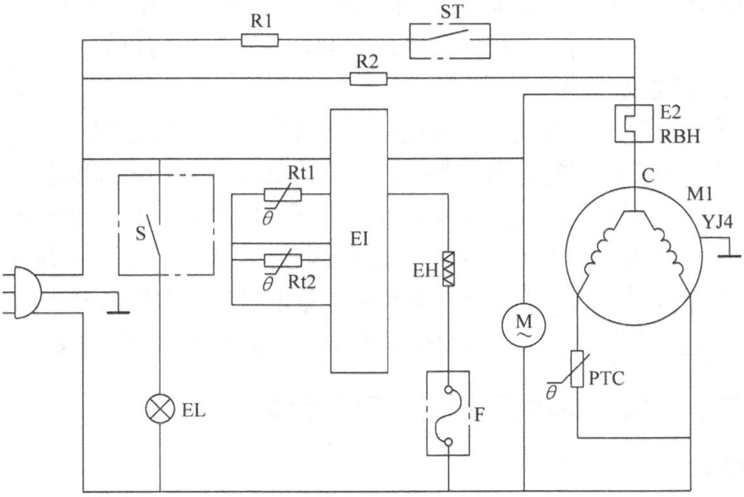

图 2-18 风冷单系统电子温控电冰箱控制原理图

特别提示：间冷式电冰箱制冷系统的维修大部分和直冷式相同，有区别的是有些采用旋转式压缩机的电冰箱。在维修系统时要注意，压缩机的工艺管是高压，开机后不能在此处补充制冷剂。一般选择在回气管前面的气液分离器上充注制冷剂。在充注的过程中，回气压力短时间内会出现负压，这是正常现象。有些初学者会以为堵了或以为制冷剂不足猛加。压力稳定需要15～20min。维修中还要注意，有的电冰箱低压部分设置有单向阀。分段检漏时就要注意这方面的因素。还有就是维修蒸发器时，箱内焊接要用湿抹布把箱内衬保护起来。防止火焰延伸部分损坏电冰箱。

课题四　双系统电冰箱的结构与工作原理

【相关知识】

一、新型电冰箱的技术改进

新型电冰箱除了采用液晶显示和多元化的外观设计之外，还在环保、节能和温控方面有了较大的改进。

1. 采用环保型制冷剂

传统的电冰箱的制冷剂为R12，由于它对大气臭氧层有损害，所以环保型冰箱的制冷剂用R134a或R600a替代，制冷系统中只能采用与之相应的压缩机、冷冻油和过滤器。

R134a制冷系统的真空度要求高，因此对管路的密封要求高，抽真空时间长。如果维修时没有同类制冷剂，要用R12代换R134a制冷剂时，需要换掉过滤器；而用R12代换R600a制冷剂时，除了换掉过滤器外，还要更换压缩机。所以，最好尽可能充注同类制冷剂。

2. 采用双循环、双温控系统

传统电冰箱的冷冻室和冷藏室蒸发器为串联结构，采用单循环系统制冷，通过在冷藏室内的温度控制器来控制压缩机的起停，保证冷藏的温度，而冷冻室是通过系统中蒸发器的匹配达到温控要求。

新型电冰箱采用双循环甚至多循环系统，采用电子技术，在冷冻和冷藏室都设有感温头，通过二位三通电磁阀控制冷冻或冷藏室制冷剂，达到温控的目的。

3. 采用新的控制电路

新型电冰箱采用双温控制系统，常采用单片机控制，内设优化程序。其控制过程为：冷冻和冷藏室都未达到调定温度时，两室都制冷，而冷冻室达到调定温度后，电磁阀供电，冷藏室制冷，冷藏室达到调定温度时，温控器断开，压缩机停机。当压缩机运转时，主控板中的除霜定时器通电，同步电动机运转计时，累计开机24h后，接水盘和蒸发器通电加热，处于除霜状态，除霜至蒸发器表面温度达到6℃时，除霜温度控制器断开，除霜结束，重新制冷，而蒸发器温度达0.5℃时，除霜温度控制器闭合，为下次除霜作准备。

二、直冷双系统双门电冰箱结构及工作原理

1. 典型结构形式

一般情况下，提及多系统循环电冰箱，是指将传统电冰箱制冷剂的单个循环回路变为冷

冻制冷回路和冷藏制冷回路两个循环回路，并通过电磁阀实现冷藏、冷冻两个制冷回路之间的转换。

直冷双系统双门电冰箱是采用双系统循环，制冷方式为直冷式的双门电冰箱，所谓双系统是指采用双根毛细管节流和一个电磁阀换向及双机械温度控制器所形成的主系统和补充系统。直冷双系统双门电冰箱其冷冻室和冷藏室蒸发器均采用直冷盘管式蒸发器且两室独立，其外观、构造形式和直冷式单系统双门电冰箱基本一样，在此就不再重复叙述了。

2. 制冷系统工作原理

典型直冷双系统双门电冰箱制冷系统如图2-19所示。

此系统中电磁阀（两位三通）出口接冷藏毛细管和冷冻毛细管。工作状态为：优先级高的为冷藏毛细管一路，冷冻毛细管一路优先级较低（两路不能同时工作）。冷冻室温度控制器及感温管安装在冷冻室蒸发器壁面上，冷藏室温度控制器及感温管安装在冷藏室蒸发器壁面上。

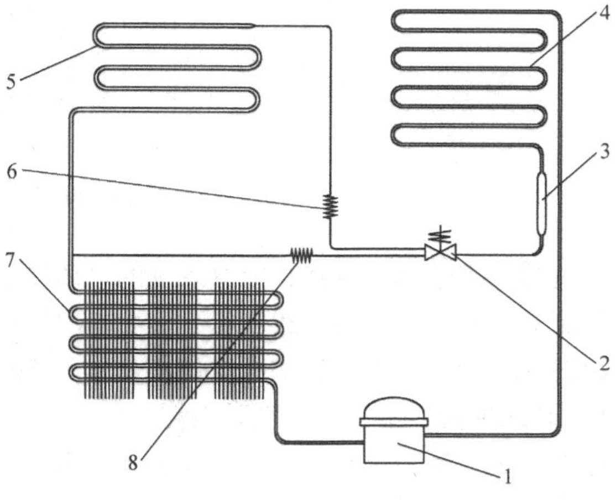

图2-19 典型直冷双系统双门电冰箱制冷系统

1—压缩机 2—双稳态电磁阀 3—干燥过滤器 4—冷凝器 5—冷藏室蒸发器 6—冷藏室蒸发器毛细管 7—冷冻室蒸发器 8—冷冻室蒸发器毛细管

由图2-19可以看出，当电冰箱接通电源时，由于冷冻室、冷藏室温度较高，电磁阀呈断电状态。这时制冷剂经电磁阀通过毛细管（6冷藏毛细管）向冷藏室、冷冻室蒸发器供液制冷。制冷剂在系统中的流向是：压缩机→冷凝器→干燥过滤器→电磁阀→毛细管（6冷藏毛细管）→冷藏室蒸发器→冷冻室蒸发器→压缩机吸回，即完成第一主系统制冷循环（简称主系统，又称主回路）。

当冷藏室达到设定温度下限时，冷藏室温度控制器触点导通电磁阀通电换向，毛细管（6冷藏毛细管）关闭，只有毛细管（8冷冻毛细管）向冷冻室蒸发器供液制冷。制冷剂在系统中的流向是：压缩机→冷凝器→干燥过滤器→电磁阀→毛细管（8冷冻毛细管）→冷冻室蒸发器，最后被压缩机吸回，即完成第二补充系统制冷循环（简称补充系统，又称补助回路）。当冷冻室温度运到设定值时，压缩机停止运行，从而就形成了两个不同的第一主系统和第二补充系统，俗称双系统（又称双回路）。

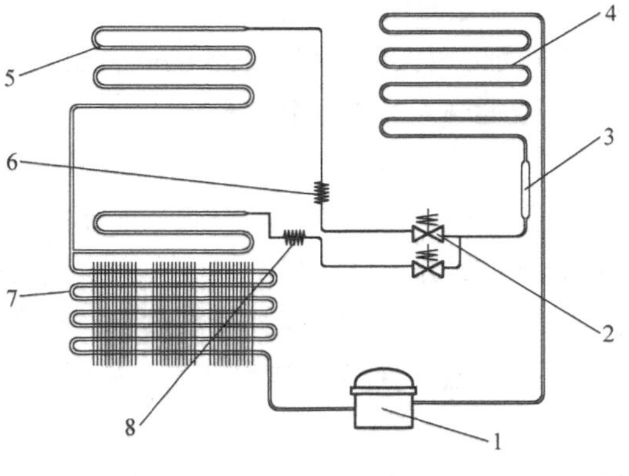

图2-20 直冷双系统电冰箱制冷系统图

1—压缩机 2—双稳态电磁阀 3—干燥过滤器 4—冷凝器 5—冷藏室蒸发器 6—冷藏室蒸发器毛细管 7—冷冻室蒸发器 8—冷冻室蒸发器毛细管

图2-20所示为直冷双系统电冰箱（海信BCD－217De）另一种制冷系统图。此系统中电磁阀（两个并联的两位两通电磁阀）出口接冷藏毛细管和变温室毛细管（两路可同时工作）。

3. 电气控制系统工作原理

直冷双系统电冰箱电气系统工作原理图如图 2-21 所示。

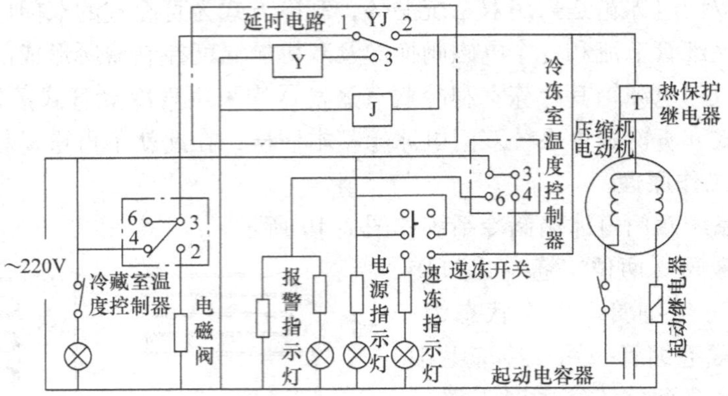

图 2-21 典型直冷双系统电冰箱电路原理图

这是一个带延时电路直冷双系统的电冰箱电路，双系统电冰箱压缩机均受两只并联的温度控制器控制，有可能导致停机不到 5min 又开机的现象。为解决这一问题，图 2-22 电路中在冷藏室温度控制器和压缩机支路内增加了 5min 的延时电路 Y 和一个起开关作用的继电器（如点画线框内所示）。压缩机在停机状态下，YJ 的触点 1 与 3 导通，Y 和 J 均可控制 YJ 的触点 1 与 2，但 YJ 的触点 l 和 2 及触点 1 和 3 不同时导通，从而实现延时功能。

当接通电源时，由于冷藏室温度控制器和冷冻室温度控制器处于接通位置，电磁阀线圈呈断路失电（不换向）。这时，制冷剂经电磁阀通过冷藏蒸发器毛细管向两室蒸发器供液制冷。当冷藏室达到设定温度值时，冷藏室温度控制器触点导通，电磁阀通电换向，冷藏蒸发器毛细管截止，只有冷冻蒸发器毛细管向冷冻室蒸发器供液制冷。当冷冻室达到设定温度值时，冷冻室温度控制器触点断开，压缩机停止制冷循环。停止后，由于延时电路工作，避免了压缩机在短时间内再起动开机，从而既实现双系统、双温控，又实现延时功能，以及速冻和速冻指示、电源指示及报警指示等功能。

4. 双循环系统电冰箱的优点

（1）节能　双循环制冷系统则是采用两根毛细管节流和双温度控制器分别对冷冻、冷藏室控温，并用一个电磁阀控制分配流向冷藏室和冷冻室蒸发器的循环制冷剂。这样既合理解决了制冷剂分流，实现两室或多室之间的匹配，又因两室独立温控，亦可随季节变化调节温度控制器，不需要温度补偿加热器，有利于节能，避免了单循环制冷系统的缺陷。

（2）控温更准确　单系统在高温环境下会出现冷冻室过冷、压缩机运行时间过长或不停机等现象，这是因为温度控制器通常设置在冷藏室，由于环境温度高，势必影响到温度控制器的开停比，使压缩机的工作时间延长。在低温环境下，如不打开温度补偿加热器作为温度补偿，则会出现冷冻室过热现象；而打开冷藏室温度补偿加热器后，又有可能会出现冷藏室和冷冻室过冷的现象。双系统由于两室独立控温，所以冷冻能力远远大于单系统的，并且两室温度波动范围也远远小于单系统的，更容易使冷藏室和冷冻室温度达到最佳设定值，有利于食品的储存保鲜。

（3）节省制冷剂量　双系统所需制冷剂量要明显少于单系统，如一台同容积 192L 的电冰箱，单系统用 R600a 要 58g，而双系统仅需要 48g。

三、间直冷双系统双门电冰箱结构及工作原理

1. 典型结构形式

间直冷双系统电冰箱又称风直冷混合式双系统无霜电冰箱。混冷式电冰箱是近期出现的一种新型组合式电冰箱，它的冷藏室冷却形式为自然冷却，冷冻室冷却方式为强制风冷。它的优点是储藏在冷藏室的食品在自然冷却时不被风干，保持水分和新鲜风味。储藏在冷冻室的食品则可实现快速冷冻。间直冷双系统电冰箱仍以机械温度控制器所组成的电路较为普遍，符号为“BCD”，容积之后用“W”表示。

间直冷双门双系统无霜电冰箱外形结构和其他双门电冰箱基本相似，但其内部结构不同。图 2-22 所示为其内部结构示意图。

2. 制冷系统工作原理

间直冷双系统电冰箱和直冷双系统电冰箱的主要区别在于两个蒸发器冷却方式不同，但制冷系统原理图都一样，如图 2-23 所示。

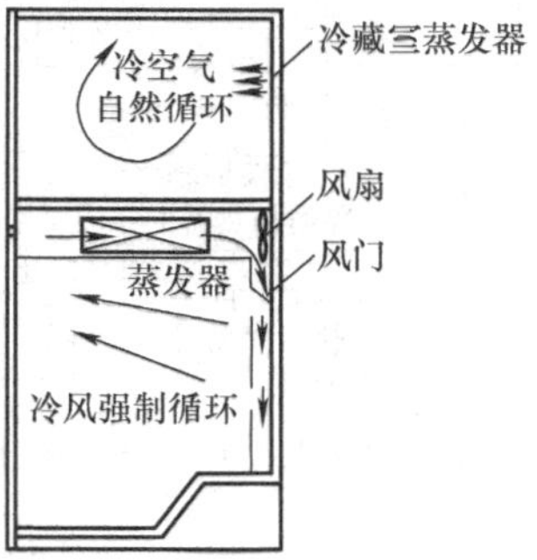

图 2-22　间直冷双系统电冰箱内部结构示意图

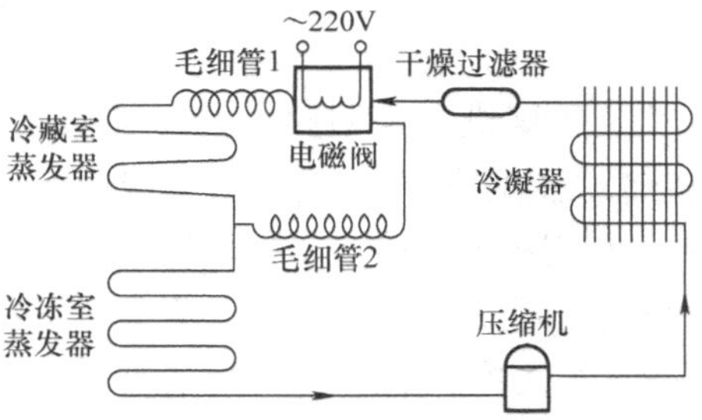

图 2-23　间直冷双系统电冰箱制冷系统工作原理

（1）MSV 技术　典型的间直冷双系统采用 MSV 技术，它是由 M、S、V 三个系统组成。

M 系统（Moisture keepirg and frost）的含义是保湿无霜。冷藏室采用的板管式直冷蒸发器固定在冷藏室的后壁面上，这样可防止与冷冻食品相互串味，既可保持理想的湿度，又能防止因采用风冷而引起的冷藏室食品加速风干的弊端。冷冻室采用翅片盘管式风冷蒸发器，这样既能使食品获得理想的冷冻温度，又能使冷冻室内不会结霜。

S 系统（Syn－hro－vent）的含义是风道同步。翅片盘管式风冷蒸发器更有利于多风道同时送风，尤其对抽屉内食品的同步冷冻，不仅冷却速度快，而且冻结温度均匀，以达到最佳保鲜效果。

V 系统（Variable—capcity enersr—saring）的含义是变容节能。有的冷冻室内还装有一块节能隔板，可根据冷冻食品的存放量灵活地调节节能隔板的插入位置，从而可任意调节冷冻室容积，达到节能的目的。

（2）制冷系统工作原理　当电冰箱接通电源时，由于冷冻室、冷藏室温度较高，电磁阀呈断电状态。这时制冷剂经电磁阀通过毛细管 1 向冷藏室、冷冻室蒸发器供液制冷，制冷剂在系统中的流向是：压缩机→冷凝器→干燥过滤器→电磁阀→毛细管 1→冷藏室蒸发器→冷冻室蒸发器→压缩机，即完成第一主系统制冷循环（简称主系统，又称主回路）。

当冷藏室达到设定温度下限时，冷藏室温度控制器触点导通电磁阀通电换向，毛细管1关闭，只有毛细管2向冷冻室蒸发器供液制冷。制冷剂在系统中的流向是：压缩机→冷凝器→干燥过滤器→电磁阀→毛细管2→冷冻室蒸发器，最后被压缩机吸回，即完成第二补充系统制冷循环（简称补充系统，又称补助回路）。当冷冻室温度达到设定值时，压缩机停止运行。

当冷冻室温度达到设定温度下限值时，冷冻室温度控制器触点断开，此时，压缩机、电磁阀、风扇电动机断电停止工作，从而实现双系统、双温控、双控制。由此说明，电磁阀不通电时，就形成第一主系统，冷藏室、冷冻室同时制冷；电磁阀通电时，就形成第二补充系统，只有冷冻室制冷。冷藏室温度控制器具有双重作用，既控制冷藏室温度，又控制电磁阀的工作状态。

3. 电气控制系统工作原理

典型间直冷双系统无霜电冰箱（航天 BCD－218W）的电气系统工作原理图如图2-24所示。

（1）压缩机控制回路　如图2-24所示，当电冰箱接通电源时，电源插头一端→冷冻室温度控制器F→除霜定时器→保护器和压缩机及起动器→电源插头另一端，构成一条压缩机运转控制回路，制冷循环。

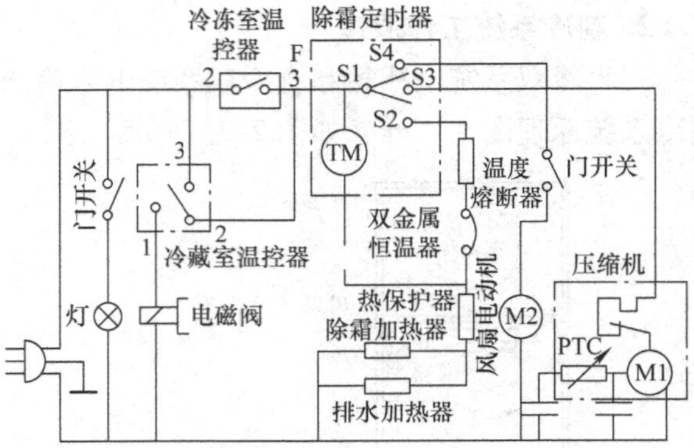

图2-24　间直冷双系统无霜电冰箱电气系统工作原理图

（2）压缩机开停回路　当电源接通、冷冻室温度控制器F触点2与3接通、冷藏室温度控制器R触点2与3接通时，制冷剂经电磁阀及毛细管1向冷藏室蒸发器和冷冻室蒸发器供液。当冷藏室温度达到温度控制器设定下限温度值时，温度控制器R触点2与1接通，电磁阀通电换向，制冷剂经毛细管2向冷冻室蒸发器供液，这时毛细管1截止。当冷冻室温度达到温度控制器设定下限温度值时，温度控制器F触点2与3断开，压缩机和风扇电动机停止工作，从而实现压缩机起停控制。

（3）除霜控制回路　除霜控制回路是在压缩机连续运行（定时器计时）累计8h左右时，其定时器触点S1与S3、S4断开，S1与S2闭合，由电源插头一端→冷冻室温控器F化霜定时器→限流保护器→除霜温度控制器（双金属开关）→热保护器→并联的加热器→电源插头的另一端，构成一条加热器除霜控制回路，加热器发热融霜。当固定在冷冻室蒸发器上的双金属开关感受除霜温度上升到8℃时，其触点自动断开，切断除霜回路供电，停止加热器发热，同时除霜定时器电动机（TM）运转5min左右时，S1与S2断开，S1与S3接通，压缩机M1恢复制冷运行。

（4）风扇电动机控制回路　当压缩机恢复运转、冷冻室温度下降到－7℃时，双金属开关复位，除霜定时器触点S1与S4接通，这时电源插头一端→冷冻室温度控制器F→除霜定时器→门开关→风扇电动机M2→电源插头另一端，构成一条风扇电动机供电运转控制回路。

【典型实例】

实例　海信 BCD－231T、BCD－251T 微电脑控温双系统电冰箱结构与原理

下面以海信 BCD－231T、BCD－251T 电冰箱为例，分析一下微电脑控温双系统电冰箱制冷系统和电气系统工作原理。

1. 典型结构形式

以单片机为核心组成控制系统的电冰箱通常简称为电脑温控型电冰箱，它是当代电冰箱控制方式的第三代新产品，型号符号均用“BCD”表示，并标注有电脑温控。除箱体外形结构、箱体构造材料大致与双门电冰箱箱体构造材料相同，适应不同工质、不同冷却方式的单系统和双系统电冰箱也基本相同，此处不再重复叙述。

2. 制冷系统工作原理

图 2-25 所示为海信 BCD－231T、BCD－251T 电脑控温双系统电冰箱制冷系统结构示意图。电脑控温电冰箱又称智能电冰箱，是在电路系统中采用微处理器进行了控制的电冰箱，它的制冷管路与普通电冰箱基本相同。

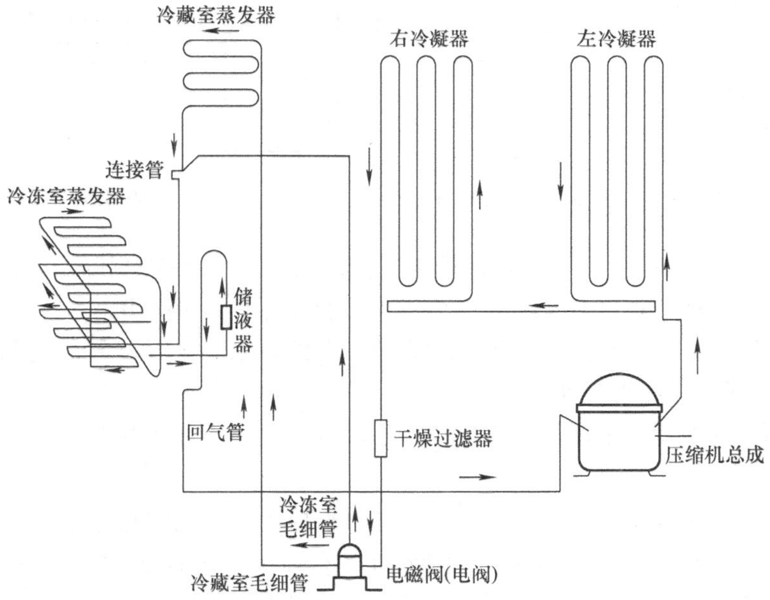

图 2-25 海信 BCD－231T、BCD－251T 电冰箱制冷系统结构示意图

系统由压缩机排出高温、高压制冷剂气体，经左右冷凝器冷却成中温、高压液体后，经过干燥过滤器、毛细管截流后在蒸发器里蒸发成气体，从而进行制冷，制冷剂气体再回到压缩机循环。本系统两条制冷回路分别受冷藏室温度控制器、冷冻室温度控制器的控制。初开机时，制冷剂从压缩机→左冷凝器→右冷凝器→干燥过滤器→电磁阀→冷藏毛细管→冷藏室蒸发器→冷冻室蒸发器→压缩机；冷藏室温度达到设定要求后，电磁阀动作换向，制冷剂从压缩机排出后改经→左冷凝器→右冷凝器→干燥过滤器→电磁阀→冷冻毛细管→冷冻室蒸发器→压缩机。在冷藏室温度、冷冻室温度均达到设定要求后，压缩机停止运转。

3. 电气控制系统工作原理

图 2-26 所示为海信 BCD－231T、BCD－251T 电脑控温双系统电冰箱电气系统结构示意图。

主控板由 CPU、传感器接口电路、整流滤波、压缩机驱动电路等组成。微处理（CPU）

是一个具有很多引脚的大规模集成电路，其主要特点是可以接收人工指令和传感信息，遵循预先编制的程序自动进行工作。CPU 具有分析和判断能力，由于它的工作犹如人的大脑，因而又称之为微电脑，也称为微处理器。

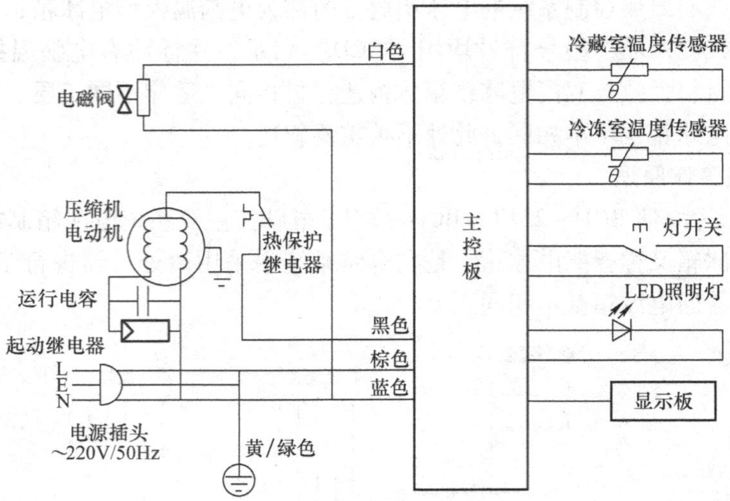

图 2-26　海信 BCD－231T、BCD－251T 电冰箱电气系统结构示意图

海信 BCD－231T、BCD－251T 电冰箱电气控制系统工作原理如下：

1）显示：为 FSTN 型 LCD 显示，白色背光，驱动芯片为 1621B。

2）冷藏照明：采用白色发光二极管做为照明器件，驱动电压为 5V，电流为 120mA，驱动方式为单片机通过晶体管驱动。

3）电磁阀：为双稳态电磁阀，由单片机通过晶体管驱动光耦晶闸管来控制电磁阀的方向。

4）压缩机：由单片机通过晶体管驱动继电器来控制压缩机的起与停。

5）传感器：冷藏、冷冻、环境三个传感器，采用上拉偏置电阻方式。

6）门开关：常闭型，状态输出至单片机，不直接连照明灯。

7）过零检测：从变压器二次侧经晶体管电路输入至单片机。

8）上电 5min 保护：选用 RC 电路充放电实现。

软件控制：主要实现温度控制、温度显示、按键输入、智能、速冻、传感器采样及故障检测与蜂鸣报警、过零及掉电检测与控制、参数记忆、压缩机与电磁阀等部件的控制功能。

冷藏室和冷冻室的温度检测信息随时送给微处理器，人工操作指令通过操作显示电路也送给微处理器，微处理器收到这些信息后，便可对照明灯、电磁阀、压缩机等进行自动控制。电冰箱室内设置的温度传感器将温度的变化变成电信号送到微处理器的传感信号输入端，当电冰箱内的温度到达预定的温度时电路便会自动进行控制。

特别提示：双循环制冷系统的电冰箱在维修中，要注意双循环系统有两个温度控制器，当出现不停机时，不能用机外电子温度控制器来控制。在加注制冷剂时，要按铭牌上标量准确加注。充注量过多时，易产生液击。

课题五　多系统电冰箱的结构与工作原理

【相关知识】

一、直冷式双门三循环系统电冰箱（智能电冰箱）

下面以美菱 BCD－206SN 电冰箱为例，介绍直冷式双门三循环系统电冰箱的典型结构形式、制冷工作原理及电气控制系统工作原理。

1. 典型结构形式

图 2-27 所示为其实物图和剖面结构图。该系列电冰箱为双门三温冷藏冷冻冰箱，电冰箱制冷系统采用双阀三循环系统，采用直冷方式。上部为冷藏室、下部为冷冻室和软冻室。冷藏室为直冷式，使食物保湿保鲜不风干，冷藏室顶部装有除臭器，可以清除电冰箱内异味。下部为冷冻室、软冻室和冷藏室，三个温区都可独立控制。

该系列电冰箱采用电脑智能控温技术，通过大液晶屏幕，既可对电冰箱各间室温度、电冰箱的工作参数进行管理设定，又可对电冰箱冷藏室、冷冻室、软冻室的温度与工作状态进行动态了解。

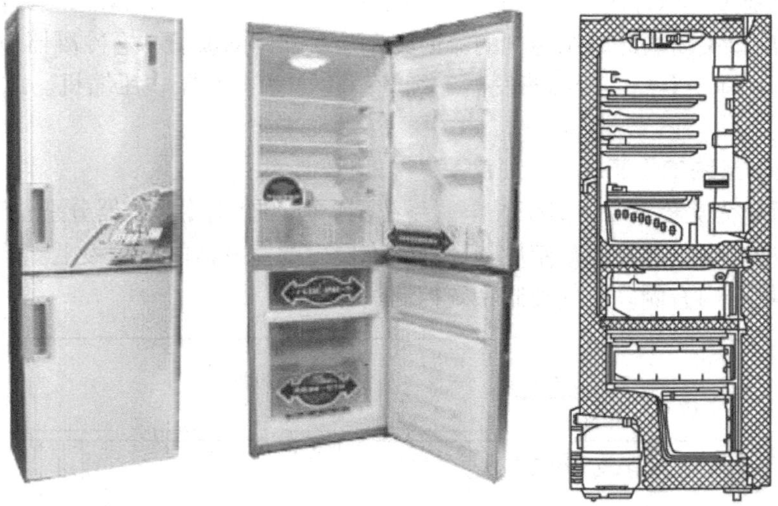

图 2-27　美菱 BCD－206SN 实物图和剖面结构图

2. 制冷系统工作原理

图 2-28 所示为美菱 BCD－206SN 制冷系统图。其制冷工作原理如下：

1）控制状态 A：此时脉冲阀（Ⅱ）得正脉冲，脉冲阀（Ⅱ）的常开出口打开、常闭出口关闭。制冷剂的流向为左冷凝器→防凝管→右冷凝器→过滤器→脉冲阀（Ⅱ）→蓝色标识的毛细管→软冷冻室蒸发器→冷冻室蒸发器→压缩机。此时冷藏室不制冷。

2）控制状态 B：脉冲阀（Ⅱ）得负脉冲、脉冲阀（Ⅰ）得正脉冲，脉冲阀（Ⅱ）的常闭出口打开、常开出口关闭，脉冲阀Ⅰ常闭出口关闭、常开出口打开。制冷剂的流向为左冷

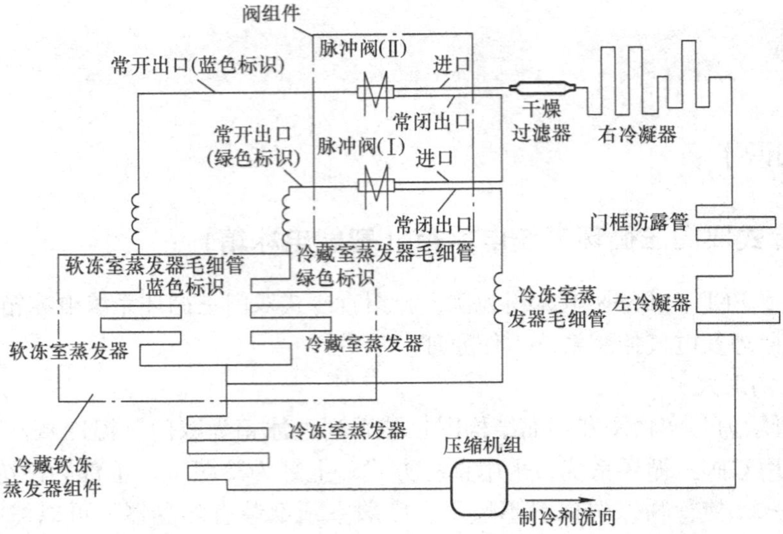

图 2-28　美菱 BCD－206SN 制冷系统图

凝器→防凝管→右冷凝器→过滤器→脉冲阀（Ⅱ）→脉冲阀（Ⅰ）→绿色标识的毛细管→冷藏室蒸发器→冷冻室蒸发器→压缩机。此时软冷冻室不制冷。

3）控制状态 C：脉冲阀（Ⅱ）得负脉冲、脉冲阀（Ⅰ）得负脉冲，脉冲阀 I 的常闭出口打开、常开出口关闭。此时制冷剂的流向为左冷凝器→防凝管→右冷凝器→过滤器→脉冲阀（Ⅱ）→脉冲阀（Ⅰ）→冷冻蒸发器毛细管→冷冻室蒸发器→压缩机。此时冷藏及软冷冻室皆不制冷。

3. 电气控制系统工作原理

图 2-29 所示为美菱 BCD－206SN 电气系统图。其四个温度传感器分别位于冷藏室左侧、软冻室后背、冷冻室下部及冷藏室后背内部发泡层内的蒸发器的蒸发板上。接线盒位于电冰箱后下部压缩机仓内右侧。电气控制系统控制过程如下：

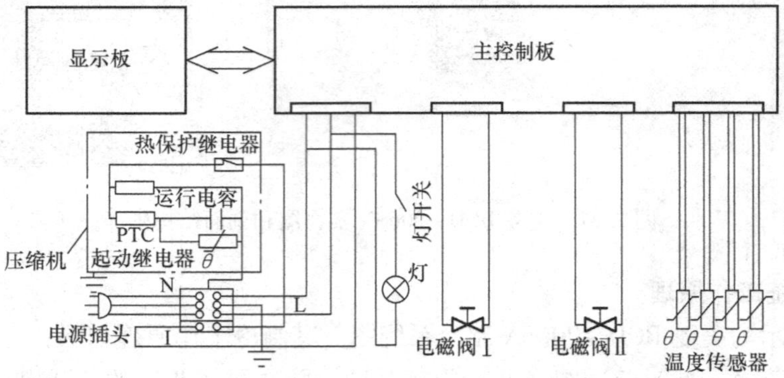

图 2-29　美菱 BCD－206SN 电气系统图

1）软冻室温度在 ON 点之上时，此时无论冷藏、冷冻室温度如何，优先进入控制状态 A（即软冻、冷冻室制冷）。

2）软冻室温度在 ON 点以下而冷藏室在 ON 点之上时，此时无论冷冻室温度如何，优先进入控制状态 B（此时冷藏、冷冻室制冷）。

3）软冻室、冷藏室温度均在 ON 点以下而冷冻室在 ON 点之上时，则优先进入控制状态 C（此时仅冷冻室制冷）。

4）软冻室连续制冷 16min 后仍高于 ON 点，此时若冷藏室温度还在 ON 点之上，则直接进入控制状态 B；软冻室连续制冷 16min 后低于 ON 点但高于 OFF 点，此时若冷藏室温度在 ON 点之上，则进入控制状态 B。

5）冷藏室连续制冷 32min 后仍离予 ON 点，此时若软冻室温度在 ON 点之上，则直接进入控制状态 A。

6）冷藏、软冻室如都在 ON 点之下，则进入控制状态 C。

7）冷冻室先达到 OFF 点，而软冻室或冷藏室来达到 OFF 点，则继续开机，直到变温室、冷藏室先后到达 OFF 点一次，并且先到 OFF 点的间室温度仍在 ON 点之下，压缩机停机。

二、三门四温多系统电冰箱（变频电冰箱）

1. 典型结构形式

三门四温多系统电冰箱的典型产品（如海信 BCD－252BP 变频电冰箱）如图 2-30 所示。该电冰箱率先采用了三门独立四温区多循环系统变频技术，除冷冻室、冷藏室外，设计了零度冰温室和－10～－3℃变温室，四室温度独立控制。

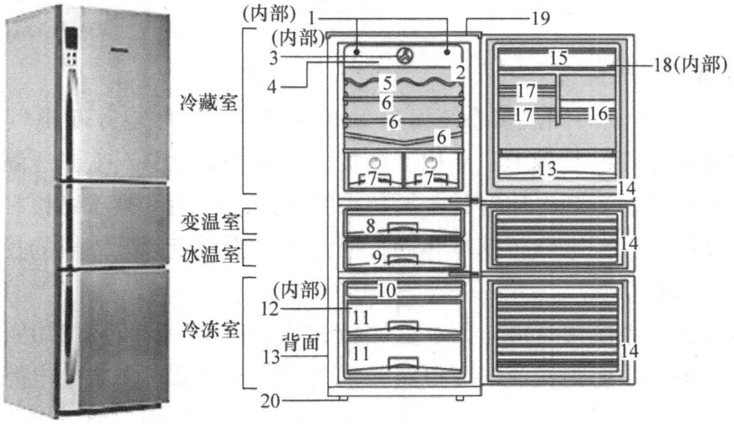

图 2-30 海信 BCD－252BP 变频电冰箱结构图

1—照明灯 2—灯开关 3—风扇 4—灯罩 5—酒水架 6—冷藏室搁架 7—果菜盒 8—变温室抽屉 9—冰温室抽屉 10—冷冻托盘 11—冷冻室抽屉 12—制冰盒 13—压缩机 14—门封条 15—大托架 16—密封小托架 17—小托架 18—蛋架 19—台面板 20—调平螺钉

2. 制冷系统工作原理

典型三门四温多系统电冰箱（以海信 BCD－252BP 为例）的制冷系统工作原理如图 2-31所示。

此系统中电磁阀（两个串联的两位三通电磁阀）出口分别接冷藏毛细管、软冷冻室毛细管和冷冻毛细管，工作状态为：优先级最高的为冷藏蒸发器毛细管一路，－7℃室蒸发器毛细管一路优先级较低，冷冻室蒸发器毛细管路优先级最低（三路不能同时工作）。

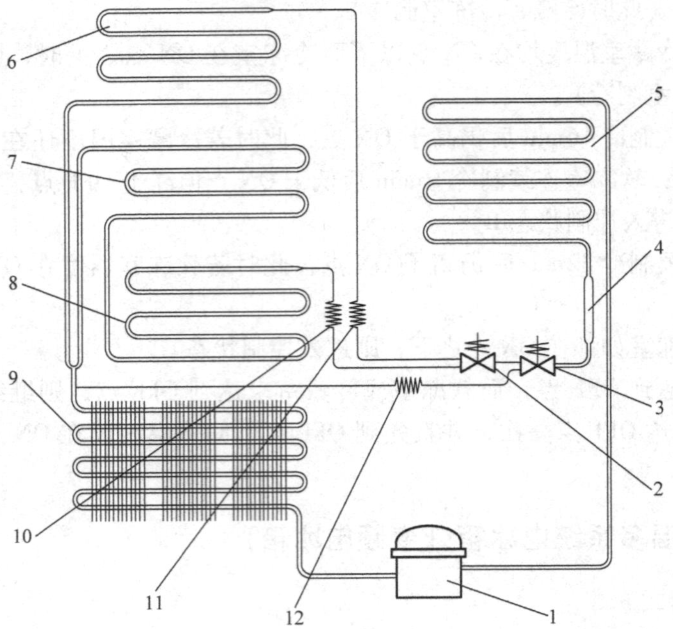

图 2-31　海信 BCD－252BP 变频制冷系统

1—压缩机　2—双稳态电磁阀 B　3—双稳态电磁阀 A　4—干燥过滤器　5—冷凝器
6—冷藏室蒸发器　7—冰温室蒸发器　8—软冷冻室蒸发器　9—冷冻室蒸发器
10—软冷冻蒸发器毛细管　11—冷藏蒸发器毛细管　12—冷冻蒸发器毛细管

3. 电气控制系统工作原理

图 2-32 所示为典型三门四温多系统海信 BCD－252BP 变频电冰箱电气控制原理图。变频电冰箱是在智能电冰箱的基础上，应用变频技术，由变频电路对变频压缩机进行控制，从而实现变频制冷的功能。变频电冰箱的主要特点就是压缩机为变频压缩机，其电路系统及工作流程与智能电冰箱的控制电路板基本相同，但为了实现对变频压缩机的控制，增加了一个变频控制电路（变频模块）。

变频电冰箱的核心系统由智能电路、变频板和压缩机构成。交流 220V 经过滤波器送入电冰箱的交流输入电路中，由交流输入电路分别为变频电路和电源供电电路供电，维持电冰箱的工作状态。初次使用时电冰箱将运行于智能模式，工作时用户通过电路板为主控电路输入人工指令，主控电路中的微处理器接收到指令后，除了对电磁阀、电加热元件等发出工作指令外，还将工作指令输入到变频模块中，对变频驱动电路发出控制信号并驱动变频压缩机工作。

特别提示：分立多循环冰箱的诞生，在电冰箱的系统方面起了重大的变化，使电冰箱的状态由使用者自由控制。分立循环技术既可实现分立双循环，也可实现分立多循环，在多循环状态下，电冰箱可以实现三、四、五甚至更多间室并联独立工作，互不影响，通过电磁阀的控制和切换，将“时空”进行分割控制，使制冷剂的流向在不同电冰箱间室的制冷蒸发器之间交替流动。它的特点主要表现为：快，制冷速度快，自动速冷、自动速冻；变，自由调温、自由关闭、自动适应环境变化；省，关闭省电、调温省电、适应环境省电；准，控温准确、温度波动小。

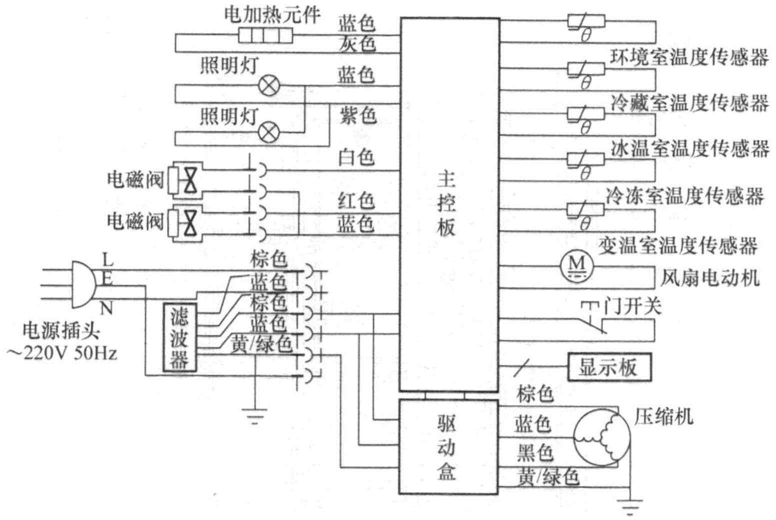

图 2-32 海信 BCD-252BP 变频电冰箱电气原理图

课题六 对开门电冰箱的结构与工作原理

【相关知识】

对开门电冰箱属于大容积电冰箱，容积在 500~600L 之间，整体豪华大气，可最大限度地满足现代家庭对食品保鲜冷冻的需求，其时尚的外观设计更满足了现代人的审美要求，所占市场份额正逐年增加。

下面以海尔 BCD-518WS 电冰箱为例，介绍对开门电冰箱结构与工作原理。

一、典型结构形式

图 2-33 为海尔 BCD-518WS 电冰箱实物图，图 2-34 为其内部结构图。

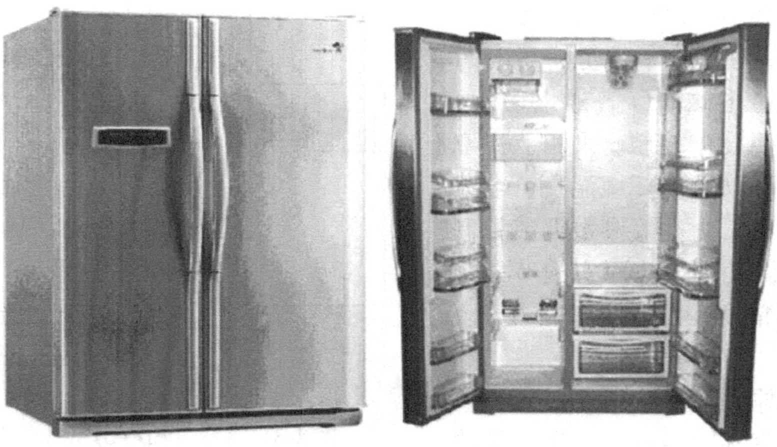

图 2-33 海尔 BCD-518WS 电冰箱实物图

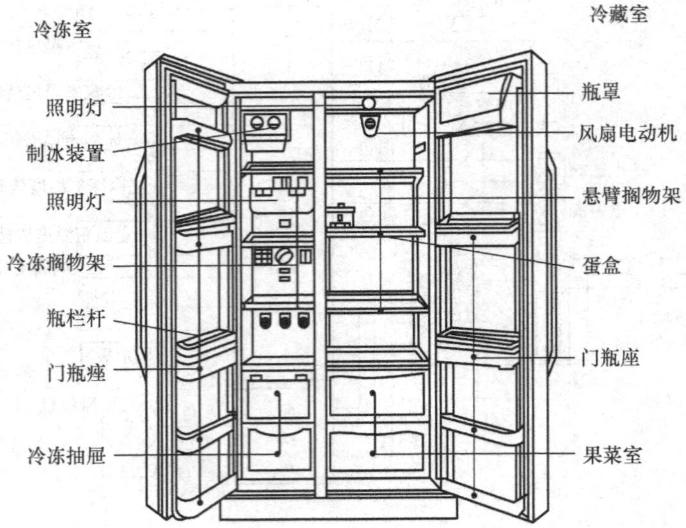

图 2-34 海尔 BCD－518WS 内部结构图

冷藏室主要部件：冷藏风扇电动机（交流）、冷藏室传感器 R1/R2、玻璃板、抽屉。冷藏室独立控制系统，可以实现冷藏单独关闭、而且冷藏室装有风扇电动机，可以使冷藏空间温度更加均匀。

冷冻室主要部件：冷冻风扇电动机（直流）、半自动制冰机、蒸发器盖板、冷冻蒸发器、除霜加热丝、除霜熔丝、除霜传感器、冷冻传感器、玻璃板、抽屉；冷却风扇电动机自动控制，冷却风扇电动机可以根据环境温度的高低自动控制风扇电动机的开停和转速。

电脑板包括：主控板、滤波板、变频板、显示板。变频压缩机控制具有运转平稳、节能等优点。

二、制冷系统工作原理

图 2-35 所示为海尔 BCD－518WS 制冷系统。海尔 BCD－518WS 为双系统电脑控制电冰箱，在冷藏、冷冻室各有一个蒸发器，通过电磁阀（普通电磁阀）换向实现冷藏温度的控制。采用双温双控工作方式，可以根据环境温度、电冰箱内部温度及负载大小等参数调节控制参数，优化能源使用，从而实现节能降噪、提高控温精度、提高冷冻能力、改善冷冻效果。

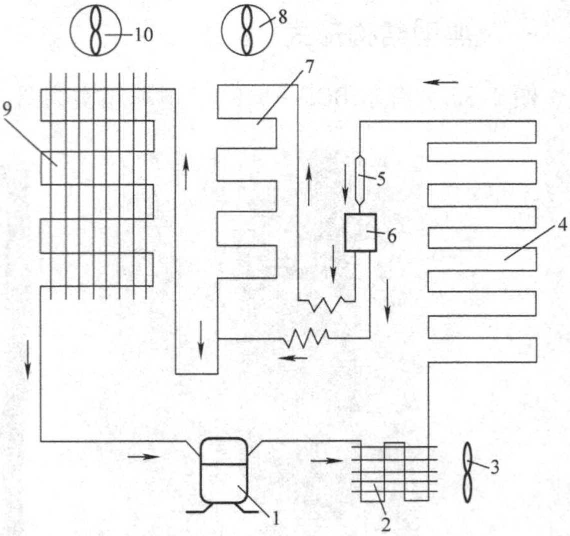

图 2-35 海尔 BCD－518WS 制冷系统

1—压缩机 2—底部冷凝器 3—冷凝风扇电动机 4—侧板冷凝器 5—干燥过滤器 6—电磁阀 7—冷藏蒸发器 8—冷藏风扇电动机 9—冷冻蒸发器 10—冷冻风扇电动机

制冷工作原理：制冷剂通过压缩机压缩变为高压气体，经过冷凝器以及除露管散热变成高压液体，经过干燥滤器除去水分，通过电磁阀进入毛细管，经过毛细管节流后，经过蒸发器液态制冷剂吸热由液态转变成气态，最后经过回气管回到压缩机，如此循环。

三、电气控制系统工作原理

图 2-36 所示为海尔 BCD－518WS 电气系统图。其工作原理非常复杂，下面简要地介绍一下其初始状态、温度控制及自动除霜控制的工作过程。

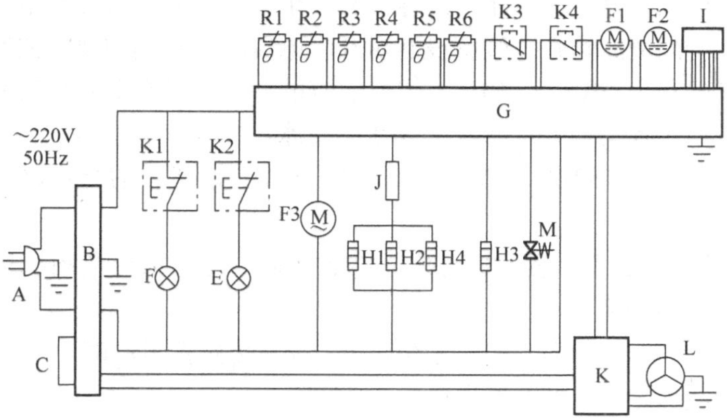

图 2-36　海尔 BCD－518WS 电气系统图

1. 初始状态

一上电时，电冰箱处于人工智慧状态，人工智慧指示灯亮；挡位根据环境温度自动设定，不进入速冻。初次上电时，如果电冰箱温度处于开机和关机温度之间，则不开机，直到温度回升到开机点时开机。

2. 温度控制

本电冰箱为双蒸发器电冰箱，冷冻温度的控制是通过控制压缩机和冷冻风扇电动机的开停来实现的，冷藏温度的控制是通过控制压缩机和冷藏风扇电动机的开停以及电磁阀的切换来实现的。冷冻温度的控制信号是冷冻传感器的输入信号，冷藏温度的控制信号是冷藏传感器 R1 的输入信号。

冷藏的开/停机由冷藏传感器 R1 控制，冷藏传感器 R2 不控制冷藏的开/停机；冷藏开机时，冷藏风扇电动机工作，冷藏停机时，当 R2 的温度 t_2 高出 R1 的温度 $t_1$4℃以上时，冷藏风机工作，直到 $t_2-t_1=4$℃时，冷藏风扇电动机停止工作。

正常情况下，冷冻开机时冷冻风扇电动机常速运转；初上电时，冷冻风扇电动机常速运转；冷冻门开关接通时，冷冻风扇电动机停止运转。冷冻风扇电动机只有在除霜时不与冷冻室同步工作。

3. 自动化霜控制

压缩机每累积运转 10h，就会进入除霜状态。进入自动除霜前要先判断冷冻室温度，如果冷冻室温度低于或等于－20℃，则马上进入自动除霜，如果冷冻室温度高于－20℃，则先进行除霜前预冷：冷冻压缩机和冷冻风扇电动机（高速）连续运转 60min 后或冷冻室温度在 60min 内降至－20℃，才进入自动除霜状态。除霜操作动作为：压缩机和风扇电动机停机，电磁阀强制带电，接通除霜加热丝，当除霜传感器温度上升到 10℃时，断开除霜加热丝，之后静止（压缩机和风扇电动机关机）5min，压缩机开机 2min 后，风扇电动机再开机，电磁阀恢复正常控制，除霜程序结束。除霜前的预冷时间不计入 10h 累积时间。

【典型实例】

实例一　海尔 550WF/551WF/552WF/539WF 系列单系统电脑控制对开门电冰箱

图 2-37 所示为海尔 550WF/551WF/552WF/539WF 系列单系统电脑控制对开门电冰箱实物图和制冷系统结构图。这种电冰箱在冷冻室有一个蒸发器，通过冷藏电动风门的开关实现冷藏温度的控制。有的电冰箱在冷藏室设有对开门电冰箱上独创的 007 抽屉，可以按照实际需要调节四档温度：5℃、3℃、-4℃、-7℃。有的型号还具有矿泉自动制冰机功能，可以通过水泵连接到矿泉水桶实现外取冷水、碎冰、整冰。

这类电冰箱（如海尔 550WF/551WF/552WF/539WF 系列）的结构以及系统原理基本是一致，具体如下：

1）采用全风冷设计，蒸发器在冷冻室，冷藏室通过冷冻风扇电动机运转，将冷气吹入冷藏室，实现冷藏室的制冷。

2）冷藏室主要有：冷藏风门、冷藏照明灯、冷藏传感器 R1/R2、抽屉、玻璃板；另外有的型号还具有光波保险灯、007 调节面板。

3）冷冻室主要有：冷冻风扇电动机（直流）、部分型号具有半自动制冰机、部分型号具有全自动制冰机系统、蒸发器盖板、冷冻蒸发器、除霜加热丝、除霜熔丝、除霜传感器、冷冻传感器、玻璃板、抽屉。

4）电脑板包括：主控板、滤波板、变频板、显示板、007 调节面板。

5）制冷工作原理：制冷剂通过压缩机变成高温高压气体，经过冷凝器以及除露管散热变成高压液体，经过干燥过滤器除去水分，进入毛细管，经过毛细管截流后，经过蒸发器液态制冷剂吸热由液态转变成气态，最后经过回气管回到压缩机，如此循环。

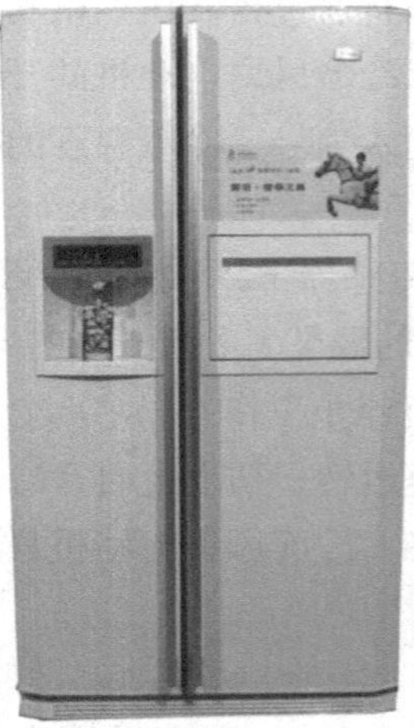

图 2-37　单系统电脑控制对开门电冰箱

实例二　海尔 588WS/586WS 对开门结构（三门/四门）电冰箱

海尔 588WS/586WS 为典型的对开门结构（三门/四门）电冰箱，图 2-38 和图 2-39 分别为其实物图。这两种电冰箱均为单系统电脑控制，在冷冻室有一个蒸发器，通过冷藏电动风门的开关实现冷藏温度的控制。

586WS电冰箱具有矿泉自动制冰机功能，可以通过水泵连接到矿泉水桶实现自动制冰块。

冷藏室主要有：竖梁、冷藏风门、冷藏照明灯、冷藏传感器、玻璃板、果菜盒。

冷冻室主要部件：抽屉滑轨、大抽屉、半自动制冰盒、冷冻风扇电动机（直流）、除霜加热丝、冷冻蒸发器、除霜熔丝、冷冻传感器、除霜传感器；四门的还有小抽屉、自动制冰机。

图2-38 对开门结构三门电冰箱实物图（海尔588WS）

图2-40为对开门结构（三门/四门）电冰箱制冷系统图。其制冷系统原理为：采用全风冷设计，蒸发器在冷冻室，冷藏室通过冷冻风扇电动机运转，将冷气吹入冷藏室，实现冷藏室的制冷。制冷剂通过压缩机变成高温高压气体，经过冷凝器以及门框防露管散热变成高压液体，经过干燥过滤器除去水分，进入毛细管，经过毛细管节流后，经过蒸发器液态制冷剂吸热由液态转变成气态，最后经过回气管回到压缩机，如此循环。

图2-39 对开门结构四门电冰箱实物图（海尔586WS）

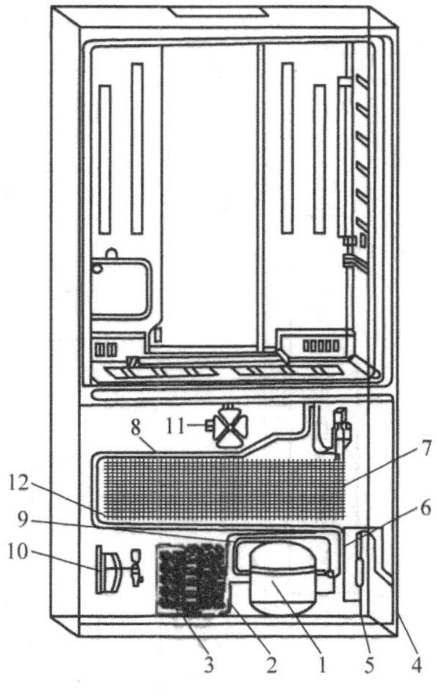

图2-40 对开门结构（三门/四门）电冰箱制冷系统图

1—压缩机 2—高压排气管 3—冷凝器
4—防露管 5—干燥过滤器 6—毛细管
7—蒸发器 8—连接管 9—低压回气管
10—冷凝器风扇 11—蒸发器风扇 12—除霜加热器

单元三

电冰箱管路加工与连接技能

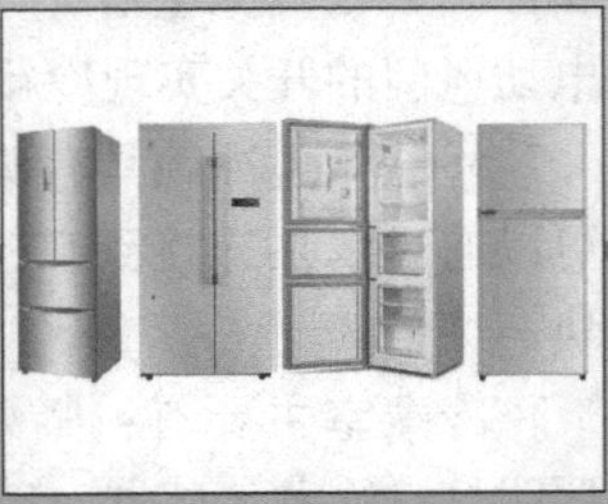

【内容构架】

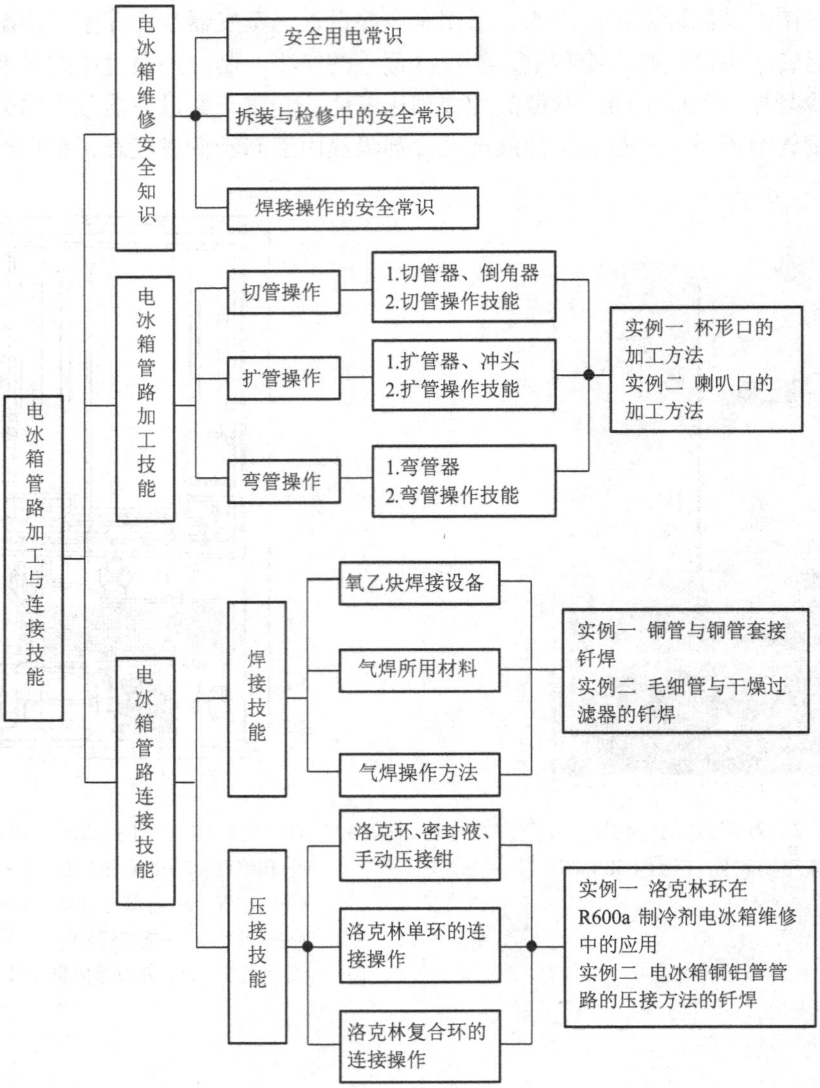

【学习引导】

本单元的主要目标是让学生掌握电冰箱维修过程中管道加工与连接操作技能。为帮助学生树立安全意识，首先让学生明确电冰箱维修中应注意的基本安全操作规范，以及维修中如何避免危害或事故的发生；其次，归纳了制冷管路的切管、扩口、焊接、洛克林环连接等操作技能，对操作中可能要用到的工具、仪表及辅助检测材料进行讲解，使学生明白相关工具的功能特点、适用范围，并能正确地使用相关工具。

目的与要求

1. 了解安全用电常识。
2. 熟悉防火防爆安全常识。
3. 掌握焊接操作的安全常识。
4. 了解切割、扩管、弯管的加工工具。
5. 熟练掌握铜管切割、扩管和弯管操作技能。
6. 了解气焊的原理及应用范围。
7. 熟悉气焊设备、工具和所用材料。
8. 掌握气焊工艺与操作技能。
9. 了解洛克环压接的特点及应用范围。
10. 掌握压接操作的工具使用方法。
11. 掌握洛克林单环及洛克林复合环的连接操作。

重点与难点

重点：

1. 钎焊基本操作技能及安全操作规程。
2. 铜管扩管和弯管操作技能。
3. 干燥过滤器、毛细管和各种直径铜管的焊接。
4. 洛克林单环及洛克林复合环的连接操作。

难点：

1. 铜管弯管操作技能。
2. 气焊火焰的调节与选用。
3. 洛克林复合环的连接操作。

课题一 电冰箱维修安全知识

【相关知识】

一、安全用电常识

安全包括人身的安全和设备的安全两个方面。电冰箱是以电能作为动力能源，进行维修时就必须懂得触电的危害、懂得如何防止触电事故的发生，避免发生电伤、电击对人体造成伤害，因此在维修过程中既要有高度的安全意识，同时也要掌握安全用电的常识。

1. 断电源

对电冰箱进行维修时，通常必须先拔下电源插头，如图3-1所示。由于电冰箱断电之后短时间之内仍有高压存在，因此必要时在断电后也要配备防电设施，防止触电。

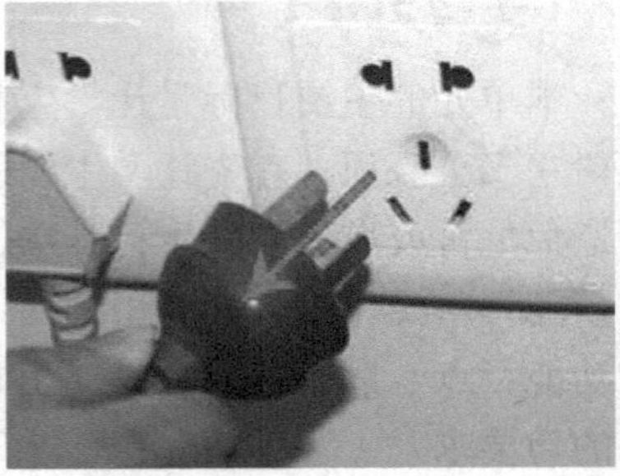

图3-1　注意切断电源

2. 防触电

在维修过程中，必须在通电状态下检查电路时，应小心操作，切勿触碰到带电部位，维修时若发现导线老化，应及时更换。

3. 导线良好连接

维修时剪断的导线，重新连接必须进行焊接，并用绝缘胶带密封或用空端子连接，确保接触良好。

4. 接地检查

维修后必须检查接地是否良好，如发现接地不良、不完整应及时处理。

二、拆装与检修中的安全常识

1. 正确使用维修工具

维修时必须使用适当的维修工具，使用工具不当或工具磨损严重，也会造成接触不良或紧固不牢而发生事故。拆装电冰箱前，要注意判断安装固定方式，根据其连接方式（螺钉、焊接、卡扣）选择相应的方法操作，切不可盲目硬敲、硬掰，以免造成内部元件或电冰箱外观损伤。例如，拆装卡扣连接要选用一字螺钉旋具，拆装十字形螺钉连接要选用十字螺钉旋具。图3-2所示为螺钉旋具的外形结构。

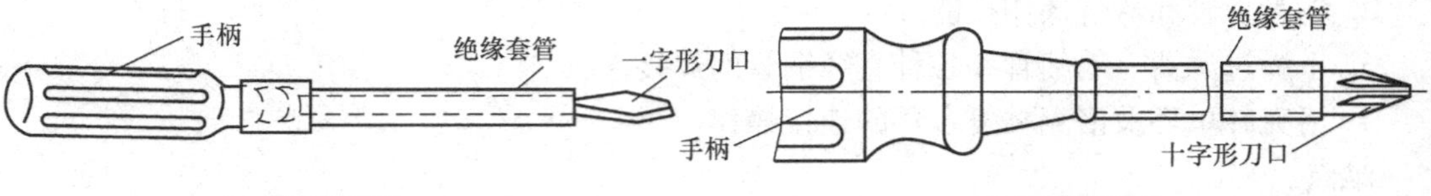

a) 一字螺钉旋具　　b) 十字螺钉旋具

图3-2　螺钉旋具的外形结构

2. 正确更换零部件

维修时需要更换的零部件，如温度熔断器、除霜加热器，必须是同型号的零部件，不得随便更换其他型号或其他品牌的零部件，更不要将零件进行改造维修。用不完全相同的元器件进行代换时，主要参数也必须一致。图3-3所示为某电冰箱压缩机的型号参数。若随意代换元器件容易影响电冰箱的性能，严重时可能会损坏电冰箱的其他元器件。

3. 正确检测电路

检测电冰箱电路前，应先除尘，因为有些电冰箱的故障是由电冰箱内污严重引起的。图3-4所示为维修电冰箱时常用清洁工具。在检测电路板时，注意不要将电路短路，若发现冒烟、打火、出现焦臭味、异常过热等现象，应立即关机检查。

图 3-3 某电冰箱压缩机的型号参数

三、焊接操作的安全常识

1. 防火防爆安全常识

1）电冰箱维修时应注意附近的烟火。尤其在使用燃气工具进行焊接后，必须先将燃气火焰熄灭后，方能进行其他检修作业。

2）充注制冷剂时，应远离火源。制冷剂不得随意向室内排放，尤其是室内有明火时，因为 R600a 易燃易爆，且遇火会产生光气而使人中毒。

3）不要在通风不良和密闭的房间内进行焊接等。

4）室内应保证空气流通，装有通风设备。R600a 场地应装设防爆电动机的风机，因 R600a 比空气重，排风系统应遵循“上进新风下抽风”的原则，抽风口应尽量贴近地面和可能泄漏点。一旦发生制冷剂泄漏，应立即通风排除。

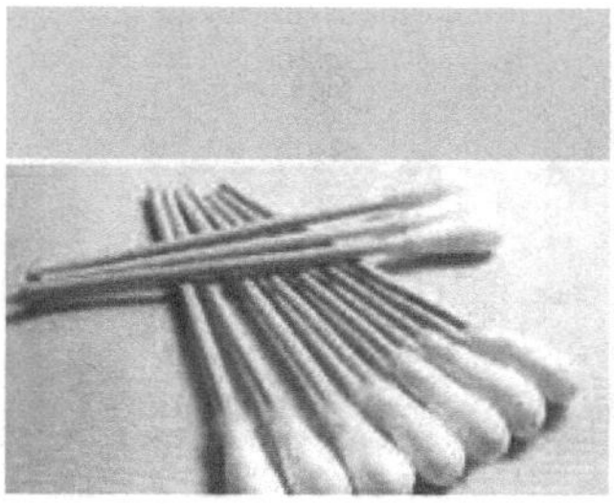

a) 棉签

b) 毛刷

c) 吹气气囊

d) 吹风机

图 3-4 维修电冰箱时常用清洁工具

5）钢瓶应存放在阴凉处，避免阳光直晒，防止靠近高温。在搬运中禁止敲击，以防爆炸，应轻拿轻放。

2. 气焊操作的安全事项

气焊是一种具有危险性的工作，因此，对于使用的助燃和可燃气体、工具、设备及操作方法都必须加以注意。任何微小的疏忽都可能造成爆炸、火灾、烫伤、中毒等重大恶性事故。每个操作人员都必须熟悉与自己本职工作有关的安全注意事项，遵守气焊的操作规程，确保维修工作安全进行。主要的安全事项有以下几点。

1）工作前检查周围环境，工作场所不许放置易燃物品，同时应配备灭火器材，采取适当的安全防护措施。

2）操作过程中应时刻注意安全，不准嘻笑打闹，枪口不要对人。

3）焊接前一定要检查设备是否完好，操作人员必须戴上护目镜和手套。

4）施工作业时氧气瓶、乙炔瓶要与动火点保持不小于10m的距离，氧气瓶与乙炔瓶的距离应保持5m以上，如图3-5所示。

5）氧气瓶、减压器、焊枪等有铜件的部位及胶管上严禁粘有油脂，也不准戴粘有油脂的手套进行操作。

6）氧气连接管和燃气连接管要足够长，至少不能短于2m。连接管的多余部分不可以盘绕在瓶身周围，如图3-6所示。

图3-5　氧气瓶、乙炔瓶与动火点的距离

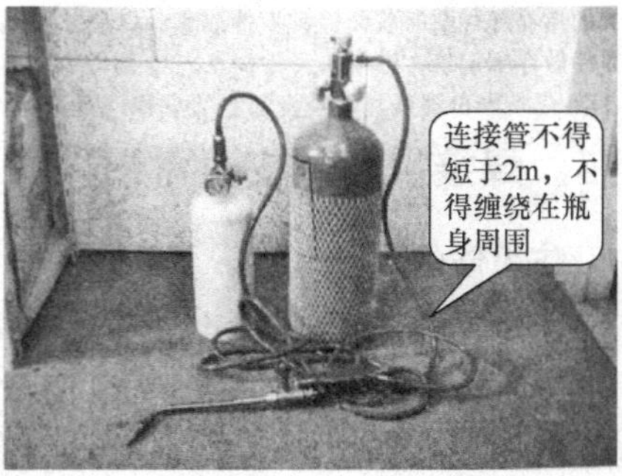

图3-6　氧气连接管和燃气连接管的长度要求

7）使用射吸式焊枪时，应经常检查其射吸性能是否良好。

8）要经常检查所用氧气瓶、液化石油气瓶和焊枪等工具设备是否漏气，发现问题要及时解决。

9）对充有R12的制冷系统，不能在充有制冷剂的情况下或在制冷剂泄漏的情况下进行焊接，以防止R12遇明火产生有毒的光气毒害人体。对于充注R600a制冷剂的系统，严禁明火封焊。

10）焊接完毕后，应关闭气瓶，检查现场，确认无隐患后才能离开。

3. 氧气瓶的安全使用

在使用氧气瓶时，必须注意如下的安全事项：

1）氧气瓶应符合国家质检总局颁布的《气瓶安全监察规定》。

2）禁止在开启瓶阀时，将阀门转过半周以上。

3）禁止在接口处使用油脂或油。

4）禁止撞击氧气瓶。

5）随时将氧气瓶绑紧。

6）禁止搬运没有阀门保护帽的氧气瓶。

7）禁止使用躺倒的氧气瓶。

8）禁止使用氧气代替压缩空气吹净工作服和乙炔管路，或用做试压和气动工具的气源。

9）在开启瓶阀时，应站在减压阀的侧边。

4. 乙炔瓶的安全使用

乙炔的化学性能很不稳定，是易爆品，当表压力达到 0.15MPa 或将其置于温度为 80℃的环境中是极其危险的。乙炔瓶爆炸能在 100m 范围内形成破坏性冲击波，所以在使用乙炔瓶时，必须注意如下的安全事项：

1）乙炔瓶应符合国家质检总局颁布的《气瓶安全监察规定》。

2）禁止使用表压力超过 0.15MPa 的乙炔气瓶。

3）禁止抽吸瓶内气体，以防瓶内压力低于瓶外压力。

4）禁止铜管与软管相连或使用拼接起来的软管。

5）乙炔瓶在搬运、装卸、使用时都应竖立放稳，禁止在地上卧放并直接使用。

6）禁止搬运没有阀门保护帽的气瓶。

7）禁止撞击钢瓶。

8）禁止在高温环境中（超过 70℃）或近热源处使用乙炔瓶。

9）必须配合使用符合要求的回火防止器，每一把焊炬或割炬都必须与独立的、合格的回火防止器配用。

5. 使用氧乙炔焊接时应注意的问题（见表 3-1）

表 3-1 使用氧乙炔焊接时应注意的问题

序号	事项类别	注意内容
1	焊枪点火前的几项检查	1）先打开乙炔瓶阀，看压力表指针是否在规定压力范围内 2）再打开氧气瓶阀，看压力表指针是否在规定压力范围内 3）如果乙炔瓶压力有增高时，不能使用焊枪，可能是由于氧气将乙炔压入钢瓶，造成乙炔气回流入瓶内的危险
2	点火顺序	1）打开焊枪上的乙炔气开关，并点燃它 2）打开焊枪上的氧气开关 3）根据焊接需要，调整乙炔、氧气开关开度
3	灭火顺序	1）先关闭焊枪上的氧气开关 2）再关闭焊枪上的乙炔气开关 一般氧气压力比乙炔气压力大两倍。在使用中发现乙炔气回流时，应立即关闭氧气开关，以免发生意外
4	其他注意事项	1）禁止在没有安装压力表或压力表发生故障的情况下使用该设备 2）禁止在该设备上方进行焊接 3）分清供给氧气和乙炔气的专用管子，且管子不得有磨损、扎伤、刺孔、老化、裂纹等，且不得互换，不得用其他胶管代替，保证使用安全 4）不让软管碰到有机溶剂 5）焊接时，氧气压力通常采用表压力 0.1MPa，乙炔气压力通常采用表压力 0.05MPa

课题二　电冰箱管路加工技能

【相关知识】

当电冰箱的管路系统发生故障时，通常需要对管路系统进行检修。检修时，需要对电冰箱管路进行切割和管口加工。如若要自制盘管式冷凝器或蒸发器，还要对铜管进行弯曲加工。

一、切管操作

1. 切管器

当电冰箱管路系统发生故障或需要对管路系统进行抽真空、充注制冷剂等操作时，都要对管路进行切割操作。切割时，需选用专用的切割工具即切管器。

切管器专门用于切割纯铜管、黄铜管和铝管的工具，也称为割管器。一般由支架、手轮、刀片、导轮和伸缩杆组成。切管器分为大切管器和小切管器两种。大切管器是常用的切割工具，切割时省力方便，切割管子的直径范围为 5 ~ 30mm，如图 3-7 所示。小切管器切割管子的直径范围为 3 ~ 12mm，当切割管子较细或切割加工空间较小时，应使用小切管器，如图 3-8 所示。

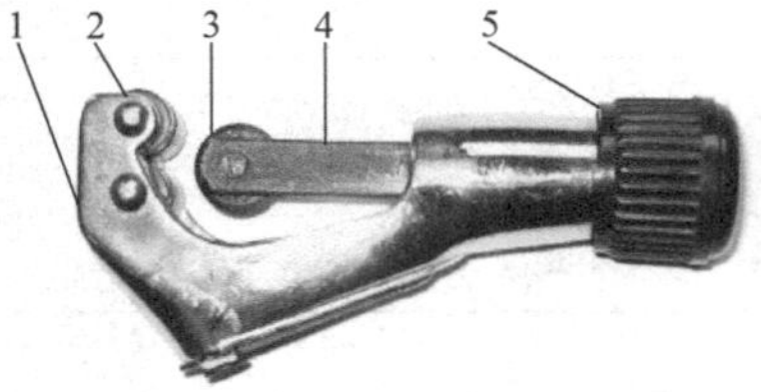

图 3-7　大切管器的结构
1—支架　2—导轮　3—滚轮刀片
4—伸缩杆　5—进给手轮

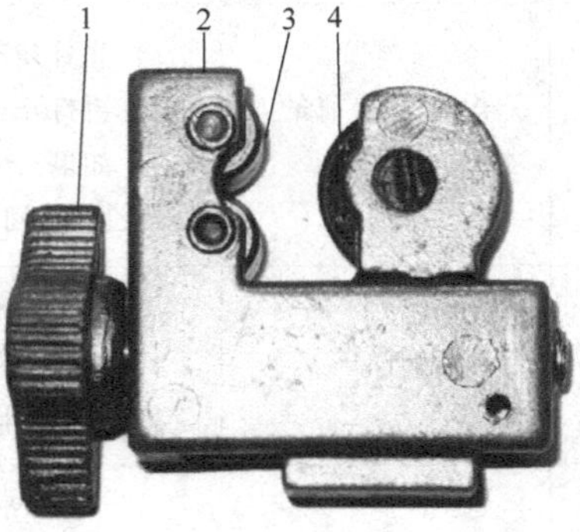

图 3-8　小切管器的结构
1—进给手轮　2—支架
3—导轮　4—滚轮刀片

在维修电冰箱的管路系统时，若需要对毛细管进行切割，可以使用专用的毛细管钳（见图 3-9）或剪刀划断（剪刀划痕后用手掰断）。用剪刀剪住毛细管的割断部位，轻轻来回转动，划出一圈刀痕，但不能划透，然后用双手拿住划痕的两边轻轻来回扳动几下，毛细管即可断开，管口不需要再加工，可直接使用。

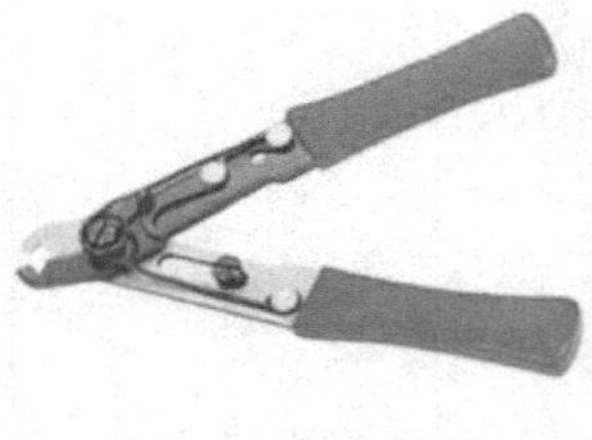

图 3-9　毛细管钳

2. 倒角器

铜管在切割加工过程中，易产生收口和毛刺现象。倒角器主要用于去除切割加工过程中所产生的毛刺，消除铜管收口现象。倒角器的外形结构如图 3-10 所示。

图 3-10 倒角器的外形结构

3. 切管操作方法（见表 3-2）

表 3-2 切管操作方法

切管步骤	切管方法	操作图示
第一步	在管子的外壁上根据切割长度要求，刻画上切割处记号	
第二步	选择合适的切管器，逆时针旋转切管器的进给手轮，使得导轮与滚轮之间张开，张开的距离要大于管子的直径，保证管子能够进入	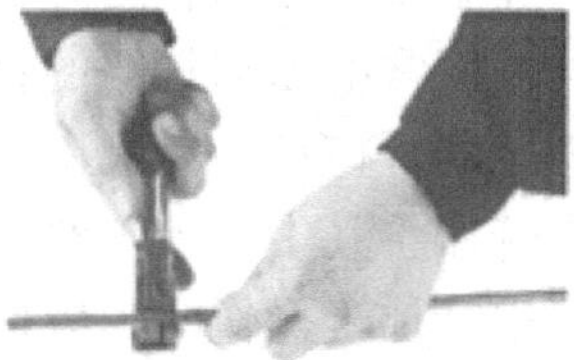
第三步	将需要切割的管子放置在切管器的切口处，将滚轮刀片对齐所画的切口记号。将管子一侧靠在导轮上，然后顺时针旋转进给手轮，使刀片逐渐靠近并轻微与管子垂直夹住	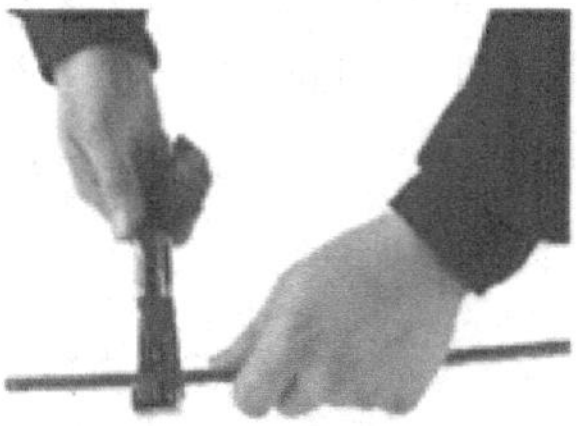
第四步	均匀地将切管器绕管子一圈，压出一圈痕迹，检查和所画的标记是否有偏移。若没有偏移，则顺时针旋转进给手轮 1/4 ~ 1/2 圈，然后继续转动切管器，此后边紧边转，直至将管子将要切断	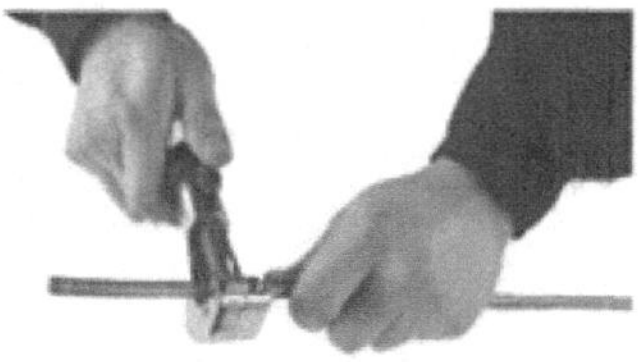
第五步	管子将要切断时，旋转进给手轮 1/4 圈，进刀要少，防止管口由于压力过大而变形。同时，转动切管器要慢，管子切断后取下切管器	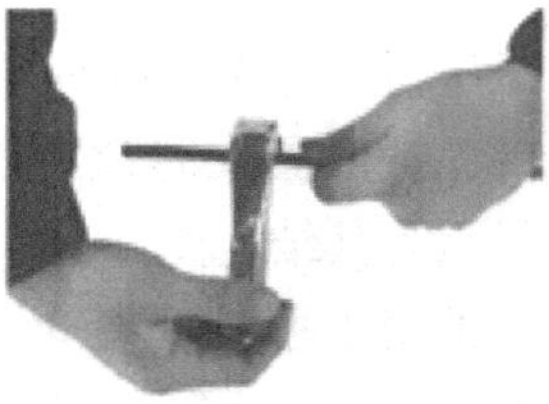

（续）

切管步骤	切管方法	操作图示
第六步	切断管子后要用切管器自身配有的铰刀或倒角器将切口边缘上的毛刺去掉，确保切断后的管口要整齐光滑，无毛刺和缩口现象	

4. 注意事项

1）切管时滚轮刀片一次进刀不可过多，否则会造成管子变形。

2）切管的过程中，切口要始终垂直于铜管，吃刀量要小，多转动切管器，保证切口光滑整齐，变形小。

3）滚轮刀片磨损严重或有缺口、破损时，应立即更换。

4）直径小于3mm的铜管不能用切管器切割，可用专用的毛细管剪刀进行切割。

5）用切管器上的简易刮刀修整时，注意不要让金属铜屑掉进管内。

二、扩管操作

1. 扩管工具

在维修电冰箱管路时，根据管路连接要求及应用环境的不同，对管口的加工操作也有所不同。通常电冰箱管路的管口主要有圆柱形口和喇叭口两种。通过纳子连接时，需将其中一根管子的管口扩为喇叭口；圆柱形口（杯形口）用于两个管径相同管子的连接，通常是使用胀管器将其中一根管路端部加工成杯形口，然后将领一根管路插入杯形口进行焊接。在对管口进行加工操作时，应使用专用的扩管工具。

扩管工具是把管制成喇叭口或圆柱形口的专用工具。图3-11所示是一个胀管与扩管的组合套件，包括顶压器、夹具和胀口、扩口用顶锥。

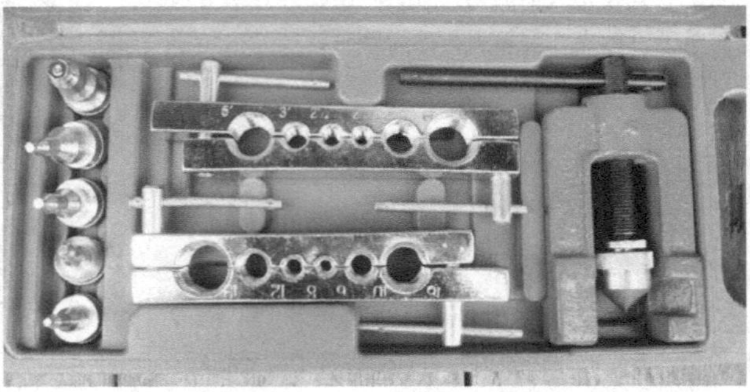

图3-11　胀管与扩管的组合套件

顶压器由弓架、螺杆、扳手和顶锥组成，夹具由夹板、紧固螺栓和元宝螺母组成，在进行胀口、扩口操作时，顶压器和夹具是配合在一起使用的。图3-12所示为其实物图，图3-13所示为其结构图。

顶锥用于胀口、扩口，如图3-14所示。胀口顶锥有 ϕ3mm、ϕ5mm、ϕ6mm、ϕ8mm、ϕ10mm和 ϕ14mm等不同规格，可加工出不同内径的端口。扩口顶锥是加工喇叭口用的。

图 3-12 扩管器实物图

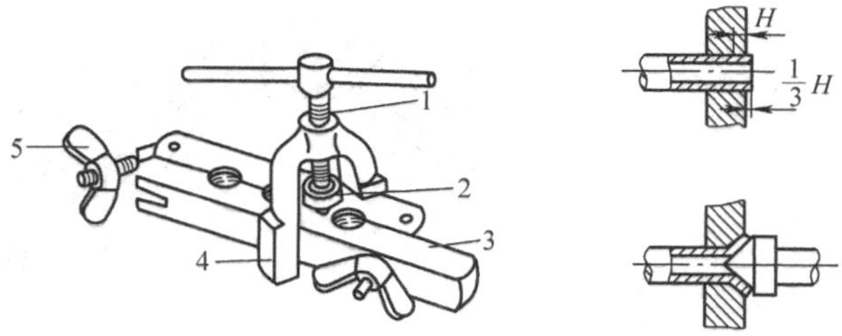

图 3-13 扩管器结构图

1—螺杆 2—锥形支头 3—夹具 4—弓架 5—元宝螺母

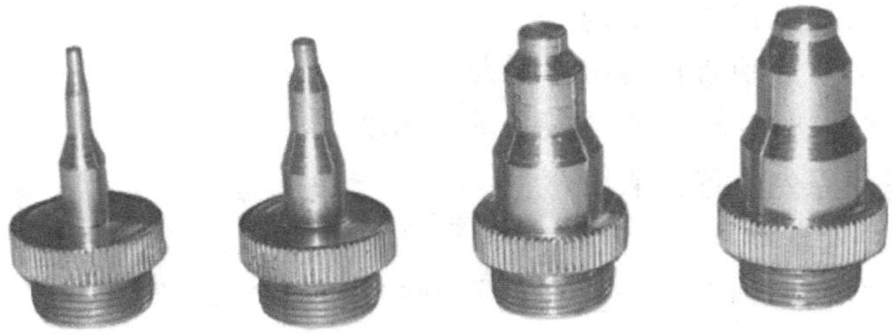

图 3-14 胀口、扩口用顶锥

2. 冲头

把铜管冲胀成为圆柱形口的专用工具，如图 3-15 所示。

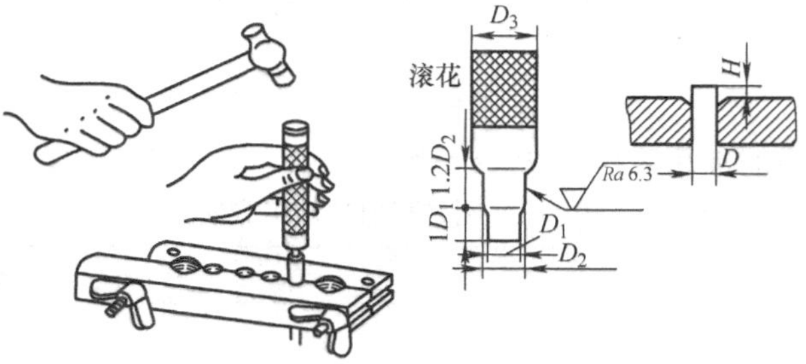

图 3-15 冲头结构

三、弯管操作

1. 弯管器

常用的弯管工具是弯管器。弯管器是用于将小管径（小于 20mm）铜管弯曲的专用工具。图 3-16 所示为弯管器实物图，图 3-17 所示为弯管器结构图。

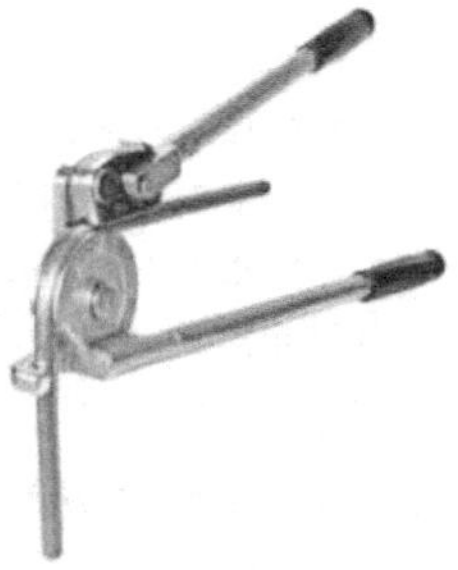

图 3-16 弯管器实物图

管径大于 20mm 的铜管弯管要用弯管机完成，8mm 以下小管径的铜管弯管可使用弹簧弯管器。

2. 弯管操作方法

弯制铜管操作步骤如下：

1）根据要求计算出铜管毛坯的长度并做好记号，然后切割管材。

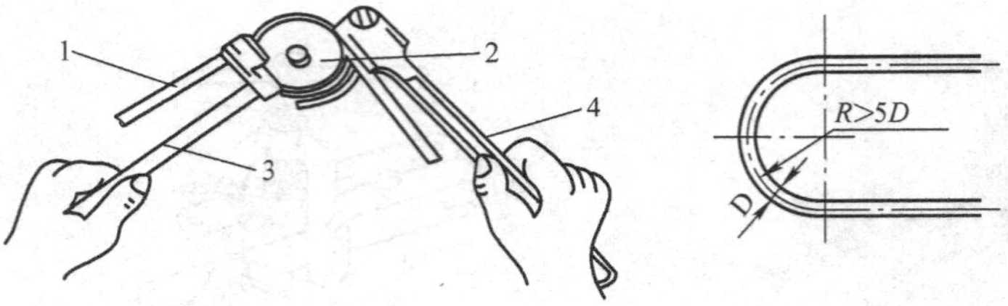

图 3-17　弯管器结构图

1—铜管　2—弯管角度盘（带导槽的固定轮）　3—固定手柄　4—活动手柄

2）把铜管弯曲的起点置于固定钩处。

3）通过活动杆带动活动弯管槽压弯铜管。

4）用力将活动杆顺时针转过所要求的弯制角度。

5）将活动杆退回原先位置，取出弯管。

3. 弯曲铜管的注意事项

1）不同管径的弯管必须在相应直径的管槽中进行加工，如图 3-18 所示。

图 3-18　不同管径的弯曲管槽

2）加工中应该注意加工管路的方向，加工起点应置于弯曲起点。

3）为了不使管子弯曲时内侧的管壁出现凹瘪，各种管子的弯曲半径不应小于 5 倍的铜管直径。弯管时应尽量考虑大曲率半径弯管。

4）在弯曲过程中，用力应均匀，避免出现死弯和裂纹。

【典型实例】

实例一　圆柱形口的加工方法（见表 3-3）

表 3-3　圆柱形口的加工方法

步骤	胀口方法	图示
第一步	对铜管端口进行适当的处理，去除内卷边，锉平管口，使端口平面与管子轴线垂直	
第二步	将待加工的铜管夹持在夹板相应的圆槽中，要求铜管端口都出夹板工作面 10mm 左右（根据不同的管径适当调整露出部分的尺寸）	
第三步	在顶压器丝杠端部换上直径的胀口顶锥。把夹具装卡顶压器上，让顶锥尖头部对准待加工的管端口。使顶锥轴线与管子轴线相重合。用手握紧夹具，同时用拇指、食指、中指压紧顶压器支架，保持它们的相对位置固定不变	

（续）

步骤	胀口方法	图示
第四步	左手握住夹具并压紧顶压器，右手顺时针用力旋转顶压器的扳手，直到胀口深度达到要求为止	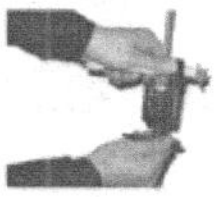
第五步	胀口完毕，左手继续握住夹具并压紧顶压器，右手用逆时针旋转顶压器的扳手，退出顶锥，拆卸顶压器和夹具	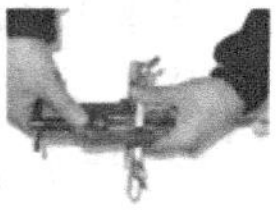

杯形口加工的注意事项如下：

1）胀口的铜管切口内卷边必须先处理掉，再进行倒角。

2）胀口用的顶锥其工作外径要略大于被加工铜管的外径。

3）铜管端口超出的部分不能过大，否则易出现加工不良、歪斜等情况。

4）胀口完毕，退出顶锥时左手仍需压住夹具，与顶压胀口时的做法一样不得松动，否则顶压器会脱出夹具而让顶锥卡在铜管内难以脱出。

实例二　喇叭口的加工方法

喇叭口的加工方法与胀口操作方法类似，但要注意以下几点：

1）切管时减小铜管端口的变形，如有变形应用整形锉将变形部分锉去后方可进行扩口操作。

2）在顶压器上安装扩口用的顶锥。

3）将待加工的铜管用夹具夹持，并要求端口超出工作平面 2～4mm（根据铜管直径的大小和要求而定）。

4）在顶压器上安装夹具，对铜管端部进行加工。喇叭口要扩得均匀，大小要适中，扩小了连接密封不好，扩大了管口容易开裂，尤其是薄壁铜管，更应精心操作。

5）扩完喇叭口，必须仔细检查喇叭口内表面的质量，要求无划伤、坑，不得歪斜。

课题三　制冷管路的焊接技能

【相关知识】

根据电冰箱使用制冷剂的不同，管路之间的连接方法也有所不同。在电冰箱中比较常见的管路连接方法主要有焊接和压接两种，本课题主要介绍焊接方法。

电冰箱制冷系统管路焊接是一种把电冰箱所有主要制冷部件蒸发器、冷凝器、压缩机、管路件连接成一个装有气、液两态制冷剂回路的方法。要求回路必须绝对无漏、各焊点必须无裂和无漏，否则制冷剂发生泄漏，电冰箱就无法正常工作。

一、氧乙炔焊接设备

气焊是利用气体火焰作热源的焊接方法，最常用的是氧乙炔气焊，如图 3-19 所示。气焊的火焰温度较低，最高处约为 3150℃；热量也分散，加热工件缓慢，但较均匀，适合于焊接薄钢板（0.5～2mm）、有色金属和铸铁等工件。气焊不需要用电，因此在没有电源的地方也可以应用。

气焊操作是电冰箱维修所必需的一项专业基本技能，使用焊接方法对电冰箱管路进行焊接时，需要使用专用的气焊设备。氧乙炔焊接设备主要由氧气瓶、乙炔瓶、焊炬、减压器等组成，氧乙炔焊接装置示意图如图3-20所示。

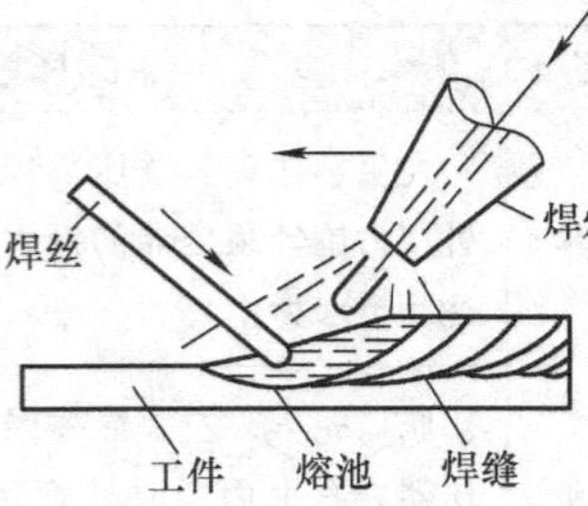

图3-19 氧乙炔气焊示意图

1. 乙炔瓶

乙炔是一种无色且带有特殊臭味的可燃气体，具有爆炸性，与氧气混合燃烧时所产生的火焰温度高达3300℃，足以迅速熔化金属达到焊接目的。乙炔瓶是储存和运输乙炔的高压容器，瓶体外表涂白色，并标注红色的“乙炔”和“火不可近”字样。乙炔瓶是内充溶剂（丙酮或二甲基酰胺）和多孔材料的储存乙炔的容器。国内最常用的乙炔瓶公称容积40L。乙炔气瓶构造如图3-21所示。

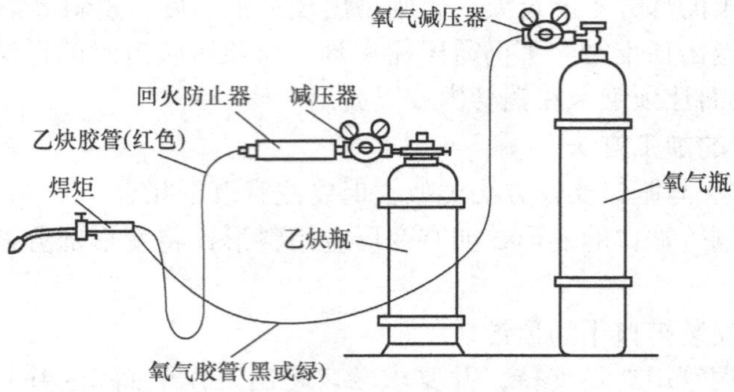

图3-20 气焊（氧乙炔焊接）装置示意图

2. 氧气瓶

氧气是助燃气体，无色、无味、无毒。氧气瓶是储存氧气的钢质高压容器，其容积为40L。氧气瓶由瓶体、瓶帽和瓶阀组成，瓶壳围有防振圈，瓶内注有表压力为15MPa的高压氧气。氧气瓶的构造如图3-22所示。

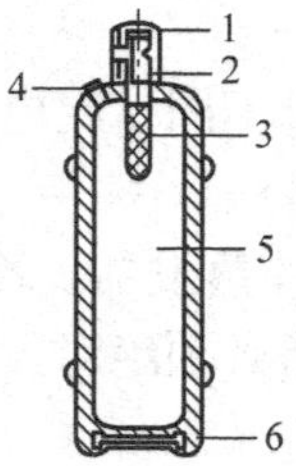

图3-21 乙炔气瓶构造

1—瓶帽 2—瓶阀 3—分解网 4—易熔塞
5—多孔性填料（硅酸钙） 6—底座

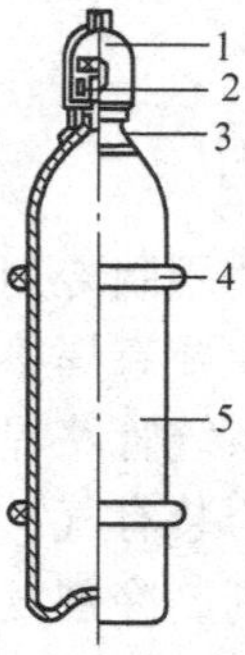

图3-22 氧气瓶的构造

1—瓶帽 2—瓶阀 3—瓶箍
4—胶圈 5—瓶体

3. 减压器

减压器又称压力调节阀，其作用是将储存在瓶内的高压气体的压力减小到工作所需要压力，并保持输出气体的压力和流量稳定不变的调节装置。因此，减压器具有两个作用，即减压作用和稳压作用。

减压器按用途不同可分为氧气减压器和乙炔减压器，如图 3-23 所示。

a) 氧气减压器　　b) 乙炔减压器

图 3-23　减压器实物图

减压阀的结构如图 3-24 所示。

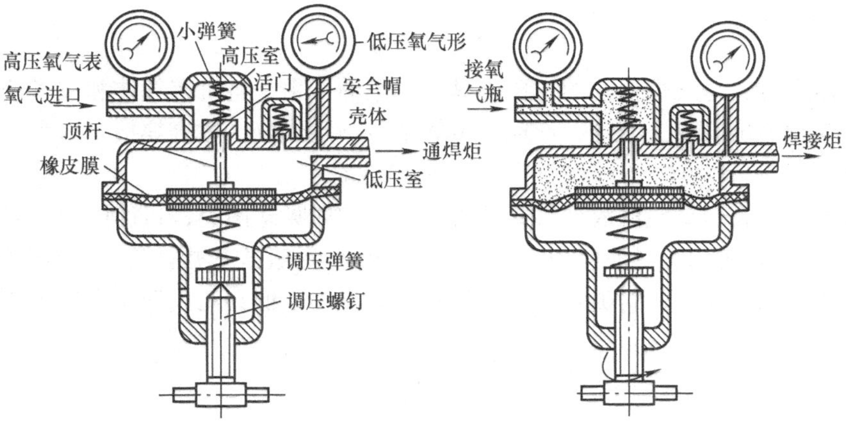

a) 关阀状态　　b) 工作状态

图 3-24　减压阀的结构

减压器的使用和注意事项如下：

1）安装减压器前，略微打开氧气瓶阀门，吹除污物，防止将灰尘和水分带入减压器。

2）在开启气瓶阀时，出气口不得对准操作者或其他人，以防高压气体突然冲出伤人。

3）减压器出气口与气体橡胶管接头处必须用退过火的铁丝或卡箍拧紧，以防止送气后脱开发生危险。

4）氧气瓶放气或开启减压器时动作必须缓慢，以免发生意外。

5）减压器上不得沾染油脂或污物，如有油脂和污物，应擦拭干净后再使用。

6）各种气体的减压器及压力表不得调换使用，如用于氧气的减压器不能用于乙炔、石油气等系统中。

7）减压器若有冻结现象，应用热水或水蒸气解冻，绝不能用火焰烘烤。

8）减压器必须定期校修，压力表必须定期检验。这样做是为了确保调压的可靠性和压力表读数的准确性。在使用中如发现减压器有漏气现象、压力表针动作不灵等，应及时维修。

4. 回火保险器

正常气焊时，火焰在焊炬的焊嘴外面燃烧，但当气体供应不足、焊嘴阻塞、焊嘴太热或焊嘴离焊件太近时，火焰会沿乙炔管路往回燃烧。这种火焰进入喷嘴内逆向燃烧的现象称为回火。如果回火蔓延到乙炔瓶，可能引起爆炸事故。

回火保险器的作用就是截留回火气体，保证乙炔瓶的安全。图3-25所示为回火保险器实物图。

图3-25　回火保险器实物图

5. 焊炬

焊炬又称焊枪，是气焊操作的主要工具。焊炬的作用是将可燃气体和氧气按一定比例均匀混合，由焊嘴喷出，点火燃烧，形成一定能率、一定成分、适合焊接要求和稳定燃烧的气体火焰。

焊炬按可燃气体与氧气的混合方式分为等压式和射吸式两类，目前国内大多使用的是射吸式焊炬。图3-26所示为目前使用较广的H01－6型射吸式焊炬。它主要由主体、乙炔调节阀、氧气调节阀、喷嘴、射吸管、混合气管、焊嘴、手柄、乙炔管接头和氧气管接头等部分组成。

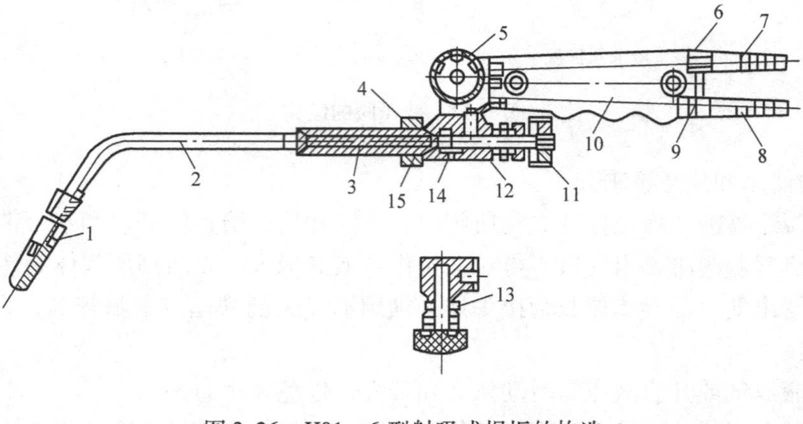

图3-26　H01－6型射吸式焊炬的构造

1—焊嘴　2—混合气管　3—射吸管　4—射吸管螺母　5—乙炔调节阀　6—乙炔进气管　7—乙炔管接头　8—氧气管接头　9—氧气进气管　10—手柄　11—氧气调节阀　12—主体　13—乙炔阀针　14—氧气阀针　15—喷嘴

6. 气焊辅助工具

（1）橡胶管和橡胶管接头　橡胶管可分为氧气橡胶管和乙炔橡胶管。GB2550—2007 规定，氧气橡胶管为蓝色（原标准规定为红色）；GB2550—2007 规定，乙炔橡胶管为红色（原标准规定为黑色）；常用的内径为 8mm 或 10mm。两种管子因耐压不同，不能以红代蓝使用。在使用橡皮管时，应注意不得使其沾染油脂，并要防止火烫和折伤。已经老化的橡胶管应停止使用，及时换用新管。橡胶管的长度一般不小于 5m。

橡胶管接头是橡胶管与减压器、焊炬、乙炔发生器和乙炔供给点等的连接接头。

（2）护目镜　护目镜是气焊工在气焊操作时，用来保护眼睛不受火焰强光的刺激，从而能够比较清楚地观察熔池，同时还可以防止飞溅物溅入眼内。护目镜的颜色和深浅，应根据施工现场、焊炬的大小和被焊材料的性质来选择，一般宜用 3～7 号的黄绿色镜片。

（3）点火枪　气焊时点火的工具采用点火枪比较安全方便。图 3-27 所示为点火枪实物图。但对于某些着火点较高的可燃气体（如液化石油气），必须用明火点燃。当用火柴点燃时，必须把点燃的火柴，从焊嘴和割嘴的后面送到焊嘴或割嘴上，以防止手被烧伤。

（4）其他辅助工具　气焊作业中使用的辅助工具有清理焊缝用的工具（如钢丝刷、凿子、手锤、锉刀等）、连接和启闭气体通路的工具（如钢丝钳、活扳手、卡子及铁丝等）、清理焊嘴和割嘴用的工具（如通针等）。气焊工所用的上述工具必须专用和放在专门的工具箱内，不得沾有油污。每个焊工都应备有粗细不等的三棱式钢质通针一组，以便在工作中清除堵塞在焊嘴或割嘴内的脏物。

二、气焊所用材料

气焊所用材料主要包括助燃气体、可燃气体、焊丝、焊剂等。助燃气体使用的是氧气，可燃气体目前应用最普遍的是乙炔，但由于液化石油气价格低廉，又较安全（不易产生回火现象），近年来氧气－液化石油气焊接也得到了广泛的应用，乙炔有被液化石油气部分取代的趋势。图 3-28 所示为液化石油气瓶构造。下面主要介绍一下焊丝和焊剂两种材料。

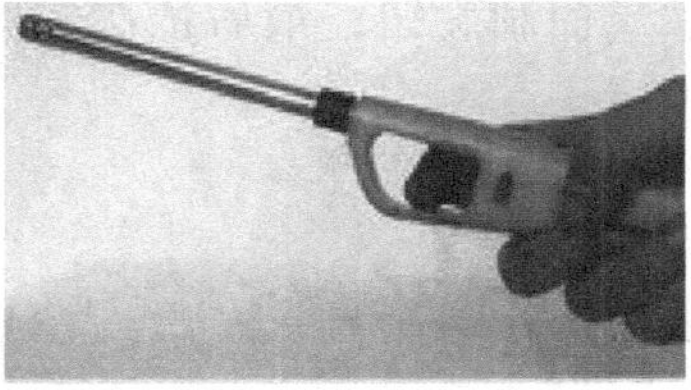

图 3-27　点火枪实物图

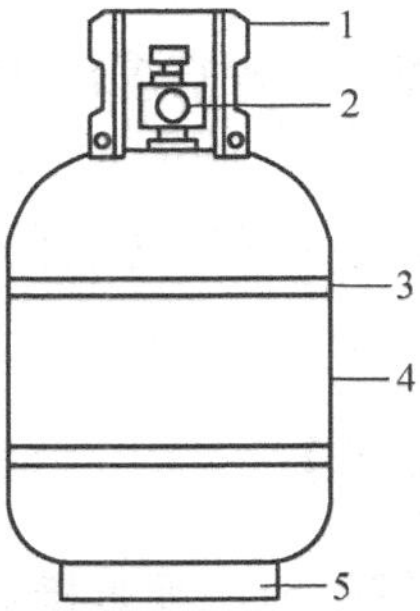

图 3-28　液化石油气瓶构造

1—瓶阀护帽　2—阀门　3—焊缝　4—瓶体　5—底座

1. 焊丝

气焊时要使用焊丝作填充金属，并与熔化的基体金属熔合形成焊缝。常见的焊丝有碳素结构钢焊丝、合金结构钢焊丝、不锈钢焊丝、铜及铜合金焊丝、铝及铝合金焊丝和铸铁焊丝等。

2. 焊剂

焊剂是气焊时使用的助熔剂，其作用是保护熔池金属，去除焊接过程中形成的氧化物，增加液态金属的流动性。除低碳钢外，其他金属材料（如铸铁、不锈钢、耐热钢、铜、铝等）气焊时必须使用焊剂。

三、气焊操作方法

1）为保证焊接质量，工件表面准备钎焊前必须仔细地清除工件表面的氧化物、油脂、脏物及油漆等，清除干净焊缝两侧 10mm 内的铁锈、油污，焊缝表面可采用锉刀、金属刷、砂纸等进行打磨，去除零件表面的氧化膜。

2）检查氧气瓶、燃气瓶和焊枪的连接情况。

3）打开氧气瓶总阀门，通过控制阀门，调整输出压力。

4）打开燃气瓶总阀门，然后略微打开焊枪的燃气控制旋钮。

5）先点火，再打开焊枪的氧气控制旋钮，通过调节氧气和燃气控制旋钮入，使火焰呈中性焰，以便达到理想的焊接温度。图 3-29 为三种气焊火焰。

6）先对焊接工件进行预热，同时在焊接处涂上焊接剂。点涂焊料时应与焊炬火焰方向形成一个倾斜角度，并将火炬后移，用外焰继续加热，直至焊料充分熔化，方可移去火焰，完成焊接工作。

特别提示：在焊接时，对于管径较细的管路，焊接时间应尽量短；焊接过程中，在焊料没凝固时，不可使被焊接件振动或错位；焊接后必须将焊口残留的焊剂清除干净。

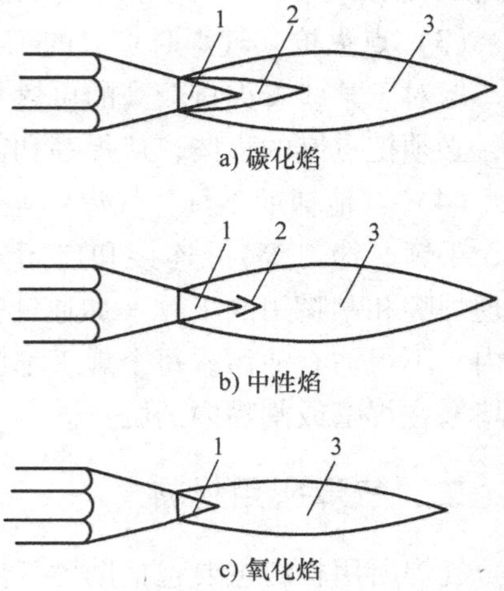

图 3-29　三种气焊火焰
1—焰心　2—内焰　3—外焰

7）焊接完毕，检查焊接质量，如焊接部位是否牢固、平滑，有无明显焊接不良质量问题。

8）熄灭焊枪火焰，先关闭氧气控制旋钮，再关闭燃气控制旋钮；最后依次关闭燃气瓶和氧气瓶上的阀门。

【典型实例】

实例一　铜管与铜管套接钎焊

1. 焊接方法分析

电冰箱制冷系统的管道、蒸发器、冷凝器等都是纯铜管或铝管材料，故维修时主要是非金属焊接，一般采用钎焊。钎焊的方法是利用熔点比所焊接金属熔点低的焊料，通过可燃气体和助燃气体在焊枪中混合燃烧时产生的高温火焰加热管件，并使焊料熔化后添加在管道的结合部位，使两种管件金属得以连接，而又不至于使管件金属熔化。

2. 气焊焊条的选用

铜管与铜管焊接一般采用银焊，银焊条的含银量为 25%、15% 或 5%；也可用铜磷系列焊条。它们均具有良好的流动性，并不需要焊剂。

3. 焊接工具的准备

准备好气焊设备，包括氧气瓶、燃气瓶、减压阀、焊炬等，检查设备及其连接和安全情况。

4. 焊接铜管加工处理

检查被焊接的铜管，如果其表面存在油漆、油污和氧化物，则应对连接处大于30mm的范围内进行清理。然后再用砂皮纸或锉刀打磨去除被焊接件金属端口的毛边和锈斑，但要注意不要使粉末进入管内。

5. 焊接接头类型

相同管径的两根铜管进行焊接时，把其中用一根铜管的一端用胀管器进行将其扩直口，再把另一根铜管套在胀口里，如图3-30a所示。如插管受到管长限制可采用如图3-30b所示的形式。

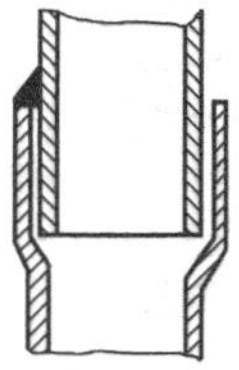

a) 插入式

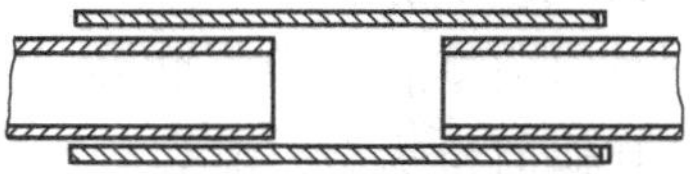

b) 套管式

图3-30　焊接接头类型

6. 气焊设备压力的调整

首先调节氧气压力。开启焊炬上的氧气调节旋钮，放掉氧气输气软管内剩余气体，然后旋紧旋钮。接下来逆时针打开氧气钢瓶瓶阀，观察减压阀上所显示的瓶内压力并记录，最后顺时针转动减压阀上的压力调节手柄，将工作压力调节在0.3～0.5MPa之内。

其次调节乙炔压力。开启焊炬上的乙炔调节旋钮，放掉乙炔输气软管内剩余气体，然后旋紧旋钮。接下来用乙炔专用扳手逆时针打开乙炔钢瓶瓶阀，观察减压阀上所显示的瓶内压力并记录，最后顺时针转动减压阀上的压力调节手柄，将工作压力调节在0.03～0.05MPa之间。

需要注意的是，如果不采用乙炔气而采用液化石油气作为可燃气，因液化气减压阀为固定式，所以压力不必调节，也不能调节。

7. 焊炬点火操作

右手握住焊炬，左手将焊枪上的乙炔阀门逆时针打开1/4圈，使焊炬喷嘴有少量乙炔气喷出，然后用左手持点火枪点火，当火焰点燃后，再用右手的拇指和食指配合，逆时针缓慢地打开氧气阀门，点火即告完成。

8. 焊接火焰调节操作

应反复调节焊炬上的氧气、乙炔气阀门，使氧气与乙炔气的体积之比为1：1.2，使火焰成中性。中性焰的火焰也分三层，焰心呈尖锥形，色白而明亮，内焰为蓝白色，外焰由里向外逐渐由淡紫色变为橙黄色。中性焰的温度为3100℃左右，适用钎焊铜管与铜管。

9. 焊接操作

先用火焰温度最高的A点（见图3-31），对管子的被焊接处进行加热。加热时，应以套接处为主要加热点，同时还应使焊枪略微抖动，防止管子局部因过热而烧穿或起泡。待铜管接头表面均匀加热到焊接温度（黄褐色）时，加入焊料（银焊条或磷铜焊条），焊料熔化是靠管子的温度，并用火焰的外焰B点维持管子接头的温度，当接缝处均匀渗入钎料，并且外形焊接符合要求时，要立即撤去焊丝，移开火焰，如图3-32所示，

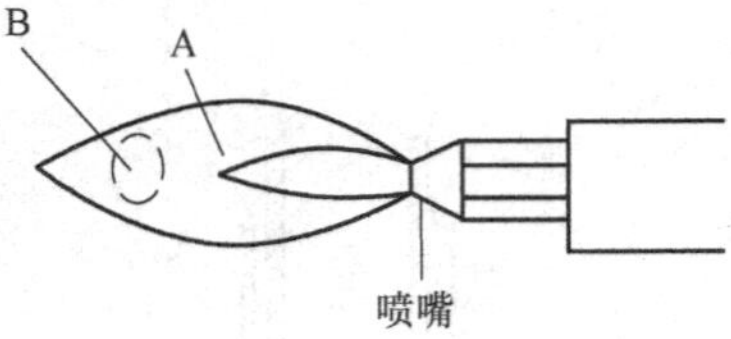

图3-31　焊接时的不同火焰点

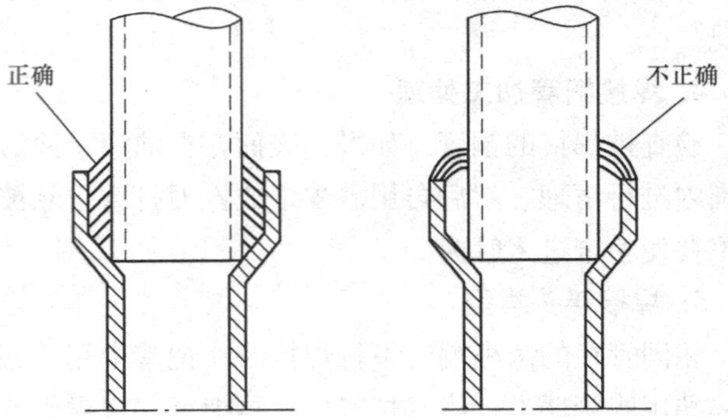

图3-32　铜管与铜管的焊接

10. 熄火操作

焊接完毕后，将火焰移开，关好焊枪。熄火时，先将氧气阀门顺时针调小（否则在关闭乙炔阀时枪嘴会有爆炸声），然后顺时针关闭乙炔阀门，将火焰熄灭，最后再关闭氧气阀门，完成熄火操作。

11. 焊接质量检查

焊接完毕后，检查焊接质量，如发现有砂眼或漏焊的缝隙，则应再次加热焊接。

12. 结束工作

焊接结束后，认真检查焊接设备，整理现场。

特别提示：点火、熄火以及火焰调整操作应该在教师的指导下反复练习，直到熟练掌握。操作过程中应尽量避免产生黑烟。

实例二　毛细管与干燥过滤器的钎焊

毛细管与干燥过滤器焊接时，一般采用银钎焊，用银铜焊丝或铜磷焊丝，焊接安装位置如图3-33所示。

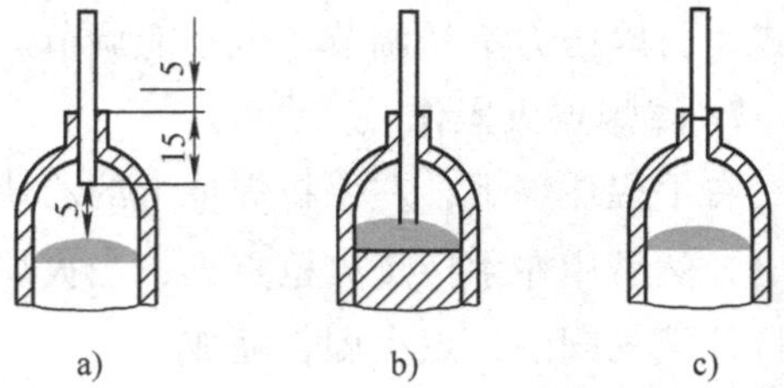

图3-33　毛细管与干燥过滤器的焊接安装位置

由图3-33可以看出，图a为插入深度合适，即毛细管进端与过滤器出端口相距15mm，或毛细管进端口距细滤网面5mm均为合适；图b为插入深度过深，也就是毛细管进端插入细滤网表面或穿透，这样容易使细滤网内分子筛或污物进入毛细管引起脏堵；图c为插入深度过浅，插入过浅时不仅细滤网外污物易流入毛细管内引起脏堵，同时又易引起焊堵。

毛细管与干燥过滤器焊接操作步骤如下：

1）用毛细管剪刀截取毛细管一段，剪切口要圆，端口不变形。

2）将干燥过滤器夹持在焊接工作台上，然后将毛细管插入到干燥过滤器上，插入深度为15mm左右。

特别提示：正确验证插入深度的方法是，焊接前用一段细钢丝轻轻插入过滤器出口，至

接触细滤网有阻挡时拔出，测定出空间位置的1/2，就是该毛细管插入量（深度）位置，然后即可插入毛细管管头施焊。

3）点燃焊炬，调至中性焰，火力中等偏小。

4）火焰移动到接缝处，先对干燥过滤器加热，同时火焰要摆动加热，对毛细管预热。焊接时，必须掌握火焰对毛细管和干燥过滤器的加热比例，多加热干燥过滤器，以防止毛细管加热过度而变形或熔化。

5）当干燥过滤器加热到黄褐色时，将银铜焊丝放置在接缝处的上部，同时对干燥过滤器端头、毛细管和焊丝加热，焊丝熔化并从上到下流经焊缝处四周，少部分渗入到焊缝内。

6）当焊缝处都已均匀地渗入钎料后，立即去除焊丝，同时移开火焰。

7）检查毛细管的焊接情况，如符合要求，则可以熄灭火焰。

特别提示：焊接时最好采用强火焰（中性焰、氧化焰）快速焊接，尽量缩短焊接时间，以防止管路内生成过多的氧化物。氧化物会随制冷剂的流动而导致制冷系统发生脏堵，严重时还可能使压缩机发生故障。

课题四 制冷管路的压接技能

【相关知识】

制冷管路的压接主要是使用专门的工具如压接钳、洛克管、密封液等把管路连接密封起来的方法。洛克环连接是一种“冷”的管路连接工艺，如图3-34所示。洛克环工艺是制冷家电生产中焊接工艺的替代工艺。它可以在不产生高温和其他污染杂质的前提下，可靠地将金属管路连接起来，其密封性非常好，可以阻止小分子物质如制冷剂的泄漏，而且可以承受相当大的内压。对制冷剂的管路来说，洛克环的密封可靠性比焊接更高，其安全性和可靠性无可挑剔的，在电冰箱、空调器、冷柜等制冷系统上采用这种接头可以减少连接点、降低成本、提高接管可靠性。

在欧洲，洛克环已有了30年的使用历史。随着R600a和R290制冷剂的广泛使用，这类系统的售后维修服务日见增长，用洛克环连接工艺可以很好地解决在现场维修过程中的安全问题，最大限度地降低了维修现场因火焊可能造成的制冷剂爆炸的的风险，同时也能很好解决在超市、商场等大型公共场所禁止使用传统火焊维修制冷系统的问题，减少营业中电冰箱等制冷设备停机带来的销售损失，也为用户减少了不必要的麻烦，保证维修现场的安全。

一、压接工具

使用洛克环压接法进行电冰箱管路连接时，需要使用专用的压接工具和管接头，如图3-35所示，主要有压接钳、密封液、洛克环（管接头）。

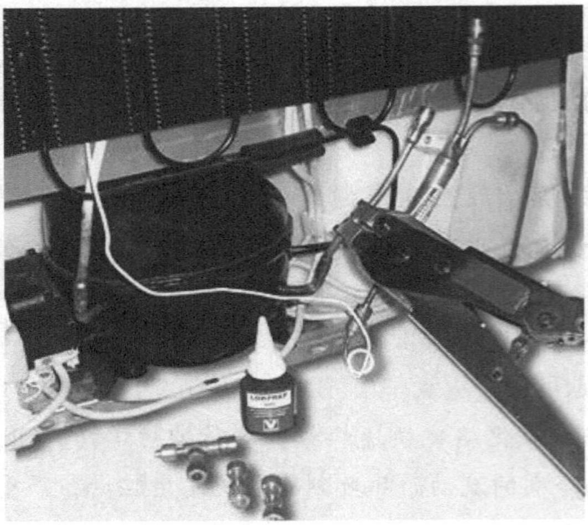

图 3-34　洛克环在维修中的使用

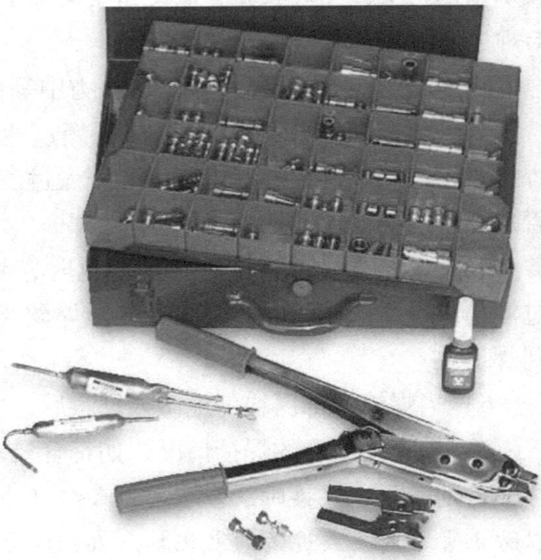

图 3-35　压接工具和洛克环

1. 洛克环

洛克环又称 LOKRING 管接头或洛克林环。洛克环作为德国福尔康 lokring 公司的专利技术，首先在航空工业得到了应用，由于洛克环有着取代明火焊接及提高生产效率、降低生产成本等方面优势，逐渐在制冷行业得到了推广应用。

洛克环技术是利用冷挤压塑性变形原理，达到铝与铝之间、铝与铜、铜与铜、铜与钢、铜与钛之间的紧密连接，专门用于连接小直径的有色金属管材。对于洛克环单环管接头，应对材料较软的管路扩口，比如铝-铜、铝管材料应扩口，如图 3-36 所示。

洛克复合环是在其单环产品的基础上衍生而来，它由两个洛克单接头和一个连接件（衬套）组成，如图 3-37 所示，制成品这三个零件已预装连在一起了。

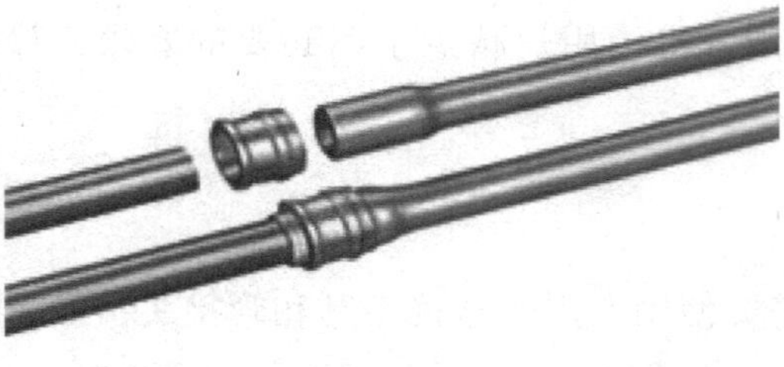

图 3-36　洛克环（单环）的应用

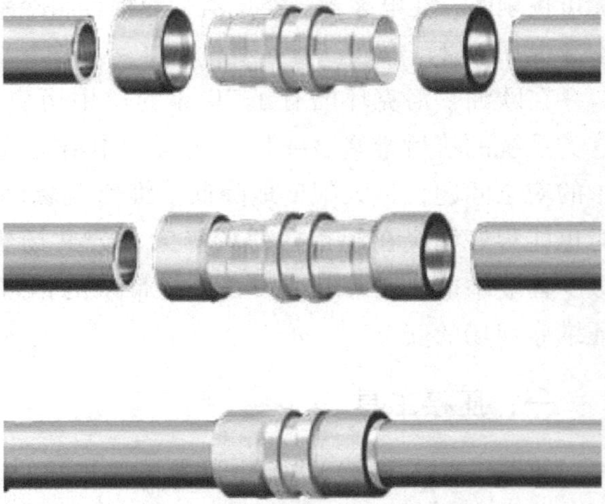

图 3-37　洛克复合环的连接结构

由于两个单接头的规格做得不一样，所以它不仅可以连接不同材料的管子（比如铜和铝），还可以连接管径不同的两根管子以及作为工艺管堵头之用。

特别提示：随着 R600a 制冷剂广泛使用，这类系统的售后维修服务日渐增长。在最终的封口操作中，由于不允许用明火焊接，所以洛克复合型接头中的工艺管堵头是最佳的选择，其安全性和可靠性无可挑剔。

洛克环根据其使用的材料不同主要有黄铜材料与铝材料两种。黄铜材料的洛克环适用于铜与铜、铜与钢、钢与钢之间的连接，铝材料的洛克环适用于铝与铝、铜与铝、铝与钢之间的连接。

2. 洛克林密封液

使用洛克环连接管路时，必须使用专用密封液 LOKPREP，如图 3-38 所示。

洛克林密封液的作用非常重要，它实际上是一种填充剂。由于各种金属圆形管材基本上是挤出成形的，此过程以及后续的运输、加工过程中难免会在其内外表面生成沿轴线方向的划痕。被连接的两根金属管子接头材料间的机械压力虽然很大，但总是不可能对较深的表面划痕和纵向沟槽进行彻底的密封。为获得完全可靠的密封性，使用洛克林密封液滴在较细一端的管子表面，它可以通过毛细现象进入到内插管和外套管之间的缝隙中，并流入上述的轴向划伤沟槽中间固化，最终使金属表面达到完全的密封，如图 3-39 所示。由于洛克林密封液是用于填平管子表面划痕而不是把连接的两根管子粘在一起的胶粘剂，所以洛克接头做完后立即可以使用。

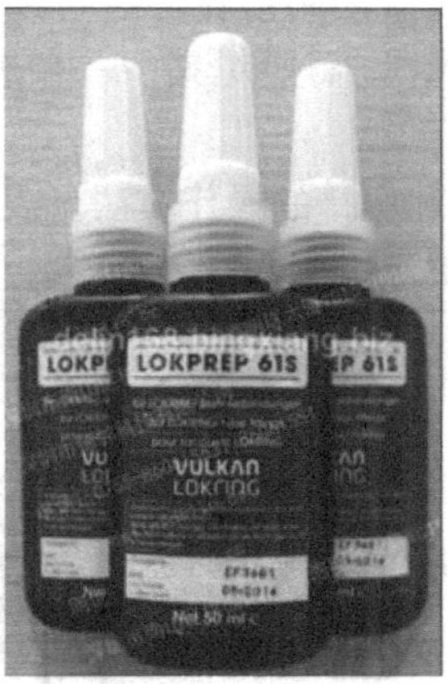

图 3-38 洛克林密封液

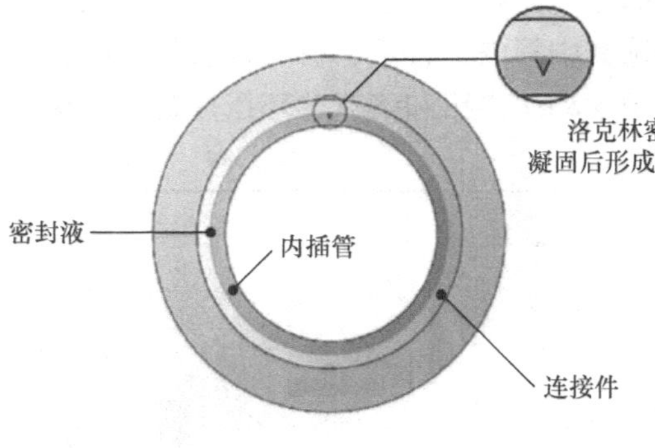

图中显示了较深划痕的密封情况

图 3-39 洛克林密封液密封原理

应注意密封液存放时间，不要使用过期的密封液，有效期见瓶身黄色标签，存放环境温度 5～25℃。密封液的固化时间随所接触的金属材料及现场环境温度有所变化，具体来说只要一头是铜管，则固化时间在 20～25℃ 为 2～4min。若两头均为铝管，则固化时间在 20～25℃时为 15min 左右。若环境温度低于 10℃，则固化时间较长，若有必要，可对压接完成的洛克环接头用 1600W 电吹风加热以加速固化。

若洛克林密封液滴到电冰箱内胆上则需用吸附性好的东西予以擦净，否则该处内胆经冷冻后会开裂。

3. 手动压接钳

手动压接钳是与洛克环配套生产的一种手动工具，如图 3-40 所示，它可用于对小直径铝管进行扩口以及完成压接各种规格的洛克林，现已成为电冰箱制冷行业售后维修的必备工具。如图 3-41 所示，通用钳座上可安装各种尺寸的扩口芯杆和挤推块。夹紧钳座用于安装夹紧衬套，夹紧衬套有各种规格以适用于不同外径的管子。

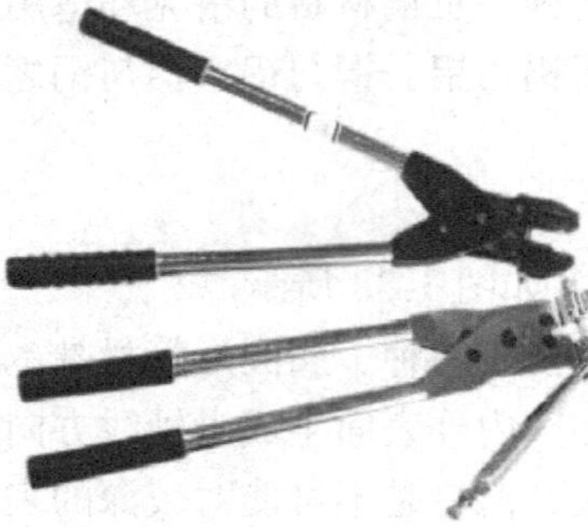

图 3-40　手动压接钳实物图

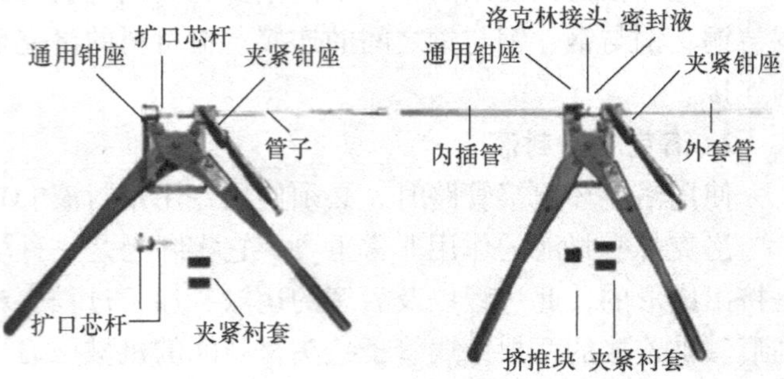

图 3-41　手动压接钳结构图

二、洛克单环的连接操作

洛克单环所要连接的两根管子，其中一端将要套入另一端，因此若较粗一端的管内径刚好比较细一端的管外径大 0.1 ~ 0.25mm，则两根管子可以直接使用洛克环进行连接；若两根管子的管外径相同，或有一点差异，不能使两根管子套接，则需要对其中一端进行扩口，通常是选其中管内径较粗、材质较软的一端扩口。

使用手动压接钳和洛克单环压接管路过程中，手动扩孔和压接的操作方法见表 3-4。

表 3-4　手动扩孔和压接的操作方法

操作方法	操作图示	操作方法	操作图示
1. 放夹紧衬套	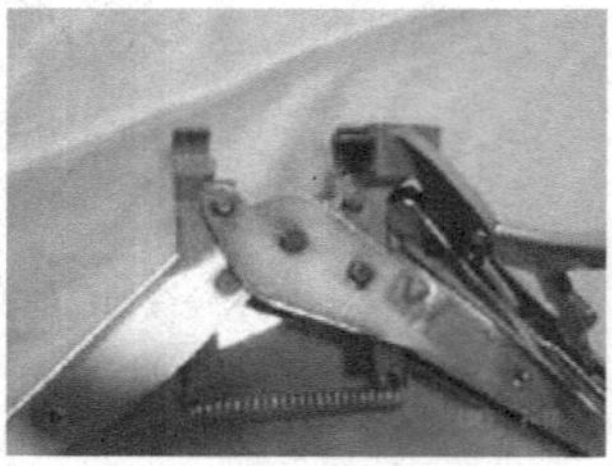	3. 将外管扩口以进行洛克林单环接头压接	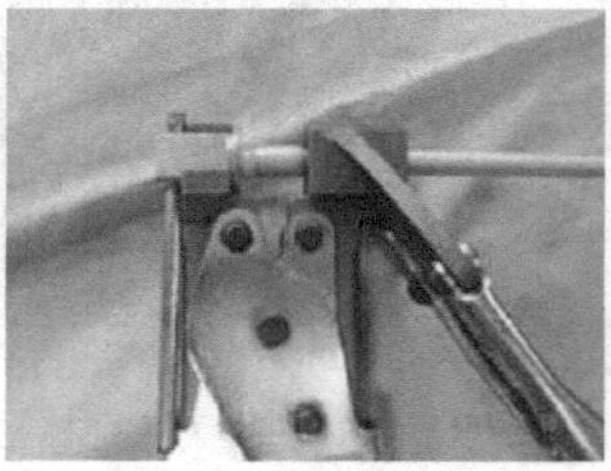
2. 夹管，将扩口芯杆装入钳口	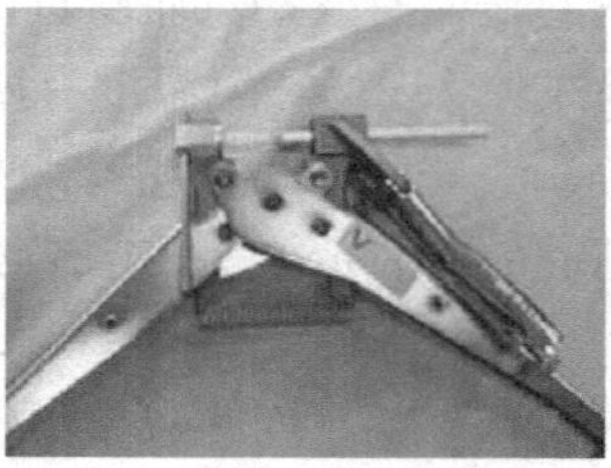	4. 取出扩口芯杆，放挤推块	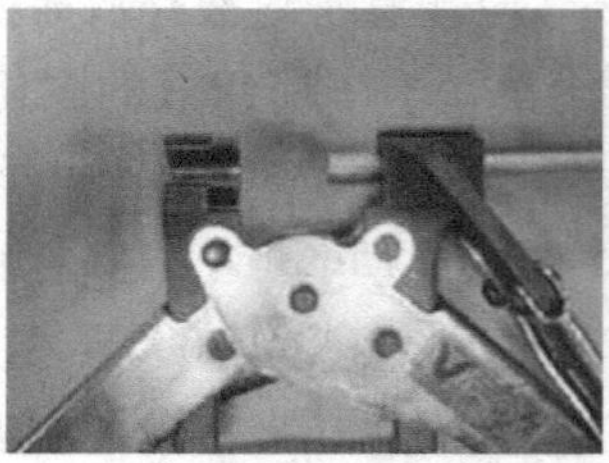

（续）

操作方法	操作图示	操作方法	操作图示
5. 将洛克环套入较小的管子（内管）上，喇叭口对着要进行连接的另一端管子的端，并将要连接的管子迭套起来	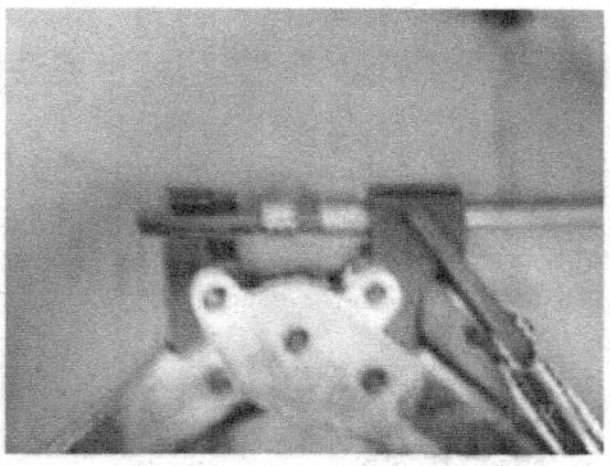	8. 压接时，洛克环接头尾端要越过外管端部	
6. 压接前在内外管之间滴一些洛克林密封液，使其在内管端部表面扩散开，并流入管子表面上的轴向沟槽	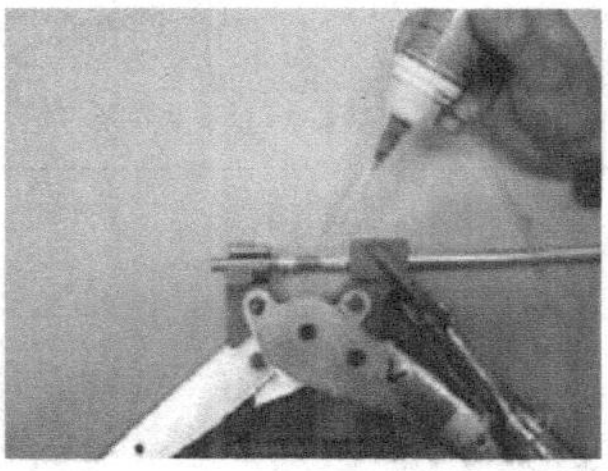	9. 完成扩孔和压接操作	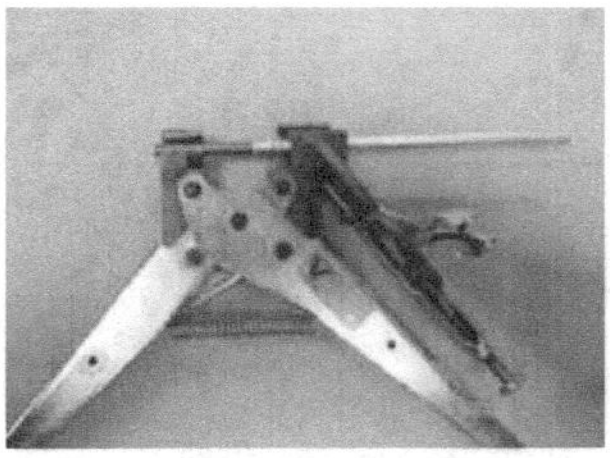
7. 使压接钳的夹紧钳口卡在外管一侧，将洛克环朝着外管方向挤，压接钳会将洛克环推到外管之上	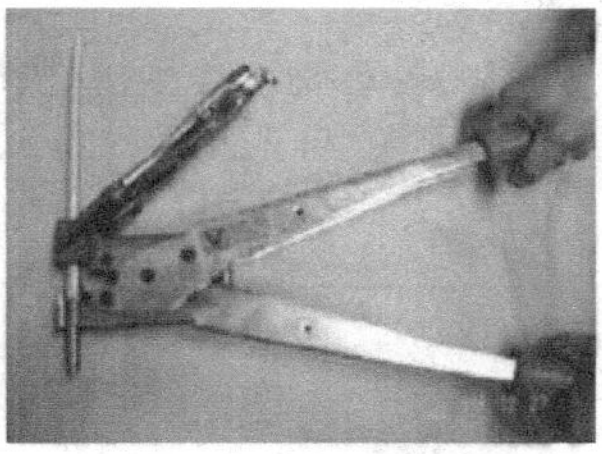	10. 压接完毕，取下被连接的管子	

三、洛克复合环的连接操作

使用洛克复合环对8mm管径以下管路快速连接的操作方法见表3-5。

表3-5 洛克复合环的连接操作

操作方法	操作图示
1. 选择与需要连接的管子对应的洛克林复合环及工具	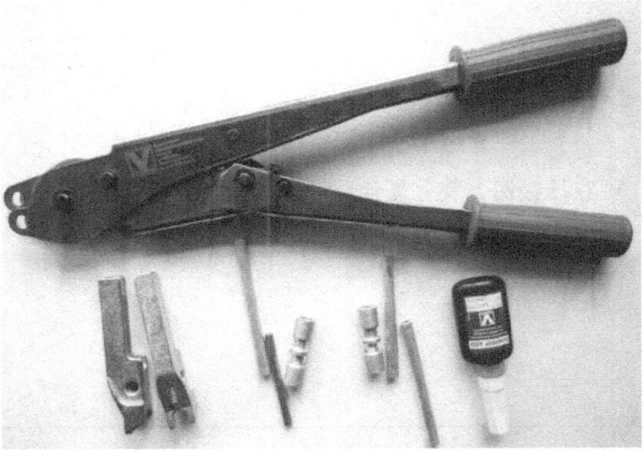

（续）

操作方法	操作图示
2. 在管子端部滴一小滴密封液	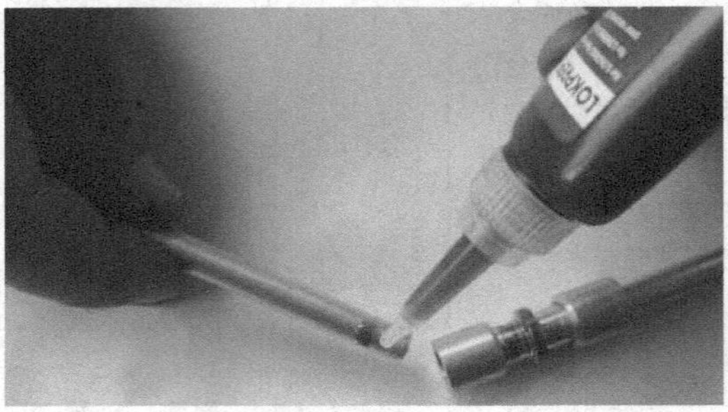
3. 将管子插入连接套中，然后在另一根管子的端部滴加密封液，也将管子插入连接套中	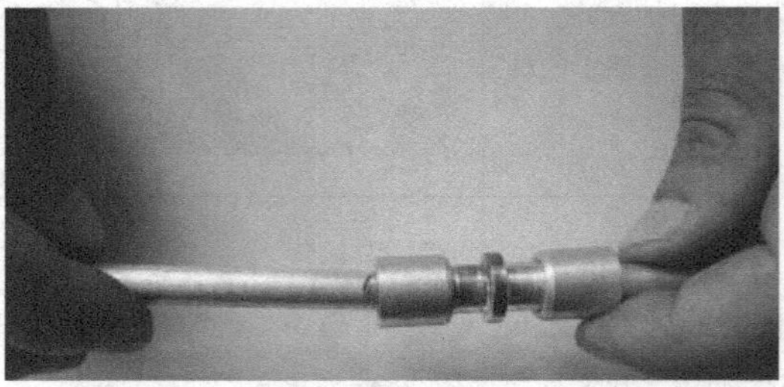
4. 旋转复合环，使密封液在管壁间涂匀	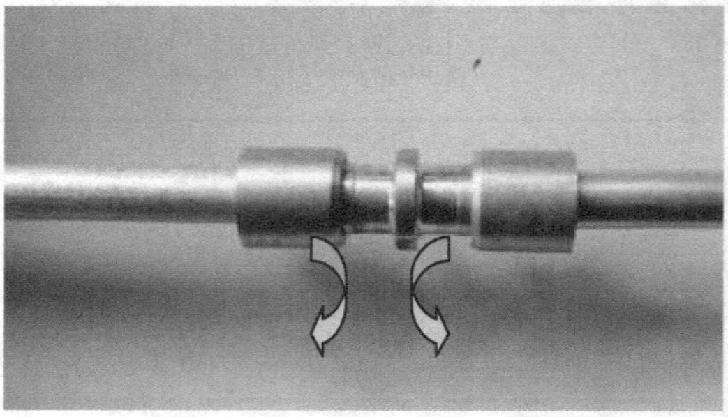
5. 在压接钳上装上复合环钳头，夹住洛克复合环	

（续）

操作方法	操作图示
6. 用压接钳将两端移动的环推至中间	
7. 压接完成	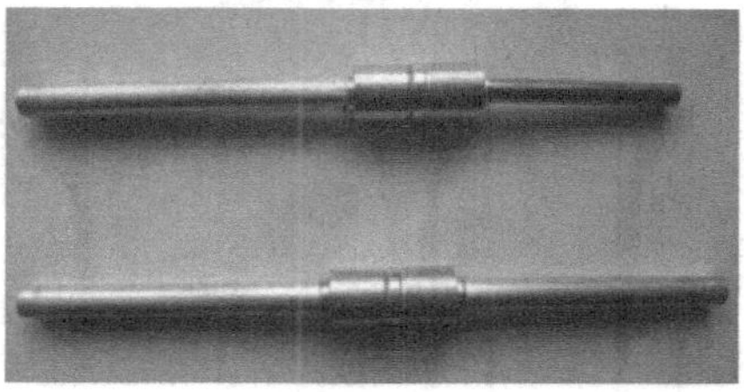

洛克复合环实现了在现场维修、节省时间、高可靠性等维修方面的需求，其具有以下特点：

1）是目前连接制冷管路最快的方式。

2）只要一把工具就可以解决所有直径为 8mm 以下管子的连接问题。

3）操作简单易懂，不需要专门的培训。

4）可靠性更高。

【典型实例】

实例一　洛克环在 R600a 制冷剂电冰箱维修中的应用

在对采用 R600a 制冷剂电冰箱进行维修时，对其管路的连接是不允许进行明火焊接的，一般都采用洛克环对管路进行连接。其连接的方法与步骤具体如下：

1）管口的处理采用钢丝绒或纱布将待接管子的端口擦干净。但在擦磨时，要围绕管路端口旋转，以防管路的横向被擦伤。

2）滴涂洛克林环密封液把上述擦好的两根待连接的管子分别插入洛克环衬套口，然后分别在两个单接头尾部滴 1 ~ 2 滴洛克密封液，并缓慢地旋转洛克环缓缓地插入待接管。

3）压接与固化，采用专用的压接钳进行压接后，放置 10 ~ 15min，使密封液自然固化以后，管子的连接就结束。

实例二　电冰箱铜铝管管路的压接方法

在电冰箱的维修中，铜管铝管焊接是普遍存在的一个难点问题，洛克铜铝管接头因为操作简单，大大提高了铜铝管连接的效率，通过节约时间直接降低了电冰箱维修成本，并且安全、环保。

图 3-42 所示为洛克环用于电冰箱毛细管与蒸发器过渡管、回气管与压缩机连接管、冷凝管与压缩机连接管的铜铝管路的连接。

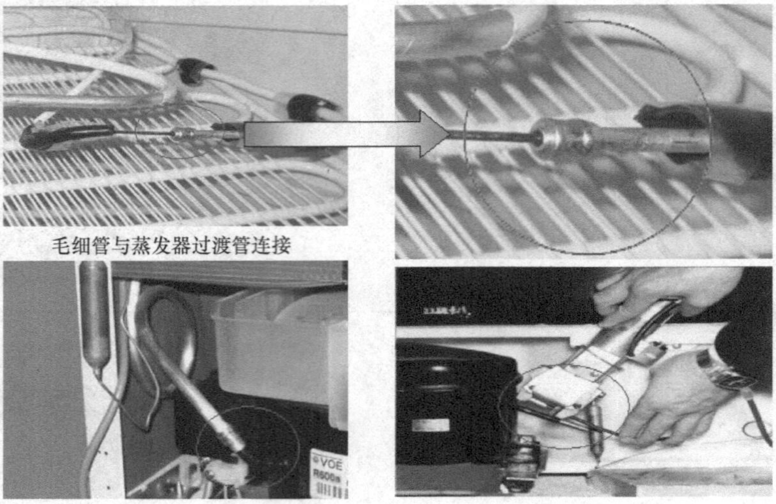

毛细管与蒸发器过渡管连接

回气管与压缩机连接管连接　　冷凝管与压缩机连接管连接

图 3-42　电冰箱铜铝管管路的压接

用洛克环连接铜铝管的操作方法如下：

操作时将连接内管插入外管的扩口部分（一般需将外管扩口，有些情况下可能无需扩口或需要对某一端的管子进行缩口处理），然后将洛克接头按正确的方向套在内管上，压接前必须在相应部位滴加专用密封液，使其流入管子表面上的轴向沟槽，待其固化后即可确保整个结构的密封可靠性。

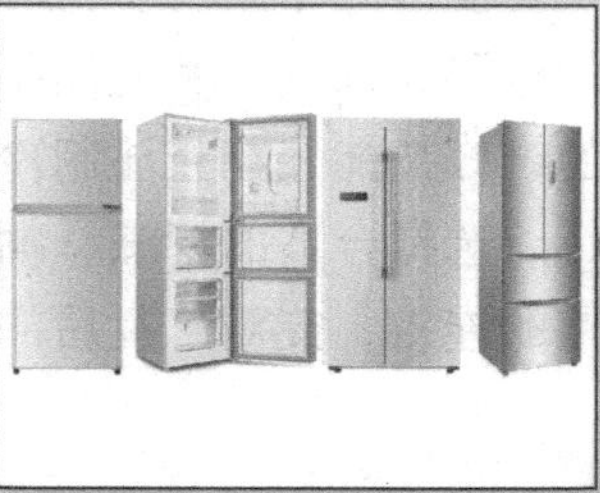

单元四 电冰箱维修基本技能

【内容构架】

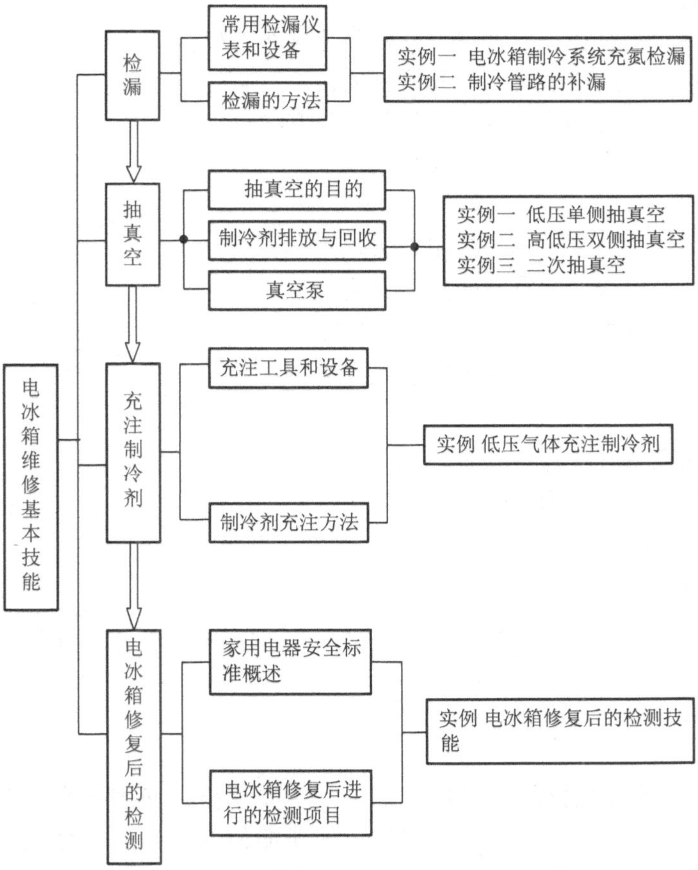

【学习引导】

本单元的主要目标是让学生掌握电冰箱维修过程中制冷系统的检漏、抽真空和充注制冷剂以及修复后检测等基本操作技能。充注制冷剂是电冰箱最基本的维修技能，在充注制冷剂之前检漏和抽真空是必需的操作，要学会根据现场以及电冰箱的特点选择合适的检漏、抽真空和充注制冷剂的方法，熟悉掌握维修过程中设备、修理阀和管路的连接，能对修复后的电冰箱进行必要的电气安全和性能检测。

目的与要求

1. 掌握检漏的原理和方法。
2. 掌握检漏、补漏的仪器及工具的使用方法。
3. 了解制冷系统抽真空的目的。
4. 掌握真空泵的使用方法及抽真空的操作方法。
5. 了解制冷剂的充注量对电冰箱性能的影响。
6. 掌握充注制冷剂的基本操作方法。
7. 掌握充注制冷剂过程中异常现象的判断与排除方法。
8. 了解电冰箱修复后应进行的一些检测项目。
9. 掌握电冰箱修复后必检项目的检测要求与方法。

重点与难点

重点：

1. 检漏、补漏的仪器及工具的使用方法。
2. 真空泵的使用方法及抽真空的操作方法。
3. 充注制冷剂过程中异常现象的判断与排除。
4. 电冰箱修复后必检项目的检测要求与方法。

难点：

1. 泄漏点快速查找。
2. 抽真空时真空度的准确判断。
3. 制冷剂充注量的正确控制。

课题一 制冷系统的检漏

【相关知识】

电冰箱制冷系统泄漏是比较常见的故障，其主要原因是使用不当、铜管及焊口内外腐蚀、材料及制造工艺存在缺陷等。一般容易出现泄漏的部位是焊接处及系统内被腐蚀的地方。电冰箱出现泄漏故障后制冷系统内制冷剂的减少，会使电冰箱的制冷能力下降甚至于失去制冷能力。

电冰箱制冷系统出现泄漏故障，通常可根据电冰箱制冷性能的变化，作出初步的判断。这样可判断是否有泄漏的故障，但不能确定具体泄漏点，要对电冰箱进行维修，必须进行检漏，确定具体泄漏点。电冰箱的检漏的方法很多，有外观检漏、肥皂水检漏、卤素检漏仪检漏、电子检漏仪检漏、压力检漏及抽真空检漏等方法。在具体进行检漏时，一般应遵循检查部位先外后内、检查方法先简后繁的检修原则进行。

一、常用检漏仪表和设备

1. 氮气瓶及氮气

氮气瓶属高压容器，氮气瓶是用来存放氮气的。氮气瓶的颜色为全黑色，氮气瓶上配备有减压阀和输气管。减压阀上安装有高压表和低压表，其实物外形如图4-1所示。

氮气是一种比较安全的气体，它比较干燥、价格较低、不易燃烧，对制冷系统没有腐蚀性，是电冰箱维修中必不可少的辅助材料，主要用于对制冷系统进行压力检漏试验、对制冷系统管道和零件的冲洗等。因为装满氮气的钢瓶内压力很高，可达15MPa左右，使用中必须在瓶阀的出口处装设减压阀，根据需要调节不同的排气压力。钢瓶手柄顺时针转动至死点为关闭，逆时针转动为开启。每次使用完毕后，应将瓶阀关闭。

对于电冰箱制冷系统进行压力试漏，所用的压力气体为氮气而不能用压缩空气，因为压缩空气中含有水蒸气，不易去净，易造成制冷系统运行中的冰堵。

2. 三通修理阀

修理阀又称检修阀、三通修理阀、三通检修阀及检修表阀。在对电冰箱进行抽真空、充注制冷剂、测量压力等操作时需要用到修理阀。修理阀为铜质组合结构，由内阀孔、阀针、密封垫、压盖、阀杆和手柄与联程压力表组合而成，有三个接口和一个手柄，如图4-2所示。

图4-1 氮气瓶

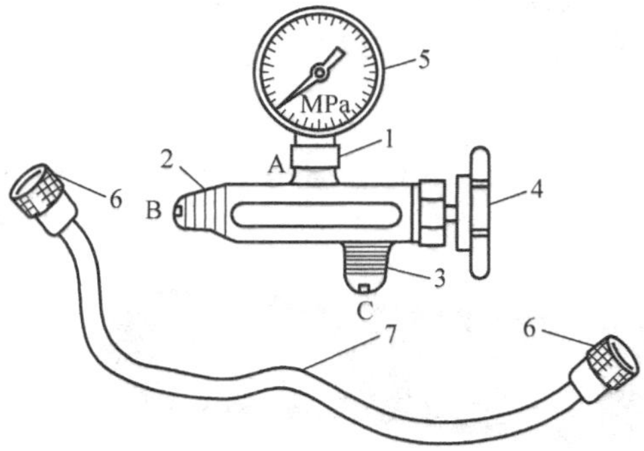

图4-2 修理阀和充冷管外形结构图
1—修理阀 2—顺向接口 3—横向接口 4—手柄
5—压力表 6—连接螺母 7—管体

1）三通修理阀上的A接口处刻有内螺纹，可固定装配压力真空量程表，修理阀上配用的压力表正压一般为0~2.5MPa，负压为-0.1MPa。

2）修理阀的B接口处俗称顺向接口，与带喇叭口的螺母连接，另一端与电冰箱压缩机工艺管焊接或连接充冷管再与其他阀门活连接。

3）C接口俗称横向接口，可以接氮气瓶、真空泵和制冷剂钢瓶，通过旋转修理阀的旋柄，即可实现对制冷系统的加压检漏、抽真空和充注制冷剂。

4）修理阀的手柄起关闭和开启的作用。按顺时针方向旋转修理阀旋柄，可使阀孔缩小，当按顺时针方向将修理阀旋柄旋转到底时，可断开制冷系统与外界的气路。顺时针转动手柄至死点称为关闭，C 接口关闭（截止），而 B 与 A 两端接通，可通过表压力指示值监视制冷系统的变化，确定是否正常。按逆时针方向旋转修理阀旋柄，可使阀孔增大。逆时针转动手柄称为开启，此时 B、C、A 接口呈三通状态，此时可通过 C 接口对制冷系统进行压力检漏、抽空及充注制冷剂等操作。任何时候制冷系统与压力表总是导通的，可以随时对制冷系统进行测压。

5）充冷管又称充氟管、连接管及加液管等。它是由两端连接螺母（6）和管体（7）组成。管有塑料透明管及橡胶管之分，耐压强度大于 1.6MPa；螺母内螺纹有寸制、米制之分，产品长度多在 1～2m。修理阀、充冷管与制冷系统及瓶阀每次连接操作时，切记要注意事先检漏验证，以防人为地外漏而被误认为是系统泄漏。R134a 要求采用耐腐蚀的连接管和密封圈，与 R12 的要求是不一样的。

3. 电子卤素检漏仪

电子卤素检漏仪主要用于制冷系统充入制冷剂后的精检，只能用于 R12、R134a 制冷剂系统。使用 R600a 制冷剂的电冰箱一般采用 R600a 专用检漏仪。

电子卤素检漏仪的外观，如图 4-3 所示。卤素检漏仪根据六氟化硫等负电性物质对负电晕放电有抑制作用这一基本原理制成。氟利昂气体由探头、塑料管被吸入白金筒内，通过加热的电极，瞬间发生电离使阳极电流增加，微电流计发生变化，经放大器放大后，推动电流计指针指示或使蜂鸣器报警。

4. 卤素检漏灯

卤素检漏灯也是电冰箱修理中最常用的检漏工具，其结构如图 4-4 所示。卤素检漏灯的结构主要由底盘、烧杯、火焰圈、吸气软管及其他辅助件组成，它常用酒精或丁烷做燃料。

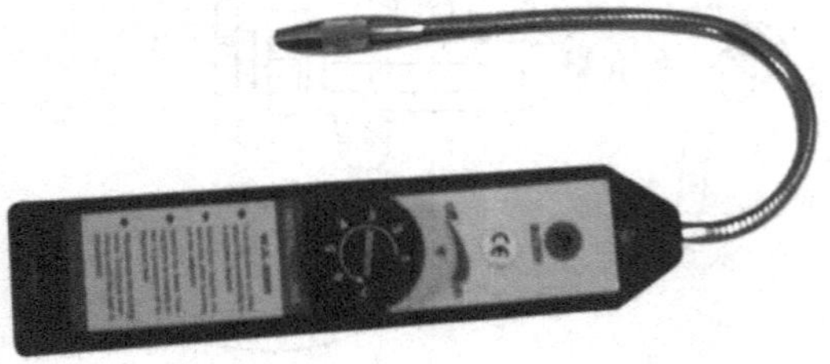

图 4-3　电子卤素检漏仪

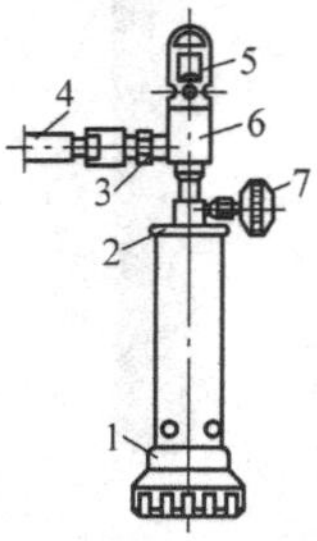

图 4-4　卤素检漏灯

1—座盘　2—烧杯　3—吸气管接头　4—吸气软管

5—火焰圈　6—吸风罩　7—手轮玻璃液体

卤素检漏灯检漏的原理是：当混有 5%～10% 的氟利昂气体与炽热的铜接触时，氟利昂分解为氟、氯元素并和铜发生化学反应，成为卤素铜的化合物，使火焰的颜色发生变化，从而检查出氟利昂泄漏。火焰的颜色与泄漏量有关系。

二、电冰箱检漏的方法

1. 外观检漏法

（1）目测检漏法　首先用目测方法检查暴露在外的制冷系统的管路。应重点检查焊口处、管路弯曲部位以及外露易碰的地方是否有折纹、开裂、微孔和油污等。重点观察可疑点处是否有残存的油渍。因为氟利昂与冷冻油可相互溶解，当氟利昂有泄漏时，冷冻油也会渗出或滴出。因此，即使管道有微小的漏孔也会有油渍出现。

（2）按压检漏法　若油渍不明显，可戴上白手套或用白布轻轻按压可疑点处，然后将其取下观察，如看到油渍，则说明该点确有渗漏孔。

2. 肥皂水检漏法

此方法简单易行，适用于制冷系统内的制冷剂没有完全泄漏的情况。具体方法是：

用刀片切削肥皂，使之成为卷曲的薄片状，放在温热水中浸泡，待其熔化成肥皂液后，用毛刷涂抹在管路有可能泄漏的地方。若有气泡出现，则说明该处是泄漏点。根据气泡的大小可判断泄漏程度。

3. 电子卤素检漏仪检漏法

（1）操作方法　装上干电池，打开电源开关，报警扬声器会发出清晰缓慢的“滴喀”声，将传感器探头沿被测管路缓慢移动，遇有泄漏点时，被测气体进入探头，报警扬声器“滴喀”声频率加快，从而可检出泄漏的部位。

（2）注意事项

1）探头移动速度不大于50mm/s；探头距被测管路的距离应在3～5mm之间。

2）避免油污和灰尘污染探头，不可撞击探头。

3）由于该仪器的灵敏度很高，有的可达5g/a（年泄漏量为5g）以下，因此不适合在有卤素物质和其他烟雾污染的环境中使用。

4. 卤素检漏灯检漏法

（1）操作步骤

1）首先把调节手轮紧固，将灯头倒置，旋下座盘后，将纯度为99.5%的无水酒精倒入燃料筒内，旋紧底座盘直立放于平坦处，右旋调节手轮，关紧阀芯。

2）然后向黄铜烧杯中注入酒精，将其点燃以加热灯体和喷嘴。

3）待酒精快要燃烧完时，调节手轮，使阀芯开启，产生火焰。

4）用探管沿被测管路慢慢移动，根据火焰颜色判断泄漏情况。若无泄漏则火焰呈淡蓝色；如有泄漏，则火焰为绿色或紫色。根据火焰颜色的变化可判断出泄漏量的多少。这种检漏方法不适宜电冰箱或房间空调器的检漏，只适用于大、中型制冷设备的检漏。

卤素灯价格便宜，操作简单，但准确性差，其主要原因是容易受周围气体的影响，如果空气中含有制冷剂蒸气则很容易造成误判。

（2）使用卤素检漏灯的注意事项

1）使用前要检查喷孔是否通畅，必要时用通针疏通。

2）检漏灯内的铜片要清洁，不应有氧化物．以免降低检漏灵敏度。

3）在检漏前应先作试验，将探管靠近在微开氟利昂储瓶阀处，观察火焰颜色的变化情况，以确定灵敏度。

4）检漏时探管在被检漏部位缓慢移动，仔细观察，否则不易检漏和准确判断泄漏点。

5）检漏完毕，调节阀门不宜关闭过紧，防止检漏灯因冷却收缩而损坏阀门。冷却后要妥善保管以备再用。

5. 充氮检漏法

如果电冰箱蒸发器出现漏孔，而使制冷剂泄漏，由于蒸发器在电冰箱内部，不易用目测或肥皂水检漏的方法直接检查泄漏，一般采用充氮检漏法。

充氮检漏法就是对制冷系统充注一定压力的氮气，放置一段时间后，观察压力表上的压力是否随时间的推移而下降。若压力表上的压力降低，说明该制冷系统存在泄漏故障。

为了查找漏点，可用肥皂水检漏法或分高压、低压部分分别检漏，另外还可以有浸水检漏法，常用于压缩机、蒸发器、冷凝器等零部件的检漏。其方法是：在被检件内充入0.8～1MPa的氮气，浸入50℃左右的温水中，仔细观察，若在某一部位有气泡逸出，则说明该处就是泄漏位置。

上述的几种检漏方法各自不同的特点和适用要求，在维修过程中要根据实际情况，灵活应用，相互结合，快速、准确地检测出泄漏的部位。

【典型实例】

实例一　电冰箱制冷系统充氮检漏

充氮检漏是电冰箱维修中常用的检漏方法，其优点是能对系统全面进行检查，保证检漏的质量，其缺点是工作量大，效率不高。电冰箱充氮压力检漏示意图如图4-5所示，具体操作步骤如下：

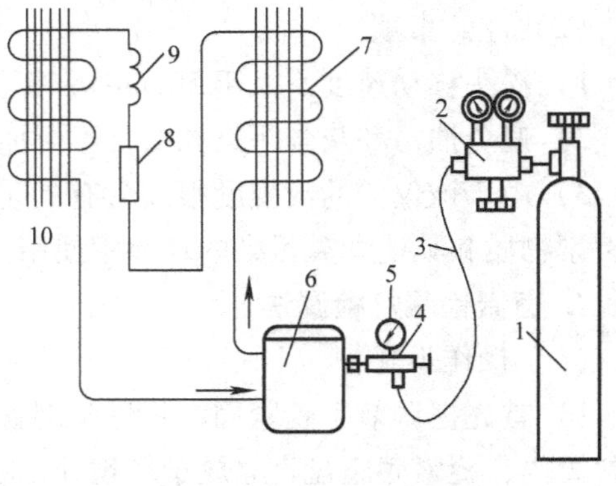

图4-5　压力检漏示意图

1—氮气瓶　2—减压调节器　3—输气管　4—修理阀　5—压力表　6—压缩机　7—冷凝器　8—干燥　9—毛细管　10—蒸发器

1）在加压前把氮气瓶、氮气减压调节阀、耐压连接胶管和带表三通截止阀依次连接起来，按照要求检查各设备和工具是否合格。

2）割开压缩机工艺管，焊接带有真空压力表的修理阀，然后将阀关闭。

3）将氮气瓶的高压输气管与修理阀的进气口虚接（连接螺母松接）。

4）全部连接好后，慢慢打开氮气瓶高压阀门（瓶内高压不得小于1.2MPa），调节减压阀门，使输出的氮气压力值在0.8MPa左右，调整减压阀手柄，待听到氮气输气管与修理阀进气口虚接处有氮气排出的声音时，迅速拧紧虚接螺母。这一步是将氮气输气管内的空气排出。

5）向系统内加注氮气，慢慢地打开带表三通截止阀，使得氮气缓慢进入到制冷系统中，当系统内的压力达到0.8MPa时，关闭带表三通截止阀和氮气瓶阀门，记录压力值和温度等参数值。

6）如果其压力没有明显变化，说明没有渗漏；如果压力值下降，则说明制冷系统中有渗漏，仍要用肥皂液找出渗漏位置并加以处理，或采用分段检漏逐步排除的方法进行试漏。

7）用毛笔或小毛刷沾肥皂液刷涂在可能发生渗漏的部位，每涂一处要仔细观察。如有气泡出现，即表明该处有泄漏；当出现大气泡时，说明渗漏严重；如果是微漏，则可能间断出现小气泡。检漏是一项比较细致的工作，不能急躁，要反复2～3次才行。

8）如上述检查完成后无漏孔出现，则可对系统进行24h保压试验。保压过程中前6h内压力允许下降0.01MPa，后18h压力值应基本恒定，则说明系统没有泄漏点。

实例二　制冷管路的补漏

发现有渗漏时，就应进行补漏。补漏时，应把制冷系统内的氮气或空气放出后才能进行补焊工作。补焊结束后，应重新对制冷系统进行压力检漏。

1. 冷凝器及其他管路的补漏

若泄漏是位于冷凝器盘管或低压吸气管和毛细管等管路部位，需对管路表面进行适当的清洗。若泄漏点的材质为铜管，则应采用低银磷铜焊补焊；若泄露点的材质为钢管，则应采用银焊进行补漏。冷凝器补漏后，还应涂以黑漆恢复其原貌。

2. 铝蒸发器的其他补漏

如果是铝蒸发器泄漏，则除了可采用铝焊补漏方法以外，还可采用胶黏法进行补漏。

胶黏剂补漏是一种简单、可靠、操作又十分容易的行之有效的铝补漏方法。可采用SAl02快速胶黏剂、CH－31胶黏剂、JC－311胶黏剂和北京椿树橡胶厂生产的CX212胶黏剂等进行黏结补漏。补漏时，应将漏孔表面用砂纸打光，再用乙醇或丙酮擦洗干净，并按说明书的比例将胶黏剂混合均匀后涂在裂缝或漏孔部位，硬化后可用0.5～0.6MPa高压氮气进行查漏试验。为使胶粘效果更为理想，在补漏时可用薄铜片或薄铁皮制成适合胶补点外形的加强片、加强管或加强夹来增强胶黏的强度。

课题二　制冷系统的抽真空技能

【相关知识】

一、抽真空的目的

制冷系统经过压力检漏合格后，放出试压气体，并立即进行抽真空处理。抽真空是指从制冷管道中抽出残余的气体，并使制冷系统内形成接近于真空环境（一般要求压力低于133Pa）的操作。抽真空是系统重新充入制冷剂之前必需的操作，其目的有以下三个：

1）将系统中残留的试压气体氮气抽走。因为氮气与氟利昂气体混合后绝热指数会增大，当受到压缩机压缩时会使冷凝压力、冷凝温度增高，并导致金属、氟利昂和油发生化学反应，引起腐蚀和破坏润滑，进而造成压缩机消耗功率增加，制冷量下降，压缩机寿命缩短。

2）进一步检查制冷系统有无渗漏。若在抽真空时，系统一直达不到所要求的真空度，即系统内绝对压力不低于133Pa，说明系统有泄漏，应进行检漏。这种方法对于蒸发压力低于大气压的系统（如低温箱）是十分必要的。

3）排除系统中的水。根据压力降低能使水的蒸发气化温度下降的原理，抽真空可使压缩机、蒸发器、冷凝器等部件中的残留水分全部蒸发变成饱和蒸汽后被真空泵抽去，从而有效地避免冰堵的发生。

二、制冷剂排放与回收

抽真空前，需要先将管路中的原有制冷剂释放排空。先使用专用的排空钳刺破工艺管管口管路，让制冷剂通过排空钳上的连接软管排出；然后将电冰箱通电运行5min左右，轻轻晃动压缩机，使压缩机中与冷冻机油混合的制冷剂分离；再将电冰箱断电停放3min左右，再重新通电运行5min左右，让制冷剂彻底排出。为了保护环境，制冷剂不可直接排放到空气中，需要使用制冷剂回收机进行回收。图4-6所示为排空钳实物图，图4-7所示为制冷剂回收机实物图。

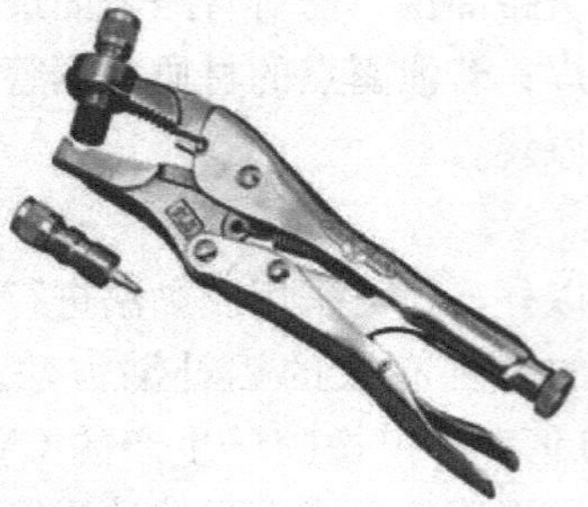

图4-6　排空钳实物图

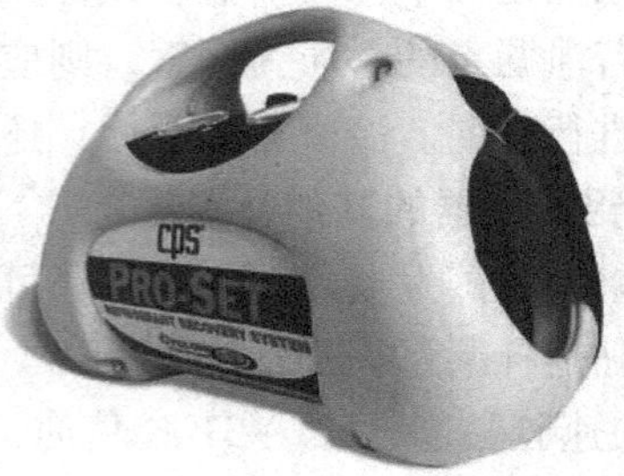

图4-7　制冷剂回收机实物图

三、真空泵

真空泵主要用于制冷系统抽真空，图4-8所示为其实物图。其规格多用抽空速率表示，电冰箱制冷系统抽真空常用2XZ－0.5型旋片真空泵。

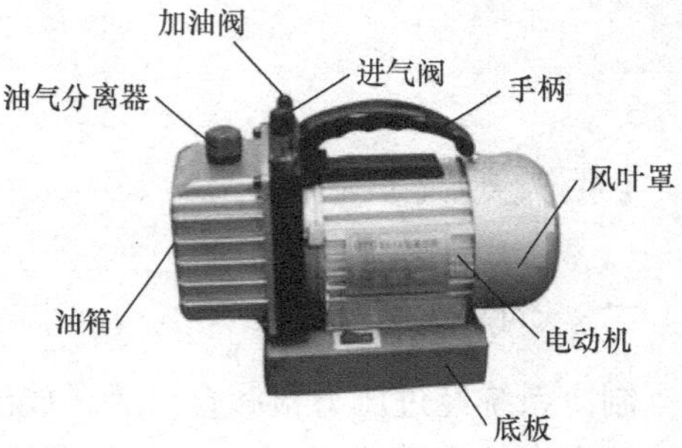

图4-8　真空泵实物图

当对制冷系统抽真空时，表针越向－0.1MPa靠近，真空度越高，一般抽真空度达到－0.095MPa为合格。表针在表盘上的移动位置很难辨认，又加之受不同真空泵使用年限、密封状况和泵内真空油液面高度等因素的影响，用相同的时间抽真空，达到真空度也不完全相同。因此，可以将真空泵排气端引接软管置于冷冻油中，用观察油面冒气泡与否的方法来判断真空度，即冒气泡为不合格，不冒气泡为合格。

真空泵使用注意事项如下：

1）放置真空泵的环境要干燥、通风、清洁。

2）真空泵与系统连接的耐压管要短。

3）起动真空泵前要仔细检查各连接处是否紧密及焊口处是否完好，泵的排气口胶塞是否打开。

4）停止抽真空时要首先关闭直通阀的开关，使制冷系统与真空泵分离。

5）不使用真空泵时要用胶塞封闭进口、排气口，以避免灰尘和污物进入泵内影响真空泵的正常工作。

【典型实例】

实例一　低压单侧抽真空

低压单侧抽真空是利用压缩机壳上的加液工艺管进行，其工艺比较简单，只用工艺管，焊接口少，其泄漏机会也相应减小。具体操作步骤如下：

1）如图4-9所示，进行管道连接。在压缩机的加液工艺管上焊接上带有三通阀、真空压力表的抽气接管，然后将真空泵的抽气管直接与三通阀相连。

2）先关闭三通阀的开关，再起动真空泵，然后将三通阀的开关缓缓地全部旋开，开始抽真空。

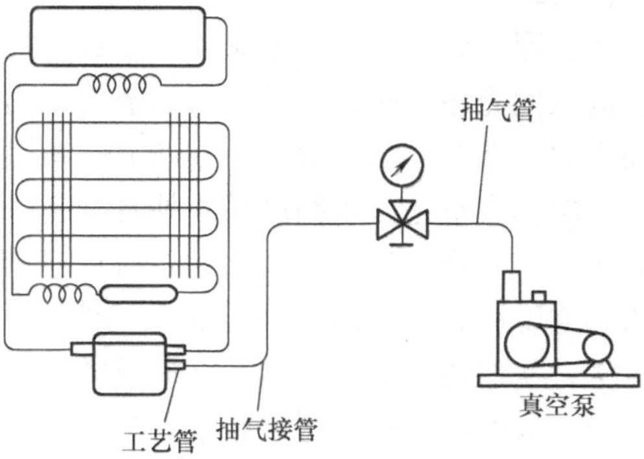

图4-9 低压单侧抽真空

3）持续抽真空30min后关闭三通阀，观察压力表的变化，若压力有回升说明系统有渗漏，须处理后重新进行抽真空的操作；若压力无变化，可继续抽真空1～2h，直至表压为-0.1MPa，使真空泵再继续工作10min以上，时间长短视真空泵功率而定。功率大，工作时间可以短一点；功率小，则工作时间长一点。有时为了干燥系统，抽真空期间需要对系统加热，使系统内的水分充分蒸发，变成水蒸气，被真空泵抽走。

4）抽真空结束后，应先关闭三通修理阀，再停止真空泵，以防止空气再次进入系统。

低压单侧抽真空方法优点是工艺简单、操作方便，但存在着低压侧真空度好、高压侧真空度不易达到要求的缺点。因为高压侧即冷凝器、干燥过滤器、压缩机高压消声器内的空气需要通过毛细管、蒸发器、低压回气管、压缩机，然后由真空泵排出，毛细管的内径小，其流阻很大，当低压侧的真空度达133Pa左右时，高压侧仍会在800Pa以上，因此需要较长时间的抽真空才能达到所要求的真空度，而且只进行一次抽真空操作，很难把系统内的氮气、水蒸气或空气抽干净。

实例二 高低压双侧抽真空

高低压双侧抽真空是在干燥过滤器的进口处另设一根工艺管，与压缩机壳上的工艺管并联在一台真空泵上，同时进行抽真空。具体操作步骤如下：

1）如图4-10所示，进行接连管道。用三通抽气接管的两管分别接压缩机工艺管和干燥过滤器的进口端，另一端接带有真空压力表的三通阀，真空泵的抽气管与三通阀相接。

2）和低压侧抽真空的操作相同，先关闭上三通阀的开关，再起动真空泵，然后将三通阀的开关缓缓全部旋开，开始抽真空。

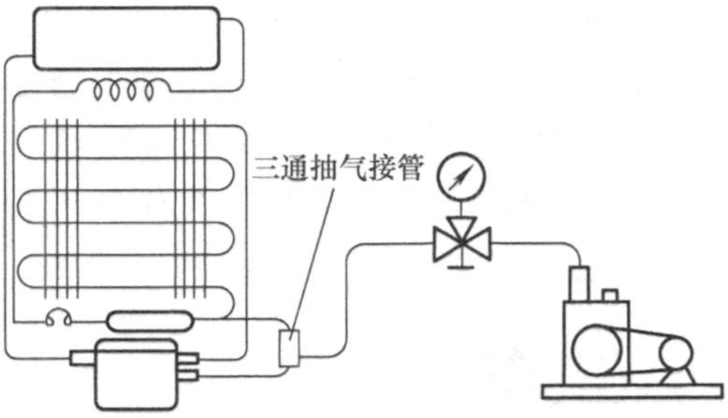

图4-10 高低压双侧抽真空

3）当表压降至-0.1MPa时，先用封口钳将干燥过滤器上的工艺管封死，然后继续抽真空，大约30min后，即可结束抽真空操作。

高低压双侧抽真空有效克服了低压单侧抽真空的缺点，缩短了抽真空时间，真空度能得到保证，其缺点是工艺复杂，焊点增多。这种抽真空方法较适用于双进口端的干燥过滤器。如是单端进口，则可在进口端加接一只三通，或者把三通接在压缩机排气管处，或在排气管端钻孔，直接接管引出。这种方法在实际维修中已被广泛采用。

实例三　二次抽真空

在实际维修中，制冷系统一次抽真空到规定的真空度所需的时间较长，尤其当制冷系统只有低压侧充注口时，因毛细管的节流作用，高压侧真空度始终达不到要求。此时可采用二次抽真空（或称二级抽真空）的方法，在短期内即可获得较高的真空度。

二次抽真空是先将制冷系统抽真空到一定的真空度后，充入少量的制冷剂 R12，使系统内的压力恢复到大气压力，这时系统内已成为 R12 与空气的混合气，第二次再抽真空到一定的真空度后，系统内残留的混合气体，其中绝大部分为无害的 R12 气体，空气只占微小的比例，从而达到减少残留空气的目的。其具体操作步骤如下：

1）如图 4-11 所示进行接连管道。用一只三通抽气管，两端分别接三通阀 V_1 和抽气阀 V_2，另一端接加液装置的加液阀 V_3。

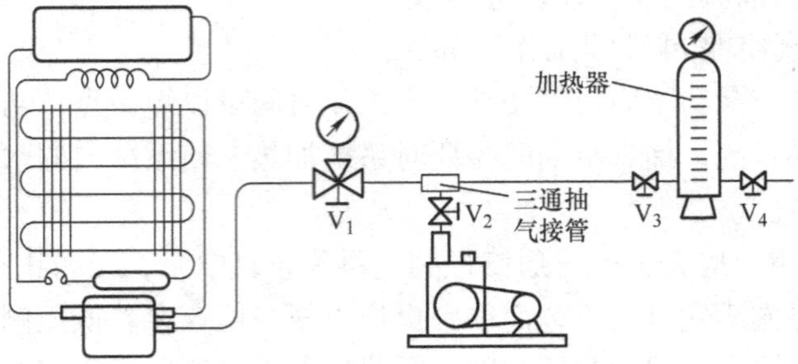

图 4-11　二次抽真空

2）先关闭 V_1、V_3，在打开 V_2 起动真空泵后，打开 V_1 对系统进行抽真空；10min 后，关闭 V_1 及 V_2，停下真空泵。

3）然后打开加液阀 V_3，再打开三通阀 V_1，对系统充注制冷剂 R12 使系统内的压力恢复到大气压力，这时系统内已是 R12 与少量空气相混合的混合气体；关闭 V_3 及 V_1，将电冰箱接通电源，使其运转 1～3min 后切断电源。

4）10min 后，起动真空泵，打开 V_1 和 V_2 对系统进行第二次抽真空，抽至一定真空度后（约 10min），关闭 V_1 和 V_2，充注制冷剂。此时系统内残留的虽然仍为混合气体，但其中绝大部分是 R12 气体，空气只占微小的比例，从而达到减少残留空气的目的。

这种抽真空方法操作较为繁琐，阀多、开关次数多，比较容易产生漏气现象，还会浪费部分制冷剂；但是它能用低性能的真空设备使系统获得很高的真空度，因而仍不失为一种实用的抽真空方法。

课题三　制冷系统的充注制冷剂技能

【相关知识】

一、制冷剂钢瓶

制冷剂钢瓶是用来存放制冷剂的，属于低压容器，如图 4-12 所示。制冷剂的输入、输出和截止是通过钢瓶端部的阀门控制的，不需要另外设置减压阀，顺时针旋转手柄至死点为关闭，逆时针转动手柄为开启。正置钢瓶体可放出制冷剂气体，倒置钢瓶体可放出制冷剂液体。

图 4-12 制冷剂钢瓶

由于小钢瓶使用灵活方便，修理电冰箱时，往往要将大钢瓶中的制冷剂倒入小钢瓶中。另外，也可直接使用一次性便携式制冷剂产品，其容量有 100g、120g、150g、300g 等。

对电冰箱充注制冷剂之前，要先根据电冰箱上铭牌标识，了解该电冰箱的制冷剂型号以及充注量，然后根据制冷剂钢瓶上的标识选用正确的制冷剂。

二、定量加液器

定量加液器用于在电冰箱修复中定量充注制冷剂，以保证注入量的准确性。定量加液器的外形如图 4-13 所示。定量加液器上标注了不同制冷剂的容积所对应的重量刻度，除了可以单独使用之外，定量加液器还可以和真空泵组合在一起使用。

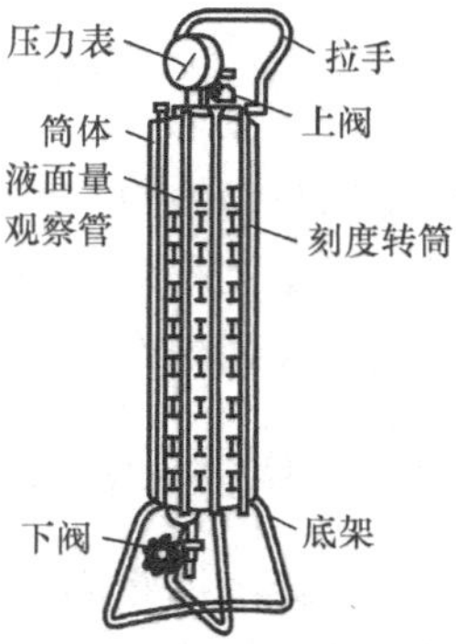

图 4-13 定量加液器

电冰箱充注制冷剂的量是以重量来计算的，所以要将制冷液体的容积换算成相应的重量并标记在加液器上。由于不同制冷剂液体的密度是不相同的，所以对充入的制冷剂应该选用定量加液器上相应冷媒的刻度标记；同一种制冷剂液体在不同的温度下密度也是不相同的，所以还要选用加液器上与环境温度相对应的温度刻度。

三、双表修理阀

双表修理阀又称专用组合阀，如图 4-14 所示。阀体上装有两只表：一只是压力表，用来监测制冷系统内的压力；一只是压力真空表，用来监测抽真空时的真空度，也可用来监测制冷系统内的压力。阀体上还设有两个阀门开关和三个接口，中间接口 5 接制冷系统，低压接口 4 接真空泵，高压接口 6 接制冷剂钢瓶；打开阀门 3，关闭 7（制冷剂钢瓶上的阀门关闭）可进行抽真空；关闭阀门 3，打开制冷剂钢瓶的阀门 7 可进行充充制冷剂。这就使抽真空、充充制冷剂连续进行，使用起来较方便。

四、封口钳

封口钳用于封闭已修理好的电冰箱制冷系统的管路工艺口，其结构如图 4-15 所示。

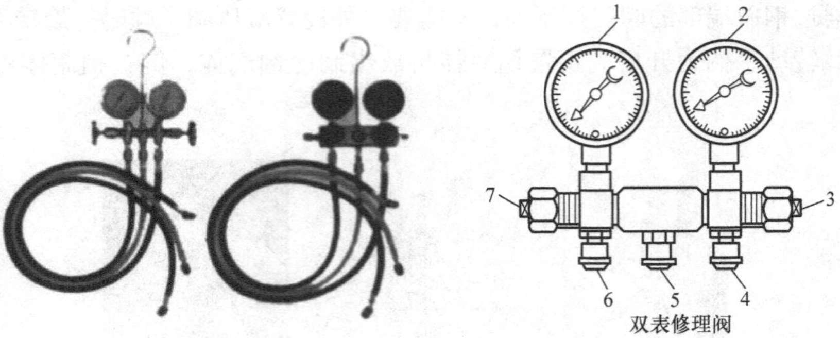

图 4-14　双表修理阀

1—压力表　2—压力真空表　3、7—阀门　4、5、6—接口

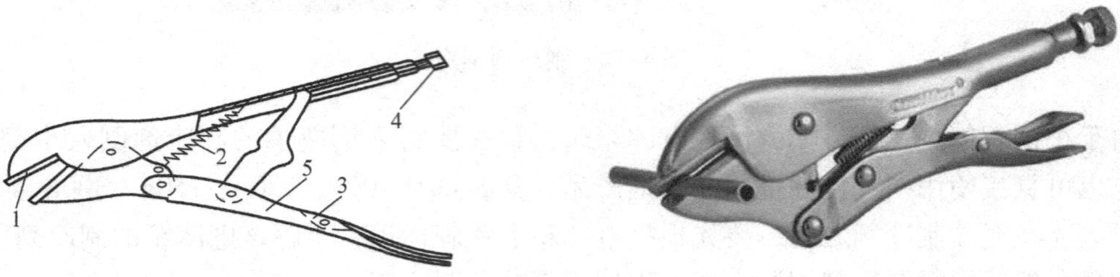

图 4-15　封口钳

1—钳口　2—钳口开启弹簧　3—钳口开启手柄　4—钳口调整螺钉　5—钳口手柄

使用封口钳封口时，最好在压缩机运行状态下夹封铜管并焊接，此时夹封处压力低，容易封死焊牢；一般夹封两处即可，若仍有泄漏，则应检查封口钳钳口是否合适和铜管是否退火；铜管夹封处在焊时要用焊料填满，以增加强度；封口处要浸入水中仔细检漏。

五、电冰箱制冷剂的充注方法

在维修电冰箱制冷系统故障时，一般都要重新充注制冷剂，这一操作习惯上称为加氟。加氟是整个维修过程中最后一步操作，也是极为重要的一步操作。家用电冰箱的容积小，制冷剂的充注量很小，一般仅为 80～200g，因此对充注量的要求比较严格。制冷剂充注量是否恰当，直接影响电冰箱制冷效果的好坏。因此，在维修电冰箱时，必须严格掌握制冷剂的注入量。

1. 称重充注法

称重充注法就是将装有制冷剂的钢瓶放在电子台秤上，通过观察电子台秤的读数变化，定量地向制冷系统中充注制冷剂，如图 4-16 所示。

2. 定量充注法

此方法利用带有刻度值的定量加液器，根据电冰箱铭牌上所规定的充注量进行充注，如图 4-17 所示。这种方法适合初次加注制冷剂，或维修后系统内已无残存制冷剂时使用。

3. 控制低压充注法

此方法通过观察接在压缩机低压侧工艺管上的修理阀表压力值和蒸发器、冷凝器的状况

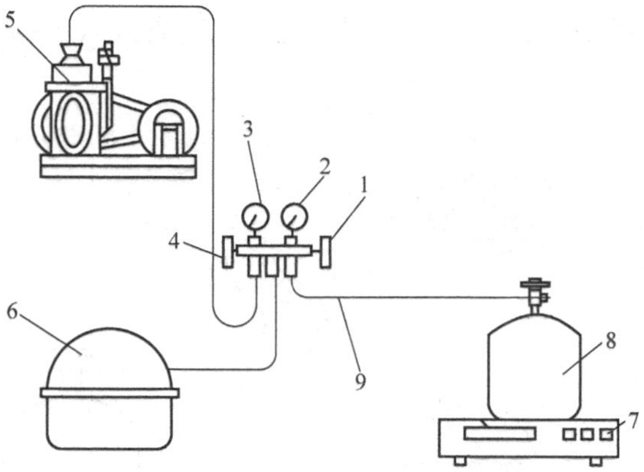

图 4-16 制冷剂称重充注法

1—调整手柄 2—压力表 3—真空表 4—调整手柄
5—真空泵 6—压缩机 7—电子台秤
8—制冷剂钢瓶 9—连接软管

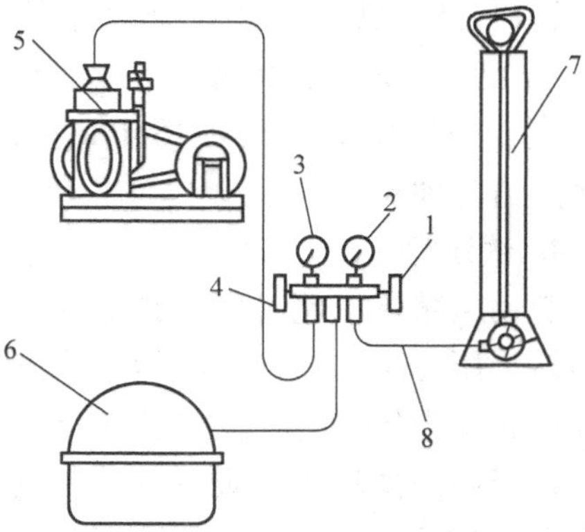

图 4-17 制冷剂定量充注法

1—调整手柄 2—压力表 3—真空表 4—调整手柄
5—真空泵 6—压缩机 7—定量加液器 8—连接软管

来判断制冷系统的充注量。由于电冰箱所处环境温度及所用制冷剂品种不同，其表压力值也略有差别。在夏季高热天气充注 R12 时，压力值应为 0.04 ~ 0.05MPa，对应的蒸发温度则为 -22 ~ -20℃；在冬季寒冷天气，压力值应为 0.02 ~ 0.03MPa，对应的蒸发温度则为 -25 ~ -26℃。冷冻室温度可达到（三星级）-18℃和（四星级）-18℃以下。尤其是对双系统的电冰箱，对制冷系统充注量宁可少充也不能多充，因为太多的制冷剂对制冷量的影响程度将大大超过制冷剂偏少的情况，因此要控制在吸气压力适中的范围内。

由于相同型号的电冰箱随其工作环境和工作状态的不同而表现出来的工作特性也是不同的，所以在维修过程中，往往需要把已有的充注量的控制方法综合起来，还需要观察温度及结霜等变化，才能准确地控制制冷剂的充注量。

特别提示： 同容积电冰箱用的 R134a 充注量比 R12 少 5% ~10%，用于 R134a 的充注设备必须专用；R600a 的充注量相当于 R12 的 40% 左右，因此需要有高精度的制冷剂充注设备，校准设备。由于 R600a 电冰箱压缩机工作时，工艺管压力为负压，因此不能通过观察压力表压力判断充注量是否足够，通常采用电子秤称量充注量的方法。

【典型实例】

实例 电冰箱低压气体充注制冷剂

电冰箱一般采用低压气体充注的方法，以避免造成“液击”事故的发生。具体操作步骤如下：

1. 连接管道及阀门

如图 4-18 所示，连接管路和阀门，在完成制冷系统检漏、抽真空之后，开始充注制冷剂。

2. 排除连接管道内的空气

旋松软管与修理阀接口连接的螺母，微微开启制冷剂钢瓶，使制冷剂蒸气从修理阀螺母处喷出，用气压将软管内的空气冲排出去，待手感到冷意时，迅速旋紧螺母，此时不要打开修理阀开关，同时也不要关闭制冷剂钢瓶阀门。

3. 充注制冷剂

接口旋紧之后，打开三通修理阀和氟利昂钢瓶，这时制冷剂会通过工艺管进入压缩机壳内，向系统内充入制冷剂。注意观察真空压力表，当气压上升到 0.15MPa 左右时，关闭三通修理阀。

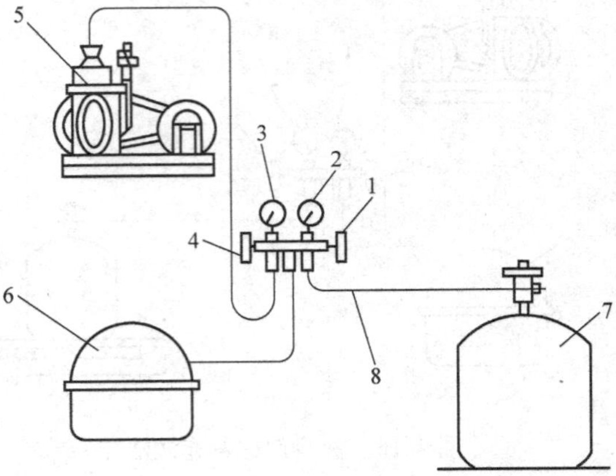

图 4-18　抽真空充注制冷剂

1—调整手柄　2—压力表　3—真空表　4—调整手柄
5—真空泵　6—压缩机　7—制冷剂钢瓶　8—连接软管

4. 试运行

起动压缩机，此时可看到随着压缩机的运转，压力表上的指针在缓慢下降，说明充注进的制冷剂蒸气已被压缩机吸入，并已排至制冷循环中。观察几分钟后，若表压低于 0MPa 时，应打开修理阀的阀门，继续补注一点制冷剂，再关闭修理阀及制冷剂钢瓶阀门。

5. 判断最佳的制冷剂充注量

压缩机起动后开始制冷，此时仔细观察制冷效果，判断制冷剂充注量是否适当。要正确判断充注制冷剂的量是否准确，除了观察电流、压力外，还要仔细观察蒸发器、冷凝器、回气管等部件，然后综合进行分析，如图 4-19 所示。

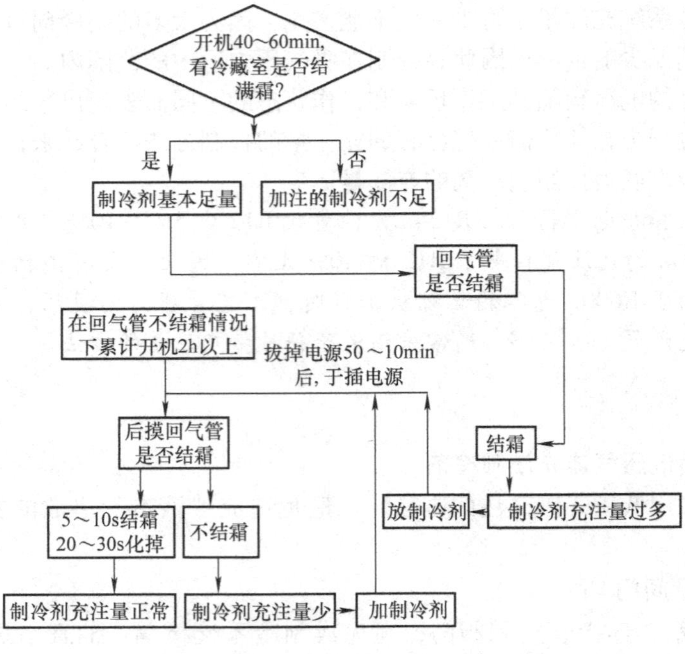

图 4-19　制冷剂充注量是否合适的判断方法

如果充注量不足，则继续充注，但要注意充注速度应缓慢，采用少量多次补注的方法。如果充注过量，则应放出一部分制冷剂气体，同样放气速度也要缓慢，也应采用少量多次放气的方法，直到适当为止。只有当制冷系统中充注量适量时，整个制冷系统才能在设计工况下工作，使制冷效果最好。

6. 工艺管的封口

确认电冰箱的充注量适当，开机试运行，经过1～2次起/机停机运行后，一切正常，就可以进行封口操作。封口操作的方法有以下两种：

1）采用洛克环压接封口，对R600a电冰箱通常都采用这种方法。如图4-20所示，在电冰箱开机状态时，使用封口钳将压缩机工艺管口压紧，然后使用切管器将管路连接器割断后取下。如图4-21所示，在压缩机工艺管口的切割处，使用压接钳将洛克环与工艺管口压紧。

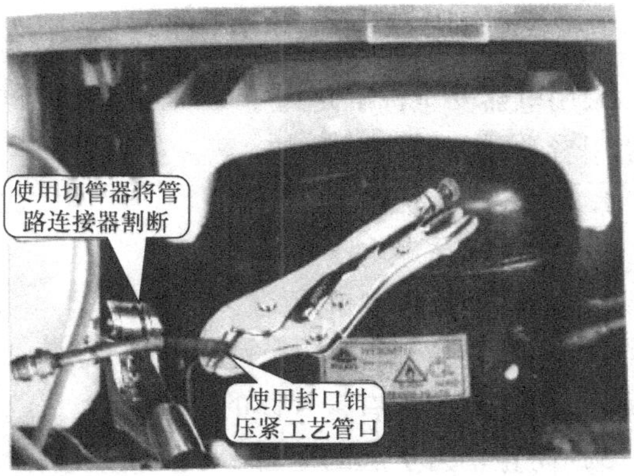

图4-20 切管器割断管路连接器

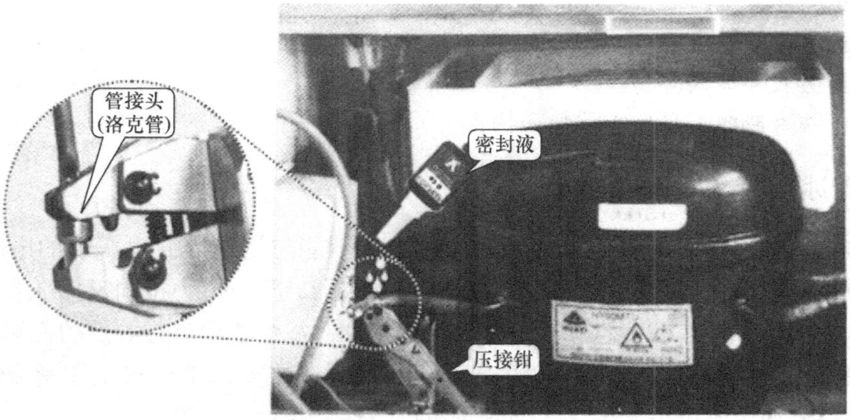

图4-21 压缩机工艺管的封口

2）采用封口钳、气焊设备进行封口。压缩机运转时，系统内的低压部分压力较低，易于封闭。用封口钳将连接管在距压缩机工艺管口约10cm处用力夹扁两处，并将尾端一处用钢钳夹断，使之与修理阀分离。拆下修理阀后，将工艺管向下弯曲，用钎焊的方法把工艺管的末端焊成一个光滑的水滴状焊点，然后把其放入水中或用肥皂水检漏。初步确认无泄漏后可停止压缩机的运行，待制冷系统内高、低压平衡后，再检查一次焊珠是否有泄漏，若无泄漏才可确认封口获得成功。

课题四 电冰箱修复后的检测

【相关知识】

为确保使用安全和可靠，电冰箱修复后要进行必要的安全和制冷性能的等效检测。根据电冰箱性能与安全的国家标准的相关规定，本课题将介绍电冰箱修复后必检项目的要求和检测方法。

一、家用电器安全标准概述

家用电器安全标准是为了保证人身安全和使用环境不受任何危害而制定的，安全标准涉及使用者和对环境两部分内容。

1. 对于使用者的安全标准

1）防止人体触电。

2）防止过高的温升。

3）防止机械危害。

4）防止有毒、有害气体的危害。

5）防止辐射引起的危害。

2. 对于环境的安全标准

1）防止火灾。

2）防止爆炸危险。

3）防止过量的噪声。

4）防止摄入和吸入异物。

5）防止跌落造成人身伤害或物质损失。

二、电冰箱修复后进行的检测项目

由于多方面原因造成的电冰箱故障，经维修后不能与生产厂商出厂时的电冰箱同等比较，修理单位没有像生产厂商那么好的测试条件和仪器，没有能力按国家标准要求进行必检项目测试，无法实际操作和测定，但对主要的安全和制冷性能要进行等效的检测。

电冰箱修复后一般需进行2～3天的试运转，并对其主要的电气安全和制冷性能进行检测，以检验维修质量是否符合要求，通常进行以下性能指标的检测。

1. 电冰箱的电气安全检测

1）泄漏电流检测。

2）绝缘电阻检测（冷态）。

3）电气强度检测（冷态）。

4）接地电阻检测。

2. 电冰箱的性能检测

1）起动性能。

2）制冷性能（冷却速度）。

3）制冷系统密封性（耐泄漏性能）。

4）气封气密性。

5）振动与噪声。

【典型实例】

实例　电冰箱修复后的检测

检测环境应符合规范的要求，温度应符合气候条件类型，相对湿度在45%～75%范围内，空气流速不大于0.25m/s，冷凝器距墙的距离大于100mm，在上述条件下进行如下项目的检测。

一、电冰箱的电气安全检测

1. 电冰箱泄漏电流的检测

电冰箱在工作温度下，应有良好的绝缘性能，泄漏电流不大于1.5mA。

检测方法：用泄漏电流测试仪测量电流的任一极与易触及的金属部件之间的泄漏电流。可按图4-22将电冰箱接入线路中，使电冰箱与地绝缘，并通电正常运转时测量电源线与电冰箱金属外露部分之间的泄漏电流不得大于1.5mA。

注意检测时不要接触电冰箱以免电伤。

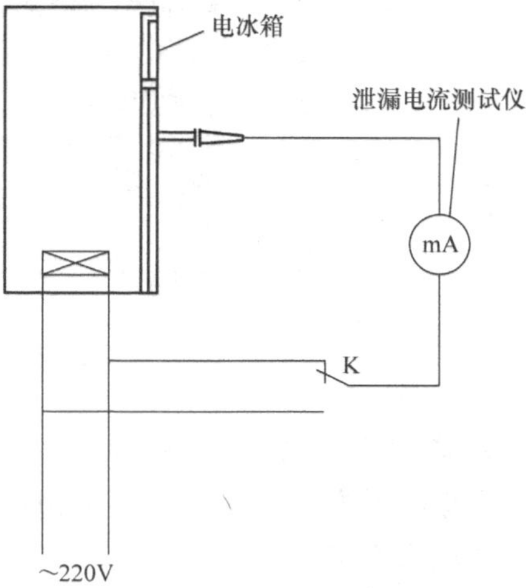

图4-22 电冰箱泄漏电流的检测

2. 电冰箱绝缘电阻的检测

电冰箱维修装配完成后，必须使用绝缘电阻表（俗称兆欧表）检测绝缘电阻，确认电冰箱带电部件与箱体之间绝缘电阻应不小于2MΩ（冷态），才能通电运行。

检测方法：用500V绝缘电阻表测量电冰箱电气系统的绝缘电阻不应小于2MΩ（冷态）。如图4-23所示，单独测量压缩机的绝缘电阻时应以不小于5MΩ为合格。

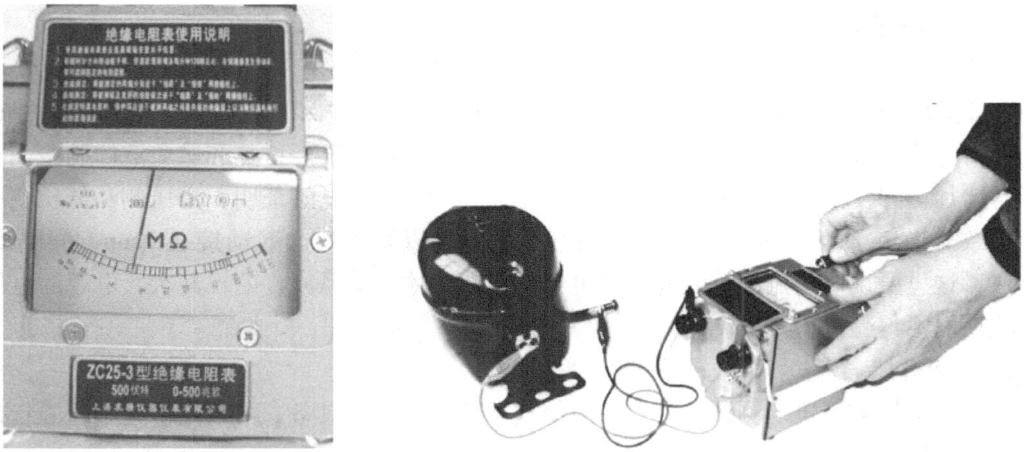

图4-23 使用绝缘电阻表测量压缩机的绝缘电阻

3. 电冰箱电气强度的检测

电冰箱电气强度的检测俗称耐压试验，其检测的仪器是耐压测试仪。图4-24所示为MS2770B型全数显耐压测试仪。电气强度检测必须在绝缘电阻或泄漏电流测试合格后可进行。

检测方法：用容量不小于0.5kV安耐压测试仪，在带电体和壳体之间施加频率为50Hz

基本正弦波电压，一开始电压加至750V，然后迅速升到1250V，历时1min不应发生闪烁和击穿现象。在检测时，人体不能触及电冰箱，以防发生人身事故。

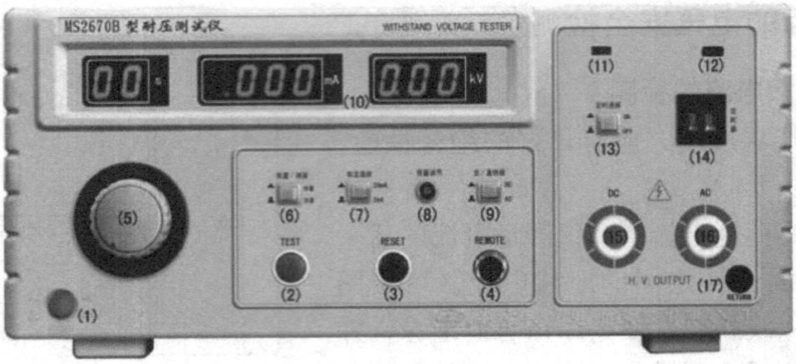

图 4-24　MS2770B 型全数显耐压测试仪

4. 电冰箱接地电阻的检测

根据的国家标准规定，电冰箱应有良好的接地装置，电冰箱的接地电阻应不大于0.1Ω。接地线应采用黄绿双色导线。

检测方法：用接地电阻仪测量电冰箱接地接线柱与易触及人体的较远的中合页或上合页之间的电阻数值。测定的电阻数值不包括软缆和软线的电阻，要注意不让测试夹子与被测金属部件之间的接触电阻影响测试数据。

二、电冰箱的性能检测

1. 电冰箱起动性能的检测

电冰箱置于气候类型所规定的环境温度下，关闭箱门，以0.85倍的额定电压（即187V）起动三次，每次起动后，要有充分的接通时间，足以保证电动机正常起动，并有足够的润滑。两次起动的间隔时间应充分地长，以防止电动机极度过热和避免液体制冷剂的压力异常增加，并使高压侧和低压侧之间达到压力平衡。多次试验证明，高压侧和低压侧压力平衡大致需4min时间，所以在检测起动性能时，可以采用每次起动接通5min，间隔5min的方法。这里要说明两点：首先起动继电器动作3次才起动是允许的；其次，电源的电压降在试验期间不得超过1%。

2. 制冷性能

按照国家标准规定的测试条件，一般修理单位可能都不具备，可根据情况和经验选择性的检测以下性能指标。

（1）储藏温度　电冰箱内温度有冷冻室温度与冷藏室温度之分，在18～38℃的环境温度下，要求在两个温控器上能找到一种组合使冷藏室几何中心平均温度在0～10℃之间，冷冻室的最高温度在-18℃以下，且达到规定后压缩机会自动起动或停止。

（2）冷却速度　在环境温度为32℃时，箱内不放物品，压缩机连续运转，使冷藏室几何中心平均温度在0～10℃之间，冷冻室的最高温度在-18℃以下，降温时间不超过3h。

（3）负载温度回升速度　在环境温度为25℃左右时，箱内放满负载运行到使冷藏室几何中心平均温度在0～10℃之间，冷冻室的最高温度在-18℃以下，然后切断电源使压缩机停转，箱内温度从 $-18℃$ 回升到 $-9℃$ 的时间不少于250min。

（4）制冰能力 在环境温度为38℃时冷冻/冷藏温控器置4/4档，电冰箱运行达到稳定状态时后，将30℃左右的水加入冰盒中，在3h内水应结成实冰。

（5）绝热性能 电冰箱应有良好的绝热性能，使电冰箱稳定在规定值。绝热材料不应有明显的收缩、变形，不允许电冰箱外表在工作时积累过多的水汽。在正常气候条件下，电冰箱外表不应有凝露现象。

3. 制冷系统密封性

按照国家标准的规定，电冰箱应放在正压室内进行检测，一般维修单位没有这个条件，但在检测制冷系统的密封性时，要求室内无残留的氟利昂气体。用检漏仪调定到年泄漏量为0.5g。在电冰箱不通电的情况下，检测制冷系统各焊接点及其他任何部位有无制冷剂泄漏现象。

4. 门封密封性检查

当箱门正常关闭后，门封四周应严密。将一张厚0.08mm、宽50mm、长200mm的纸片放在门封条上任意一点处，将箱门关闭垂直地压在纸上，纸片不应自由滑动。门封四角的缝隙宽度应不大于0.5mm，缝隙长度应不超过12mm。

5. 其他性能

维修电冰箱完毕后还要注意以下一些其他性能：

（1）噪声 根据国家标准规定，在消声室内，在距离电冰箱1m，与地面垂直距离1m处，用声级计“A”计权网络测量电冰箱运行时的噪声应不高于42dB。

（2）箱门开启力 电冰箱不运行关闭1h后，然后用弹簧秤测定施加在把手上离铰链最远点且垂直于门面的开启力，应不超过70N，一般14.7~19.6N较为合适。

（3）振动 电冰箱运行时，不应产生明显的振动，其振动速度的有效值应不大于0.71mm/s。

（4）外观要求 电冰箱外观不应有明显的缺陷，装饰性表面应平整、光亮。涂层表面也应平整、光亮，颜色一致，色泽均匀，且牢固，没有明显的流疤、划痕、麻坑、皱纹、起泡、漏涂和集合沙粒等。

单元五

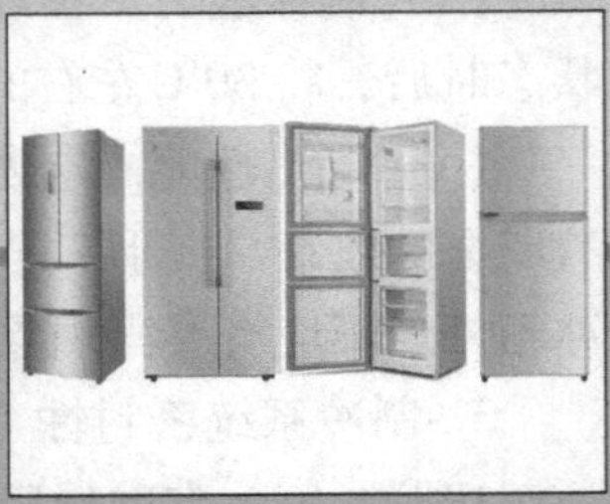

电冰箱制冷系统部件的检修

【内容构架】

- 电冰箱制冷系统部件的检修
  - 压缩机的检修
    - 1.压缩机的作用
    - 2.压缩机的种类
    - 3.压缩机的结构、工作原理及特点
    - 4.压缩机常见的故障及现象
    - 5.压缩机故障的检测方法
    - 实例一 压缩机的代换
    - 实例二 压缩机电动机故障的检修
  - 冷凝器的检修
    - 1.冷凝器的作用
    - 2.冷凝器的种类
    - 3.冷凝器的结构、工作原理及特点
    - 4.冷凝器常见的故障及现象
    - 5.冷凝器故障的检测方法
    - 实例一 冷凝器的拆卸与安装
    - 实例二 冷凝器、门框防露管内漏改修
  - 蒸发器的检修
    - 1.蒸发器的作用
    - 2.蒸发器的种类
    - 3.蒸发器的结构、工作原理及特点
    - 4.蒸发器常见的故障及现象
    - 5.蒸发器故障的检测方法
    - 实例一 加装外露式蒸发器
    - 实例二 蒸发器盘管内有冷冻机油故障的检修
  - 毛细管和干燥过滤器的检修
    - 1.毛细管的作用、结构、工作原理和特点
    - 2.干燥过滤器的作用、结构、工作原理
    - 3.毛细管常见故障及现象
    - 4.毛细管典型故障的检修
    - 5.干燥过滤器脏堵的检修
    - 实例一 毛细管的拆卸与安装
    - 实例二 干燥过滤器的拆卸与安装
  - 常用阀的检修
    - 1.单向阀
    - 2.压差阀
    - 3.二通电磁阀
    - 4.二位三通电磁阀
    - 5.双联电磁阀
    - 6.单向阀常见故障及现象
    - 7.电磁阀常见故障及现象
    - 8.电磁阀故障的检测方法
    - 实例 双联电磁阀线圈故障的检修

【学习引导】

本单元的主要目标是学习电冰箱制冷系统部件的故障检修。介绍了电冰箱压缩机、冷凝器、蒸发器、毛细管、干燥过滤器和常用闸阀的结构、工作原理及特点，讲解了相关部件故障判断和维修方法。学生可全面地学习制冷系统部件的工作原理和故障检修，并通过典型实例提高维修技能。

目的与要求

1. 了解电冰箱压缩机的作用及种类。
2. 掌握各种电冰箱压缩机的结构、工作原理及特点。
3. 能够熟练进行压缩机典型故障的判断与维修。
4. 学会压缩机的拆卸与安装方法。
5. 了解冷凝器的作用和种类。
6. 掌握各种冷凝器的结构和特点。
7. 学会判断、处理冷凝器常见故障。
8. 了解电冰箱蒸发器的作用及种类。
9. 掌握电冰箱蒸发器的结构、工作原理和特点。
10. 学会电冰箱蒸发器常见故障分析及处理。
11. 掌握毛细管的作用、结构、工作原理和特点。
12. 掌握干燥过滤器的作用、结构、工作原理和特点。
13. 学会毛细管、干燥过滤器的更换方法。
14. 学会毛细管、干燥过滤器常见故障的检修方法。
15. 掌握二位三通电磁阀的作用、结构及工作原理。
16. 掌握单向阀的作用、结构及工作原理。
17. 了解压差阀、二通电磁阀、双联电磁阀的作用。
18. 学会电冰箱常用闸阀的检修。

重点与难点

重点：

1. 压缩机常见故障及检修。
2. 毛细管常见故障及检修。
3. 干燥过滤器故障及检修。
4. 电磁阀常见故障及检修。

难点：

1. 压缩机的拆卸与安装方法。
2. 毛细管、干燥过滤器的更换方法。
3. 蒸发器故障检修技能。
4. 电磁阀常见故障及检修。

课题一 压缩机的检修

【相关知识】

一、压缩机的作用

电冰箱中使用的压缩机是由压缩机和电动机组成的，通常简称为压缩机。它位于电冰箱背面的最底部。图 5-1 所示为压缩机在电冰箱中的安装与使用情况。

图 5-1 压缩机在电冰箱中的安装与使用

压缩机是电冰箱制冷系统的动力源，可驱使制冷剂在管道中往复循环，通过物态变化进行热能转换达到制冷的目的。所以压缩机质量的好坏直接影响着电冰箱的制冷效果，同时也影响电冰箱的使用寿命、噪声和振动等多种性能。

二、压缩机的种类

制冷压缩机从使用的电压可分为单相压缩机和三相压缩机两类，从结构上可为开启式、半封闭式和全封闭式三类。电冰箱使用的压缩机为单相全封闭式压缩机（以下简称压缩机）。

虽然电冰箱压缩机的外形大体相同，但其型号、性能各异。一般通过压缩机铭牌上的标识便可以清楚地了解该压缩机的型号、制冷剂类型、额定电压、额定功率以及 3 根引管的位置等。如图 5-2 所示，从这个压缩机的铭牌可以知道该压缩机的型号为 QD65L，额定电压为 220V，额定功率为 145W，所使用制冷剂的类型为 R12。

图 5-2 压缩机实物及铭牌

电冰箱压缩机按其结构特性可分为往复活塞式、旋转活塞式、涡旋式等几种。往复活塞式压缩机可分为滑管式压缩机和连杆式压缩机两种，旋转活塞式压缩机又可分为滚动转子式和滑片式两种。一般电冰箱多采用往复活塞式压缩机和旋转活塞式压缩机，涡旋式压缩机主要用于高档电冰箱。

随着技术的发展和人们对节能降耗的需求，变频式压缩机也逐渐被越来越多的电冰箱生产厂商所采用。变频压缩机于 1980 年由日本东芝公司研制成功，其压缩机的转速随供电频率的变化而变化。变频压缩机与定速压缩机的不同之处是其电动机绕组的阻值相等。变频压缩机具有比常规排气阀的通道面积大、阻力损失小的优点，但其轴承结构、材料润滑及气阀的结构形式需专门设计，既要适应高速运转时摩擦阻力损失大，又要适应低速运转时润滑油流量减小，气缸和滚动活塞端盖、滑片之间的漏气量增加的要求。

三、压缩机的结构、工作原理及特点

电冰箱所使用的压缩机都采取钢体封装式设计，压缩机被安装在壳体内，在壳体上的适当位置引出 3 根管路和 3 个端子，如图 5-3 所示。

压缩机的 3 根管子分别是排气管、回气管和工艺管。其中，较细的一根管子是排气管，也称高压管；较粗的一根管子是回气管；还有一根较细的管子为工艺管，该管子在进行压缩机检修时使用，因此也称为检修管，工艺管在压缩机正常工作时是密封的。

压缩机的 3 个接线端子分别为公共端（C）、起动端（S）和运转端（M），从图 5-3 中可以看到这 3 个端子呈正三角形排列。

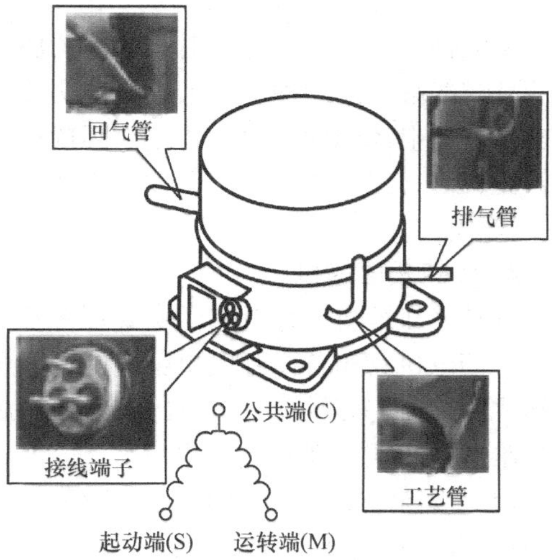

图 5-3 常见压缩机的引管与接线端子

1. 往复活塞式压缩机

往复活塞式压缩机简称为往复式压缩机，是目前电冰箱上应用较广泛的一种。

（1）往复活塞式压缩机的结构 往复活塞式压缩机主要由连杆、曲轴、活塞、气缸体等组成，电动机与压缩机安装在上下两个钢壳内，而且压缩机和电动机共用一根轴。往复活塞式压缩机实物图如图 5-2 所示，连杆式压缩机内部结构及各主要部件如图 5-4 所示。

（2）往复活塞式压缩机工作原理 往复活塞式压缩机是利用活塞在气缸中作往复运动所形成的可变工作积来压缩和输送气体的。当电动机带动曲轴做旋转运动时，滑管式压缩机以滑管和滑块作为曲轴与活塞之间力矩的传递、转换部件。图 5-5 所示为连杆式压缩机工作原理图，连杆式压缩机以连杆作为曲轴与活塞之间力矩的传递、转换部件，将旋转运动变为活塞的往复式直线运动，从而实现吸气、压缩和排气。

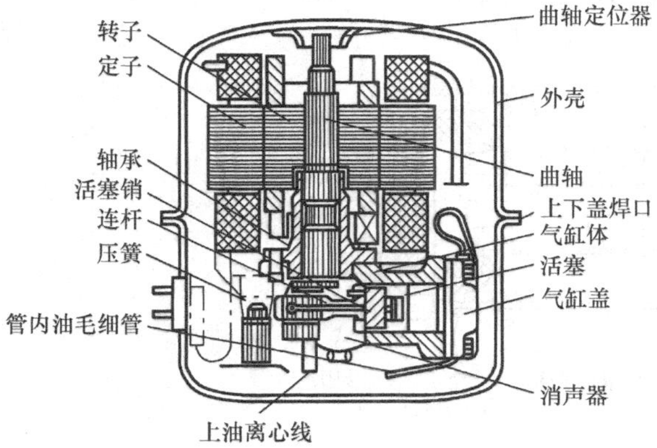

图 5-4 连杆式压缩机内部结构及各主要部件示意图

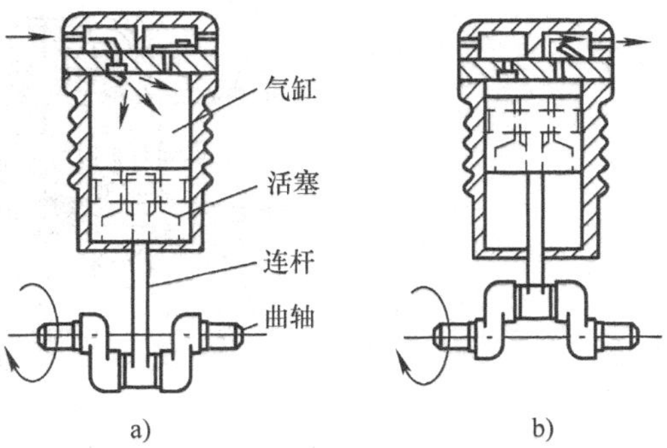

图 5-5 连杆式压缩机工作原理图

吸气过程：活塞向下移动吸气过程开始，直到活塞移动至最底点时，吸气过程才完成。

压缩过程：活塞由底部开始向上移动，直到气缸中的蒸气压力达到排出气腔压力为止。

排气过程：当活塞继续向上移动，被压缩蒸气的压力就要大于排气腔压力高。高温高压蒸气被活塞推进腔内。直到活塞移动到最高点为止。

膨胀过程：当活塞由最高点往下移动时，残留在余隙容积中的蒸气就要膨胀，直到蒸气压力降至等于气腔压力时，膨胀过程才告完成。

（3）往复活塞式压缩机特点　滑管式压缩机产生于20世纪60年代，其特点是结构简单、工艺性好、成本较低、对零部件的加工精度要求不高、制造和装配都比较容易。其缺点是活塞与气缸壁间的侧力较大、磨擦功耗大、能效比偏低。连杆式压缩机在20世纪50年代以前生产的电冰箱使用得很普遍，其特点是运转比较平稳、噪声低、磨损小、使用寿命长、能效比较高、工作可靠、综合性能优良。但由于零部件形状复杂，加工精度要求较高，工艺难度较大。

2. 旋转式压缩机

旋转式压缩机又称旋转活塞式压缩机，是应用在家用电冰箱上的一项新技术。1979年日本三菱电机公司首先开发出卧式旋转式压缩机，并于1980年成功地将其用于家用电冰箱。旋转式压缩机有多种形式，电冰箱所用的旋转式压缩机一般为卧式，目前在电冰箱应用较多的是滚动转子式和滑片式结构。

（1）旋转式压缩机的结构　图5-6所示为卧式旋转式压缩机的实物外形图。旋转式压缩机与电动机直接装配在用钢板冲压成形的卧式机壳内，并采用焊接密封，机体靠弹性胶垫降低压缩机的振动和噪声。机壳内无减振装置且处于高温高压状态（与往复活塞式压缩机相反）。机壳外一端有3根铜管接头，一根为吸气管，另外两根分别为排气管和高压工艺管；另一端为接线柱（接线端子）与接线盒。

图5-6　卧式旋转式压缩机的实物外形图

图5-7为滑片旋转式压缩机的内部结构图，滑片旋转式压缩机主要由气缸、曲轴、转子、

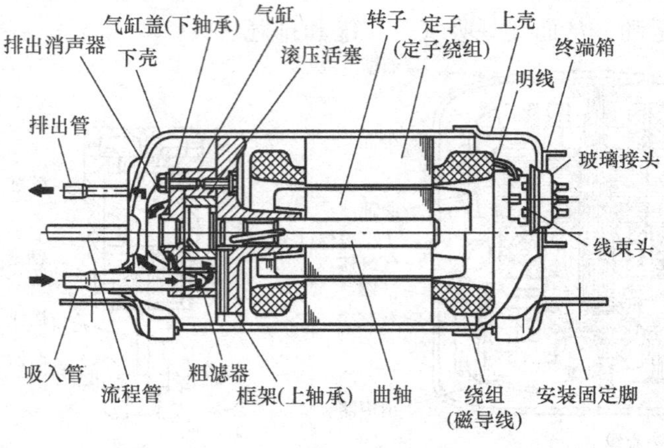

图5-7　滑片旋转式压缩机的内部结构图

滑片、排气阀、弹簧、外壳等组成。

（2）旋转式压缩机的工作原理　图 5-8 所示为滑片旋转式压缩机工作原理图，转子装在气缸中并套在曲轴上，曲轴以 O 为轴心带着转子在气缸内沿着气缸壁滚动，曲轴与电动机共用一根主轴，环形转子套装在偏心轴（曲轴）上，当偏心轴（曲轴）随电动机转动时，即带动环形转子沿气缸内圆滚动，转子一侧与气缸壁接触，形成密封线。滑片在弹簧力的作用下与转子表面紧密接触，并随转子的移动作往复运动，将气缸分隔成两个密封空间，随着两个密封空间容积的变化，气体不断被吸入、压缩和排出，从而实现制冷剂的循环。吸气、排气过程是连续进行的，为防止停机时高压气体返回气缸，所以不设吸气阀，只设排气阀。

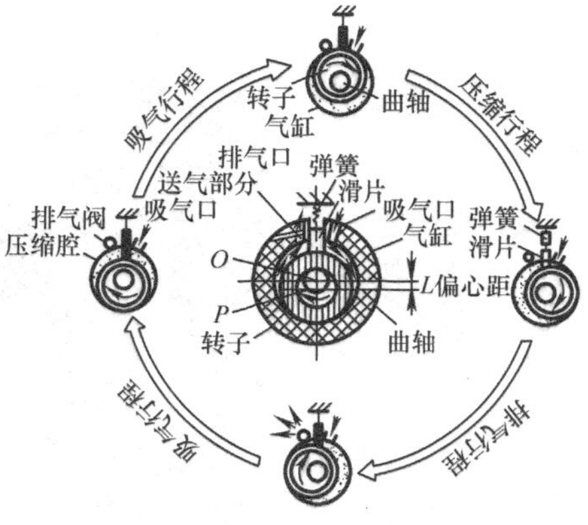

图 5-8　滑片旋转式压缩机工作原理图

（3）旋转式压缩机的特点　旋转式压缩机具有以下特点：

1）旋转活塞式压缩机运转平稳、振动小、噪声低，适合采用变频调速技术，是节能型压缩机。

2）旋转活塞式压缩机的效率高，可靠性好。

3）旋转活塞式压缩机的体积小、重量轻，可减少安装空间位置。

4）旋转活塞式压缩机主要零部件的加工准确度比较高，配套电动机的起动转矩大，电动机的绝缘等级高。由于要靠运动间隙中的润滑油进行密封，为从排气中分离出油，机壳内需做成高压。

5）搬运时可以任意倾斜，对压缩机无影响。

国产上菱 BCD－180W、阿里斯顿 BCD－220W 等电冰箱都采用了旋转式压缩机。

3. 涡旋式压缩机

涡旋式压缩机主要部件有定涡旋盘、动涡旋盘、电动机、吸气口及排气口等。涡旋式压缩机的内部结构与往复活塞式和旋转活塞式压缩机不同，它的电动机线圈下部，而气缸在上部。

（1）涡旋式压缩机结构　图 5-9 所示为立式涡旋式压缩机的内部结构图。它主要由涡旋定子、涡旋转子、曲轴、机座、防自转机构及外壳等零部件组成。在涡旋定子的圆周上设有吸气口，在支撑端盖中心设有排气口，气态制冷剂在涡旋定子、涡旋转子以及支撑端盖组成的空间内被压缩。十字连接环可防止涡旋转子自转。该环上部与下部的突出键互成 90°，呈十字形，分别嵌入在涡旋转子和壳体的键槽内。当曲轴转动时，十字连接环将曲轴的旋转运动转变为转子的平移运动。

图 5-10 所示为卧式涡旋压缩机内部结构图。

（2）涡旋式压缩机的工作原理　涡旋式压缩机是依靠加工精度很高且相互啮合的两个涡旋盘的相互运动而工作的。图 5-11 所示为涡旋盘的结构，涡旋式压缩机有两个涡旋盘，其中一个固定在机架上，称为定涡旋盘；另一个由偏心轴驱动绕定涡旋盘基圆中心运动，称为动涡旋盘。

涡旋式压缩机的工作原理如图 5-12 所示。涡旋定子和涡旋转子的涡旋形状基本相同，相

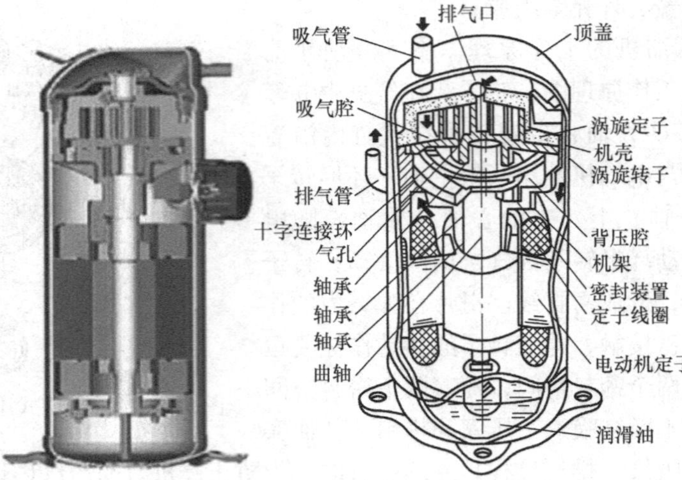

图 5-9　立式涡旋式压缩机的内部结构图

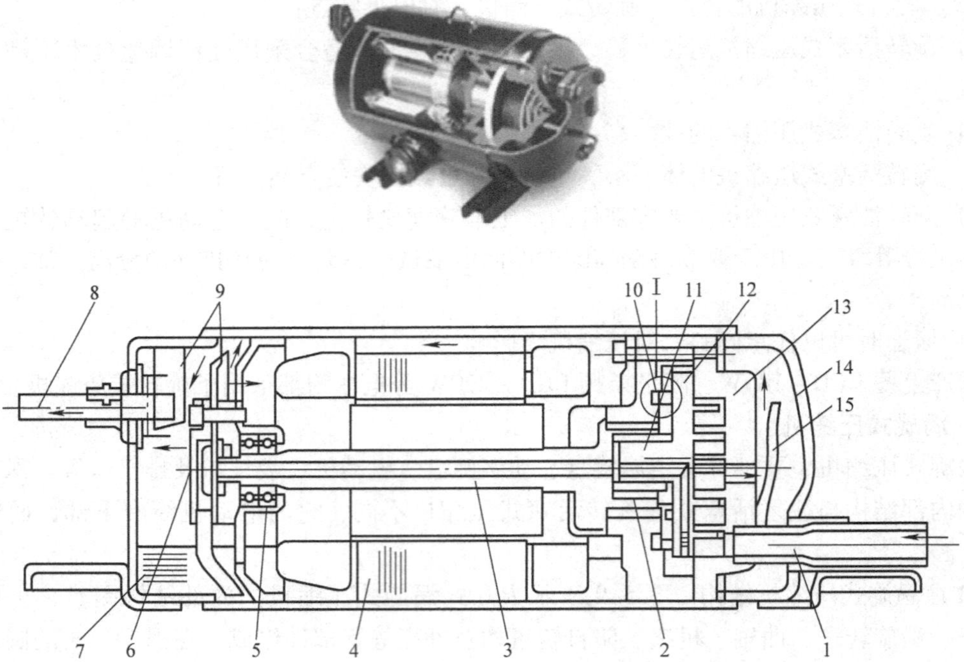

图 5-10　卧式涡旋压缩机内部结构图

1—吸气管　2—主轴承　3—曲轴　4—电动机　5—副轴承　6—摆线形转子液压泵　7—油池
8—排气管　9—排油抑制器　10—轴向柔性密封机构　11—动涡旋体　12—静涡旋体　13—吸气腔　14—机壳　15—排气阀

位差为180°，并且具有一定的偏心距。在2个涡旋之间形成4个压缩腔，每个压缩腔都呈月牙形。在压缩过程中，涡旋定子（静盘）保持固定，而涡旋转子（动盘）则每隔90°顺时针圆周运动，气腔内的气体即被压缩成高压气体，并经涡旋中间的排气口排出。

涡旋压缩机在主轴旋转一周的时间内，仅有的进气、压缩、排气三个工作过程是同时进行的，外侧空间与吸气口相通，始终处于吸气过程，内侧空间与排气口相通，始终处于排气过程。

图 5-11 涡旋盘的结构

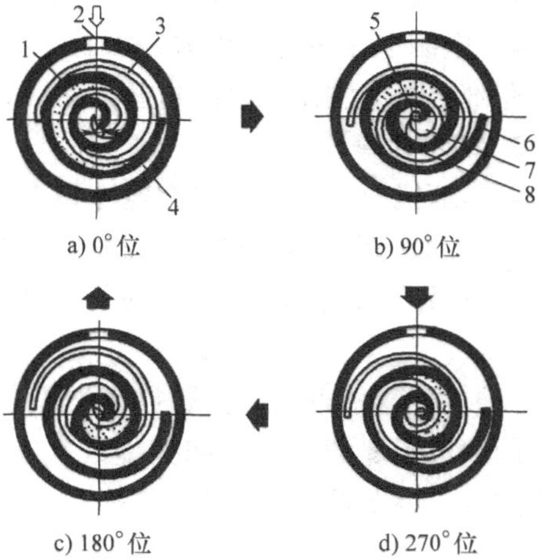

图 5-12 涡旋式压缩机的工作原理
1—压缩室 2—进气口 3—动盘 4—静盘 5—排气口
6—吸气室 7—排气室 8—压缩室

(3) 涡旋式压缩机的特点 涡旋式压缩机具有以下特点：

1) 涡旋式压缩机力矩变化小，振动小，噪声低。

2) 涡旋式压缩机效率高。

3) 结构简单，重量轻，体积小，可靠性高。

4) 涡线体型线加工准确度非常高，必须采用专用的精密加工设备。密封要求高，密封机构复杂。价格较高，不利于普及，目前限于在高档电冰箱中使用，在汽车空调中使用较多。

四、压缩机常见的故障及现象

压缩机发生故障后，故障现象多种多样，常见的故障有：

1) 压缩机电动机短路、断路、漏电、烧毁。

2) 压缩机“轧煞”。由于润滑油路堵死，造成压缩机抱轴“轧煞”。

3) 压缩机有撞击声。由于材质不良，装配不严，使吊簧钩脱落或吊簧断落，引起压缩机的撞击声。

4) 压缩机接线柱渗漏。接线柱漏气，造成制冷剂渗漏，引起压缩机只运转不制冷。

5) 由于使用时间长，机械零件磨损，使压缩机的效率降低，引起电冰箱制冷性能下降。

五、压缩机故障的检测方法

1. 压缩机不能起动故障的外界因素的排查

压缩机不能起动是一种典型的故障，出现该故障有时并不是压缩机本身的问题，而是一些相关的外界因素引起的，主要表现在以下几方面：

1) 电源熔丝熔断。

2) 电源插头与插座接触不良。

3）温度控制器调节旋钮旋在“停点”位置。

4）电源电压过低或电源线太长太细造成电压降过大。

在维修时应注意先排除这些因素后，再对压缩机作进一步的检测和处理。

2. 初步检查

对压缩机故障的检查可在电冰箱上进行，也可拆下压缩机单独进行检查。

（1）听　起动压缩机，仔细听压缩机机壳内声音，如若听到“嘶嘶”（高压缓冲S管断裂）、“嗡嗡”（抱轴）、“突突”（吊簧断或吊簧钩脱落）等异常声音就说明压缩机出现故障。

（2）摸　发现接线座或柱有油迹，可用回丝蘸上汽油，将接线座或柱周围擦干，放置1h，用清洁干燥的白纸（如擦镜纸、道林纸）或用手指去接触可能有漏油的地方，发现有新的油迹，说明接线座或柱有漏气。

（3）测　剪断加液管，放净制冷剂，然后在加液管上焊接一只三通真空压力表，对制冷系统抽真空后，加注等量的制冷剂，起动压缩机，使其连续运转1h左右，观察其低压压力。若压力降不下去，表压力一直保持在0.1MPa以上，而低压回气管也不挂霜，手摸冷凝器，其温度比正常时还低，再放掉一些制冷剂，使低压压力降到表压力0.05MPa左右，蒸发器结霜不全，说明压缩机排气效率下降。

3. 进一步检查

通过以上检查，仍不能确认压缩机的故障，则可以拆下压缩机作进一步的检查。通常采用以下方法进行检查：

（1）手指法　如图5-13a所示，将压缩机通电运转，低压吸气口通大气，用大拇指堵住排气孔，再把手拿开，由于压缩机内有压力，所以当把手指拿开时，可以听到“哔哔”的排气声，这表明压缩机性能良好；如果用手堵住排气管时感觉到没有压力，将手松开时排气孔没有排气，听不到排气声，则说明该压缩机性能不良。如图5-13b所示，用手指按住压缩机的吸气管，若感觉到有吸气的压力，则说明压缩机正常；若没有感觉到任何吸力，说明压缩机没有吸气能力。

a) 检测排气管

b) 检测吸气管

图5-13　手指法检测压缩机

（2）实测法　有条件的维修站可把压缩机放到压缩机测试台上测试。

（3）检测法　对于电动机可用万用表进行检测，其具体方法将在后面的典型实例中进行介绍。

【典型实例】

实例一　压缩机的代换

电冰箱所配压缩机的机械性和电气性故障虽然可以开壳重修，但由于这类压缩机功率小、造价低，修后成本接近买新机，又加之很多维修站点不具备厂家维修条件，因此通常都不开壳维修而是更换新的压缩机。

1. 拆下旧压缩机

1）将电冰箱断电，拆下压缩机上起动继电器和热保护继电器。

2）割断压缩机的加液管，放掉制冷剂，有回收条件的要将制冷剂回收起来，保护环境。

3）从原装配的管接头处用割管器割开压缩机高压排气管和低压回气管，或用气焊熔开原压缩机的高压排气管和低压回气管的连接部位，如图5-14所示。

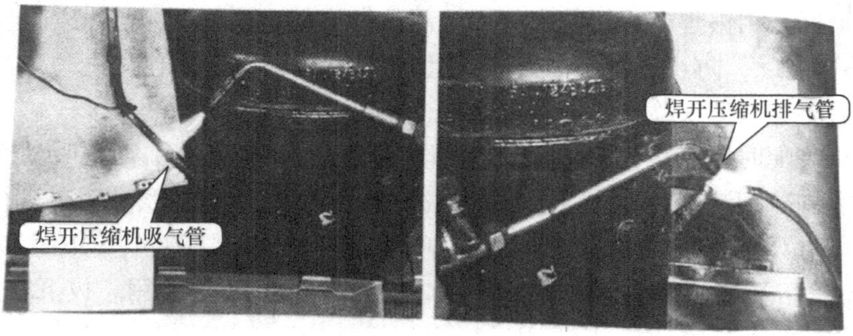

图5-14　用气焊熔开原压缩机的回气管和排气管

4）用塞子塞住连接管管口。

5）用扳手拧下底板上压缩机的安装螺帽或用钳子扳开固定压缩机的固定爪，拆下压缩机，如图5-15所示。

图5-15　拆卸压缩机

6）取出原压缩机底座的防振橡胶垫，一般因老化变形应及时更换。

2. 选配新压缩机

最好能选用相同型号的压缩机更换，如若找不到相同型号的压缩机，选配其他型号的压缩机要注意以下问题：

1）不同的压缩机结构。

2）不同制冷剂（R600a、R134a、R12）。

3）不同电源（115V/60Hz、220V/50Hz～240V/50Hz、230V/60Hz）。

4）不同装配要求（固定孔、插线端子、连接管、连接线）。

特别提示：R134a的压缩机与R12相比需增加10%～15%的气缸容积以保证相同的制冷能力；用于R12的零部件可以代用在R134a的压缩机上；矿物油或烷基苯油与R134a的

亲和力不好，需用酯类油代替。

3. 安装新压缩机

1）安装新压缩机时，在未拔下橡胶塞堵前，应先将压缩机减振和衬管套入垫孔内。

2）快速拔下橡胶堵塞，先按压管口倒油验证机内是否装润滑机油。

3）在确定吸气管、排气管和工艺管后，再按原装机位置先焊吸气管，后焊工艺管与修理阀连接，最后焊排气管，如图5-16所示。

4）正确连接压缩机上的电气接线。

5）检查整机的制冷系统有无泄漏，确认无泄漏后，抽真空，充注制冷剂。

图5-16　焊接压缩机排气管

4. 拆装注意事项

1）焊接最好采用银焊，焊接前应将焊接部位彻底清理干净、打磨光亮，以保证焊接质量。焊接要迅速准确，防止焊接不牢固造成泄漏或焊渣流入管路引起堵塞。

2）焊好后要充入氮气检漏，确认无泄漏，将各个焊口涂漆防锈。

3）压缩机装配时要三防，即防止焊堵、防止焊接时烘烤不当、防止吸潮气或杂质。

4）对易燃制冷剂装机时，应按R600a电冰箱维修工艺用氮气吹冲后再进行。

5）对R134a压缩机拔下堵塞时，认真倾听是否有明显的气流声，如果堵塞已损坏或拔下堵塞时无气流声，则说明堵塞泄漏已吸入水分，此压缩机不能使用。拔下堵塞如有气流声要即时装机不能存放，装机时，应按R134a电冰箱维修工艺快速操作，以防水分吸入。

6）对R12压缩机如拔下堵塞无气流声仍可以使用，但要对机内冷冻油做干燥处理，并要严格区分是堵塞泄漏，还是压缩机壳体泄漏引起。

实例二　压缩机电动机故障的检修

1. 万用表的使用

万用表可以用来测量电阻、交直流电压、电流和直流电压、电流，如图5-17所示。其指针式和数字两大类，其中指针式万用表型号众多，500型万用表只是其中最常用的一种。

图5-17　万用表

（1）指针式万用表的使用方法

1）检查指针是否指在面板左端的“0”刻度位置，若不是则调整机械零位调整器，使指针指到左端的“0”刻度。

2）把红、黑表笔分别插入“+”“*”插孔。

3）针对不同的测量对象，选用适当的量程。要改变量程必须中止测量，然后旋转量程选择开关。绝对不容许在测量时转动量程选择开关。

4）读测量值时，表笔保持与接触点的接触。视线应垂直指针、面板。

5）测量完毕拔下表笔。把量程选择开关转到交流电压最大量程档，若万用表长期不用，应取下表内电池，以防止电池漏液损坏电表。

（2）数字万用表的使用方法

1）电压测量：红表笔插入“V. Ω”孔，表笔与被测电路并联。

2）电流测量：红表笔插入“A”或“mA”孔，表笔与被测电路串联。

3）电阻测量：红表笔插入“V. Ω”孔，表笔与被测电路并联。

2. 判断压缩机的接线端子

压缩机电动机与其他控制元件的线路连接，是通过压缩机封闭机壳上的三个接线端子进行的。国内外电冰箱压缩机产品规格众多，三个接线端子位置各不相同。国外压缩机一般都有标志，通常以 M 代表运行绕组，S 代表起动绕组，C 代表公共线。国产压缩机目前尚无标志。如图5-18所示，在正常情况下，运转绕组 CM 的阻值最小，起动绕组 CS 的阻值较大，M、S 端子之间的阻值是运转绕组 CM 和起动绕组 CS 的阻值之和。普通压缩机运行绕组的阻值一般为 8～10Ω，起动绕组的阻值一般为 20～26Ω。旋转式压缩机运行绕组的阻值一般为 20～35Ω，启动绕组的阻值为 40～100Ω。

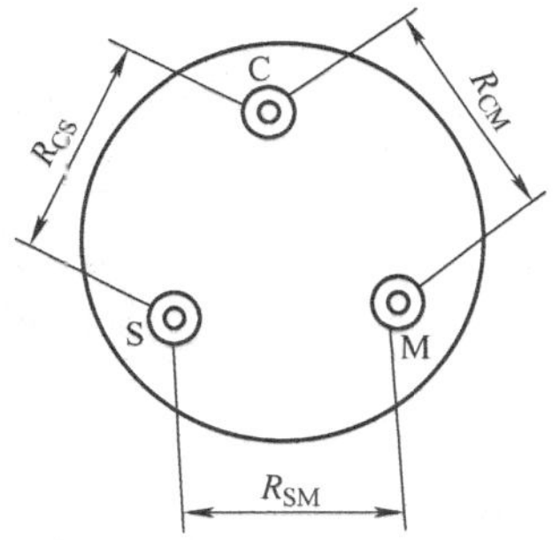

图 5-18　判断压缩机的接线端子

下面介绍判断压缩机的端子具体方法：

1）拔下电源线，从压缩机上拆除继电器。

2）将万用表调至 R×1 档，校零。

3）用万用表电阻档测出其中 2 个端子之间的阻值（R_{CS}），如图 5-19 所示。

图 5-19　用万用表测阻值 R_{CS}

4）用万用表电阻档再测其中另外两个端子之间的阻值（R_{CM}），如图 5-20 所示。

图 5-20　用万用表测阻值 R_{CM}

5）用万用表电阻档再测量剩下的两个端子之间的阻值（R_{SM}），如图 5-21 所示。

图 5-21　用万用表测阻值 R_{SM}

6）若 R_{SM} 阻值最大，端子 C 为公共端子；剩下的两个端子若 $R_{CS}>R_{CM}$，则说明 S 端子为起动端子，M 号端子为运转端子。正常电冰箱阻值应符合：$R_{SM}=R_{CS}+R_{CM}$。

3. 电动机典型故障的检修方法

（1）电冰箱压缩机绝缘性（漏电）检修

1）将万用表调至 R×1000k 档，校零。

2）当把万用表一端接在任一端子，另一端接在压缩机外壳上进行测量时，若绝缘电阻值大于 2MΩ，电动机无漏电现象，可以使用；第二种情况是电阻值小于 1MΩ，这表明绝缘性能较差，有漏电现象，不能通电使用，但经烘干处理后，往往可继续使用；第三种情况是测得的电阻值很小，甚至为零，这是由电动机绕组烧坏、绕组与机壳相通引起的，修理方法是更换新绕组或更换新压缩机。

（2）电冰箱压缩机绕阻断路检修　将万用表调至 R×1000k 档，然后调零，将表笔接到任意两个绕组的接线端，测量其阻值。若阻值为无穷大，则说明绕阻断路。

（3）电冰箱压缩机绕阻短路检修

1）将万用表调至 R×1 档，然后调零，将表笔接到任意两个绕阻的接线端，测量其阻值。若阻值为小于正常值成为零，则说明绕阻断路。

2）电动机绕组短路有绕组匝间短路、绕组与绕组间局部短路和全部烧毁 3 种情况，它们都使绕组的电阻值变小。由于原来的绕组电阻值本来就较小，只有几十欧，所以测量时要特别细心。测量短路用万用表 R×1 档，测量每两个接线柱之间的电阻值，把测得的电阻值与电动机标准值作比较。若测得的电阻值比标准值明显减小，表示存在短路情况。

应该指出，对于绕组与绕组间的局部短路，尤其是匝间短路，很难用此方法作出正确的判别。此时，可通过测定其运转时的电流值来判断。压缩机空载运行电流应为额定值的80%～90%。若测定的运行电流比额定电流大，说明确有短路现象。对于有短路现象的压缩机，唯一的办法是更换个别绕组或全部重绕。

课题二 冷凝器的检修

【相关知识】

一、冷凝器的作用

冷凝器习惯上称为散热器，通常位于电冰箱的背部，根据设计方式不同，有外露式和内藏式两种情况。它的作用是将压缩机排出的高温高压气态的制冷剂，通过自然对流，将其热量散发掉而凝结为高压液态的制冷剂。实际上它起到以下三个作用：

1）使空气带走了压缩机送来的高温制冷剂气体的过热部分，使其成为干燥饱和蒸气。

2）在饱和温度不变的情况下进行液化（等温变化）。

3）当空气温度低于冷凝温度时，将已液化的制冷剂进一步冷却到周围空气温度的过冷却作用。

制冷剂在冷凝器中的冷凝过程如图 5-22 所示。

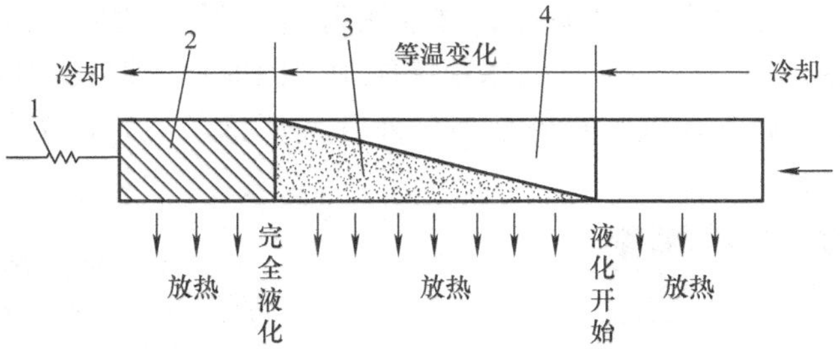

图 5-22 制冷剂在冷凝器中的冷凝过程

1—毛细管 2—过冷液态 3—液态冷媒 4—过热气态

二、冷凝器的种类

电冰箱冷凝器包括主冷凝器、左右冷凝器、辅助冷凝器（蒸发皿冷凝器）、门框防露管。电冰箱冷凝器按照形态结构可分为百叶窗式、钢丝盘管式、内藏式和翅片式；按冷却方式可分为自然对流冷却式和强制对流冷却式。强制对流冷却式冷凝器依靠风扇强迫空气流动来进行冷却，自然对流冷却式冷凝器为空气自然对流式冷凝器。百叶窗式、钢丝盘管式、内藏式冷凝器属于自然对流冷却式，而翅片式冷凝器属于强制对流冷却式。

三、冷凝器的结构、工作原理和特点

1. 百叶窗式冷凝器

百叶窗式冷凝器是将冷凝铜管紧密嵌接、胀接或点焊在冲有百叶窗状风孔的散热钢板

上，悬挂安装在电冰箱背部，依靠空气自然对流将热量散发出，如图5-23所示。从图中可以看到，这种冷凝器有两个组成部分，即散热钢板和冷凝管。散热钢板采用普通碳素钢板，冷凝管一般用直径为 $\phi5$mm 或 $\phi6$mm，壁厚为 0.75mm 的铜管或复合钢管（又称邦迪管）弯曲成蛇形管，再卡装在开有百叶窗孔的薄钢板上，外表面再涂上一层黑漆，加强空气的对流散热。

图 5-23　百叶窗式冷凝器

百叶窗式冷凝管的走向分为垂直方向和水平方向两种，百叶窗的冲压以向下的排孔最好，可强制空气的对流散热。这种冷凝器结构较为简单，但散热效果较差。

2. 钢丝盘管式冷凝器

钢丝盘管式冷凝器又叫丝管式冷凝器，采用蛇形复合钢管与直径为 $\phi1.6\sim\phi2$mm 钢丝点焊而成，外表面再喷涂黑色防锈漆，如图 5-24 所示。其特点是体积小、重量轻、传热性能好、整体强度高、材料费用低，但焊接工艺复杂。这类冷凝器散热面积外尺寸是根据电冰箱容积而不同，与蒸发器相匹配；系外置式，悬挂安装在电冰箱背部，故又称外挂式冷凝器。它比内藏式冷凝器散热条件好得多，有利于节能和检修，是目前冷凝器外置式电冰箱（柜）广泛采用的冷凝器。随着平背式箱体的普及，一旦内藏式冷凝器内漏，也可改用此类冷凝器明装排除故障。

3. 内藏式冷凝器

把预先弯好的蛇形管用粘结薄膜贴在箱背板的内表面，外面看不见，因此，又称平板式冷凝器、内藏盘管式冷凝器、箱壁式冷凝器，俗称平背式冷凝器，如图 5-25 所示。其特点是结构紧凑、便于清扫、不易损伤管路，并能消除外壳结露现象，但盘管一旦出现泄漏（俗称内漏），由于内藏式冷凝器位于电冰箱箱体中，因此检修时比较麻烦。当确定冷凝器出现故障需要更换时，通常在电冰箱外部另接外置式（钢丝式）冷凝器。目前，多数电冰箱都采用内藏式冷凝器。

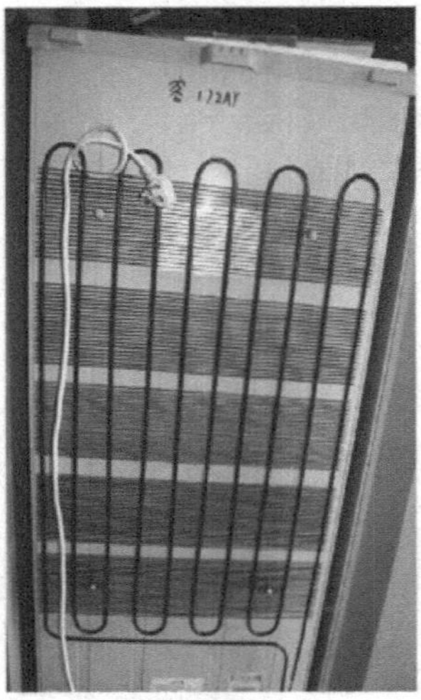
图 5-24　钢丝盘管式冷凝器

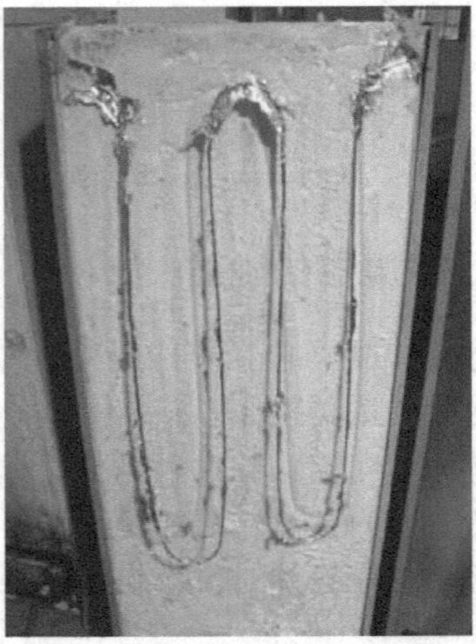
图 5-25　内藏式冷凝器

内藏式冷凝器是用 $\phi4\sim\phi5$mm 的邦迪管或铜管，绕成“∩”形，紧紧贴压在保温层与外壳内壁，其盘管利用外壳箱板通过空气自然对流进行散热。这类冷凝器的盘管一般都内藏在电冰箱背后或左右两侧。这种冷凝器散热效果不及钢丝盘管式，所以一般要附加有门框防露管和辅助冷凝器，既起到散热作用，以提高冷凝效果，又能将其散发出的热量充分利用，防露和蒸发接水盘中水。

（1）门框防露管　门框防露管简称门防露管。门防露管与内藏式冷凝器的结构及冷却方式相同，用 $\phi4\sim\phi5$mm 的邦迪管或铜管，布设在门框四周内壁。有的门框防露管串联于主冷凝器的出端与干燥过滤器的进端，有的门框防露管串联在主冷凝器进端与干燥过滤器的出端。根据箱门多少和高宽尺寸设计管长，一般管长在 3～5m 之间（两门少于三门及四门），约占主冷凝器冷凝面积（管长）1/4。当压缩机制冷系统运行时，将高温制冷剂气体排入门防露管散热，该热量用来防止因门封处内外温差较大易凝结露水而结冰，造成箱门开启困难，由此得名门框防露管。

（2）辅助冷凝器　辅助冷凝器又称副冷凝器、小冷凝器、下冷凝器等，它与外挂式钢丝盘管式冷凝器的结构和冷却方式相同。辅助冷凝器约占主冷凝器冷凝面积 1/4，通常悬挂安装在箱底蒸发盘（又称接水盘）之下，其进管串联在压缩机排气端，出管或串联在主冷凝器进端或串联在门防露管进端之间。当压缩机制冷运行时，将其排出的高温制冷剂蒸汽送进辅助冷凝器散热，其热量用来使蒸发盘内的霜水蒸发防止污染，免去人工定期倒水的麻烦，并可使箱底干燥、防潮，起到防腐蚀作用。

4. 翅片式冷凝器

强制对流冷却式冷凝器多采用翅片盘管式冷凝器，其结构如图 5-26 所示。翅片盘管式冷凝器是由冷凝盘管和平行排列的翅片构成，翅片形状像百叶窗，用普通碳素钢或薄镀锌铝板冲制而成，冷凝盘管由 $\phi8\sim\phi10$mm 的纯铜管或镀钢管，串入散热翅片，两端再用“∩”形弯管插焊或冲压成形，并借助附加的风扇对准翅片排风或吸风使空气强制散热。

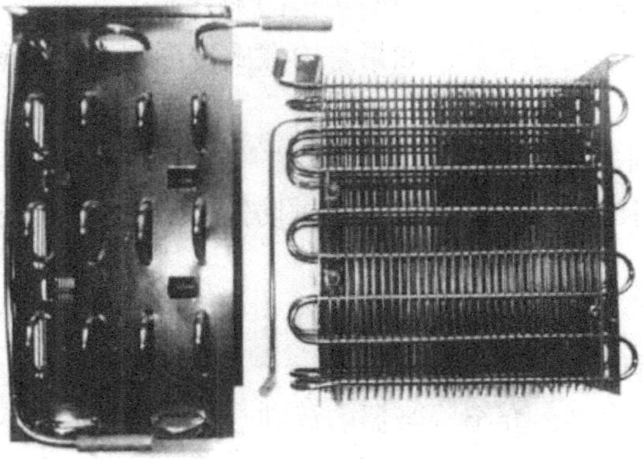

图 5-26　翅片盘管式冷凝器

其特点是结构紧凑、散热效率高、冷却能力强，又因外置而便于检修和更换，但需和风扇电机配套使用。它主要应用于大型电冰箱或电冰柜，明装在压缩机室并与压缩机相对应，如采用风扇对冷凝器吸风方式又利于对压缩机散热。

四、冷凝器常见故障及现象

通常以空气自然对流方式散热的冷凝器，在电冰箱进行降温和制冷过程中，其温度一般不超过 60℃，而电冰箱在稳定运行状态下，冷凝温度不超过 55℃，风冷式的冷凝器温度会低一些。冷凝器的一般故障有：

1）在电冰箱使用过程中，电冰箱放置不当，如离墙太近，周围温度过高，通风不良或电冰箱使用年限已久，冷凝器外壁粘结较厚的污垢，引起传热性能降低，使冷凝器的热量不能及时向外排出，都会影响电冰箱的制冷效果。这是外部因素造成，只要针对不同情况搬动或清扫一下即可。

2）另一种故障是由于压缩机活塞与气缸匹配，高低压阀片密封不严造成压缩机上油过多（奔油），以致冷凝器内存油过多，影响散热效果。冷凝器散热效果不好，将引起冷凝压力过高，此时压缩机的低压和温度也随之升高，排气温度也高，电流也大，制冷效果不好，严重的会引起热保护接点跳开，导致电动机和压缩机发生故障。

3）第三种故障就是泄漏，外挂式冷凝器漏点多在焊缝、管口处，对于内藏式冷凝器一旦发生泄漏，漏点相当难找。冷凝器泄漏会使制冷系统中制冷剂逐渐漏完，电冰箱不能制冷。

五、冷凝器故障的检测方法

1. 看

检查是否有泄漏时，首先可以用眼睛仔细观察冷凝器管路上是否有油渍，如果管路中有油渍，则很有可能该处存在泄漏情况。通常，冷凝器的管口焊接处是最容易出现泄漏的部位，因此这里是检查的重点。另外，也可查看冷凝器外壁的污垢等。

2. 肥皂水检漏法

对于冷凝器的检漏，也可采取肥皂水检漏法。用毛刷蘸肥皂水在冷凝器管出处涂抹，看是否有气泡产生，如果有气泡，则证明该处存在泄漏。

如果漏孔较小，可先用砂纸将漏孔周围打磨干净，然后采用黄铜焊条进行补烤；如果漏孔较大，可将该段管路切割下来，然后用同规格的铜管取代并焊接。

以上操作主要针对外露式冷凝器，如果是内藏式冷凝器出现故障，修理往往比较麻烦。

3. 分段压力检漏

分段压力检漏是在制冷系统的高压侧内充注一定压力（压力1.2MPa）的干燥纯净氮气。做保压试验，判断高压侧（主冷凝器、门框防露管和辅助冷凝器）是否存在泄漏。

【典型实例】

实例一　冷凝器的拆卸与安装

下面以外挂式冷凝器为例，介绍冷凝器的拆卸与安装方法。

1）使用气焊工具在冷凝器进气口与压缩机排气管的焊接处进行加热，使其分离。同样，使用气焊工具对冷凝器和干燥过滤器的焊接处加热，使其分离。

2）待冷凝器与整个制冷系统分离后，再用螺钉旋具将冷凝器两侧的4个固定螺钉卸下，即完成了冷凝器的拆卸。

3）接下来就可以对冷凝器进行检修或更换。安装冷凝器的过程与拆卸正好相反，将冷凝器的进气口与压缩机的排气管焊接在一起，另一端与干燥过滤器焊接在一起即可。

实例二　冷凝器、门框防露管内漏改修

1. 门框防露管内漏及接头在外的改修

具有内藏式冷凝器与门框防露管串联接头外露的电冰箱制冷系统，当经分压检漏确定高压侧内漏时，先摘开串联接头，再单独对门框防露管做充注氮气（压力为1.2MPa）的保压试验，若确定泄漏时，应拆除门框防露管。其检修方法是：如属双门电冰箱，可参考图5-27a，选择外径为5～6mm、管长为3m的纯铜管；若是三门、四门电冰箱，可参考图5-27b，选择外径为5～6mm、长为4m的纯铜管，然后弯成盘管固定在箱背或压缩机室后，再与摘开接头的系统管口端插焊，然后进行检漏、抽空、充注制冷剂制冷，观察正常后封口。

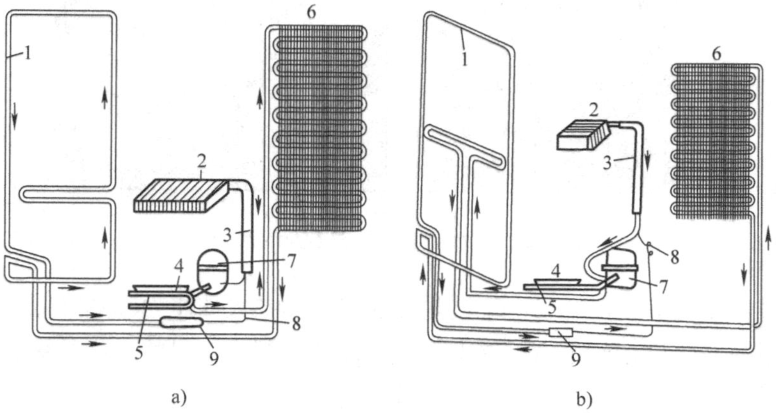

图5-27　多门电冰箱制冷系统结构

1—门框防露管　2—散热片式蒸发器　3—回气管　4—蒸发盘　5—辅助冷凝器　6—主冷凝器　7—毛细管　8—压缩机　9—干燥过滤器

2. 门框防露管内漏及接头在内的改修

具有内藏式冷凝器与门框防露管串联接头内藏的电冰箱，当经分压检漏确定高压侧内漏且外露部件、管路不漏时，则判定冷凝器内漏。无论是冷凝器内漏还是门防露管内漏，均无法将串联接头摘开再试压确定，只能将内藏式冷凝器和门框防露管一同废除。其改修方法是：参考同容积悬挂钢丝盘管式冷凝器的冷凝面积与门框防露管的长度，选择一个与箱背尺寸相同的钢丝盘管式冷凝器，然后将已选形的冷凝器用4个托架配合自攻螺钉固定在背箱体后，再将两管口与摘开的制冷系统两管口进行焊接。

3. 电冰箱内藏式冷凝器内漏的改修

电冰箱内藏式冷凝器与门防露管串联，若经分压检漏（保压试验）确定高压侧泄漏，而复查外露部件、管路不泄漏时，则判定冷凝器内漏。无论冷凝器还是门防露管内漏，改修方法均与上述相同，不再重复。

课题三　蒸发器的检修

【相关知识】

一、蒸发器的作用

蒸发器与冷凝器的作用正好相反，是制冷系统中进行热交换的主要吸热部件，是获得“冷量”的直接部件。它通常安装在电冰箱的内部，如图5-28所示。

蒸发器是使液态制冷剂吸热蒸发变为气态制冷剂的热交换装置。它的作用是当液体制冷

图 5-28　电冰箱常见蒸发器及安装位置

剂通过毛细管节流喷入蒸发器时，由于其内部通道突然扩大使压力骤然降低，迅速蒸发，大量地吸收电冰箱内的热量，使箱内温度下降，从而达到制冷的目的。为了实现这一目的，蒸发器的管径应较大，所用材料的导热性能应良好。

蒸发器内大部分是湿蒸气区。湿蒸气进入蒸发器时，其蒸气含量只有 10% 左右，其余都是液体。随着湿蒸气在蒸发器内流动与吸热，液体逐渐汽化为蒸气。当湿蒸气流至接近蒸发器的出口时，一般已成为干蒸气。在这一过程中，其蒸发温度始终不变，且与蒸发压力相对应。由于蒸发温度总是比冷冻室温度低（有一传热温差），所以当蒸发器内制冷剂全部汽化为干蒸气后，在蒸发器的末端还会继续吸热而成为过热蒸气，如图 5-29 所示。

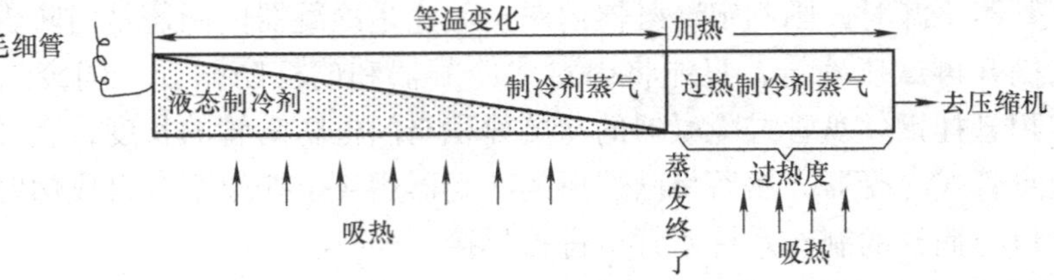

图 5-29　蒸发器中制冷剂状态的变化

蒸发器在降低箱内空气温度的同时，还把空气中的水汽凝结而分离出来，从而起到减湿的作用。蒸发器表面温度越低，减湿效果越显著，这就是蒸发器上积霜的原因。

二、蒸发器的种类

电冰箱采用的蒸发器外形很多，其中冷藏室和变温室多采用内藏式蒸发器，而冷冻室则多采用外露式蒸发器。电冰箱的蒸发器按空气循环对流方式的不同，分为自然对流式和强制对流式两种；按传热面的结构形状及其加工方法不同，可分为管板式、铝复合板式、丝架式、单脊翅片管板式、翅片盘管式等几种。

三、蒸发器的结构、工作原理和特点

1. 铝复合板式蒸发器

铝复合板式蒸发器又称为铝板吹胀式蒸发器，其结构如图 5-30 所示。根据成形工艺的不同，又有铝锌铝复合板吹胀蒸发器和铝板印制管路吹胀蒸发器两种。

由于铝板吹胀式蒸发器是用铝材制成的，毛细管和吸气管是用纯铜管制成的，所以铝板吹胀式蒸发器的进出口要采用特制的铜铝接头。铜铝接头的铝端与蒸发器的进出口端相连接。

铝复合板式蒸发器的优点是造价低、传热性能好，管路分布合理且可做成单路或多路；缺点是制造工艺复杂，隐患较多，易与碱性物质发生化学反应，形成漏洞，而且铝材料不坚硬，易被坚硬物体划破或碰伤，形成泄漏。

铝板吹胀式蒸发器是国内外电冰箱中普遍采用的一种蒸发器，常用于单门电冰箱中吊装在箱内上部兼作冷冻室用。在双门直冷式冰箱中，以平板形式安装在冷藏箱后壁上部作为冷藏室蒸发器，也有用在冷冻室内。

图 5-30 铝复合板式蒸发器结构

2. 板管式蒸发器

板管式蒸发器是将 ϕ8mm 的纯铜管弯曲成“∩”形管，一种是用黏合剂黏合或用锡焊方法将其固定在已成形的金属壳体外壁或板面外壁上制成的；另一种是用铜管或铝管与铝板通过铆接而成。板管式蒸发器通常有铜管 - 铝板式、异形铝管 - 铝板式等。板管式蒸发器用于双门、多门直冷式电冰箱冷藏室内。若用作冷藏室的蒸发器，则还有铜管 - 铜板、异形铜管 - 塑料内胆等结构。板管式蒸发器的结构，如图 5-31 所示。

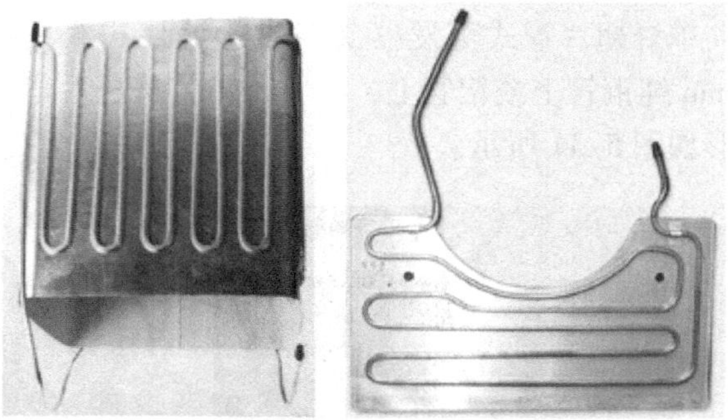

图 5-31 板管式蒸发器结构

内藏式蒸发器属于板管式结构，有两种典型结构：一种是用 ϕ8mm 纯铜管焊贴在用铜板或薄钢板制成的外壳上而成。这种蒸发器制造工艺简单，不易损伤泄漏，既可内藏，又可外置，壳体内作为冷冻室；另一种是用 ϕ8mm 纯铜管或铝管弯曲成盘管或直接缠绕在壳体外壁上，然后用铝箔或胶粘带粘压后灌注发泡剂整体保温成形（壳体内为冷冻室），这种结构形式的蒸发器结构简单、传热性能好、便于除霜，但内漏维修难度大，大多用在电冰箱冷冻室或冷藏室作为内藏式主、副蒸发器。

新型电冰箱大冷冻室中多层搁架式蒸发器还有另外一种板管搁架式蒸发器，其外形结构如图 5-32 所示。

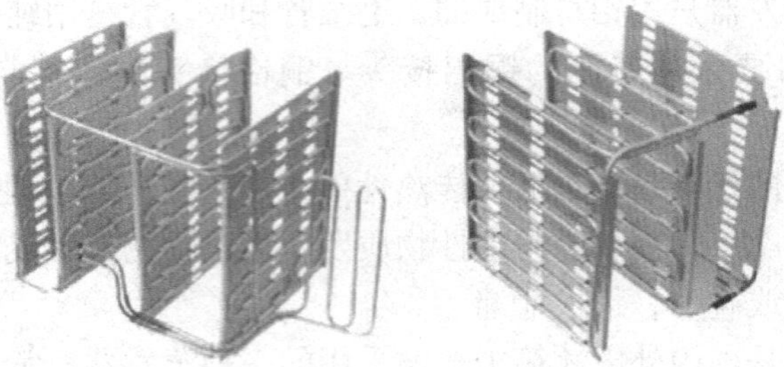

图 5-32　板管搁架式蒸发器

板管式蒸发器的优点是结构简单、加工方便；对材料和加工设备无特殊要求，耐腐蚀性好，内壁光洁不易磨损，即使内壁破坏也不会导致制冷剂泄漏，使用寿命长；且只有一根管道循环，回油也较容易，因此多为直冷式电冰箱所采用。其缺点是流阻损失较大，传热性能较差，各面产冷量不易合理地安排与分配；并且由于手工加工，生产效率低，成本高，无法进行大批量生产。

3. 丝管式蒸发器

丝管式蒸发器是由 ϕ8mm 铝管、钢管、铜管弯曲成盘管，再将盘管的两侧以一定的间距点焊上细钢丝，然后经表面处理等工序制成。

这种结构形式的蒸发器结构紧凑、强度高、传热效果好，主要用于大容积抽屉式电冰箱的冷冻室中，并用依托架固定明装，作为主蒸发器有 3 层和 4 层之分，每层可作为搁架直接放置食品，又可放置多抽屉作为间隔室。搁架丝管式蒸发器其外形结构如图 5-33 所示。

4. 单脊翅片管式蒸发器

单脊翅片管式蒸发器又叫盘管翼片式蒸发器、鳍管式蒸发器，它是用金属薄板包在 ϕ6mm 纯铜管上或铝管上，以特殊工艺挤压后弯曲成盘管制成，翅高为 15 ~ 20mm。其结构外形如图 5-34 所示。

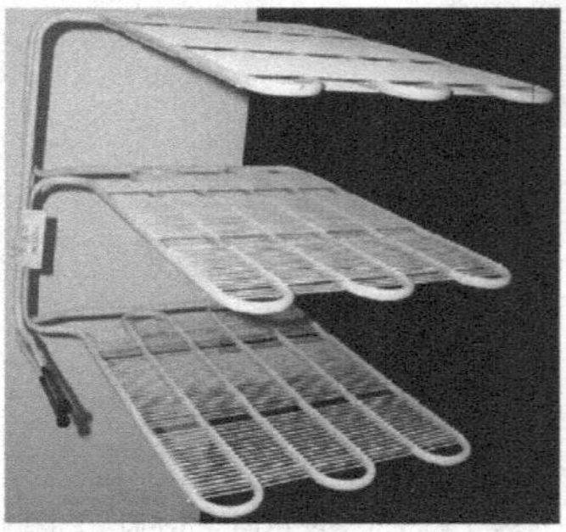

图 5-33　搁架丝管式蒸发器

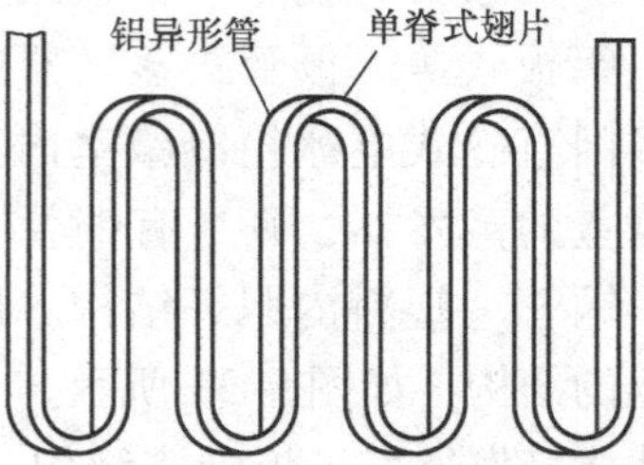

图 5-34　单脊翅片管式蒸发器

这种蒸发器结构简单，加工方便，传热性能好。但因不能形成封闭或半封闭的容器，只能用于直冷式双门电冰箱的冷藏室中。

5. 翅片盘管式蒸发器

翅片盘管式蒸发器又称风冷式蒸发器，通常翅片选用厚度为 0.1 ~ 0.2mm 的铝片或铜片，片距为6～8mm，盘管采用的直径为8～12mm的铜管或铝管，将冲制好的翅片套入弯曲成“U”形的盘管中，并对盘管进行胀管加工，使翅片均匀紧密地固定在盘管上，然后用“U”形盘管小弯头将相邻“U”形管焊接串联而成，如图5-35所示。

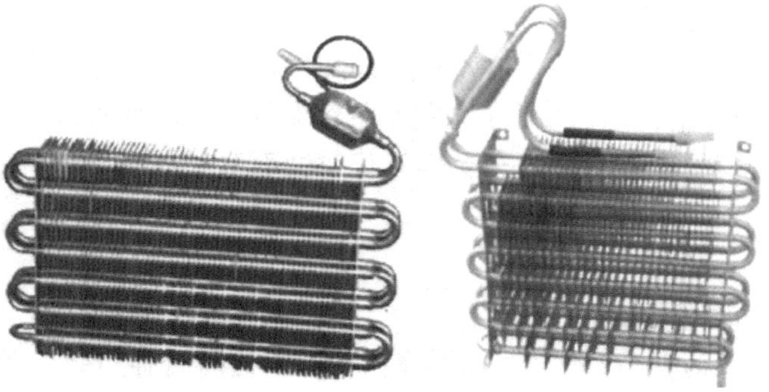

图5-35 翅片盘管式蒸发器

这种蒸发器的出口处还装有一个蛋壳状容器或一段粗铜管作为积液管（储液器），它的作用是把在蒸发器中未能气化的少量液态制冷剂储存起来，让其慢慢地汽化，以避免液体制冷剂进入压缩机冲击气缸，影响正常工作。

翅片盘管式蒸发器的特点：传热系数高、占用空间小，坚固、可靠、寿命长。

它主要用于间冷式无霜电冰箱冷冻室，装在冷冻室后部并用风道栅板相隔，或装在冷冻室与冷藏室中间隔层内，以靠冷冻室后上方设置的小风扇强迫空气围绕蒸发器对流冷却，所以又称风冷式蒸发器。这种结构形式的风冷蒸发器，还配合自动除霜装置在蒸发器翅片上穿有化霜金属管加热器（如万宝型等），或在蒸发器翅片下部固定有玻璃管式化霜加热器（如上菱型等），用以快速自动除霜。

6. 冷冻冷藏一体化蒸发器

蒸发器还有一种是采用冷冻冷藏一体化的形式，如图5-36所示。

图5-36 冷冻冷藏一体化蒸发器

四、蒸发器常见故障及现象

蒸发器常见故障主要有泄漏和堵塞。

1. 泄漏

电冰箱的蒸发器内漏是经常发生的故障，导致蒸发器泄漏的主要原因如下：

1）制造蒸发器的材料质量存在缺陷。例如，局部有微小的金属残渣，在使用时受到制冷剂压力和液体的冲刷，容易出现微小的泄漏；或者制作蒸发器盘管的材料本身就有砂眼。

2）电冰箱长期被含有碱性成分的物品侵蚀而造成泄漏。

3）由于除霜不当或被异物碰撞而造成蒸发器泄漏。例如，蒸发器长时间不除霜，其表面霜层结得很厚，这时使用锋利的金属物进行铲霜操作，极易扎破蒸发器表面。

蒸发器内漏会使电冰箱制冷剂减少甚至消失，引起电冰箱制冷效果差或不制冷。由于内藏式蒸发器采用铜管，外露式蒸发器采用钢丝盘管式，其故障率较低，其中钢丝盘管式蒸发器内漏多发生在回气管连接处。

一般电冰箱的蒸发器藏于箱体内，不可拆卸和修理。少数电冰箱采用外露式蒸发器，可拆下来修理。由于电冰箱蒸发器的漏点均发生在冷冻蒸发器回气管接口部位，原因在于此处是钢、铜两种材料焊接，所以使用日久会因氧化腐蚀而漏气。维修时把这段回气管去掉，改用铜管代替即可。

2. 堵塞

导致蒸发器堵塞的原因如下：

1）电冰箱内霜层太厚，食物与蒸发器冻在一起，这时若强行将食物取出，容易造成蒸发器制冷盘管变形而使制冷剂无法正常顺畅地流通，从而造成堵塞。

2）冷冻机油残留在蒸发器盘管内。蒸发器内积油堵塞会使蒸发器挂霜不实、不全。

五、蒸发器故障的检查方法

蒸发器故障的检查方法与冷凝器故障的检查方法大致相同。

1. 看

对于蒸发器泄漏的检查，首先可以看其外表是否有白色腐蚀点或孔洞。如果制冷盘管上有白色腐蚀点，则表明可能存在泄漏。看蒸发器的挂霜情况，判断是否残留有冷冻机油。

2. 肥皂水检漏法

对怀疑泄漏的地方可以采用肥皂水检漏法，即把肥皂水涂在被怀疑的地方，若有气泡冒出，则表明该处泄漏；若无气泡，则表明该处密封良好。

3. 分段压力检漏

分段压力检漏是在制冷系统的低压侧内充注一定压力的干燥纯净氮气，做保压试验，判断蒸发器是否存在泄漏。

【典型实例】

实例一　加装外露式蒸发器

双门或三门、四门直冷式电冰箱的主、副蒸发器与间冷式或间直冷混合式蒸发器不同。间冷式电冰箱翅片式蒸发器为外置，不存在内漏，而间直冷混合式电冰箱的副蒸发器虽属直冷式结构，但多为明装也不存在内漏。

电冰箱蒸发器吸热部件的主、副蒸发器及串联接头内藏部位，在生产时均与箱内板内壁同保温层固定成为一个整体，一旦部件泄漏（俗称内漏），要比内藏式冷凝器散热部件内漏维修难度更大，目前大多采用加装外露式蒸发器的方法来解决。

对内漏的直冷式电冰箱的主、副蒸发器改为套加蒸发器时，既涉及单系统又涉及双系统，而双系统是采用双根毛细管与单系统单一毛细管不同，这两种系统如不设检修口改为套加蒸发器时，其单根或双根毛细管也就无法利用。对套加蒸发器安装除单根或双根毛细管串接不同外，其他大致相同。

1. 主蒸发器的选配

电冰箱冷冻室原装的内藏式主蒸发器，多采用外径为 ϕ8mm 的铝管（个别为铁管）直接绕制在冷冻室内胆内壁上内藏，其绕管长度是根据冷冻室容积大小而定的，一般绕管长度多为 6～10m。

当主蒸发器改为套加蒸发器时，应选用外径为 ϕ8mm 的纯铜管。纯铜管强度高、耐腐蚀，不仅能保证修后质量，而且又利于焊接和加工。对套加主蒸发器盘管总长度的选配，也是根据冷冻室容积大小来确定。

电冰箱冷冻室正常容积多在 40～110L 之间，它是由高×宽×深求得，由于电冰箱冷冻室水平深度基本固定在 400～450mm 之间，故其容积大小主要与宽×高的变化有关。据此反复验证，得出的经验法是：沿冷冻室四壁周长每 1m 取配管长 5m，故得出配管的总长度为周长×5m。使用这种方法选配主蒸发器盘管的总长度，与原装长度基本相符。当配管总长度确定后，亦可用弯管器弯曲成如图 5-37 所示的形状。

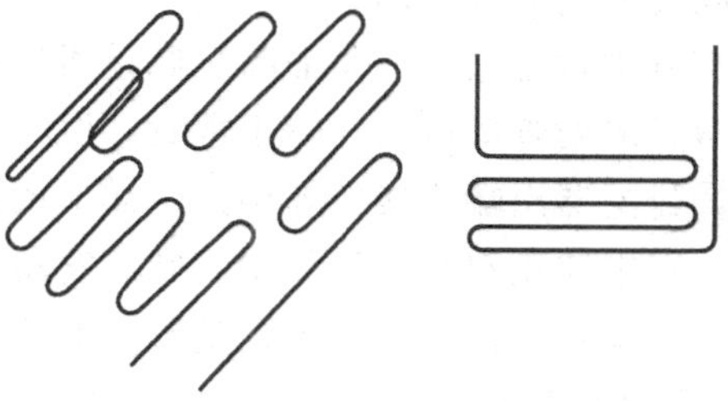

图 5-37 套加主、副蒸发器加工图

如水平深度为 400mm 时，应将盘管宽度缩短 50mm（即盘管成形宽度为 350mm）较为合理，这样可以防止其碰挡个别冷冻室箱门向内突出部分。盘管间距即“∩”的弯管宽度，应根据敷设在冷冻室上壁和左右两壁（三壁）的长度，合理选择握管器轮槽的直径，以达到盘管的排数延伸长度与三壁长度相符。

2. 副蒸发器的选配

电冰箱冷藏室原装的内藏式副蒸发器与主蒸发器盘管外径和材质一样，选配时要用外径为 ϕ8mm 的纯铜管弯制，绕管长度是根据冷藏室容积大小不同而确定的。冷藏室容积一般总是大于冷冻室容积，绕管长度多为 2～3m，即可达到冷藏温度 0～10℃。随着个别冷藏室转换温度不同，其绕管长度也不相同。选配副蒸发器绕管长度时，除凭经验选择掌握外，也可参考同类箱型、同类容积冷藏室明装蒸发器的绕管长度选配。当配管长度确定后，用弯管器弯曲成如图 5-37b 或图 5-38 下方所示的形状。图中的盘管宽度、间距和两接头管应与冷藏室相对的内胆尺寸相符合，同时又要将接头管与冷冻室套加蒸发器穿出的上下接头相对应，以方便对焊。

3. 套加蒸发器的安装

据冷冻室、冷藏室上置或下置以及制冷系统流程选定打孔穿管连接位置后，再进行弯管加工，事先预留管接头长短与上下接头对应胀管连接。如冷冻室上置、冷藏室下置、制冷剂流程经毛细管先进入主蒸发器而后进入副蒸发器被压缩机吸回时，其连接如图 5-38 所示。

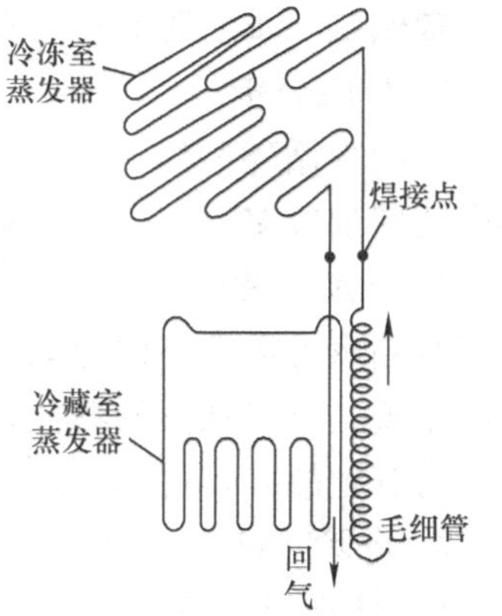

图 5-38 主、副蒸发器连接图

其安装操作顺序如下：

1）打孔和穿管。当主、副蒸发器弯管成形后，如不设检修口，就先在冷冻室后底部内胆一侧角处打透两个 ϕ10mm 孔口，将加工好的主蒸发器套入冷冻室，并将两接头管插入孔口内引到冷藏室焊接点处（也可将两孔口打透，在冷冻室后底部内胆两侧角处与副蒸发器两接头管对应），然后在冷藏室后部内胆一侧对应压缩机回气管部打一个 ϕ12mm 孔，先将选好的毛细管由外部引入冷藏室，再将副蒸发器套入冷藏室，把一端接头管插入孔口内引外，与压缩机回气管对应连接。

2）焊接。打孔、穿管完毕后，先将穿入管头开封疏通，接着用胀管器对插头端胀管，插入，然后用气焊（低银焊条）施焊。先焊图 5-38 中的两个焊接点，再焊回气端与压缩机低压管连接口，暂不焊毛细管进端与干燥过滤器出端连接口。由压缩机低压工艺管连接的修理阀充入同类制冷剂气体至正压，既可利用此压力对焊接头初步检漏，又可利用此压力通过毛细管进端排出气体验证高压侧是否畅通（此状态下的气体可顶开压缩机排气阀片流出）。当敞开的两管口排出气体正常时，说明系统不堵塞，停止充入气体。然后再将毛细管进端与干燥过滤器出端连接口焊接，这样单系统套加主、副蒸发器焊接完毕。

对电冰箱双系统安装主、副蒸发器，除双根毛细管一同由回气孔口穿入引进冷藏室外，无需变动打孔位置。当主、副蒸发器分别套入冷藏室和冷冻室并经穿管时，可参考图 2－24（间直冷双系统电冰箱制冷系统工作原理）连接施焊。毛细管 1 与电磁阀出端焊接，另一端与冷藏室副蒸发器进端焊接；毛细管 2 与电磁阀另一出端焊接，另一端与副蒸发器出端和主蒸发器进端焊接；冷冻室主蒸发器出端和压缩机低压管焊接，这样套加主、副蒸发器的连接施焊完毕。除上述这些区别外，其操作程序与单系统相同，此处不再另行说明。

3）压力试验和整形固定。当焊接完毕后，再由修理阀充入氮气至压力为 1.2MPa，经 8h 或 24h 保压试验，同温下压力不下降，则证明高、低压系统不泄漏，即保压试验合格，可带压固定整形。其操作顺序可参考图 5-38，先将套入的主蒸发器盘管均匀分布在冷冻室上壁和左右两壁，用金属卡套在盘管的“∩”弯曲部位，再用自攻螺钉穿入加工好的金属卡孔口内与内胆固定。三个壁全部固定后，用木槌或塑料手锤对盘管整形，使管体与内胆接触。对主蒸发器整形固定后，再将副蒸发器盘管分布在冷藏室对面的内胆适中部位，同样用金属卡配合自攻螺钉固定在盘管的“∩”弯及连接管部位，分别整形固定。重复观察试验压力有无变动，如无变动，即压力试验和整形固定全部完毕。

4）抽空充注制冷剂。压力试验、整形固定完毕后，放出系统中的氮气，然后进行抽真空、充注制冷剂，观察电冰箱运行情况，制冷正常后封口。

实例二　蒸发器盘管内有冷冻机油故障的检修

1. 故障分析

在制冷循环过程中，有些冷冻机油会残留在蒸发器管路内，经过较长时间的使用，蒸发器内残留油较多时，会严重影响其传热效果，出现制冷效果差的现象。

2. 判断方法

判断蒸发器管路内冷冻油的影响是较困难的，因为这种现象同其他几种故障易于混淆。一般来说，可以从蒸发器挂霜来判断，若蒸发器上结霜结得不全，也结得不结实，此时若未发现有其他故障，可判断是带油所导致的制冷效果劣化。

3. 排除方法

1）清洗蒸发器内的冷冻机油，可从蒸发器进口充灌制冷剂冲洗几次，用氮气吹干，加制冷剂，换过滤器，充注制冷剂。

2）加注少量制冷剂运行 30min，然后开机抽真空 30min，电冰箱断电继续抽真空

30min，加制冷剂运行，如效果不理想可用方法1）维修，但必须更换过滤器。

课题四 毛细管和干燥过滤器的检修

【相关知识】

一、毛细管的作用、结构、工作原理和特点

电冰箱制冷系统中有一段具有规定长度而且带有一定硬度的小孔径细纯铜管，俗称毛细管。

1. 毛细管的作用

毛细管是电冰箱的节流降压部件，它将高压制冷剂液体节流降压，由冷凝压力降到蒸发压力，一方面限制制冷剂的流速，保证冷凝器内有足够的高压，以促使高压制冷剂蒸气在冷凝器中冷凝液化；另一方面使制冷剂在毛细管内节流而降压，保证制冷剂进入蒸发器时有合适的蒸发压力，以利于制冷剂在蒸发器中进行沸腾汽化。还有，当电冰箱停止运转后，毛细管可起到均压作用，使高、低压压力趋向平衡，便于下次起动。

2. 毛细管的结构

如图5-39所示，毛细管从外观上看是一根细长的纯铜管，它的内径为0.5～1.2mm，电冰箱上使用的毛细管长度一般为2～3m，通常呈盘曲状。

图5-39 毛细管

3. 毛细管的工作原理

毛细管安装在干燥过滤器与蒸发器之间，依靠其流动阻力使制冷剂沿管长方向发生压力变化，来控制制冷剂的流量、维持冷凝器与蒸发器的压力。制冷剂液体流过毛细管时要克服管壁阻力，产生一定的压力降，且管径越小，压力降越大。液体在直径一定的管内流动时，单位时间内流量的大小由管子的长度决定。电冰箱的毛细管就是根据这个原理，选择适当的直径和长度，就可使冷凝器和蒸发器之间产生需要的压力差，并使制冷系统获得所需的制冷剂流量。

靠近毛细管入口相当长一段管内的液态制冷剂的温度还比较高，所以有些电冰箱为了提高制冷系统的制冷效率，常将毛细管的入口段与吸气管焊在一起，或将毛细管的入口段套装在吸气管中，或将毛细管盘踞在干燥过滤器上，或是采用螺旋状绕制在蒸发器的进气口管路上，形成回热装置，让冷凝液与低温制冷剂蒸气换热。这既可使压缩机吸气稍过热，保证了干压缩，又可使冷凝液过冷，从而增大供液量，提高制冷量。

在一定的冷凝压力下，影响毛细管节流的主要因素是毛细管的内阻。毛细管的内阻与管子长度成正比，与管孔的截面积成反比（即与管子内径的平方成反比）。毛细管越长或内径越小，毛细管节流就越严重，制冷压力下降就越大，温度下降也越大。

毛细管的尺寸和压缩机功率一旦确定后，毛细管节流的蒸发压力和制冷剂的流量也就基本确定了，系统的制冷量也基本恒定，不会随箱内热负荷变化而变化。用于R12系统的毛细管同样适用于R600a系统，只是流量稍有区别。R134a电冰箱系统毛细管需要调整以增加

制冷剂流阻，必须小心防止不相溶残余物和水分的进入。

4. 毛细管的特点

采用毛细管做节流部件具有如下两大优点：一是结构简单、造价低、加工方便、不易产生故障；二是压缩机停机之后，能均衡管路内的压力，有利于压缩机再次起动。其缺点是：一是毛细管内径小，管道较长，容易发生堵塞；二是制冷剂流量不可调，制冷量不随热负荷变大而增加。

二、干燥过滤器的作用、结构和工作原理

1. 干燥过滤器的作用

干燥过滤器简称干燥器、过滤器，是电冰箱制冷系统的重要辅助部件之一。它的作用主要有两个：一是清除制冷系统中的残留水分，防止毛细管产生冰堵，并减小水分对制冷系统的腐蚀作用；二是滤除制冷系统中的杂质，如灰尘、金属屑和各种氧化物，以防止杂质堵塞毛细管或损坏压缩机。

2. 干燥过滤器的结构

从表面上看，干燥过滤器是一段粗铜管，它的外壳为壁厚1mm的纯铜管，直径为14～18mm，长度为100～180mm，进口端内侧套入铜片状的粗过滤网，出口端内侧套入目数较高的细铜丝过滤网，中间装入10～15g干燥剂（分子筛）后，经冷轧工艺制成，并用塑料塞密封。

（1）单入口干燥过滤器　单入口干燥过滤器实物外形如图5-40所示，其结构示意图如图5-41所示，它用于单系统单毛细管电冰箱。它的两端各有一个端口，其中较粗的一端内径为4～6mm，为入口端，用来连接冷凝器的出端；较细的一端内径为3mm，为出口端，用来与毛细管进端相连。

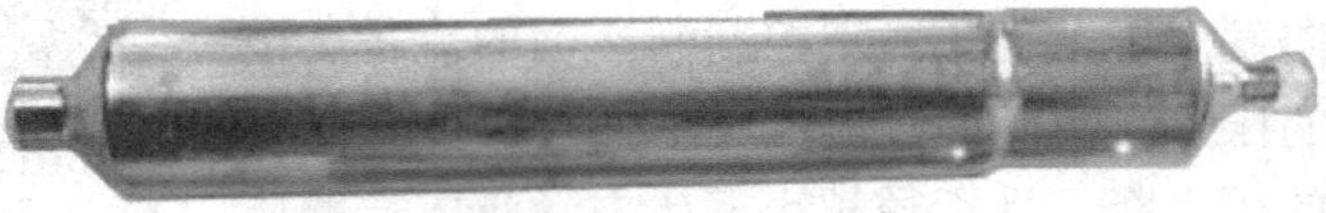

图5-40　单入口干燥过滤器实物外形

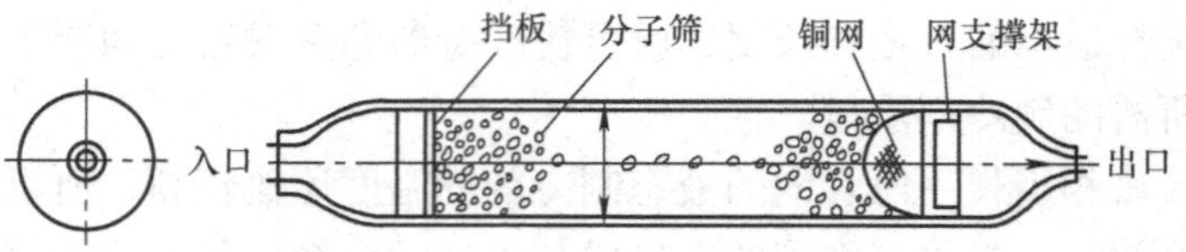

图5-41　单管干燥过滤器的结构示意图

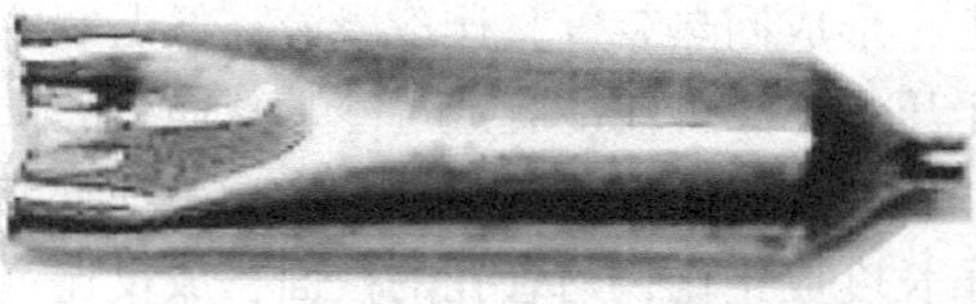

图5-42　双入口干燥过滤器的实物外形

（2）双入口干燥过滤器　双入口干燥过滤器的实物外形如图5-42所示，其结构示意图如图5-43所示，它也用于单系统单毛细管电冰箱。它的入口端有二个，一个用来连接冷凝器的出端，另一个则是工艺管，检修时将其断开抽真空；出口端与单入口干燥过滤器一样，只有一个接头，用来与毛细管进端相连。

（3）同口径干燥过滤器　干燥过滤器主要用于双系统双根毛细管的电冰箱，其结构示

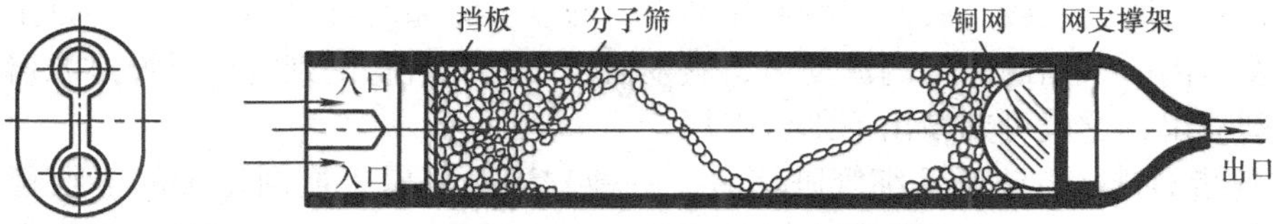

图 5-43　双入口干燥过滤器的结构示意图

意图如图 5-44 所示。其进口端内径为 4mm，出口端（内径同进端）与电磁阀进端连焊，而电磁阀出端与双根毛细管进端连焊。

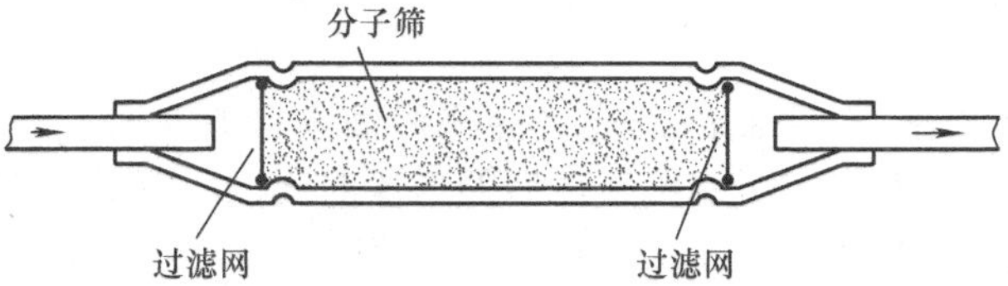

图 5-44　同口径干燥过滤器结构示意图

3. 干燥过滤器的工作原理

干燥过滤器中的干燥剂采用的分子筛是一种人造泡沸石，为粒状白色固体，具有均匀的结晶孔隙，结晶空隙大约为 0.4×10^{-9}m。分子筛不溶于水和有机溶剂，一般溶于强酸，是一种性能优异的选择性吸附剂。当混入分子筛的其他物质的分子直径小于分子筛的分子直径时，就会被分子筛吸附。制冷剂液体流过干燥过滤器时，由于制冷剂分子的直径大于水分子的直径，分子筛就可以将水分子“筛选”出来。

特别提示：用于 R12 制冷系统的干燥过滤器为 XH－5 或 XH－6，R134a 制冷系统的干燥过滤器必须用 XH－7 或 XH－9，或与之相近的干燥剂，并且干燥剂用量应增加 20%（体积增大），重新充注制冷剂时必须同时更换过滤器。用于 R12 系统的干燥过滤器中的干燥剂均可用于 R600a 系统中，生产维修中考虑到 R600a 的结构性质，要求使用专用干燥过滤器 XH－9。

三、毛细管常见故障及现象

1. 堵塞

堵塞分为油堵、脏堵和冰堵。堵是毛细管故障中最常见的问题。由于毛细管的内径很细，系统内的杂质、油等很难通过，一旦产生了杂质或有大量油进入毛细管就会引起堵塞，其结果是引起电冰箱制冷不正常或不能制冷。冰堵引起的现象有点不同，刚开始还能制冷，但马上就不能制冷了，停机等上一段时间再开机，会再次出现上述情况。

2. 泄漏

外露部分磨损、打弯均会产生泄漏，引起不能制冷的现象。

3. 过度折弯或压凹

毛细管折弯应尽量保持较大的弯曲半径，若折成直角状则容易引起制冷效果差的现象，折到死角则毛细管会堵塞。

四、毛细管典型故障的检修

1. 毛细管脏堵

（1）判断毛细管脏堵　毛细管脏堵有两种情况：一种是微堵，其现象是：冷凝器下部会集聚大部分的液态制冷剂，流入蒸发器内的制冷剂明显减少，蒸发器内只能听到“嘶嘶”

的过气声，有时听到一股一股的制冷剂流动声，蒸发器结霜时好时坏。另一种是全堵，其现象是：蒸发器内听不到制冷剂的流动声，蒸发器不结霜。若将毛细管与干燥过滤器连接处剪断，制冷剂喷出，这就可判断出毛细管脏堵。

（2）脏堵的排除方法　毛细管脏堵后，一种方法是可以更换同型号的毛细管。另一种的方法就是凭经验处理，毛细管和干燥过滤器的接口处最易堵塞，可以切开毛细管和干燥过滤器的接口处，把回气管切开后接上快速接头后打压，然后采用分段截除法在切开了的毛细管上每次截下 1 ~2cm，直到有气流冲出毛细管口时为止。一般截下十几厘米对电冰箱制冷没有影响，截下过多时，要用同规格的毛细管按原长度接回即可。

2. 毛细管冰堵

（1）判断毛细管冰堵　如果制冷剂或者冷冻机油中含有水分，在毛细管的出口部位就会引起冰堵。冰堵一般是发生在压缩机工作后的一段时间内。开始时蒸发器结霜正常，过一段时间后蒸发器又化霜，冷凝器不热，40min 后蒸发器又结霜，过一段时间后蒸发器又化霜，如此反复，则表明发生了冰堵。

检修毛细管冰堵的故障时，应根据冰堵的原因区别对待，否则不能完全排除故障。对于制冷系统的制冷剂中含有水分而引起的冰堵，最好的处理方法是更换制冷剂。对于冷冻机油中含有水分而引起的冰堵，最好的处理方法是放净冷冻机油，然后加入新的冷冻机油。换新冷冻机油前，应用干燥洁净的铁盆冷冻机油加热以蒸发掉其中的水分，否则会再出现类似的堵塞故障。

（2）快速检修毛细管冰堵的方法　用功率较大的电吹风扇对着干燥过滤器和毛细管接口处加热一定时间（3 ~5min），然后用木槌不停地轻轻敲打加热部位，接着迅速打开电源，在箱体上倾听蒸发器部位有无喷发声。如有断续声音，则说明冰堵有所好转，反复加热和敲打，直到故障现象消失为止。

（3）排除冰堵的方法　首先将系统内的制冷剂全部放出，然后拆下干燥过滤器，更换新的过滤器。采用两次抽真空的方法，即先抽真空 20min，然后向制冷系统内充入一定数量的制冷剂，再将其全部放出，这样可将系统内的部分空气和水一起带出。接着再抽真空至 133Pa 以下，最后再向系统内充注制冷剂至规定数量即可。

五、干燥过滤器脏堵的检修

干燥过滤器“脏堵”是由于制冷系统中有水分、冷冻油过脏而形成的积碳、焊接不良使管内壁产生氧化皮脱落、压缩机长年运转机械摩损产生杂质、制冷系统在组装焊接之前未清洗干净等原因造成。

其判断方法：压缩机起动运行后，冷凝器开始发热而逐渐变冷，蒸发器内听不到正常的制冷剂循环发出的“嘶嘶”声，手摸干燥过滤器感觉温度低于正常值，并且表面会有结露或结霜，压缩机发出沉闷过负荷声。为进一步证实干燥过滤器的“脏堵”，可将毛细管在靠近干燥过滤器处剪断，如无制冷剂喷出或喷出压力不大，说明脏堵。此时，如用管子割刀在另一端割出一条小缝，制冷剂就会喷射出来，必须注意安全，防止制冷剂喷射伤人。

【典型实例】

实例一　毛细管的拆卸与安装

1. 拆卸下毛细管

用割管钳将毛细管与干燥过滤器、蒸发器割开，取下旧毛细管。

2. 毛细管的选择

毛细管发生堵塞、断裂、漏气时必须予以更换。毛细管的选用是比较重要的，因为毛细管的供液能力对电冰箱的制冷效果有很大影响。若供液量很小，则蒸发器内的制冷剂会偏少，从而使制冷效果差，箱内结霜面少；若供液量过大，制冷剂的蒸发压力会很高，从而使蒸发温度高、箱内温度达不到相应的温度等级，严重的还会造成压缩机无法停机的故障。

新选用的毛细管必须与原有毛细管的长度、粗细一样，而且流量要相同。若无法知道原电冰箱内的毛细管具体尺寸，或买不到原规格的毛细管，又需更换新的毛细管时，一般可用经验法和查表法配用毛细管，见表5-1。

表5-1 选配毛细管与压缩机等匹配的尺寸参考值

压缩机功率/W	电冰箱冷凝器冷却方式	蒸发温度/℃					
		-23 ~ -15		-15 ~ -6.7		-6.7 ~ 2	
		内径/mm	长度/m	内径/mm	长度/m	内径/mm	长度/m
62	自然对流式	0.66	3.66	0，79	3.66		
03	自然对流式	0.66	3.66	0.79	3.66		
125	自然对流式	0.79	3.66	0.91	3.66		
125	强制对流式	0.91	4.58	0.91	3.05		
147	自然对流式	0.91	4.56	0.91	3.05	1.07	3.66
184	自然对流式	0.91	3.66				
373	强制对流式	0.73	3.05	1.37	4.58		
559	强制对流式	1.5	3.05	1.63	3.66		

3. 毛细管与干燥过滤器的焊接

采用套管法，其方法如下。用刀形整形锉将干燥过滤器上剩下的毛细管外圆的断头顶面锉平，然后找一根长50mm，内径与毛细管外径相同的纯铜管，将需要连接的两端插入纯铜管中，并使管头顶紧，然后在套管的两端用焊锡与毛细管焊接牢固。

特别提示：在修理中要注意三点：一是套管与毛细管之间不要有缝隙；二是毛细管两头各插入毛细管套管一半深度；三是两管接头的顶面一定要顶紧，避免在焊接过程中焊锡，从缝隙流入毛细管接头处，将毛细管堵塞。

4. 毛细管的连接方式

为了提高制冷系统的制冷效率，在实际使用中常将毛细管螺旋状绕制或锡焊在制冷系统的低压回气管外壁上，或将毛细管穿入回气管内引出后与蒸发器进口端焊接，这样可以利用蒸发器回气管的温度对毛细管内流过的制冷剂进行降温，使得毛细管内的制冷剂充分液化。

5. 毛细管与套加蒸发器接头管焊接

一般而言，毛细管与原蒸发器的焊接管口无需采用夹扁工艺，因为原蒸发器进端管口另焊有与毛细管外径配套的连接管口。但毛细管插入大口径铜管内连焊时，必然要将小管径口插入大管径口，用手钳夹扁紧固后才可以施焊。

实例二 干燥过滤器的拆卸与安装

检修电冰箱时，一旦打开了制冷系统，因为干燥过滤器与空气接触会吸收其中的水分而降低性能，所以无论干燥过滤器先前是否有故障，均要更换。

1）拆下旧的干燥过滤器，分别剪断干燥过滤器两端的连接管道。

2）选配干燥过滤器。选配的新干燥过滤器应与拆下的旧干燥过滤器型号相同。

3）将干燥过滤器进行了开封。拆开干燥过滤器锡箔包装，拔下密封塞。由于干燥过滤器功能的特殊性，新的干燥过滤器都是封装在密闭良好的包装袋内，如图 5-45 所示。维修时，新干燥过滤器打开包装后，必须马上使用，以免进入空气和水分而失效。尤其 R134a 系统用的干燥过滤器，一旦进出口开封就无法使用。

图 5-45　封装的干燥过滤器

4）焊接干燥过滤器。对干燥过滤器进出端位置确定后，即可采用气焊配合低银焊条与系统对应的管段焊接。单系统电冰箱先应连焊干燥过滤器进口端与冷凝器出端，另一端与毛细管进端焊接。对于双系统电冰箱，铜片圆孔滤网侧与冷凝器出口侧焊接，细铜丝滤网侧与电磁阀进口侧焊接。

5）更换新件或利用原系统干燥过滤器在焊接过程中，应注意的是焊接干燥过滤器进出端口时，要将其外壳用湿布包围作冷却保护，施焊要快捷，连焊后让其自然冷却，不能用水击提前冷却，这样做会造成脱皮留下安全隐患。

6）焊接完毕还要检查焊接部件是否有泄漏现象，以免泄漏制冷剂，至此对干燥过滤器的更换操作完成。

课题五　常用闸阀的检修

【相关知识】

一、单向阀

1. 单向阀的作用

单向阀也称低压阀，多用在采用旋转式压缩机的电冰箱中，安装在旋转式压缩机电冰箱制冷系统的低压吸气侧消音器与储液器回气管之间。由于旋转式压缩机只设排气阀而不设吸气阀，为此设置了单向阀。

单向阀的主要作用是防止压缩机停机时阻止高温高压蒸气向蒸发器回流，导致蒸发器的热负荷增大、制冷效率降低，同时又能使压缩机停机时管道内部的高、低压平衡，从而有利于压缩机起动或起动后在短时间内恢复制冷循环，以适应间断工作的特点。

2. 单向阀的结构

单向阀实物、内部结构如图 5-46 所示。根据内部结构的不同，单向阀可分为球形阀和针形阀两种，这两种单向阀内部结构相似，只是阀芯形状不同。通常情况下，其表面都有方向标识。

3. 单向阀的工作原理

针形单向阀主要由尼龙阀针、阀座、限位环及外壳组成，如图 5-47 所示。当制冷剂正向流动时，尼龙阀针受制冷剂本身流动压力的作用，被打开推至限位环，单向阀接通。当制冷剂反向流动时，尼龙阀针受单向阀两端压力差的作用，被紧紧压在阀座上，单向阀处于截止状态。

图 5-48 所示为球形单向阀的内部结构。它与针形单向阀的工作原理类似：当电冰箱中的制冷剂流向与阀的方向标识一致时，钢珠受到压力差的作用而移动，阀处于导通状态，允许制冷剂流通。反之，处于截止状态。

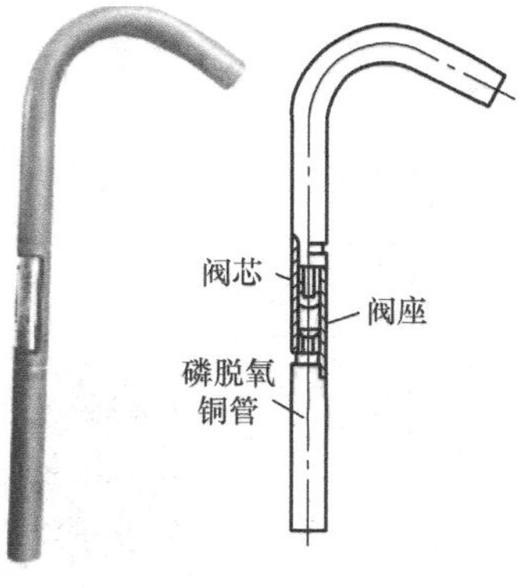

图 5-46 单向阀

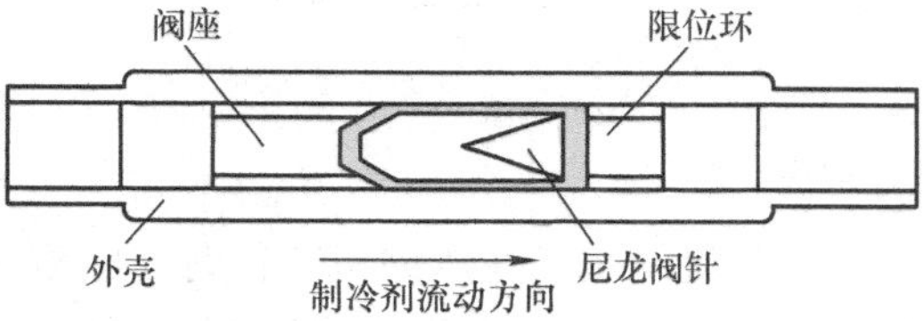

图 5-47 针形单向阀的内部结构

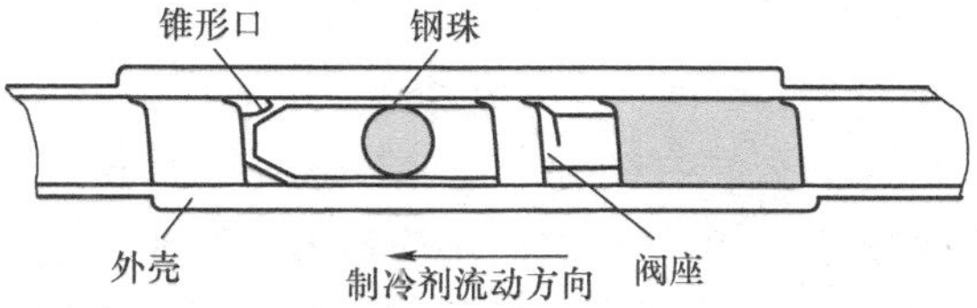

图 5-48 球形单向阀的内部结构

4. 单向阀的特点

单向阀具有单向导通、反向截止的特点。安装时一定要注意制冷剂流向，对应标识安装。

特别提示：单向阀与系统焊接时应用湿布包住外壳冷却，以免造成内部尼龙材料因高温变形损坏。单向阀外部用黑色胶料保温且与回气管管径相同，不仔细检查很难区别。

二、压差阀

在旋转式压缩机电冰箱的制冷系统中，通常还会用到压差阀，也称为节能阀、高压阀。压差阀装在冷凝器出口处，其作用是在压缩机停机时，切断高低压系统管路，防止冷凝器中的高压制冷剂向蒸发器泄漏，从而缩短再次开机时系统达到冷却压力差所需的时间，以达到节能的目的。压差阀是利用压缩机起动和停止时单向阀两侧产生的压力差变化实现导通与关闭的。

三、二通电磁阀

1. 二通电磁阀的作用

二通电磁阀通常安装在冷凝器出口处，其作用与压差阀基本相同，不同之处是它依靠电来控制开关通断。

2. 二通电磁阀的结构

图 5-49 所示为二通电磁阀的实物图和内部结构图。二通电磁阀由阀孔通道、线圈绕组、铁心、弹簧和外罩等组成。阀口安装方向有箭头标注，进口端与干燥过滤器相接，出口端与节流部件毛细管相接。

3. 二通电磁阀的工作原理图

如图 5-50 所示为二通电磁阀工作原理图。电磁阀在通电前，进、出气管关闭，此时电

a) 实物图

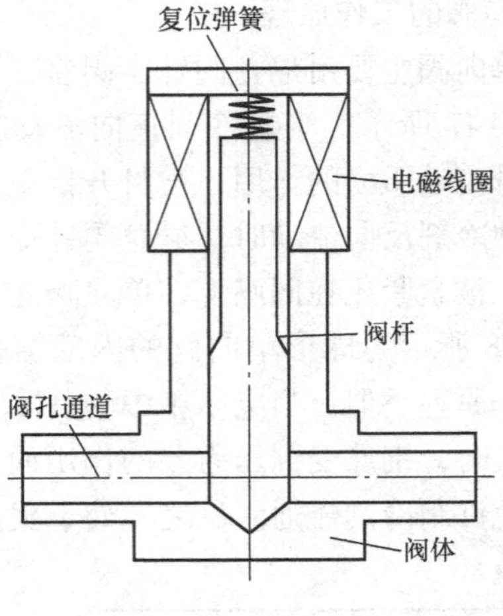

b) 结构图

图 5-49　二通电磁阀

磁阀的进、出气管之间不应有漏气现象。它的开启与压缩机同步。在压缩机工作时，电磁阀通电，使阀孔开通；在压缩机停机时，电磁阀断电，使阀孔关闭，以防止高压侧制冷剂进入蒸发器，既有利于延长蒸发器保温时间，又能避免压缩机再次起动时发生液击现象。

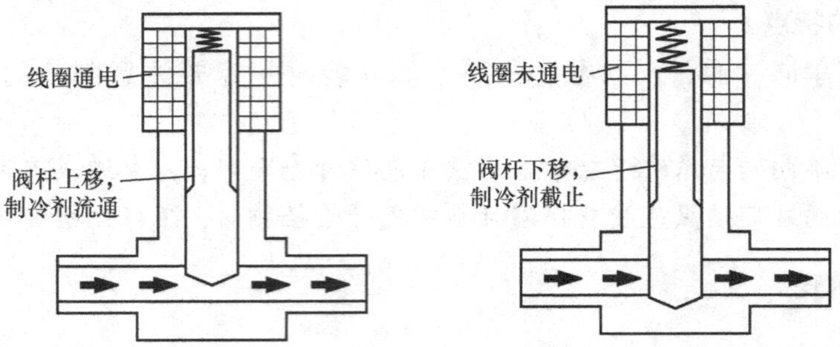

图 5-50　二通电磁阀工作原理图

四、二位三通电磁阀

1. 二位三通电磁阀的作用

二位三通电磁阀用于双温双控电冰箱中，是双系统电冰箱中进行冷量分配的关键部件。它在冷冻室及冷藏室两个温控器的双重控制下，通过不断改变系统中制冷剂的流动方向，实现系统双温双控的目的，从而解决了双温单控电冰箱冷冻室与冷藏室难以匹配的问题，并省去了温度补偿电热器。

2. 二位三通电磁阀的结构

二位三通电磁阀的实物外形和内部结构，如图 5-51 所示。从图中可以看到，二位三通电磁阀由阀组、线圈绕组、外壳以及三根 ϕ4mm 连接纯铜管组成。它自带桥式整流电路，并带有过电压、过电流安全保护的直动式结构。二位三通电磁阀的 3 个管口其中一个是进口端，接进气管，另外两个均为出口端，其中与进口端同侧的出口端接冷冻室的毛细管，另一侧的出口端接冷藏室的毛细管。

3. 二位三通电磁阀的工作原理

二位三通电磁阀工作原理如图5-52所示。

系统中工作状态一：当电磁阀线圈不通电时，电磁阀阀芯在回复弹簧的作用下靠在双管端，关闭双管端出口（冷冻室毛细管），单管端出口（冷藏室毛细管）处于开启状态，制冷剂从电磁阀单管端出口管流向冷藏室蒸发器，冷冻室蒸发器流回压缩机，实现制冷循环。

系统中工作状态二：当电磁阀线圈通电时，电磁阀阀芯在电磁力的作用下克服回复弹簧作用力移到单管端，关闭单管端出口（冷藏室毛细管），双管端出口（冷冻室毛细管）处于开启状态，制冷剂从电磁阀双管端出口管只流向冷冻室蒸发器流回压缩机，实现制冷循环。

4. 二位三通电磁阀的特点

二位三通电磁阀具有成本低、冷冻室与冷藏室相对独立、箱内温度波动范围小、节能及工艺简单等特点。

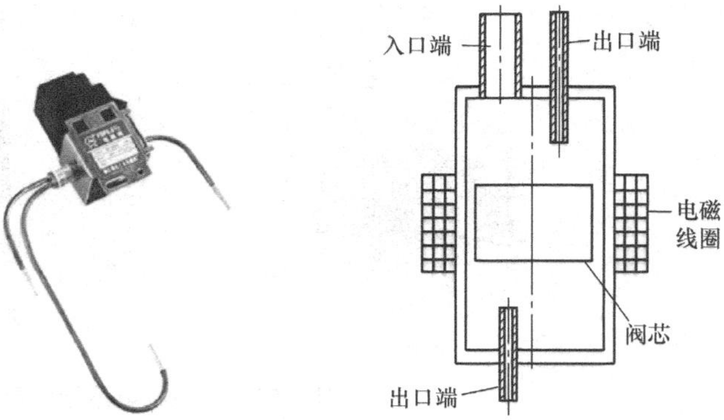

图5-51 二位三通电磁阀

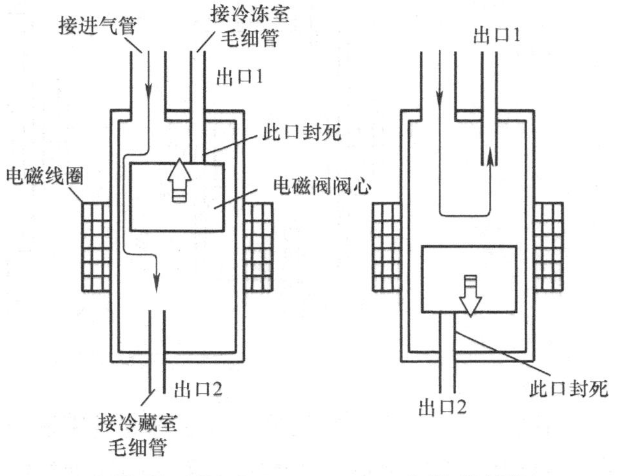

a) 电磁阀线圈失电　b) 电磁阀线圈得电

图5-52 二位三通电磁阀工作原理

五、双联电磁阀

双联电磁阀用于多温多控电冰箱。为提高电冰箱性能，部分厂商对三系统电冰箱的制冷系统做了设计优化，如图5-53所示。改进前的电磁阀是由两个二位三通电磁阀组成，可单独更换，改进后的电磁阀是一个阀芯控制两个阀体，发生故障只能更换整体。这样用新式电磁阀实现了三循环制冷方式，既可以保证冷藏室和软冷冻室同时制冷，又可以确保电冰箱的各间室在高温等情况下正常工作。

双联电磁阀共有4个管口，其中一个管口为入口端，用于连接干燥过滤器，另外3个管口均为出口端，分别用于连接变温室毛细管、冷冻室毛细管、冷藏室毛细管，如图5-54所示。电磁阀连接的各室毛细管一般红色表示冷冻室，黄色表示变温室（软冷冻室），冷藏室不标（或标白色）。

六、单向阀常见故障及现象

单向阀的故障现象有始终接通和始终截止两种形式。始终接通会造成制冷正常，但压缩机运转时间过长；始终截止会导致制冷剂不流通，电冰箱不制冷。

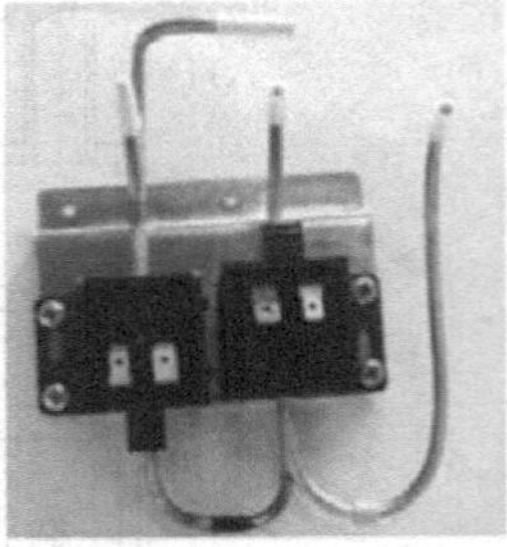

a) 改进前

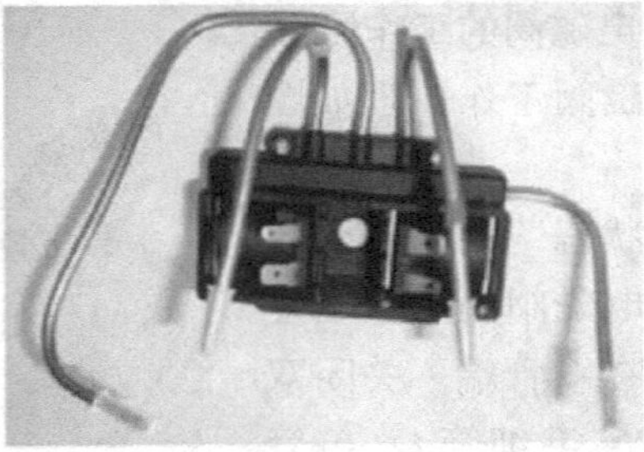

b) 改进后

图 5-53　三系统电冰箱电磁阀的改进

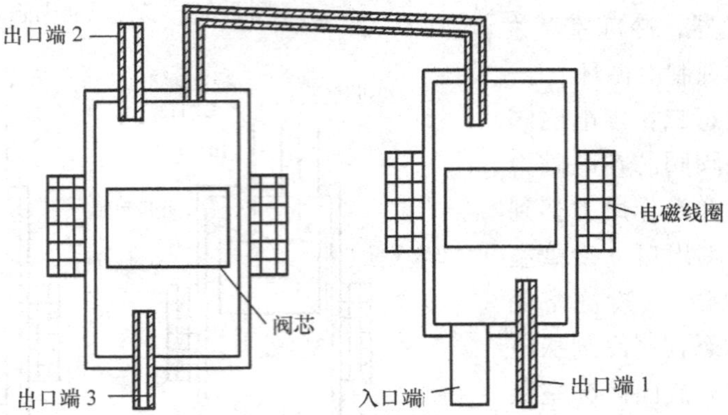

图 5-54　双联电磁阀的内部结构

单向阀本身故障主要是失灵（阀芯球与进端密封出现故障）。当旋转式压缩机制冷系统出现故障打开系统维修时，一般要对单向阀先进行验证。如在停机一瞬间触摸单向阀进端有温感或倾听出现气流声，则说明阀球与进端密封不严，可焊下单向阀进一步验证；如果密封不严，可用酒精清洗配合氮气吹冲干燥排除，一旦无效应更换新的单向阀。对新换的或系统原有的单向阀其密封性和极性检验方法是：垂直摇晃单向阀体（有碰击声），阀芯球落下后，吸气畅通则为上端口，由下口吸气不通为正常，反之为失灵，应更换新件。

七、电磁阀常见故障及现象

电磁阀正常工作时，应该能听见阀芯吸合与释放时发出的清脆撞击声，同时电磁阀的进气管与两个出气管有通断转换。电磁阀电气部分损坏后，会使阀芯不能吸合，这样冷藏室达到设置温度后，不能转换成冷冻室单独制冷。

电磁阀损坏的常见原因是压敏电阻击穿和熔断器熔断，其次是整流二极管击穿、线圈开路或短路、不能切换、阀芯内部损坏等。

八、电磁阀的检修方法

检修电磁阀是否有故障可采用以下方法进行：

1）用万用表电阻档测量电磁阀电源输入端的阻值是否为无穷大。若有阻值或阻值偏小，则说明电路板有元器件损坏，其常见故障为压敏电阻击穿或整流二极管击穿等。

2）若电路板正常，用万用表电阻档测量电磁阀的线圈的阻值。如果检测结果趋于无穷大，则说明电磁阀的线圈有断路故障；如果检测结果为零，则说明电磁阀的线圈有短路故障；如果检测结果为正常（约为2kΩ），而电磁阀不能正常工作，则需检测电磁阀线圈的供电电压，并沿着供电线路逐一检测，找出故障点。

特别提示： 更换电磁阀时，应注意电磁阀配用何种制冷剂。因为不同制冷剂之间的混用，可能导致电磁阀无法正常工作。二通电磁阀在通电前，进端与出端关闭，此时，电磁阀的进端与出端之间不应有漏气现象，否则说明性能不好。

【典型实例】

实例　双联电磁阀线圈故障的检修

下面以海信电冰箱上某厂家（上海康源公司）生产的双联电磁阀为例，介绍双联电磁阀线圈故障的检修步骤，见表5-2。

表5-2　双联电磁阀线圈故障的检修步骤

序号	操作说明	操作图示
1	检测电磁阀线圈的阻值超过了规定正常范围值[（2.2 ± 0.2）kΩ]，则应更换线圈	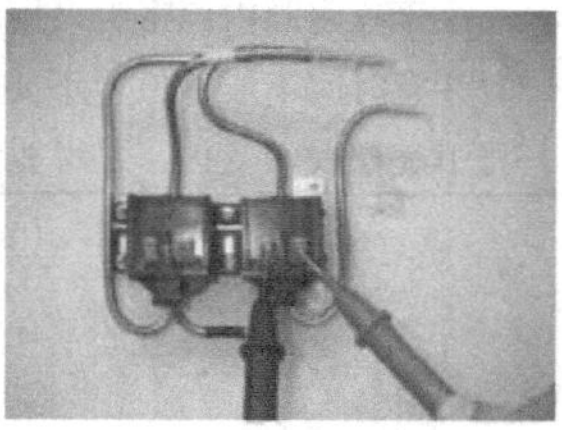
2	将电磁阀与连接板分开	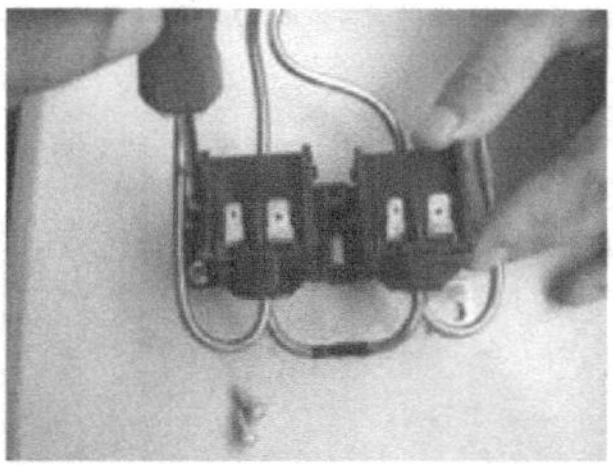
3	将线圈与外壳分离。此时小心，切不可破坏外壳	
4	将阀芯部件与线圈分离。涂有三防漆处为焊接部位，分离线圈和阀芯时不能折弯。线圈分离后，原有线圈可挂在出口管上，也可用大力钳将线圈剪碎、取下	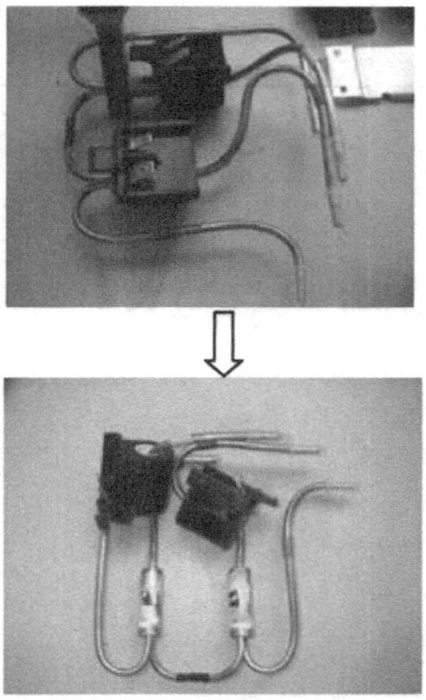
5	将两个外壳固定在连接板上	

（续）

序号	操作说明	操作图示	序号	操作说明	操作图示
6	将外壳与阀芯体固定，装配到位，阀芯部位安装必须到位		8	将两个维修线圈都装好之后测试是否可以正常工作。如可以正常工作，装配好导线、罩壳之后，整个更换过程完成	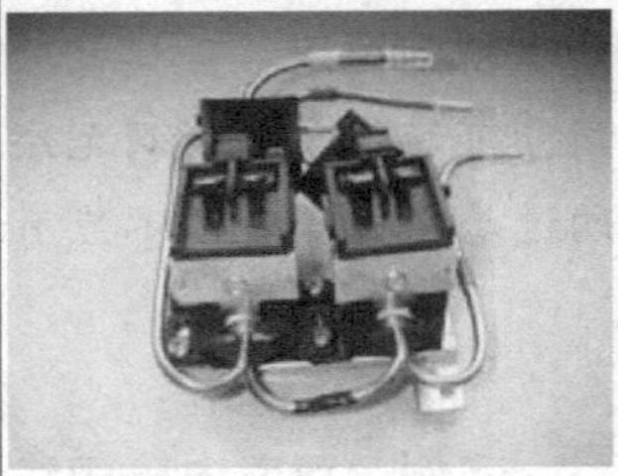
7	将维修线圈装扣在阀芯和外壳上	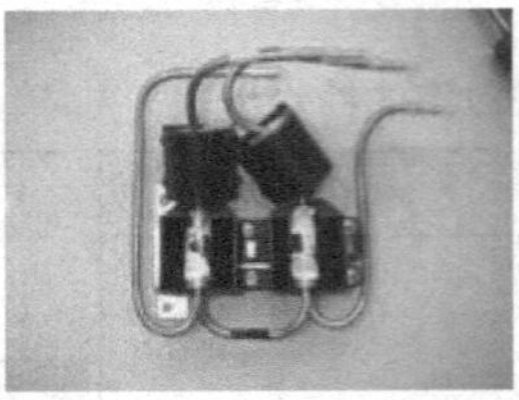	9	为了验证正确更换线圈后的电磁阀是否工作正常，同样可以采取输入交流220V电源的方法进行测试。如果更换后无效，则要采取更换电磁阀的方法维修 在装配电磁阀时，注意识别管路的标记，避免连接错误 由于电磁阀内部密封采用橡胶材料，在焊接电磁阀时注意时间不能过长（不要超过5s）。长时间的焊接，将引起橡胶的变化，并可能导致电磁阀工作异常	

单元六

电冰箱电气控制系统部件的检修

【内容构架】

- 电冰箱电气控制系统部件的检修
  - 起动继电器的检修
    - 1.起动器的作用
    - 2.起动器的种类
    - 3.起动继电器的结构及工作原理及特点
    - 4.起动器常见故障及现象
    - 5.起动器故障的检查方法
    - 6.起动器典型故障的检修
      - 实例一 电子装置时间起动继电器TSD的安装
      - 实例二 电冰箱的典型起动电路
  - 热保护继电器的检修
    - 1.热保护继电器的作用
    - 2.热保护继电器的种类
    - 3.热保护继电器的结构、工作原理及特点
    - 4.热保护继电器常见故障及现象
    - 5.碟形热保护继电器故障的检查方法
      - 实例一 起动继电器与热保护继电器的拆卸与安装
      - 实例二 PTC组合式继电器的代换
  - 温度控制器的检修
    - 1.温度控制器的作用
    - 2.温度控制器的种类
    - 3.机械式温度控制器的结构和工作原理
    - 4.电子式温控器
    - 5.温控器常见故障及现象
    - 6.温控器故障的检查方法
    - 7.温控器典型故障的检修
      - 实例 温控器的拆卸与安装
  - 融霜器件的检修
    - 1.除霜定时器
    - 2.双金属恒温器
    - 3.除霜加热器
    - 4.温度熔断器
    - 5.融霜器件的检修
      - 实例一 上菱BCD-165、BCD-180电冰箱自动除霜控制原理
      - 实例二 新飞电冰箱结霜严重的故障检修实例
  - 照明灯等其他电气部件的检修
    - 1.照明灯
    - 2.门开关
    - 3.温度补偿开关
    - 4.风扇
    - 5. 照明灯、门开关、温度补偿开关及风扇的故障现象及检修
      - 实例一 电冰箱磁性门灯开关的拆卸与安装
      - 实例二 电冰箱照明灯不亮的故障检测实例

【学习引导】

本单元的主要目标是让学生掌握电冰箱电气控制系统部件的工作原理及检修方法。本单元结合实物和图片重点介绍了起动继电器、热保护继电器、温度控制器、除霜器件和照明灯、风扇及门开关等电气部件的作用、种类、结构、工作原理及故障检修，让学生掌握电冰箱电气控制系统的工作原理和检修方法，为后续学习电冰箱电路系统及微电脑控制电冰箱的检修技能做好准备。

目的与要求

1. 了解起动器的作用及种类。
2. 掌握重锤式起动器及 PTC 的结构、工作原理及特点。
3. 学会起动器的检修方法。
4. 学会电子装置时间起动继电器 TSD 的连接方法。
5. 了解热保护器的作用及种类。
6. 掌握碟形热保护继电器的结构和工作原理。
7. 学会碟形热保护继电器的检修方法。
8. 了解温度控制器的作用及种类。
9. 掌握机械式温度控制器的工作原理及特点。
10. 学会温控器的拆卸与安装。
11. 学会温控器常见故障的分析、检查及修理。
12. 了解除霜用到的一些器件。
13. 掌握除霜器件的作用、结构及工作原理。
14. 掌握除霜器件的检修方法。
15. 了解照明灯、风扇及门开关的作用及工作原理。
16. 掌握照明灯、风扇及门开关的故障检修方法。
17. 学会磁性门灯开关的拆卸和安装。

重点与难点

重点：

1. 起动继电器故障现象及检修方法。
2. 热保护继电器故障现象及检修方法。
3. 温控器故障现象及检修方法。
4. 除霜器件故障及检修。
5. 照明灯等其他部件的故障及检修。

难点：

1. 电子装置时间起动继电器 TSD 的连接方法。
2. PTC 组合式继电器的代换。
3. 机械式温控器的拆卸及安装。
4. 除霜器件故障分析及检修。

课题一　起动继电器的检修

【相关知识】

为了确保制冷压缩机正常起动和安全运转，电冰箱都设置了起动与保护装置，它由各种起动继电器和保护器组成。

用于电冰箱的电磁继电器主要有电流式起动继电器（重锤式起动继电器、PTC 起动继电器）和热保护继电器（内埋式热保护继电器、碟形热保护继电器）。电冰箱的起动继电器和保护器继电器一起安装在压缩机绕组接线端并用接线盒盖封。

一、起动器的作用

起动继电器又称起动器，是单相感应电动机自行起动的一个专用器件。起动继电器的线圈与压缩机电动机的运行绕组串联。在电动机起动时，电动机主绕组先接通电源，然后通过起动继电器给电动机起动绕组接入电源，使压缩机电动机形成旋转磁场而起动运转。当压缩机电动机达到额定转速的 80% 时，起动继电器会自动切断电动机的起动绕组的电源，这时只有运转绕组参与工作，使压缩机正常运转。

压缩机在起动时，不仅要克服压缩机本身的惯性，同时也要克服制冷系统中高压制冷剂的反作用力。所以起动时，电动机需要较大的电流和起动转矩。

当电动机起动时，起动绕组帮助运行绕组起动。电动机正常运转后，起动绕组之所以必须切断，是因为起动绕组的线径比运行绕组的线径小（电阻大而电感小），起动时的电流又大，不宜长期通电。

二、起动器的种类

常用的起动器有两种：一是重锤式电流起动继电器；二是 PTC 起动器。

三、起动继电器结构及工作原理

1. 重锤式起动继电器

（1）结构　重锤式起动继电器是一种常见的电流式起动继电器，主要由电流线圈、固定触点（动触点）、活动触点（静触点）、衔铁、弹簧和绝缘胶木外壳等组成，其外形和符号、线路如图 6-1 所示。

重锤式起动继电器的外面有两个插口和两个焊片，主绕组（运行绕组）插口和副绕组（起动绕组）插口插在压缩机外壳的主绕组和副绕组的接线柱上，小焊片同主绕组插口相连，大焊片与静触点相连。磁力线圈的一端同小焊片相接，另一端同大焊片相接。大焊片同温度控制器相连。起动器上面有电源线支架。

（2）工作原理　图 6-2 所示为重锤式电流起动继电器的内部结构。继电器的控制触点平时处于常开状态，刚接通电源时，只有继电器线圈和运行绕组中有电流，由于压缩机的转子是静止的，起动电流很大，电流流过继电器线圈，继电器线圈产生的磁力大于衔铁重力而向上运动，使动、静触点闭合，接通起动绕组，压缩机开始旋转。随着转速的升高，电流减

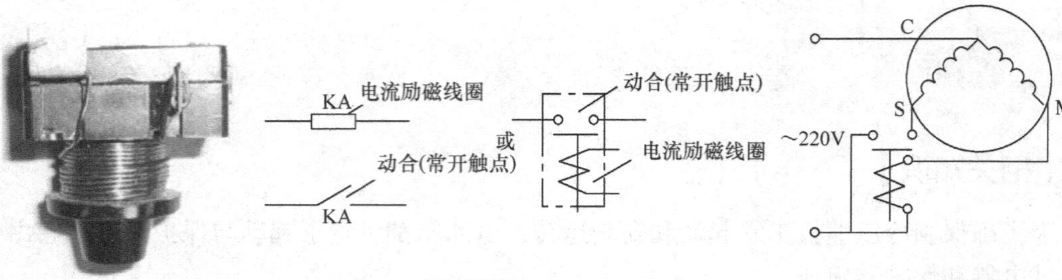

a) 实物图　b) 图形符号　c) 接线图

图 6-1　重锤式电流起动继电器

小，继电器线圈产生的磁力小于衔铁重力，衔铁就会落下，触点断开，起动动作完成。

（3）特点　重锤式起动继电器广泛用于电阻分相式压缩机和电容起动式压缩机中，其结构紧凑、体积小。整个起动过程时间为 1～3s。这种起动器实际上是一个电磁开关，其最大的缺点是有触点：触点吸合时发生噪声；触点断开时在其断开处会产生火花，时间一长会使触点烧毛而造成接触不良或触点脱落；在触点断开瞬间还会对无线电通信设备产生干扰。

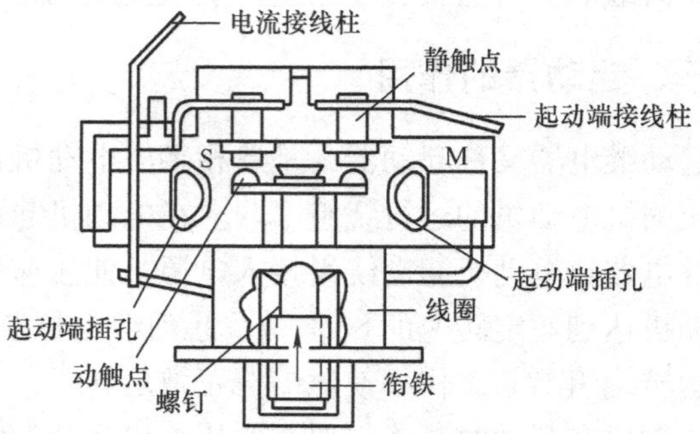

图 6-2　重锤式电流起动继电器的内部结构

2. PTC 起动器

（1）结构　PTC 起动继电器又称为无触点起动继电器，实际上就是正温度系数热敏电阻起动继电器，它是以酞酸钡为主要原料，掺以微量的稀土元素，采用陶瓷工艺，经高温烧结而成的具有正温度系数电阻特性的半导体器件（热敏电阻器）。其实物外形结构、电路图形符号、电阻温度特性曲线及线路如图 6-3 所示。

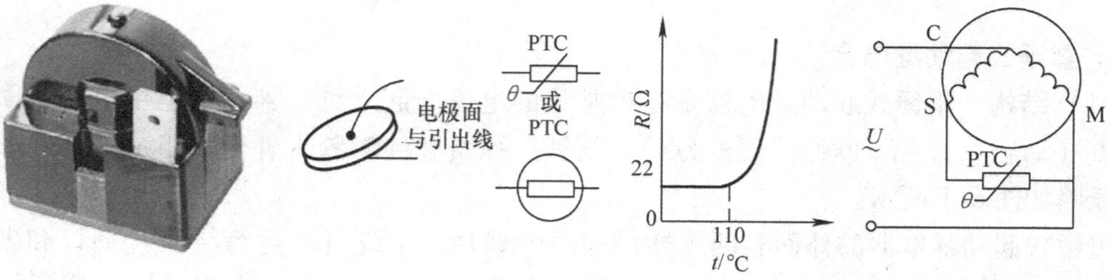

a)　b)　c)　d)

图 6-3　PTC 起动器外形结构、图形符号、特性曲线及线路图

（2）工作原理　当电冰箱的压缩机刚开始起动时，PTC 起动继电器的温度较低，电阻值较小，在电路中呈通路状态。当起动电流增大到正常运行电流的 4～6 倍时，起动绕组中通过的电流很大，使压缩机产生很大的起动转矩。与此同时，由于大电流流过 PTC 元件，在零点几秒的时间内可使 PTC 元件温度迅速升高（一般为 100～140℃），其阻值瞬间上升几万欧姆，通过的电流又下降到很小的稳定值，断开起动绕组，使压缩机进入正常运转状态。

（3）特点 使用PTC元件起动的最大优点是它是一种无触点的开关，利用了PTC的温度开关特性，在起动运行时无噪声、无磨损、无火花、高可靠、成本低、长寿命，且与压缩机有较宽的匹配范围，不会产生触点不吸合、不释放和触点烧损等问题。因此在电冰箱中被广泛应用，并将逐渐代替重锤式起动继电器。

但是因为在压缩机进行制冷运转时，PTC元件一直处于高温高阻状态，如果在断电后马上又接通电源，PTC元件在断电后由于热惯性的存在而未能下降到居里点温度（110℃）以下，而仍保持在高阻态，压缩机的起动支路不能流过足够的起动电流，无法形成旋转磁场使电动机起动，而很大的起动电流却一直流过运行绕组，这就有可能烧坏运行绕组。因此，使用PTC起动的电冰箱要防止频繁起动，在断电后，至少要相隔3~5min，待PTC元件冷却到居里点温度以下，使之恢复为低阻态时，方可进行第二次起动。

特别提示：一般来说压缩机接线端子是正立三角形的原来安装的可能是重锤式起动器，也可能是PTC式起动器；若端子是倒立三角形的只有一种可能，肯定是PTC式的起动器。

四、起动器常见故障及现象

起动继电器本身的常见故障如下：

1）重锤起动器接线松动、脱落，接点过脏、烧焦、凹凸不平等。

2）PTC起动器爆裂、失效等。

起动继电器本身发生故障的现象如下：

1）电源电压正常，无起动电流，过载保护器断续通断而发出“咔咔”声，导致压缩机不运转。

2）电源电压正常，电冰箱通电后，压缩机“嗡嗡”响，或压缩机一点响声也没有。

3）一台电冰箱原来起动运转都正常，后来搬动了电冰箱位置，电冰箱就不起动了。

五、起动器故障的检查方法

1. 重锤式起动器的检查方法

对重锤式起动器的好坏判别，主要是检测其触点接触是否良好，其方法如下：

1）晃。有响声，说明动触点与静触点无阻卡，无粘连。

2）看。线圈无焦黑，说明线圈没有烧坏。

3）测。将其垂直放置（动触点落下到位），然后将万用表调至R×1档，如图6-4所示。将两表笔分别检测起动继电器线圈的阻值和触点间的阻值，一般绕组阻值较小，若测出的电阻值为0Ω或1~2Ω（通路），则说明动、静触点接触良好可以使用；若测出的电阻值无限大，则说明动、静触点无接触不可使用。

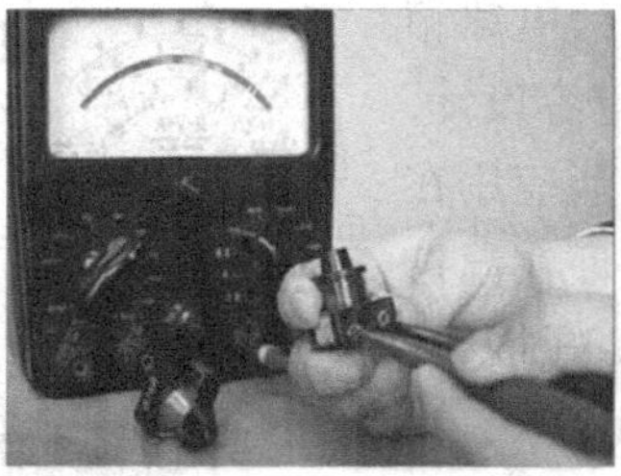

图6-4 用万用表分别检测起动继电器线圈的阻值和触点间的阻值

2. PTC起动器的检查方法

如晃动壳体有碰动响声，就说明PTC元件已击碎损坏。若无碰击响声，然后将万用表调至R×1档，如图6-5所示。将两表笔分别接触两孔内金属，如表针指示阻值与壳体标注的阻值相符（在常温下其阻值为15～40Ω），则说明正常可用；如表针指示0Ω或阻值为无限大，则说明已损坏，不可使用。

图6-5 用万用表检测PTC起动继电器

六、起动器典型故障的检修

1. 重锤式起动器的检修

若通过检测，发现起动器动、静触点接触不良，多数是触点之间由于有灰尘或出现烧炭、烧焦等原因引起。这时可拆下后盖，然后用细锉、细砂布修整好触点，再用酒精净化干燥后，若验证通断良好，可继续使用。如果触点烧损、电流线圈绝缘层严重破坏而无法修复时，应更换新件。

如若新更换的重锤式起动器在额定电压220V下、通电3～5s不起动，测其动、静触点又接触良好时，则说明该起动器电流线圈匝数不足，应增绕5～10匝试验排除；一旦通电3～5s后动触点吸合后不释放，则说明该起动器电流线圈数过多，必须减少匝数直到能在1～2s起动后动触点释放且恢复额定电流运行才为正常。

特别提示：重锤式起动器在安装使用时一定要使起动器直立。更换重锤式起动器时应和压缩机的功率相匹配，如1/6HP压缩机要用1/6HP的重锤式起动器。其中HP（规范的单位符号应为小写“hp”）表示马力［1马力（hp）=735.4N（W）］。

2. PTC的检修

若通过检测，判断PTC元件损坏，一般应更换新件。一旦发现PTC元件人为接触水源时，应放在温度在100～110℃高温下经2h干燥处理恢复。若PTC元件受潮，通电使用时将会使其击碎损坏，这时只能更换新件，无法修复。

【典型实例】

实例一　电子装置时间起动继电器TSD的安装

一、TSD的正确使用

TSD（Time Starting Device，时间起动装置）是一种零功率的电子时间起动装置，如图6-6所示。海信电冰箱的部分产品就使用这种起动继电器，其电路为带电容设计，必须按照安装指示正确连接TSD和电容。TSD不能应用在带有与温控器并联元件的制冷系统中，即必须保证在温控器断开后，TSD不再通电。TSD必须与接线柱良好接触，禁止有接触不良的情况，因为这种缺陷会损坏TSD。

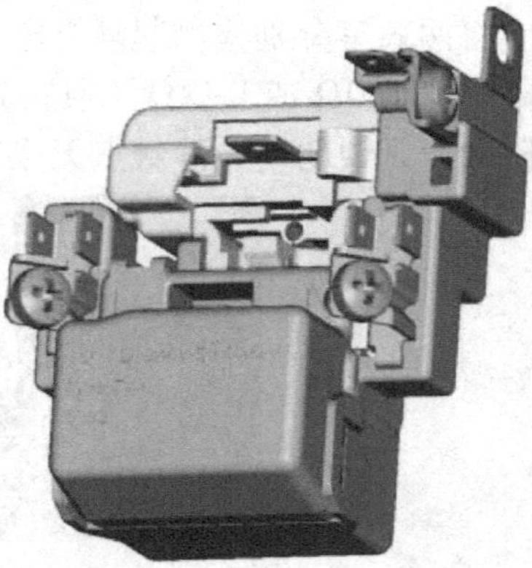

图6-6 电子装置时间起动继电器

特别提示：当TSD内部件与H_2S、NH_3等化学元素接触时会发生反应。而一些电线的塑料绝缘在高温下会释放出化学物质。所以，要检查与TSD端子连接的电线的绝缘材料。

二、TSD的正确连接

1）TSD安装工艺流程，如图6-7所示。

2）按照图6-8所示，检查电容连接的是否牢固。

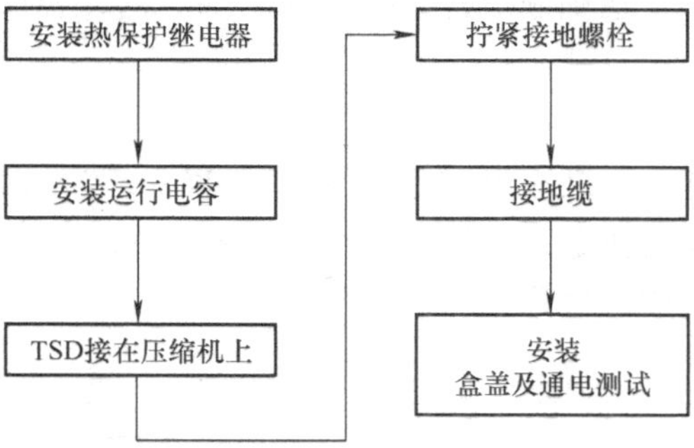

图6-7 TSD安装工艺流程

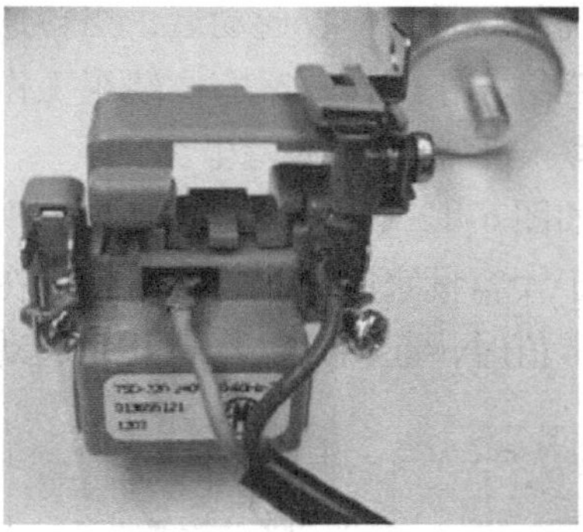

图6-8 检查电容连接

3）TSD与压缩机的连接。

如图6-9所示，首先将TSD的接地端子镶入压缩机的接地端子内，然后将接线座的接线柱对准TSD的插孔，推压TSD直至完全插入接线座内为止，最后检查TSD的接地端子孔与压缩机的接地端子孔是否对齐。

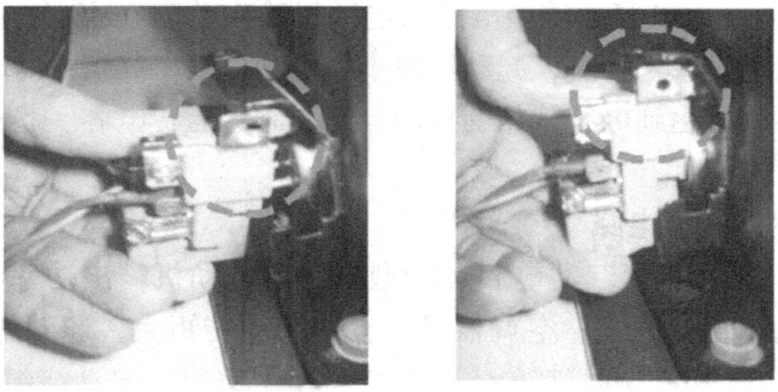

图6-9 TSD与压缩机的连接

实例二 电冰箱的典型起动电路

家用电冰箱都采用单相电动机，其结构比较简单，由转子、定子绕组组成，它与压缩机一起被密封在压缩机外壳内，如图6-10所示。

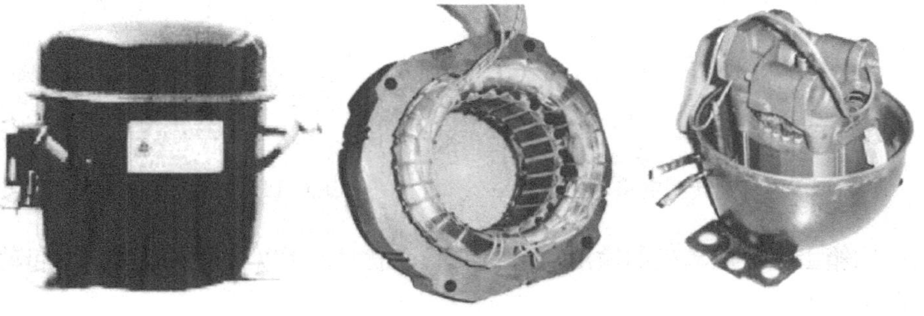

图6-10 压缩机及转子、定子绕组

根据起动方式的不同，单相电动机起动电路可以分为阻抗分相起动型电路、电容分相起动型电路、电容运转型电路、电容起动电容运转型电路。

1. 阻抗分相起动型电路

如图 6-11 所示，使用阻抗分相起动型电路的电动机输出功率较小，一般在 40 ~ 150W 之间，常用于小容量电冰箱。电动机在起动时起动转矩小，起动电流大。起动时，主绕组和起动绕组同时工作，起动后，当转速接近正常值（达到额定转速的 80%）时，起动器断开，起动绕组停止工作，只有主绕组工作。

2. 电容分相起动型电路

如图 6-12 所示，使用电容分相起动型电路的电机输出功率较大，在 40 ~ 300W 之间，常用于大容量家用电冰箱。电动机在起动时，起动转矩大，起动电流小。起动后，当转速接近正常值时，起动继电器断开，起动绕组停止工作，只有主绕组工作。

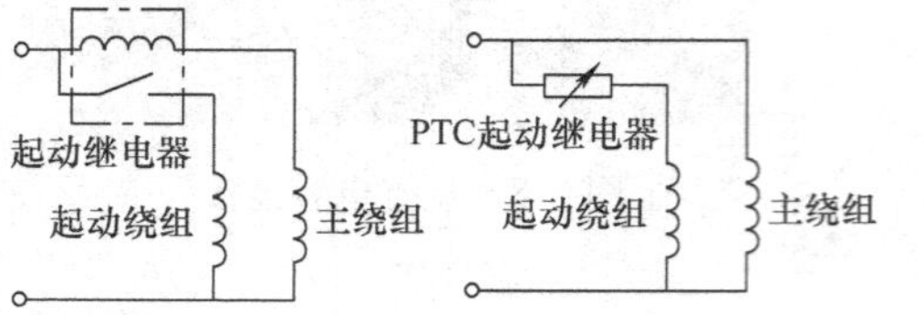

图 6-11　阻抗分相起动型电路

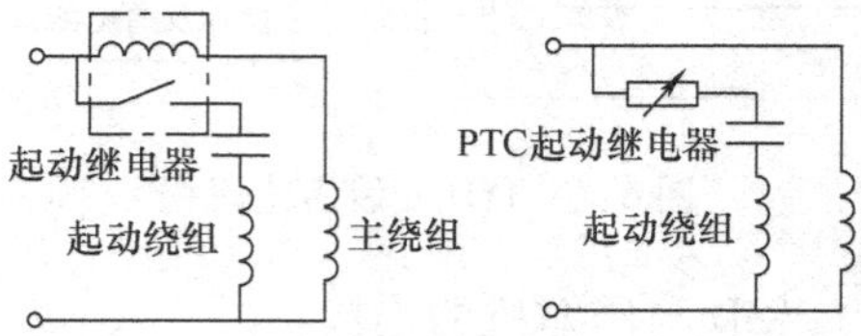

图 6-12　电容分相起动型电路

3. 电容运转型电路

如图 6-13 所示，使用电容运转型电路的电动机输出功率在 400W ~ 1.1kW 之间，常用于小功率空调器。电动机在起动时，起动转矩小，电动机效率高且无需起动器，只需在起动绕组上串联运转电容就可达到电容分相的目的。工作时，运转电容、起动绕组和主绕组一样始终在通电情况下工作。

4. 电容起动电容运转型电路

如图 6-14 所示，使用电容起动电容运转型电路的电动机输出功率在 100W ~ 1.5kW 之间，常用于大容量电冰箱、冰柜、空调器等。它的起动转矩大，起动电流小，电动机效率高。起动时，起动电容、运转电容都串入起动绕组。主绕组、起动绕组同时通过电流工作，一段时间后，起动器断开，起动电容不再与起动绕组串联，从而退出工作。运转电容仍与起动绕组串联，并与主绕组一起工作。

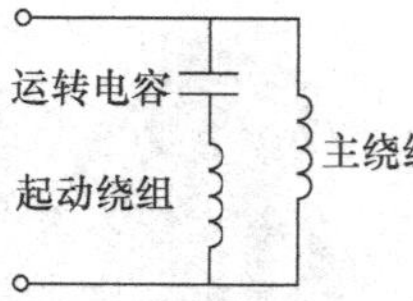

图 6-13　电容运转型电路

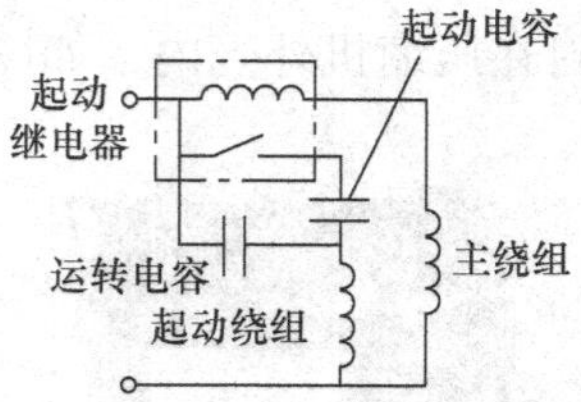

图 6-14　电容起动电容运转型电路

家用电冰箱由于对电动机的输出功率要求不是很大，所以常采用阻抗分相起动型电路和电容分相起动型电路。

课题二 热保护继电器的检修

【相关知识】

一、热保护继电器的作用

电冰箱出现热负荷过大、环境温度过高、冷凝器散热效果很差、压缩机抱轴和卡缸及电气线路短路等故障，均可引起压缩机过载，严重时可将压缩机电动机烧毁。为此，在电冰箱中安装了热保护继电器。

热保护继电器又称过载保护继电器、热保护器，即保护压缩机不致于因电流过大或温度过高而烧毁。

二、热保护继电器的种类

热保护继电器常见的有内埋式热保护继电器和碟形热保护继电器两种形式。

三、热保护继电器的结构、工作原理和特点

1. 内埋式热保护继电器

（1）结构　内埋式热保护继电器又称埋入式热保护器，其结构如图 6-15 所示，它是由铅玻璃套、可动触点、双金属片、静定触点以及壳体组成（采用玻璃密封）。

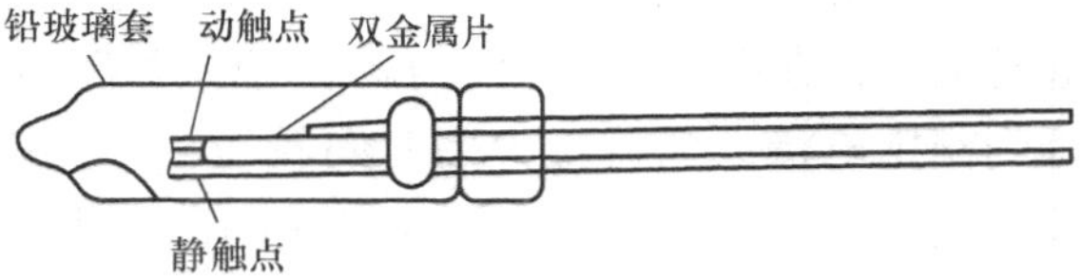

图 6-15　内埋式热过载保护继电器

（2）工作原理　内埋式热过载保护继电器是在压缩机电动机制造中，把两引线串接在起动绕组并埋藏在线包内固定，直接感受运行绕组温度的变化。当电动机过电流或过热时，双金属片发生变形，触点断开，切断电动机电路，从而保护了电动机，如图 6-16 所示。降低后，双金属片可以自动复位。从触点断开到双金属片降温复位，一般需要 3min 左右的时间。

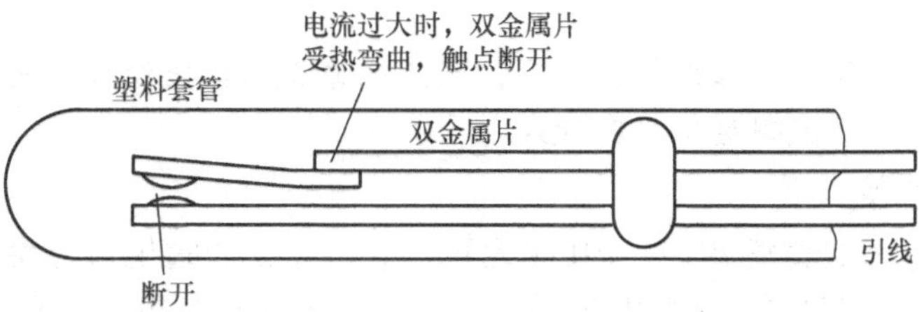

图 6-16　内埋式热过载保护继电器工作原理

（3）特点　这种保护器的优点是：此种继电器是通过直接插入压缩机电动机绕组中来感受电动机内部温度的，因而灵敏度较高；缺点是保护器被封焊在压缩机中，如保护器发生

故障很难判断，也不便于更换。

2. 碟形热保护继电器

（1）结构　其结构、电路图形符号及接线如图6-17所示，它是将一碟形双金属片、一对动断（常闭）触点、一段0．6～1．2Ω左右的镍络电阻丝和一起组装在一个耐高温的酚醛塑料制成的小圆壳内。同时，从小圆壳中引出两个接线头，将其串接在压缩机电路中。安装时，将它的开口端紧压在压缩机的外壳表面，以便感受压缩机的温升。

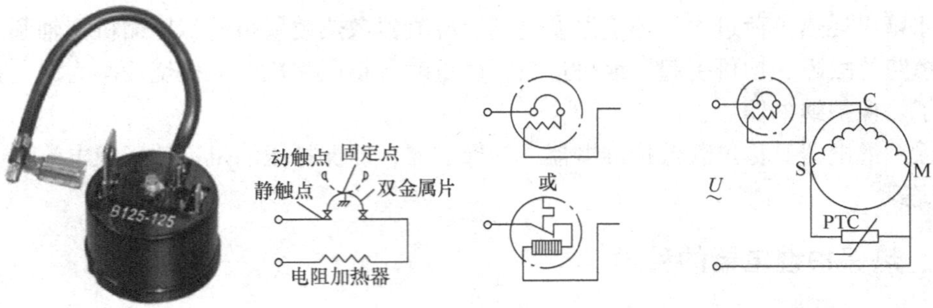

a) 实物图　b) 结构图　c) 图形符号　d) 接线图

图6-17　碟形热保护继电器

（2）工作原理　接通电源后，如压缩电机流过很大的起动电流，在1～3s的时间内就能起动完毕，电流很快下降到额定电流；电流虽大但时间较短，不足以使双金属片受热变形上翘弯曲。如图6-18所示，若压缩机外壳温度过高或电流过大时，将会引起过载保护器的双金属元件发热而快速弯曲，使触点迅速断开，切断电动机的电源，对压缩机起到保护作用。碟形热保护继电器保护动作后，随着压缩机和热保护继电器逐渐冷却，双金属片又恢复到原来的形态，触点再次接通。

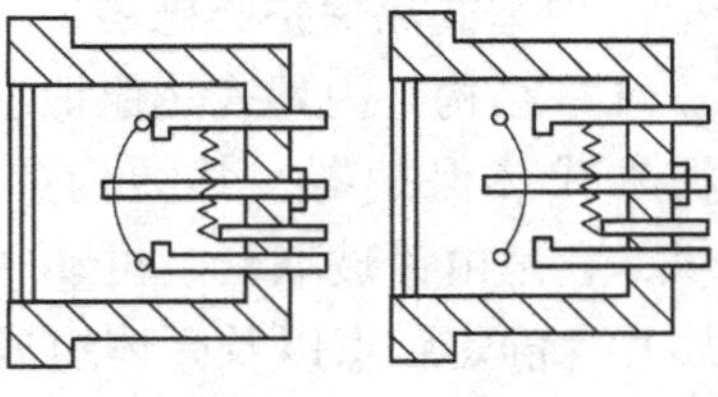

a) 接通　b) 断开

图6-18　碟形热保护继电器的接通与断开原理图

（3）特点　碟形热保护继电器结构简单，安装方便，也容易检修。保护器的触点分离后一般需要3min左右才能复位，其延时断开与复位时间在产品出厂前都已调好，无需用户进行调整。

特别提示：鉴别是否是埋入式热保护器，只能从原压缩机接线柱上判定有无保护器。如无保护器的装设位置，则说明热保护器埋入。

3. 组合式热保护器

在实际应用中［（如美菱BCD－191（无氟）］，通常是将过电流过温升保护继电器和重锤式电流起动继电器或PTC起动器组装一起使用，在结构上将起动器和保护器组装在一起套在一个塑壳里，两种组合式起动器的外形如图6-19所示。安装时直接插接在压缩机对应的三个接线柱上固定，可免去压缩机接线盒。因这种结构形式三个插孔是固定的，所以必须专机专用。其结构原理与单一件的结构原理相同。

图 6-19　两种组合式热保护器

四、热保护器常见故障及现象

内埋式热保护继电器由于安装在压缩机机壳内，一旦发生故障很难检修和更换，因此不存在维修的问题。通常打开压缩机机壳后，扒开绕组发现内埋式热保护继电器损坏，一般是改用外置式保护器替代。下面介绍一下碟形热保护继电器的故障及现象。

碟形热保护继电器的常见故障有双金属片不能复位、线圈烧坏、触点粘连、触点接触不良。碟形热保护器损坏后，发出断续的“咔咔”声，压缩机不能正常工作。

五、碟形热保护继电器故障的检查方法

1. 电阻测量法

如图 6-20 所示，将万用表的两只表笔分别连接碟形热保护继电器的两个连接引脚。如果测得该热保护继电器两个引脚之间的阻值为 1Ω 左右，则说明热保护继电器正常；如果测得的阻值过大，甚至达到无穷大，则说明热保护继电器已经损坏，内部有断路现象，需要更换新的热保护继电器。

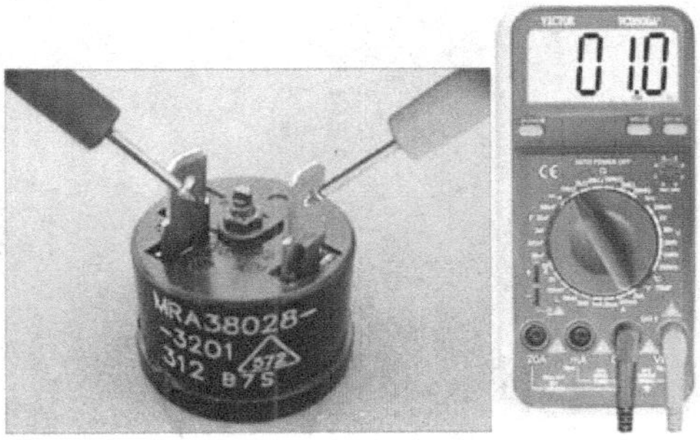

图 6-20　测量碟形热保护继电器电阻

2. 负荷法

用一个阻值为 1kΩ 左右的电阻与被测碟形热保护继电器串联在 220V 电源中，接通电源不长时间能听到保护继电器双金属片有上翘断开“啦”声，断电后不长时间又能听到双金属片下翘闭合“啦”声。断开停电时，用万用表测其阻值无限大，闭合时测其阻值为 0Ω，均属正常可用，反之为失灵不可使用。

特别提示： 碟形热保护继电器损坏，应更换新件处理。碟形热保护继电器失灵，可通过细砂布净化其触点、调整外露调节螺钉来修理。但由于这类保护器作用大、造价低，它失灵后即使通过修理可以使用，但其稳定性和可靠性得不到保证，为确保压缩机安全，也应更换新件。

【典型实例】

实例一　起动继电器与热保护继电器的拆卸与安装

拆卸和安装起动继电器与热保护继电器时各部件如图 6-21 所示。

1. 拆卸步骤

1）用螺钉旋具将继电器壳夹拨开拆下。

2）将继电器壳松动向外拉出取下。

3）将起动继电器和过载过热保护器分别轻轻拉出拆下。

2. 安装步骤

1）把接线卡子插到过载过热保护器上，将保护器紧贴到压缩机机壳上，然后把过载过热保护器的引线卡子插到压缩机接线柱“C”上。

2）把起动继电器上插孔插到压缩机接线柱“S”和“M”上。

3）把电源线连接到过载过热保护继电器和起动继电器的接线端

4）将继电器壳装到继电器托架上，其电源线从托架底部的开口处通出。

5）用继电器卡簧将继电器壳固定在继电器托架上。

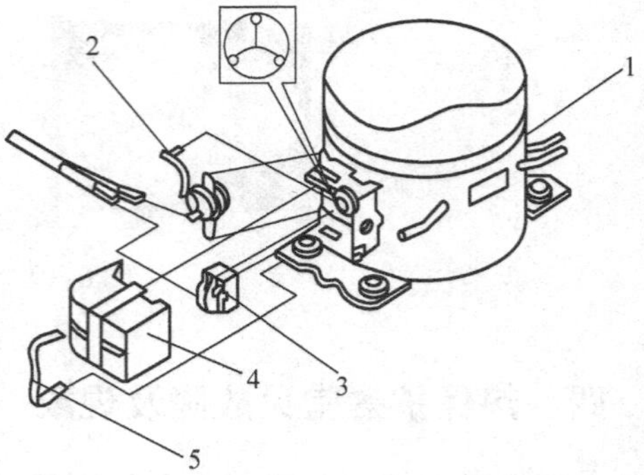

图 6-21　起动继电器拆卸与安装中各部件

1—压缩机　2—热保护继电器　3—起动继电器　4—罩壳　5—卡簧

实例二　PTC 组合式继电器的更换

1）压缩机起动继电器安装在压缩机侧面的黑色保护盒内。更换起动继电器时需要将黑色的保护盒拆下来，在保护盒的上面有如何将其拆卸的示意图，如图 6-22 所示。

图 6-22　压缩机起动继电器的安装位置

2）按照示意图上的标识，将一字螺钉旋具放到保护盒的上、下沟槽内，撬开卡扣保护盖的卡扣，撬开后即可将保护盖取下，如图 6-23 所示。

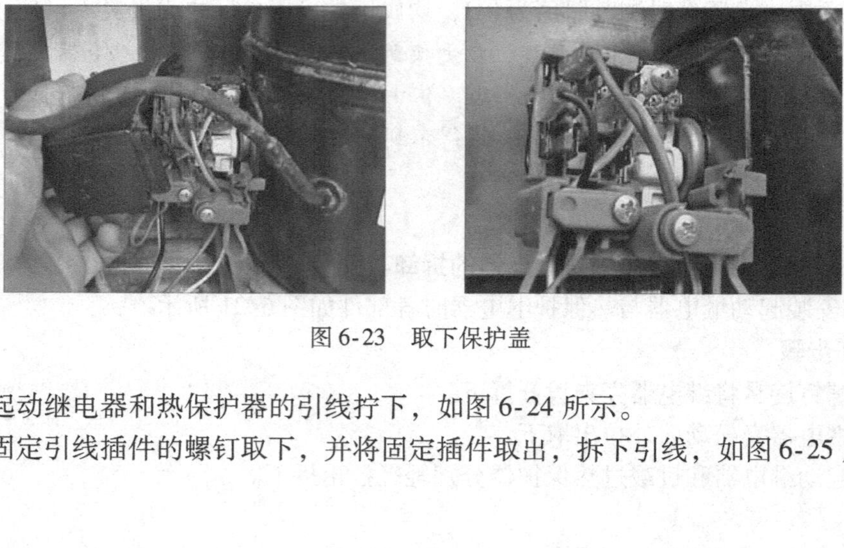

图 6-23　取下保护盖

3）将起动继电器和热保护器的引线拧下，如图 6-24 所示。

4）将固定引线插件的螺钉取下，并将固定插件取出，拆下引线，如图 6-25 所示。

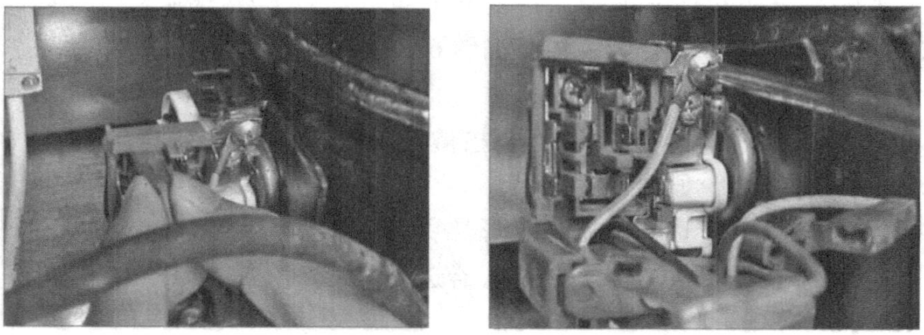

图 6-24　拧下引线

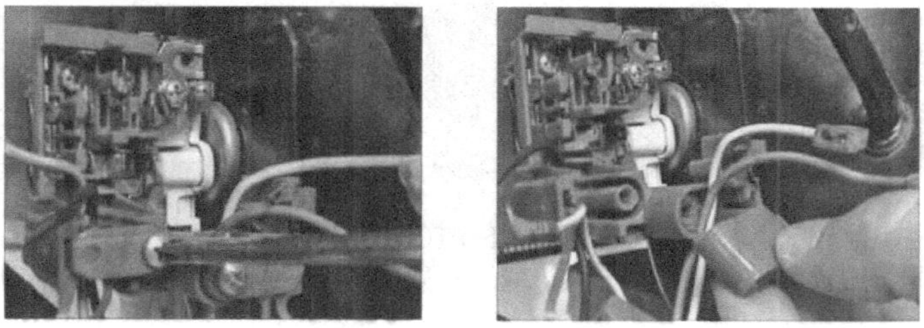

图 6-25　拧下固定螺钉

5）取下起动继电器与热保护继电器，如图 6-26 所示。

图 6-26　取下起动继电器与热保护继电器

6）将组合式起动继电器与接线盒分离，如图 6-27 所示。

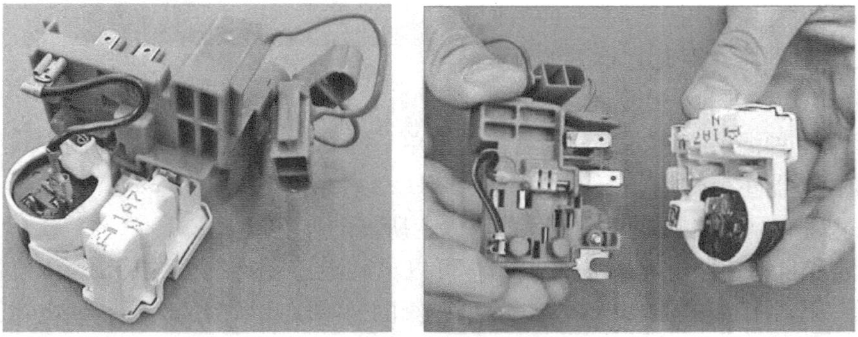

图 6-27　将组合式起动继电器与接线盒分离

7）拆下来的组合式起动继电器，是由 PTC 起动继电器和碟形热保护继电器合为一体，如图 6-28 所示。

8）将 PTC 起动继电器周围的 4 个卡扣撬开，将 PTC 起动继电器取下后，如图 6-29 所示。

9）对拆下来的 PTC 起动继电器和碟形热保护继电器分别进行检测，找到同型号的继电器进行代换。

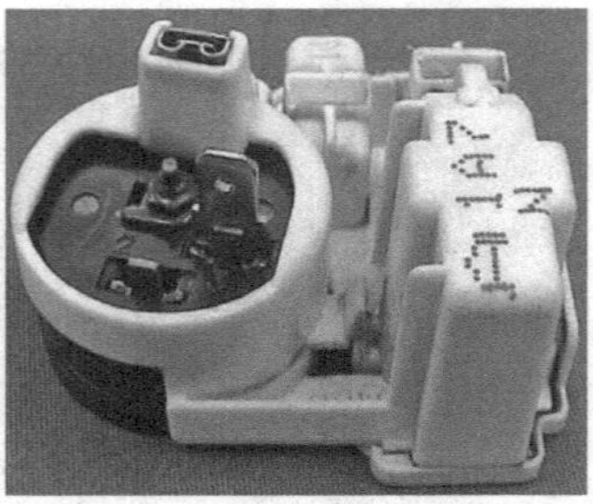

图 6-28　组合式起动继电器

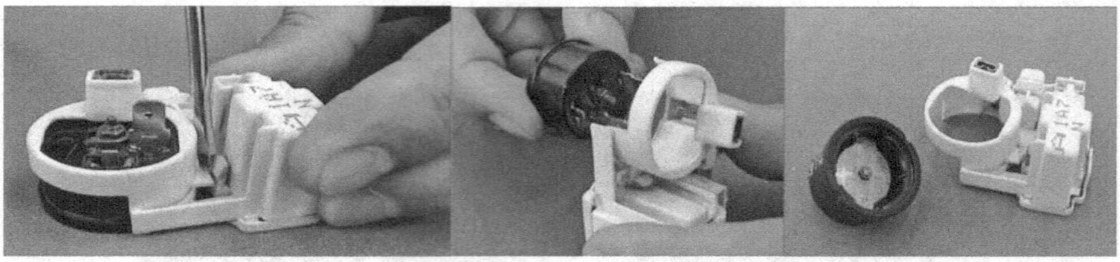

图 6-29　拆下 PTC 起动继电器

课题三　温度控制器的检修

【相关知识】

一、温度控制器的作用

为了保持电冰箱内冷冻室、冷藏室的适当温度并节约电能，需要对电冰箱内部温度进行控制和调节，这种调节装置就叫温度控制器，简称温控器。它是一种调温、控温器件，是电冰箱电气控制系统中主要控制部件之一。温度控制器一般安装在电冰箱的冷藏室内，它的感温管（温度传感器）紧贴后箱壁。由于后箱壁的后面板上安装有副蒸发器，因此它检测的就是副蒸发器的温度，如图 6-30 所示。

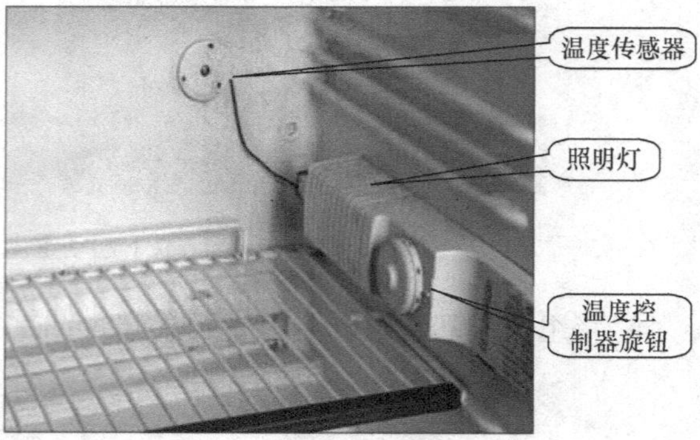

图 6-30　温度控制器的安装位置

电冰箱的三种温度控制方式分别是：单温单一控制方式、双温单一控制方式、双温双控方式。温度控制器主要作用如下：

1）通过调节温度控制器的按钮，可以改变所需的控制温度。

2）控温和自动控制电冰箱正常工作。可以灵敏地感受冷冻箱或冷藏箱内温度的变化，从而发出信号控制压缩机的起动和停止、电磁阀的通断以及风门的大小，使电冰箱内的温度始终保持在所选定的温度档次或范围内，以达到控温和自动控制电冰箱正常工作的目的。

二、温度控制器的种类

目前，电冰箱所使用的温度控制器可以分为两大类：一类是机械式温度控制器，另一类是电子式温度控制器。

机械式温度控制器又称为蒸气压力式或感温囊式温度控制器，从结构上又大体可以分为普通型温度控制器、半自动除霜型温度控制器、定温复位型温度控制器、风门温度控制器。机械式温度控制器的主要特点是结构简单、性能稳定、价格低廉。

电子式温度控制器主要为热敏电阻式温度控制器，一般用负温度系数（NTC）的热敏电阻作为传感器，通过电子电路控制继电器或晶闸管达到控温的目的。机械式温度控制器的特点是机械部件少、可靠性高、控温精度高、控制方便，可以实现多门、多温的复杂控制。

国产温控器规格型号表示方法如图 6-31 所示。

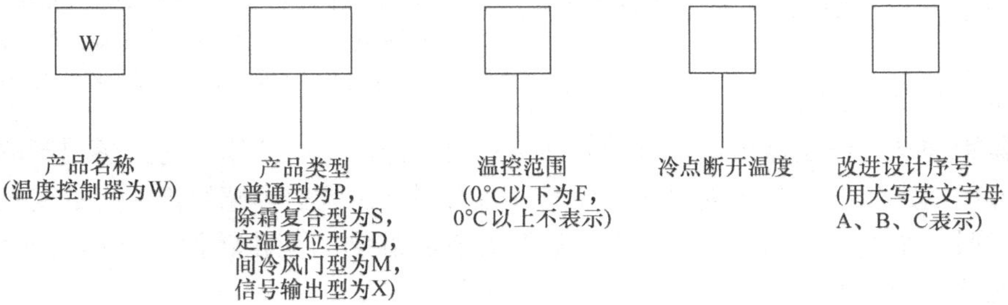

图 6-31　国产温控器规格型号表示方法

例如，温度控制器标识为“WDF20”，表示该温度控制器属于定温复位型温度控制器，其温度控制范围 0℃以下，冷点断开温度为 -20℃。

三、机械式温度控制器的结构和工作原理

1. 普通型温控器（WPF 系列）

普通型温控器常用于人工除霜的普通直冷式单门电冰箱，或用于全自动除霜的间冷式电冰箱的冷冻室。

（1）外型结构　这类温控器的实物、外型、图形符号及在线路中的接线如图 6-32 所示。其有可调温的旋柄，电气上有两个引出线端子。在线路中温控触点 L－C 与压缩机串联。

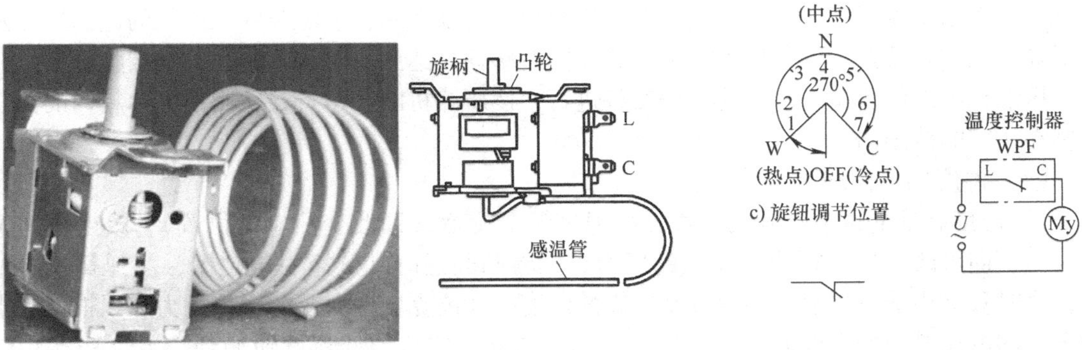

a) 实物图　　b) 平面图　　d) 图形符号　　e) 接线图

图 6-32　普通型温控器

(2) 结构原理　从结构上看，普通机械式温度控制器主要由感温器和触点式微型开关组成。普通机械式温控器的结构原理如图6-33所示。

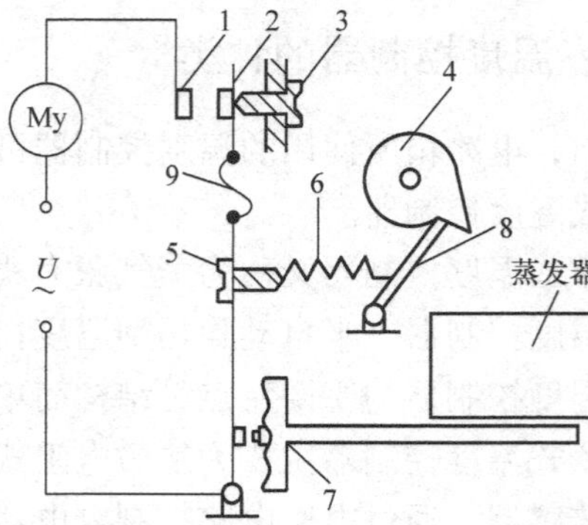

图6-33　普通机械式温控器的结构原理
1—静触点　2—动触点　3—温差调节螺钉
4—温度高低调节凸轮　5—最低温度调节螺钉
6—主弹簧　7—感温囊　8—控板　9—快跳弹簧
My—压缩机及其起动与保护器的组合符号

感温器叫作温压转换部件，它是一个封闭的囊体，主要由感温头、感温管和充以感温剂的感温腔三部分组成。根据感温腔的形式不同，感温器又分为波纹管式和膜盒式两种，如图6-34所示。

只要感温管不发生断裂或泄漏就可以长期使用，所充的感温剂通常是氯甲烷（CH_3Cl）或氟里昂（R12），在室温下腔内的压力可达5kg以上。

在使用中，对于直冷式电冰箱，应将感温管的尾部紧紧地贴在蒸发器出口附近的表面上；对于间冷式电冰箱，将要感温管的尾部置于冷冻室循环风的进口处。当箱内温度变化时，将会引起感温腔内感温剂压力的变化，从而感温囊的传动膜产生左右微小的位移，即感温腔起着将温度的变化转换为传动膜的机械位移，起到了温度传感器的作用。

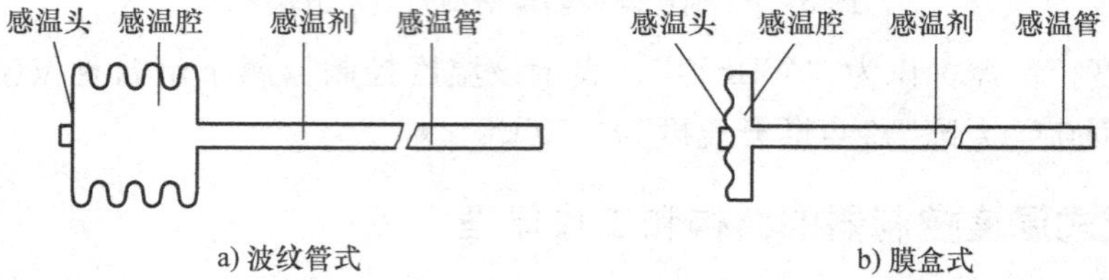

图6-34　感温器的结构

(3) 控温原理　图6-33中触点1、2处于断开位置时，压缩机停止运转。这时蒸发器的温度随时间而逐渐升高，感温腔内感温剂的饱和压力也随之增高，使感温腔传动膜片克服主弹簧拉力而向左移动，到达一定位置时（相当于一定的蒸发器表面温度），通过传动杠杆，推动动触点2，使之与静触点1闭合，接通压缩机电动机回路，压缩机电动机开始起动运行，制冷系统恢复工作。之后，蒸发器表面温度逐渐下降，感温腔内感温剂的饱和压力随之下降，在主弹簧拉力的作用下，传动膜片向右移动，达到一定位置时，动触点与静触点分离，压缩机再次停止运行。上述过程交替进行，使压缩机断续运行，从而使电冰箱内的温度控制在一定的范围内。

(4) 温度调节原理

1) 温度高低的调节。旋动温控器的温度调节旋柄（即改变凸轮的位置），改变主弹簧的拉力，即可改变作用在传动膜上的压力，如将凸轮逆时针旋至一定位置，主弹簧拉力增大，这时只有当蒸发器表面温度升到较高的温度，才能克服增大了的弹簧拉力，以推动触点闭合，即电冰箱内的温度调高了，反之亦然。通常夏季将温控器旋钮调到小数字档（1~3位置），冬季将温控器旋钮调到大数字档（4~6位置）。

2) 最低温度的调节。如将凸轮旋柄至图6-33中的极限位置，然后调节最低温度调节螺钉，以改变主弹簧的初拉力，使最低温度满足规定的要求。在温度控制器制造时最低温度已调定，并用漆封死螺钉，用户不可随意调节。

3）开停温差的调节。温差调节螺钉 3 用以调节动、静触点之间的距离，从而改变温控器的开停温度之差。同样，该温差在温控器出厂时已调定。一般为 5 ~ 15℃（对应于箱内开停温差为 2 ~ 3℃），也采用漆封死螺钉 3。显然温差太小，压缩机起、停的次数会增加，甚至频繁起动；温差太小会影响冷藏冷冻食品的存放期。

2. 半自动除霜型温控器（WSF 系列）

（1）结构　半自动除霜型温度控制器常用于直冷式单门电冰箱。它是在 WPF 型的结构基础上增加了一个除霜结构。这类温度控制器从外观看也只引出两根引线，但有一个红色除霜按键位于旋柄的顶部，在电冰箱线路中的接法与 WPF 型相同，与压缩机电动机串联。其外型结构、线路符号及在线路中的接线如图 6-35 所示。

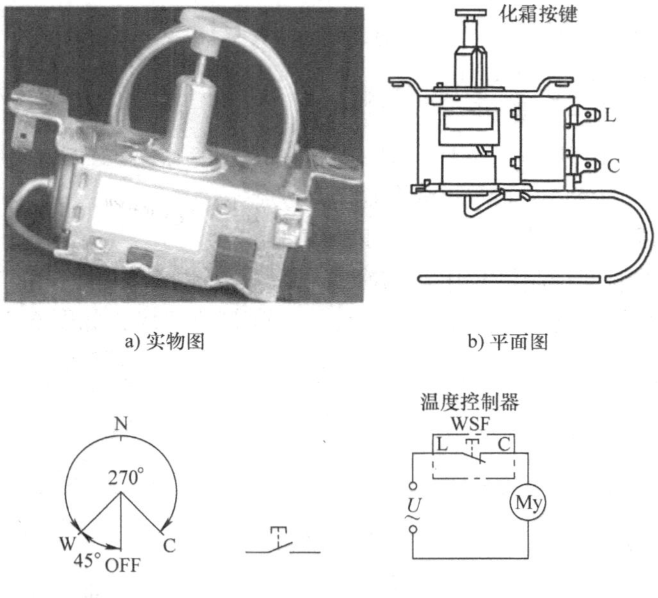

a) 实物图　　b) 平面图

c) 旋钮调节位置　　d) 图形符号　　e) 接线图

图 6-35　半自动除霜型温度控制器

（2）工作原理　这种温度控制器和普通温度控制器的工作原理和结构基本相同，只是在普通型温度控制器的基础上增加了一套除霜装置。它既可以像普通型温度控制器那样对箱内温度进行调节和控制，又可以在蒸发器表面霜层过厚时进行自动除霜。

在需要除霜时，按下除霜键，即可断开压缩机，停止制冷，进入除霜工作状态。待箱内温度达到预定的除霜终了温度（一般蒸发器表面温度为 5℃左右，箱内中部温度约为 10℃）时除霜按钮会自动跳起，自动复位到原设定的温控制冷状态，压缩机恢复工作。

3. 定温复位型温度控制器（WDF 系列）

（1）结构　这类温度控制器适用于直冷式双门电冰箱，且温度控制器装在冷藏室，其感温管的尾部应紧贴在冷藏室蒸发器的表面。这类温度控制器的外型、线路符号及在线路中的接线如图 6-36 所示。

定温复位型温度控制器有 H、L、C 三个引出端，H－L 为手动强制开关，L－C 为温控开关，与前两类温度控制器一样，在常温下闭合，只有当温度降低到调温凸轮所设定的温度值时才断开。还有一种标号为634型的，6、3、4端子分别对应于图6-36中的H、L、C三个端子。

（2）工作原理　这种温度控制器和普通温度控制器的工作原理和结构基本相同，其特点是停机温度可通过调节温度控制器进行调节，但开机温度总恒定不变（为3～6℃，这与前两类温控特性有很大区别），故称之为定（或恒）温复位型。当压缩机开起制冷时，箱内温度开始下降，蒸发器表面温度很快下降到零摄氏度以下，直至凸轮所设定的位置时，触点L－C断开，压缩机停转，箱内温度回升，一直上升到＋5℃左右（冷藏室的温度一般控制在1～5℃之间），能自动闭合温控开关L－C，开机恢复制冷状态。

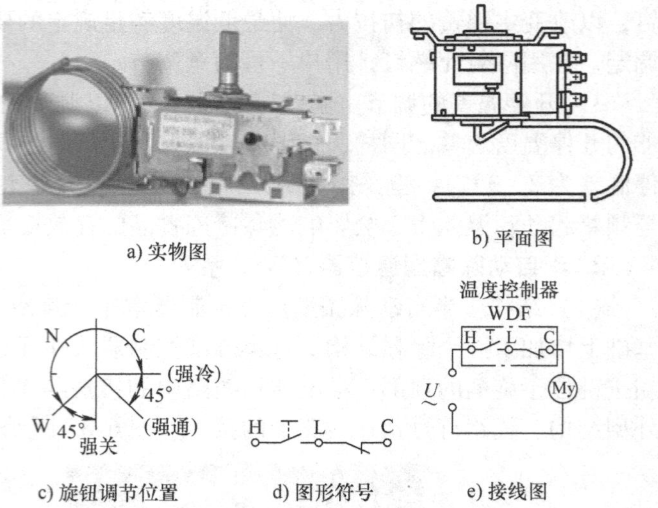

图6-36　定温复位型温度控制器

4. 感温风门型温度控制器（WMF系列）

（1）结构　这类温度控制器是用于间冷式双门双温冰箱，对冷藏室内的温度进行控制，其结构主要由波纹管、感温管、活动风门、杠杆、弹簧等组成，如图6-37所示。

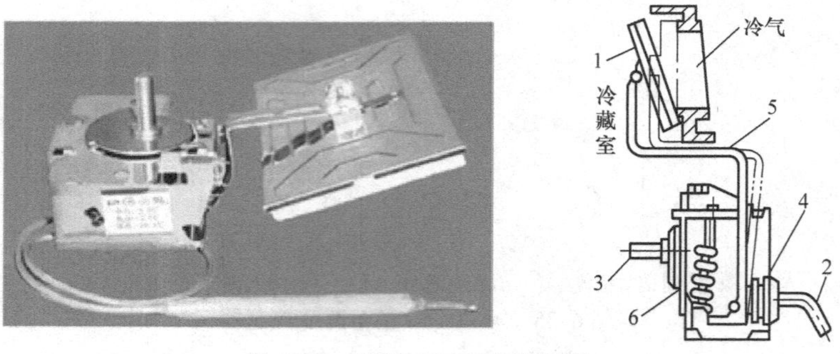

图6-37　感温风门温度控制器

1—活动风门　2—感温系统毛细管　3—旋钮　4—波纹管　5—杠杆　6—弹簧

（2）工作原理　感温风门温度控制器不像前三类那样直接用于控制压缩机的起停，而是在间冷式电冰箱中用以控制通向冷藏室风门的开度，它没有电气部分，即没有触点，因此在电路中无法反应出来，它不接入电路，由冷冻室温度控制器控制压缩机的起停。感温风门温度控制器的工作原理与压力式温度控制器一样，也是利用感温剂压力随温度而变化的特性，通过转换部件带动并改变风门开闭的角度，控制冷臧室的冷风量，以控制冷藏室的温度。当箱内温度过高时，风门或盖板的开口大些，使更多的冷空气进入冷藏室内，当箱内温度较低时，开口减小甚至可以完全关闭。

四、电子式温控器

电子式（热敏电阻式）温度控制器利用热敏电阻作为传感器，通过电子电路控制继电器的开闭，从而控制温度的变化。

1. 结构

目前电子式温度控制器已制成集成电路，其可靠性较高且可通过数字显示有关信息，使用户能够清楚地了解电冰箱的工作情况。电子式温度控制器主要由传感器、集成块、分立元器件及电源线路构成。它除控制温度以外，还可以进行快速冷冻、除霜以及除霜时的温度补偿等控制。图 6-38 所示为电子式温度控制器及其控制电路板。

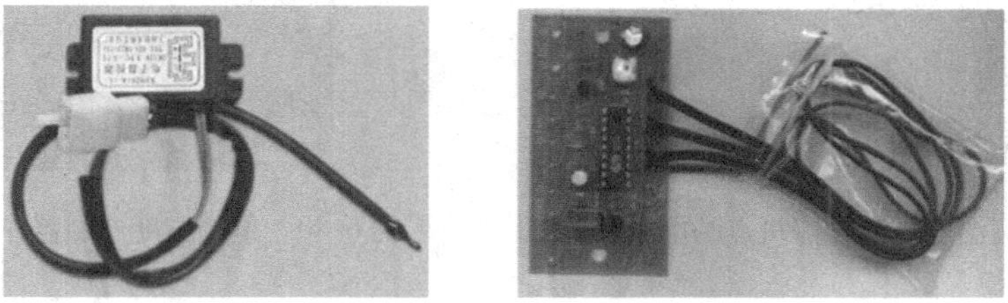

图 6-38　电子式温度控制器及其控制电路板

2. 工作原理

电子式温度控制器所用的感温元件是负温度系数的热敏电阻。它将温度信号转变为电信号，与晶体管或集成电路组成的比较放大器配合，控制电冰箱的工作状态，达到控温的目的。随着停机后箱内温度逐渐升高，热敏电阻的阻值不断减小，继电器吸合电流增大，当箱内温度高到设定的温度时，继电器吸合，接通压缩机电源电路，系统开始制冷，箱内温度逐渐下降。随着箱内温度逐渐下降，热敏电阻的阻值不断增大，通过继电器的电流就变小，当箱内温度下降到设定值时，继电器的电流小于释放电流，继电器就释放，压缩机电动机断电、停机。停机后箱内温度又逐渐升高，热敏电阻的阻值不断减小，使电路进行下一次工作循环，从而实现了电冰箱内温度的自动控制。

五、温度控制器常见故障及现象

温度控制器的故障时有发生，其故障现象有：

1）压缩机不停机。电冰箱结霜正常，门封良好，箱内温度已降到很低，但电冰箱仍不停机。

2）压缩机不起动。电冰箱通电后，照明灯亮，压缩机、起动继电器都正常的情况下，压缩机一点声音也没有。

3）箱内温度不正常。温度控制器放在正常位置（一般放在中间），当箱内温度还没有达到预定温度时，电冰箱就自动停机。箱内温度控制器放在较低档（如“1”挡）时，箱内过冷。

六、温度控制器故障的检查方法

机械式温度控制器发生故障的常见原因是感温毛细管脱位、接触不良以及感温腔内感温剂泄漏、触点粘连、温度控制器机械动作失灵等。

1. 机械式温度控制器

对于机械式温度控制器的检测，可以使用万用表。在正常情况下，当温度控制器的调节旋钮位于停机点的位置时，温度控制器处于断开状态，此时检测温度控制器，万用表显示为无穷大，如图6-39所示。当温度控制器的调节旋钮离开停机点，调节到任意位置时，温度控制器处于接通状态，此时检测温度控制器，万用表显示为0.1Ω（可以忽略不计），如图6-40所示。

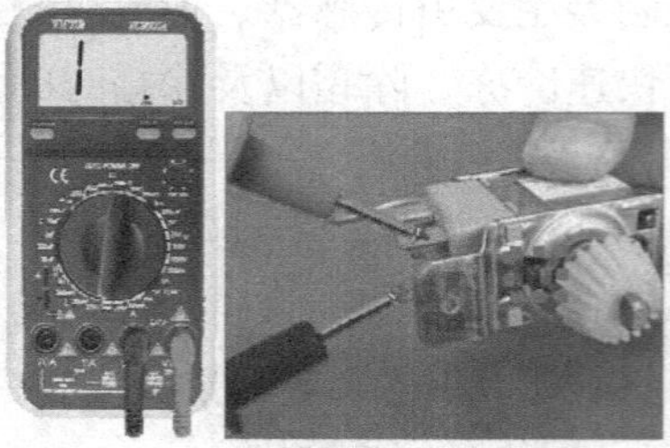

图6-39　检测温度控制器停机点的电阻

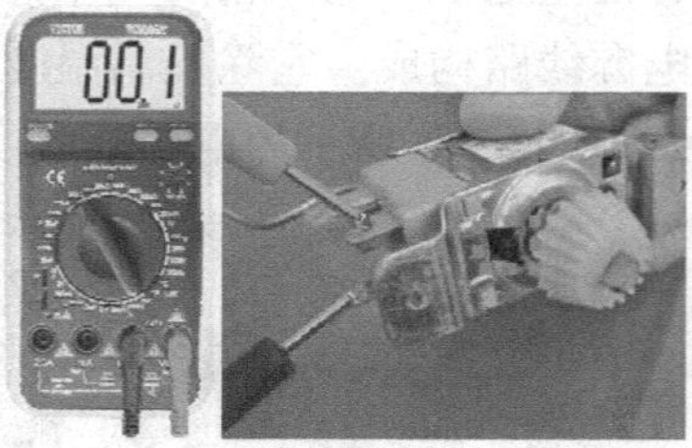

图6-40　检测温度控制器非停机点的电阻

在常温下测L与C之间为通路，然后把温度控制器放在正常制冷的电冰箱的冷冻室中5min或用液体制冷剂喷在温度控制器的感温头上，测L与C之间为断开的，则表明该温度控制器是好的。

2. 半自动除霜温度控制器

对于半自动除霜温度控制器动弹可在室温下按下除霜按钮，松手后能自动弹回，说明正常，不能弹回，说明感温剂漏失。

3. 电子温度控制器

对于电子温度控制器，可用一般检查电子回路的常规方法进行，但必须掌握电子温度控制器的电路，并了解热敏元件的电阻值是随着温度下降而迅速增大的基本特性，就可检查分析了。

特别提示：在实际维修中，若排除温度控制器没损坏，就需要对电冰箱的供电线路、电源、压缩机组件等相关部件作进一步检测，查找故障原因。

七、温度控制器典型故障的检修

1. 机械式温度控制器典型故障的检修

（1）温度控制器感温毛细管固定不良　当温度控制器感温毛细管与所贴压蒸发器表面固定松动、脱位、错装位置时，由于感温失控，均会引起冷藏室和冷冻室蒸发器温度一直下降冻结，而导致压缩机长开不停。验证时如将温度控制器逆旋，置“1”挡方向无效，应重点复查感温毛细管与蒸发器表面固定是否异常，应视不同情况重新恢复排除。一旦无效，多数则是温度控制器触点粘连或感温腔内感温剂微漏等引起，应拆下温度控制器检修。

（2）感温腔感温剂泄漏　当温度控制器感温腔感温剂泄漏时，泄漏量不同故障现象也不同。微漏时，其温控触点常闭不开，压缩机长开不停；全部泄漏时，其温控触点常开不闭，压缩机长停不开。遇到这两种故障现象时，应调节温度控制器旋钮验证确定。如果长停不开，可用一段导线短接温控接线插片起动压缩机试验，若起动运行，则说明感温剂全部泄漏；如调节温控器仍长开不停，则说明失灵应修换。对感温剂泄漏故障的修复，由于充注感温剂的工艺比较复杂，一般的维修单位没有条件，只能更换同类型的温度控制器。

（3）触点粘连　若制冷正常的情况下压缩机长开不停而箱内温度一直下降冻结，同时将温控旋钮由冷点向热点移动无效时，多数是触点粘连。这种故障引起原因较多，一般多是在自动通断过程中出现拉弧而使动静触点熔结在一起所致。其排除方法介绍如下：先将粘连的温度控制器由系统取下，记准接线插片的位置，然后用螺钉旋具撬开温度控制器外壳中的固定点，即可拿出触点绝缘座板，用薄刀片将座板上动触点与静触点撬开；再用细砂布插入触点之间反复拉擦，至表面平滑后再装配。装配时应将感温毛细管置于冷冻室内冷却使感温剂收缩，膜盒由硬变软即可按拆卸时逆向顺利装入。

2. 风门温度控制器典型故障的检修

（1）人为失控　尤其是对气流调节控制型，将气流调节器，也就是风口与挡板之间人为完全关闭或完全开启，关闭时风量不足制冷效果差，开启时风量较大不利保鲜。这时可用手感风口风量来验证，如果完全关闭或完全开启，即可手调温度调节轴上的旋钮恢复。

（2）自然损坏　自然损坏主要指气流调节器损坏或风门变形等，用与人为失控相同的验证方法，视其损坏部位修换。

（3）感温剂泄漏　风门温度控制器感温剂泄漏，尤其感温风门表现敏感，将会停在某一位置，停止自动开或关；气流调节控制型温度控制器，将会失去微动开或关。如判定气流调节器或风门为静止状态，则确定感温剂泄漏，需更换新件。

3. 电子温度控制器传感器故障

电子式温度控制器传感器电阻值是否随温度变化，这是判断传感器是否损坏的主要依据。正常在15℃时电阻值为4.5kΩ、10℃时为5kΩ、0℃时为7.95kΩ、-5℃时为10.5kΩ、-10℃时为13kΩ、-18℃时为20kΩ等。判断传感器是否失灵损坏有几种方法。

（1）方法一　打开箱背接线盒，拔下引线插接片，用万用表R×1k档对插接片检测其电阻值。再根据所处冷藏室或冷冻室实测温度值若与对应的电阻值相符则证明完好，反之为损坏。

（2）方法二　在拔下的插座插孔内并联一只2kΩ的电阻器开机，如能开机则说明被测的冷藏室传感器损坏。

（3）方法三　粗略判断该传感器失灵时，将箱内引入线断开取出传感器用万用表配合手捏或用热毛巾加热传感器外壳测量电阻，如测量时电阻值由大变小（表针移动），则说明正常，若电阻值无限大（表针不动）则说明断路损坏。

确定传感器失灵后应更换同型号配件，若无同型号配件也可选用SWF9-A1型传感器用于冷冻室、SWF9-A2型传感器用于冷藏室，来替代原配件。

【典型实例】

实例　温控器的拆卸与安装

温度控制器出现故障后维修难度较大，由于价格不高，通常采用更换的方法处理。

直冷式电冰箱温度控制器的拆装方法大致相同，其拆装步骤如下：

1）温度控制器的安装位置如图6-41所示。

2）用螺钉旋具分别将温度传感器和温度控制器保护外壳上的固定螺钉拧下，如图6-42所示。

3）用手往外拔出温度控制器，拆开温度控制器的连接导线，从电冰箱上取下温度控制器、传感器及其保护装置，如图6-43所示。

4）取下温度传感器，如图 6-44 所示。

5）卸下固定温度控制器的螺钉，轻轻取下温度控制器，如图 6-45 所示。最后取下温度控制器的齿轮。

6）若经检测确认温度控制器损坏且无法修复，选配同型号的新温度控制器，注意动作温度、毛细管长度等。

7）按照原来温度控制器的安装固定方法把新温度控制器安装好。

图 6-41　温度控制器的安装位置

特别提示： 选配温度控制器时，应按根据原温度控制器的类型、型号、大小等参数选择适合的部件进行更换，以保证电冰箱能够正常运转。为保证可靠性，尽量选择完全相同（包括固定方式）的部件进行更换。

间冷式电冰箱一般装有冷冻室温度控制器和冷藏室自动风门温度控制器，冷冻室温度控制器的拆卸与更换方法与前面介绍直冷式电冰箱温度控制器基本相同，下面主要介绍一下冷藏室风门温度控制器的拆卸与更换步骤。具体如下：

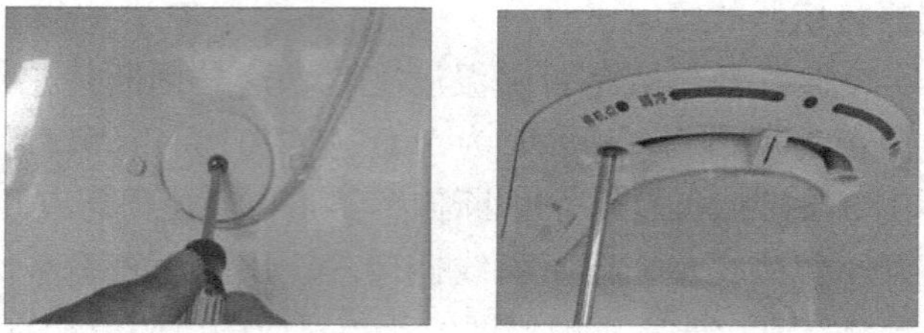

图 6-42　拆下固定螺钉

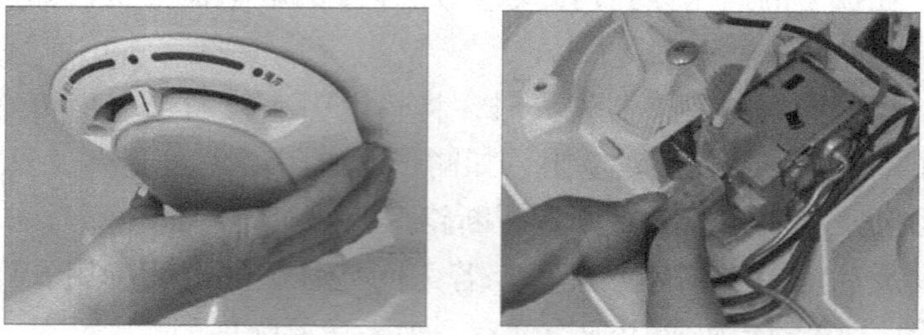

图 6-43　取下温度控制器、传感器及其保护装置

图 6-44　取下温度传感器

1）先将温度调节刻度盘向外拔出。

2）用螺钉旋具将卡爪弄开，将控制面板下部拉出，同时将内部凸出部分拆下，即可将

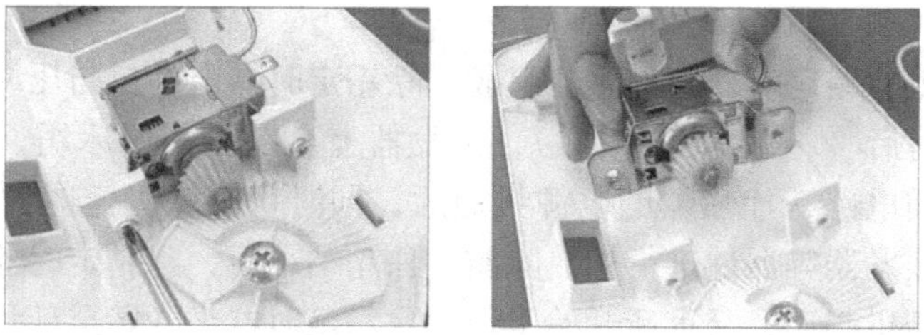

图 6-45 取下温度控制器

控制面板取出。

3）将感温管向下拉开，与风路板脱开，把风路板往自己方向，拉开并取出。

4）拧开风门调节器固定螺钉，即可取出风门调节器。

5）拆卸修复后，安装时需要认真可靠地进行油灰密封。风门挡板的四边均应与出口面可靠贴住。

课题四 除霜器件的检修

【相关知识】

一、除霜定时器

1. 作用

除霜定时器又称融霜定时器、除霜定时器、除霜计时器和定时除霜时间继电器，简称定时器。其作用是定时控制除霜电热器工作，为电冰箱自动除霜，是间冷式无霜电冰箱全自动除霜电路中实现除霜定时的主要控制部件。

图 6-46 除霜定时器实物

2. 结构

定时器由微型钟表电动机、齿轮传动箱和触点凸轮机构组成，其实物外形和结构图如图 6-46 和图 6-47 所示。

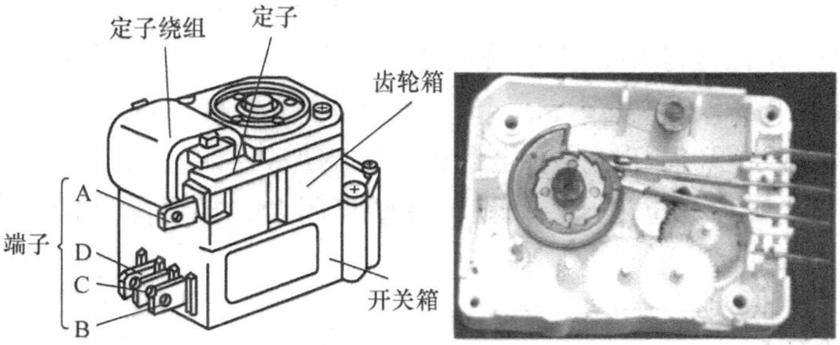

图 6-47 除霜定时器结构图

A—给定时电动机供电 B—除霜点（加热器） D—制冷点（压缩机） C—公共点（温度控制器）

3. 工作原理

定时除霜电路由除霜定时器和加热器组成。除霜定时器电动机与压缩机同时运转，当压缩机累计运行数小时后（一般为8h左右），蒸发器上会结有一层冰霜。此时，除霜定时开关将自动转换到除霜电路，加热器的电源接通后，同时切断除霜定时器电动机和压缩机电源，除霜电热丝对蒸发器等器件进行加热除霜。除霜结束后，除霜定时器开关又自动转换到制冷电路，此时压缩机起动，又重新开始工作，除霜定时器又开始重新计时。

二、双金属恒温器

1. 作用

双金属恒温器又称为双金属开关、除霜温度控制器，它与除霜定时器配合进行自动除霜，是化霜加热器电路不可缺少的控制部件，在除霜电路中具有温度控制作用。

2. 结构

双金属恒温器由双金属片、热敏器、传动销、触点、触点弹簧、接线端子等组成，其实物外形和结构图如图6-48所示。

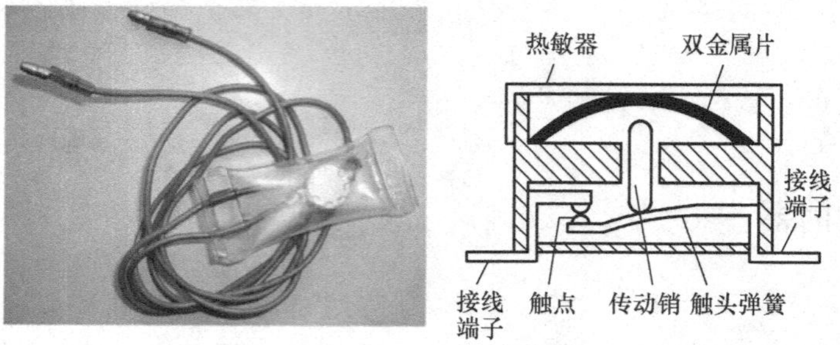

图6-48　双金属恒温器实物图和结构图

3. 工作原理

双金属开关的触点两接线端子引出导线，串联于除霜电路中，双金属片是一种无电加热元件，双金属片加热是由贴压在蒸发器上部储液管壁面的热敏器（感温侧壳体）直接接受蒸发器表面的热量，再传导给双金属片，双金属开关的金属片会随温度的变化而发生变形，使触点自动接通或断开。

双金属恒温器的触点在8℃以上呈断开状态，在－5℃以下呈接通状态。双金属恒温器安装在蒸发器的侧面，在电冰箱正常制冷时，双金属恒温器的触点始终导通。在除霜过程中，当蒸发器的温度升高到8℃±3℃或13℃±3℃时（根据设计不同）时，双金属片变形压迫传动销，使触点被顶开而切断除霜电源，使除霜加热器停止工作。当蒸发器表面温度达到－5℃左右时，双金属片复位松开传动销，使触点闭合，接通除霜加热器电路，进行再次除霜过程。

三、除霜加热器

1. 作用

电冰箱在除霜时，通过除霜加热器对蒸发器进行加热，从而达到融化其表面厚霜的目的。

2. 结构

除霜加热器又称化霜加热器，常用的有玻璃管式加热器，由盘状加热丝装入石英玻璃管中、两端用硅橡胶等密封组成，故俗称除霜管，其实物外形和结构如图 6-49 所示。

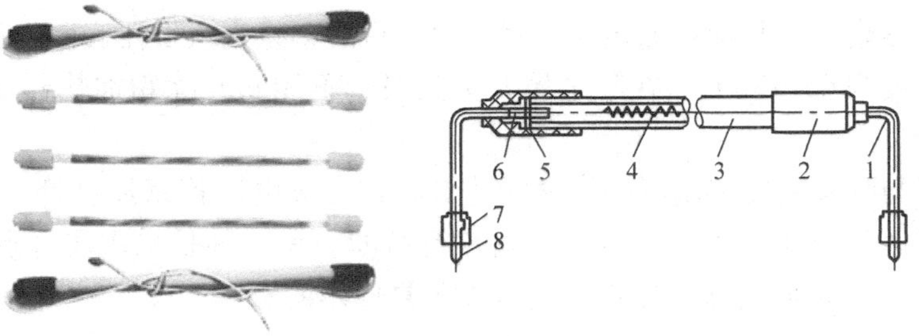

图 6-49　玻璃管式加热器

1—硅橡胶绝缘导线　2—硅橡胶端管　3—石英玻璃管　4—加热丝　5—不锈钢定位片
6—连接夹子　7—PVC 套管　8—接线端子（插头）

3. 工作原理

玻璃管式除霜加热器均悬挂在翅片管式蒸发器底部，由隔水罩套卡固定。当电冰箱除霜定时器接通除霜电路，处于自动除霜状态时，由于除霜加热丝装在石英玻璃管中，加热丝通电后，石英玻璃便产生红外辐射，从而实现融化蒸发器表面霜层目的。采用红外辐射可大大提高加热效率，装有此类加热器自动除霜的系统，不必设风门加热器、排水加热器也可实现化霜的目的。但除霜过程中只能将除霜水通过蒸发器底部的隔水罩，也就是除霜管上部的隔水罩绕路流入排水管内，一旦 0℃ 的霜水滴在石英玻璃管上，将会导致该管炸裂。在维修中，更换这类除霜加热管时，要注意防止霜水滴在石英玻璃管上，以免将其损坏。

另外，还有一种铝管式加热器是将电热丝装入 ϕ4mm 填充绝缘材料的铝管中，使铝管与电热丝之间不导电，铝管两端用硅橡胶密封，并将其两端导线引出，然后弯曲成蒸发器盘管形状，以水平地夹压在翅片管式蒸发器翅片中。其额定电压为 220V、加热功率多为 130W（内阻 350Ω），如图 6-50 所示。这种结构形式的加热器还需要与排水加热器或风门加热器配套使用。

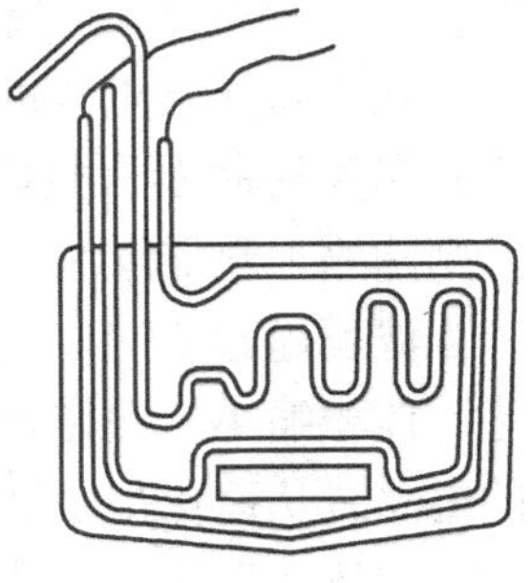

图 6-50　铝管式加热器

在间冷式无霜电冰箱中有多种形式的加热器，比如，为了除霜，在蒸发器上面设置了除霜加热器；为了使除霜水顺利排出电冰箱，设置了接水盘及排水管加热器；为了防止因结霜而卡住扇叶，设置了对风扇外壳进行加热的装置。除此以外，在直冷双温控、单温控电冰箱中还设置了温度补偿加热器，有些电冰箱还在温度控制器上面贴有加热器等。

排水加热器和风门加热器：排水加热器和风门加热器一般都与除霜加热器并联同步工作。排水加热器是将导线形绝缘电阻线贴压在铝箔上，然后再粘贴在蒸发器底部排水口周围，以防止霜层过厚造成排水口堵塞。风门加热器也是将导线形绝缘电阻线贴压在铝箔上，然后再粘贴在风扇叶周围，以防止 0℃ 以下时，风扇周围凝霜，导致风扇扇叶被阻。除少数间冷式无霜电冰箱设有风门加热器外，一般较为少见。

四、温度熔断器

1. 作用

温度熔断器俗称超温度保险丝，是一种热断型保护器，用于自动除霜结构中，可安装在蒸发器上或蒸发器附近，与除霜加热器串联，使它可时刻感受蒸发器表面的温度变化。其一般调定的断开温度为65～70℃，在双金属开关失灵、不能断开除霜加热器使其一直发热时起到保护作用。

温度熔断器与除霜温度控制器一样紧紧地卡装在无霜电冰箱翅片盘管式蒸发器的表面，当感受到的温度达到76℃左右，温度熔断器自行熔断。另一种是采用居里点温度为65℃左右的PTC元件，它也可起到保护作用，是可以重复使用的。

2. 结构

该装置主要包括感温剂和弹簧，外形有圆状体和片状体两种。图6-51所示为其结构图及图形符号，图6-52所示为圆状体温度熔断器实物图。

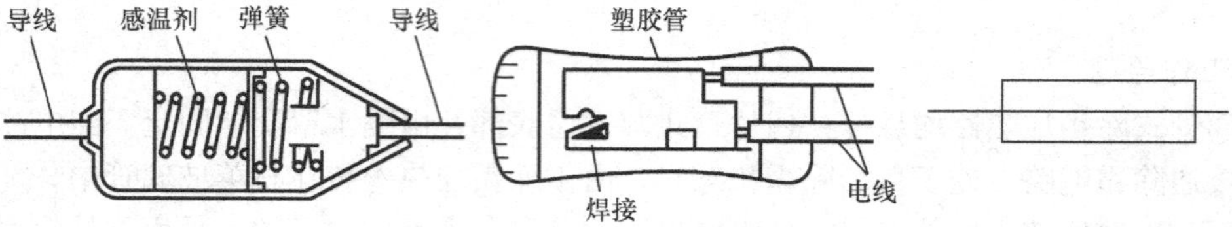

a) 圆状体温度熔断器　　b) 片状体温度熔断器　　c) 电路符号

图6-51　温度熔断器结构图及图形符号

3. 工作原理

下面介绍一下圆状体温度熔断器工作原理。其感温剂为熔融材料，常温时呈固态。元件动作前弹簧被压紧，使电路接通。在除霜加热正常进行时，感温剂保持固态。如果双金属除霜温度控制器因故障不能在除霜结束后切断加热器电路，则除霜加热器继续升温，蒸发器与其空间的温度不断提高。当温度超过65℃，达到感温剂的熔点时，固态感温剂熔化，体积缩小，致使弹簧松开、触点弹开，切断除霜加热器的电路，从而保护了蒸发器及箱内的内胆等零部件。

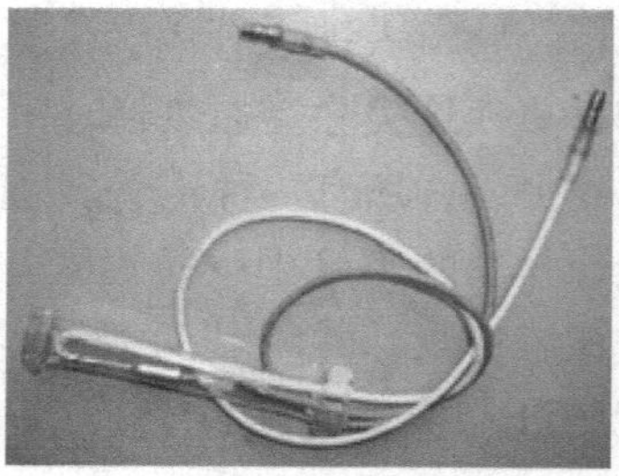

图6-52　圆状体温度熔断器实物图

片状体温度熔断器的工作原理基本类似，在此就不重复了。

五、融霜器件的检修

1. 除霜定时器的检修

除霜定时器触点频繁通断，会出现触点接触不良或粘连、除霜定时器线圈烧坏而断路、定子和转子之间卡阻等现象，引起除霜定时器不运转，造成不除霜或压缩机不工作。检查时断开电源，用万用表R×1k挡测量除霜定时器电机绕组两端的电阻值，正常值应为8kΩ，如果为无穷大，则说明线圈开路，已经损坏。

定时器触点接触不良，会引起接通压缩机制冷回路或接通除霜回路不正常；当触点粘连时又会引起电冰箱边制冷、边除霜，导致室温升高、工作电流偏大。遇到这种故障现象时，可在断开电源情况下，用万用表电阻挡，参考电路中定时器连接的触点位置，通过重点检测插片通断来确定。之后视其损坏部位进行拆修或更换新件，一般应更换同型号的定时器。

2. 双金属开关的检修

由双金属开关的工作原理可以看出，当除霜终了达到其触点断开温度而不能断开时，将会使除霜加热器一直通电发热，直至箱内胆部件烧毁或温度熔断器熔断为止；当制冷温度达到其触点复位而不能复位时，将会使除霜加热器一直不能通电发热而导致不制冷。因此，检修双金属开关的好坏是检修除霜电路的重要内容。

双金属开关在常温下呈接通状态，其好坏难以鉴别，如果怀疑双金属开关失灵或新购件需要验证其好坏时，其方法是：将双金属开关置于 -5 ~ -15℃冷冻室内，两连接导线置外，数分钟后，用万用表电阻挡检测两根导线之间为通路，然后把双金属开关取出。若在常温下很快断开，则说明正常，反之为失灵损坏。

由于双金属开关结构简单、造价低、作用大，经检测确定失灵损坏，一般是更换新件。

3. 除霜加热器的检修

除霜加热器损坏时，会引起不除霜，使制冷效果下降。除霜加热器损坏多为开路，故障率较高，原因多是内部进水被腐蚀，只能更换同规格的加热器。检查时，将除霜加热器的两接线插头拔下，不必拆下除霜加热器，可用万用表电阻挡直接测量两插头的电阻值。正常值应为 300 ~500Ω，为无穷大时，说明除霜加热器已经损坏。也可不用万用表检查测量，可拆下除霜加热器，直接观察内部金属丝，如果内部发白或断裂，则说明已损坏。

4. 温度熔断器的检修

温度熔断器的检修，主要是对其故障现象的判断。由温度熔断器的工作原理可知，温度熔断器熔断后，将使定时器时钟电动机线圈处于短接状态，而线圈的短接不能通电使电动机不运转，其触点就无法跳回接通压缩机回路，造成电冰箱长停不开机。遇到这种故障现象应重点检测温度熔断器是否熔断。由于这类温度熔断器造价低，且其一旦熔融变形后则无法复原，为一次性使用器件，当故障排除后应更换一个新的。

【典型实例】

实例一　上菱 BCD -165、BCD -180 电冰箱自动除霜控制原理

图 6-53 所示为上菱 BCD -165、BCD -180 电冰箱电路图。下面以其为例，分析自动化霜控制原理。

设图中的触点位置为一次除霜终了，触点 C、B 刚刚接通压缩机电路，除霜定时器电动机与压缩机同步运转。电源插头一端→温控器→除霜定时器→熔断器→二极管→双金属开关→温度熔断器→除霜加热器→到电源插头另一端形成一条控制回路。以图中可见，除霜定时器电动机与除霜电热丝串接在一条支路上。由于除霜定时器电动机的阻抗为 7055Ω，约是加热电热丝阻抗（约 320Ω）的 22 倍，因此加到除霜加热器上的电压仅为电源电压的 1/23，产生的热量甚微，而除霜定时器电动机基本上承受着正常的运行电压。

当压缩机运转（定时器计时）到调定的除霜时间间隔时，定时除霜时间继电器的动触点 CB 断开压缩电动机，并接通双金属除霜温度控制器和除霜电热丝的除霜支路。由于双金属开关的电阻可忽略不计，故此时除霜定时器电动机被除霜温控器所短接，除霜定时器电动机停止运转并中止计时。此时电源电压全加到了除霜电热丝上，实现了强制电热除霜。电流

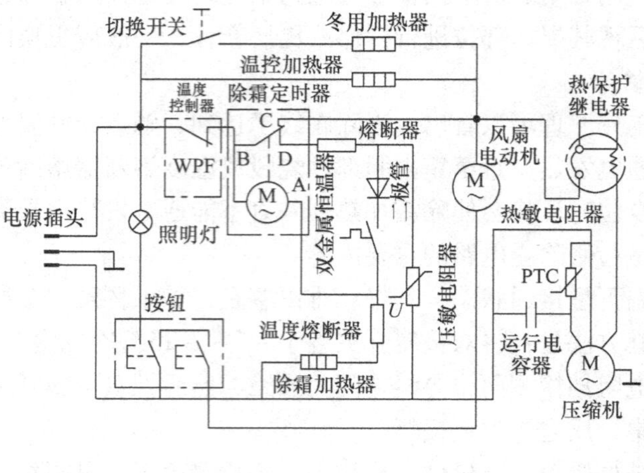

图 6-53　上菱 BCD－165、BCD－180 电冰箱电路图

通过熔断器→二极管→双金属开关（－5℃下闭合）→温度熔断器，使除霜加热器通电加热。

随着除霜过程的进行，蒸发器的温度不断升高，当温度上升到 8℃ ±3℃时，除霜回路的双金属开关断开，除霜回路被切断，除霜加热器停止加热。这时由于定时器电动机线圈电阻远远大于除霜加热器阻值，故电源电压几乎全部加在定时器电动机线圈上被串入电源中，定时器电动机开始运转。运行约 2min40s 时，除霜定时器便断开触点 BD，接通触点 CB，又接通压缩机回路，压缩机和风扇电动机同步运转，进入正常制冷循环。

此后蒸发器表面温度很快下降，直到双金属开关的复位温度－5℃时，除霜温控器的触点再次闭合，为下一个除霜时刻的到来做好准备。如此周而复始，实现了全自动除霜的目的，除霜所需的时间将随蒸发器表面凝霜的厚薄而自动调节。

当电冰箱运行于除霜阶段，当某种原因致使除霜温度控制器的触点发生粘连时，即在除霜完了，蒸发器表面的温度超过了 13.5℃后触点无法跳开，这将使蒸发器继续被加热。当温度达到某一定温度时（一般在 65～76℃之间），除霜温度熔断器熔断，防止了因温度继续升高至使蒸发器管路发生爆裂的严重损坏。

实例二　新飞电冰箱结霜严重的故障检修实例

故障现象：新飞 BCD－245D 电冰箱开机工作一段时间后，蒸发器上结一层很厚的霜，但除霜功能起动后，霜层依旧存在。

故障分析：当电冰箱出现结霜严重的故障现象时，通常是由于温度控制器失灵，或门封不严而使压缩机不停地运转，最终导致蒸发器结霜的故障。也可能是由于除霜电路出现故障引起的电冰箱不除霜的故障。该电冰箱除霜电路包括除霜定时器、除霜加热器、除霜温度控制器和温度熔断器。

检修流程：结合故障分析，对可能产生电冰箱蒸发器结霜故障的元器件分别进行检测。检测时，应检测由易到难的顺序进行，直到故障排除。

1）首先，观察电冰箱的磁性门封是否有变形、扭曲或断裂的迹象，检查磁性门封与箱门是否良好地吸合。经检测。以上现象均正常。此时，应对温度控制器进行检测。

2）将电冰箱断电并将其温度控制器拆下来，使用万用表对其进行检测。经验测，温度控制器的导通与闭合状态均正常，进而怀疑除霜电路出现了故障。

3）如图6-54所示，找到该电冰箱除霜电路中的各个元器件，并依次对进行检测。经检测，除霜电路中的除霜加热器、除霜温控器和定时熔断器均正常。

4）检测除霜定时器，发现除霜定时器的开关导通和闭合端均正常，但除霜定时器电动机两端的阻值为无穷大，说明除霜电动机已损坏。

5）更换损坏的除霜定时器后，开机试运行，故障排除。

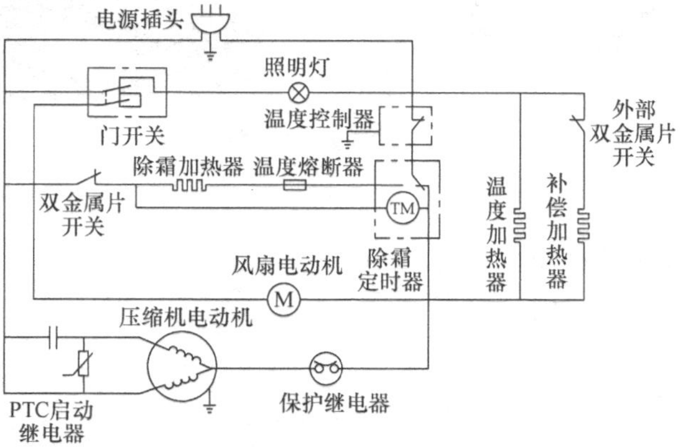

图6-54 新飞BCD-245D电冰箱

课题五 照明灯等其他电气部件的检修

【相关知识】

一、照明灯

照明灯是在用户打开电冰箱冷藏室箱门时，为冷藏室存取物品时作照明用。如图6-55所示，电冰箱内的照明灯一般安装在冷藏室内右侧壁上或冷藏室顶部，通过门框上的按压开关进行控制。从图中可以看出，照明灯固定在灯座上，由门开关控制照明灯的供电。在正常情况下，打开电冰箱箱门后门开关就会跳起，电冰箱中的照明灯便点亮；门开关被按下后，电冰箱内的照明灯便随之熄灭。

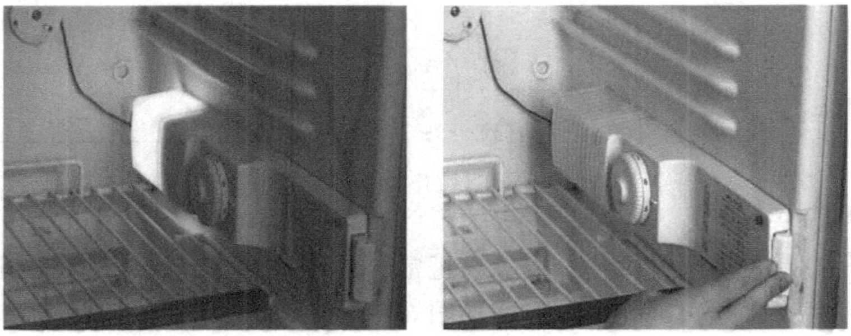

图6-55 照明灯的安装位置

如图 6-56 所示，照明灯一般为钨灯，额定电压为 220V，额定功率在 15W 以下。这种灯泡寿命非常短，且效率低。有些电冰箱采用 12V 的发光二极管的照明灯，效率高，能耗低（0.5~1W），寿命特别长。

图 6-56　照明灯

二、门开关

门开关是用来对照明灯和风扇进行控制的部件，它利用箱门内侧挤压门开关的按压杆的方式，对开关内部触点的通/断进行控制。图 6-57 所示为门开关实物图。

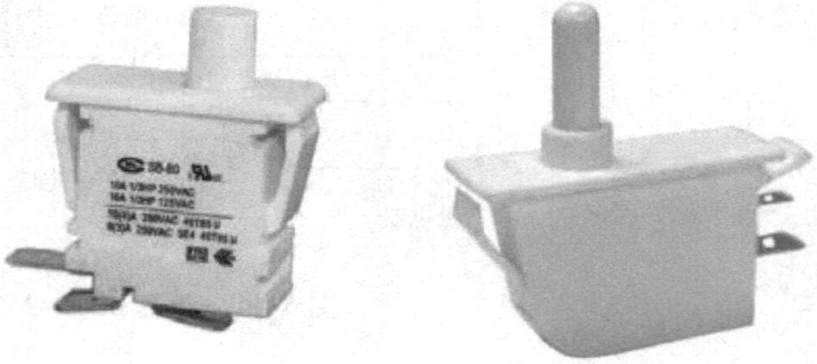

图 6-57　门开关

1. 复合门触开关

在实际应用中，常见的间冷式电冰箱大小门开关是一个组装一体的复合门触开关，冷冻室门开关是一个常开触点，只控制风门的开停；冷藏室门开关是一个复合开关，即常闭触点与照明灯串联，常开触点与风扇支路串联。此开关的两种状态分别控制照明灯与风扇电动机的运行状态，线路图及实物外形如图 6-58 所示。风扇电动机要受四道开关（S_1、S_2、WPF、CB）的控制。风扇只有在大、小两个门都关上，且压缩机运行（温控开关 LC 闭合，除霜定时继电器触点 CB 闭合）时才运转。任何一个开关打开，风扇必须停转，以减少箱内冷气的外流，或使热量带入冷冻室和冷藏室。

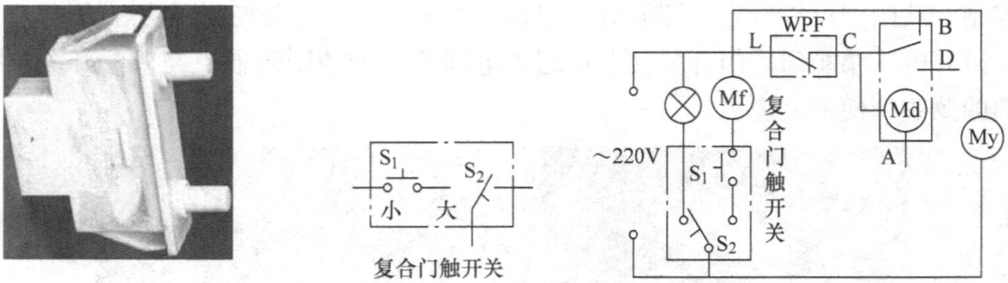

图 6-58　复合门触开关及其控制电路图

2. 磁性门灯开关

磁性门灯开关是一种位置检测开关，在正常的工作条件下，该元件在预定的距离范围接通和断开，由磁簧管、永磁铁配套组成，如图 6-59 所示。

磁性开关原理：当没有外磁体时，在内磁环的作用下使干簧管内两触点接通，磁性开关处于常闭状态，故在冷藏室门打开时灯点亮。当冷藏室门关闭时，冷藏室门上的外磁体将内磁环的磁场消除，两触点断开，磁性开关处于常开状态，故在冷藏室门关闭时灯熄灭。

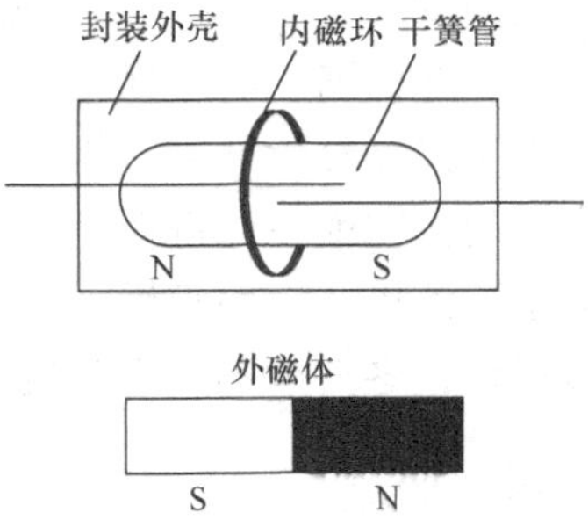

图 6-59 磁性门灯开关

三、温度补偿开关

电冰箱在冬季室内温度较低的情况下（一般低于 12℃左右），冷藏室内的温度回升的速度就会变得很慢，造成温控器内的触点不能及时闭合，压缩机无法正常起动工作，造成电冰箱的制冷不足，因此在电冰箱冷藏室内加装了一个小功率的电加热器和温度补偿开关。

1. 手动温度补偿开关

温度补偿开关是用来对电冰箱制冷工作进行补偿调节的电气部件，一般安装在电冰箱的冷藏室的控制盒内。图 6-60 所示为手动温度补偿开关。

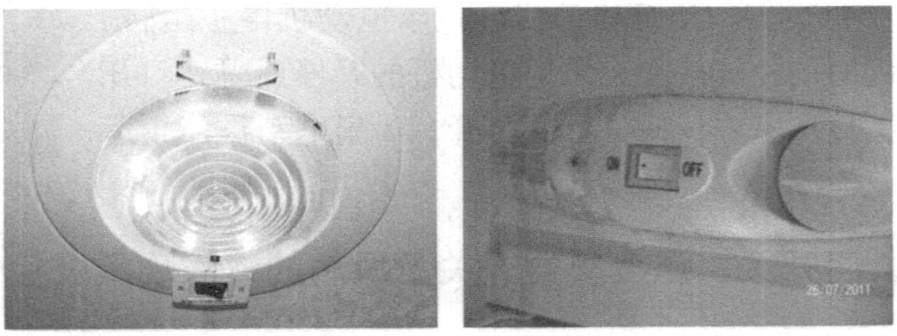

图 6-60 手动温度补偿开关

特别提示：温度补偿开关在其外表通常标识有“冬季”“平常”“开/关”或“ON”“OFF”等字样。

其工作原理如下：当冬季温度较低时，将温度补偿开关调至“冬季”状态，电加热器就会通电工作加热，使冷藏室内的温度升高而达到压缩机工作条件，使压缩机可以正常进入“起动—停机”循环工作，以保证电冰箱的制冷效果良好。而其他季节（一般室内温度高于 12℃时），压缩机就可以自动起动工作，就不需要电加热器工作了，此时把温度补偿开关关上就可，避免增加耗电量。

2. 温控磁性开关

图 6-61 所示为提升电冰箱的易用性，很多电冰箱使用一体化温度自感应装置（磁性温度开关、温控磁性开关、磁敏温控开关）替代传统电冰箱的温度补偿开关，如容声冰箱 BCD－138G、海尔 BCD－186KB 等。它们采用了独创的温度自感应技术，让电冰箱具有了自动低温补偿功能，无须手动调节，在环境温度较低时电冰箱能自动打开低温补偿开关，让电冰箱也能自动运行。

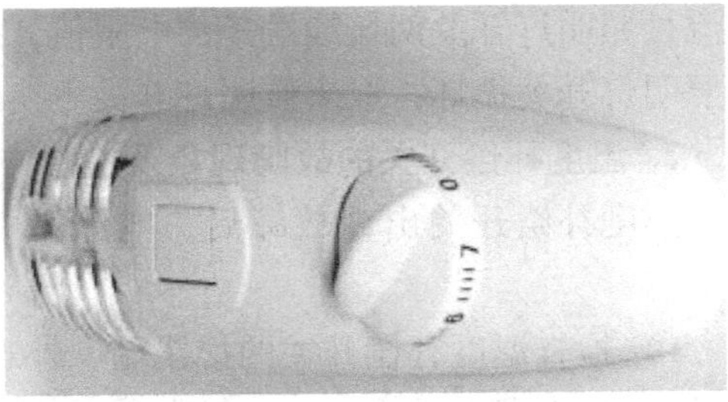

图 6-61 温控磁性开关

其工作原理：自感应技术是在电冰箱上增加一个温控磁控开关，代替原来的手动温度补偿开关，从而实现自动温度补偿。当环境温度低于 12℃时，自感应开关接通，实现补偿；

当环境温度高于16℃，自感应开关断开，取消补偿。免去了手动开关的操作麻烦，又能带来节电、补偿准确的好处。

由于温度补偿开关一年只需要动作一次，因此常常被用户忘记，进入冬天将开关置于补偿状态后往往就不记得在冬天过完以后退出补偿状态，最终结果导致用户无端多耗电，在夏天甚至不停机。采用磁敏温控开关代替手动开关以后，完全解决了该问题，用户再也不会因此多耗电，冬天也不会不开机。

四、风扇

风扇是间冷式电冰箱中的重要部件，通常安装在蒸发器附近，通过强制对流的方式加速箱内冷气循环，并使降温后的冷气沿规定的路径分配给冷冻室和冷藏室。

图6-62所示为风扇的实物图。风扇是为箱内热交换气流循环而设置的，所以风扇电动机的起停一般与压缩机的开停同步，即压缩机开机，风扇电动机运转，压缩机停机，风扇电动机停止运转。同时，为了防止开门时的冷气外泄，风扇电动机的开停还受到门开关的控制，即冷藏、冷冻室中任何一个门打开，风扇电动机停止运转，以减少箱内冷气泄漏。

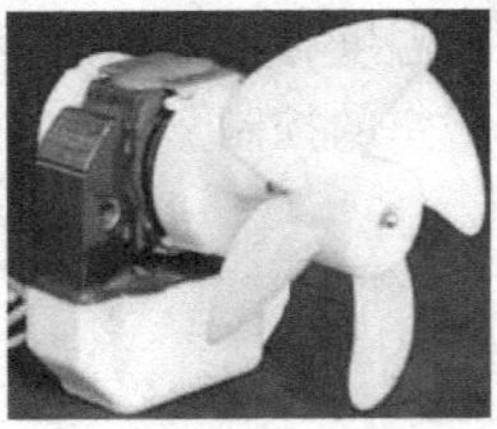

图6-62　风扇

五、照明灯、门开关、温度补偿开关及风扇的故障现象及检修

1. 照明灯及门开关的故障现象及检修方法

照明灯不亮而制冷和其他功能均正常，或打开和关闭冷藏室门时灯均亮、制冷和其他均正常，这些是电冰箱经常发生的照明灯故障。门开关出现故障后，会导致照明灯不亮、制冷异常等现象。故障原因通常是灯泡损坏或照明灯开关损坏。

具体检修方法如下：

1）拔掉电冰箱电源插头，打开灯罩，拆下照明灯进行检查。

2）检查灯炮。检查照明灯的螺口，灯座是否有烧焦的痕迹，玻璃是否破裂、变黑；检查照明灯的灯丝是否已烧断；检测照明灯的电阻值是否正常，如若照明灯损坏则应更换。

3）如果灯泡没有损坏，先检查灯泡与灯座接触是否正常后，再检查照明灯开关。打开温度控制器盒，拔下照明灯开关的两接线插头，拆下照明灯开关固定螺钉，使用万用表电阻挡测量照明灯开关两接线端子的电阻值，按动开关钮时应断开，释放开关钮后应接通。如果是照明灯开关损坏，取出照明灯开关更换即可。

2. 温度补偿开关的故障现象及检修方法

温度补偿开关出现故障后，电冰箱可能会出现冬季制冷量较小的现象。其检修方法如下：

1）检查温度补偿开关的接线端、外观是否良好。

2）检查温度补偿开关的触点动作状态是否正常。

3. 风扇的故障现象及检修方法

风扇出现故障后，会导致部分箱室制冷异常等现象。其检修方法如下：

1）检查风扇叶是否变形或有异物卡住。

2）检测风扇电动机是否良好。

【典型实例】

实例一 电冰箱磁性门灯开关的拆卸与安装

故障描述：经检测，确认三洋帝度 BCD－372WMGB 电冰箱磁性门灯开关损坏，现需要拆卸后，更换完好的磁性门灯开关。

故障分析：三洋帝度 BCD－372WMGB 电冰箱是一款六门、风冷、变频、触控式电冰箱，其在上下冷冻箱胆左侧胆口各设置有一个磁控开关，用于控制冷冻室照明灯及冷冻风道风扇，拉开上下冷冻室任何一门体时，上冷冻室顶部照明灯点亮。同时冷冻室风道风扇停止转动，与磁控开关配合的磁铁设置在磁控开关对应的冷冻门胆内部（门体发泡时预埋）。

图 6-63 磁控开关的安装位置

磁性门灯开关的拆卸与安装步骤如下：

1）在上下冷冻箱胆左侧胆口找到磁控开关的安装位置，如图 6-63 所示。

2）拆卸磁控开关时，可用一字螺钉旋具从其一端撬起，把开关向一边推，同时向外抠起；如果这边方向推不动，换另一个方面推并抠起，如图 6-64 所示。

3）箱胆上安装孔较小，接线端子头要从矩形孔处，且卡勾面需在竖直方向安装和取出，如图 6-65 所示。

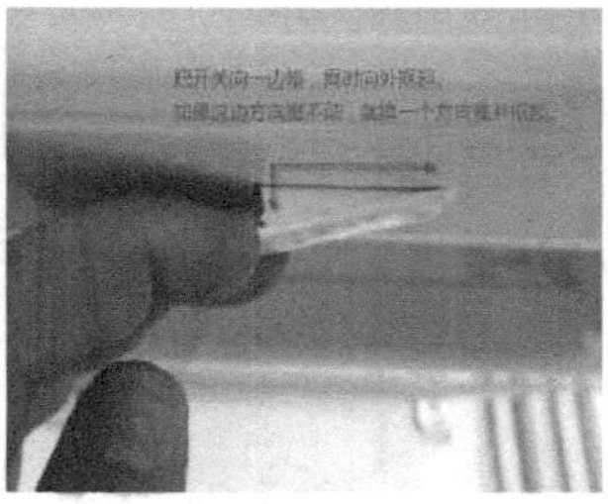

图 6-64 拆卸磁控开关

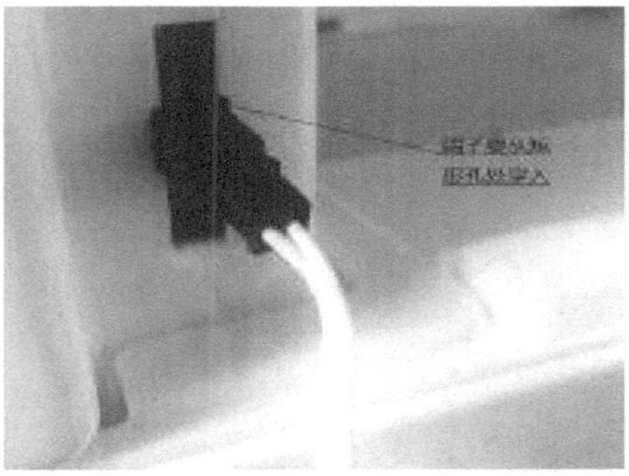

图 6-65 接线端子头在竖直方向安装和取出

4）磁控开关一端先插入，然后向箱胆方向按压另一端，磁控开关装配到位时会听到“咔哒”响声，如图 6-66 所示。

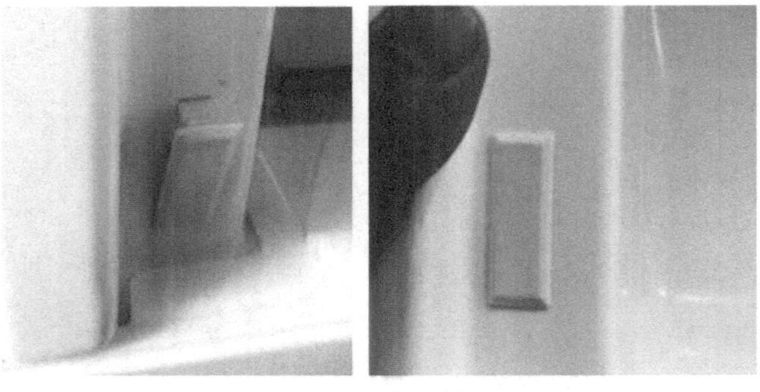

图 6-66 安装磁控开关

特别提示：磁性开关的控制是依靠冷藏门下端盖上的一块磁铁实现的，磁铁若有破损可能导致控制失灵；磁铁的安装方向有严格的要求，应注意始终将涂白色的一端朝向开门侧，也可通过实际试验予以确定。

实例二　电冰箱照明灯不亮的故障检测实例

故障描述：电冰箱通电运行，制冷效果正常，但打开箱门后，照明灯不亮。

故障分析：电冰箱的照明灯主要是由门开关进行控制的。当照明灯不亮时，可能是由于门开关或其灯丝烧断或其供电线路发生故障造成的。

检修方法：

1）检查照明灯与灯座接触是否良好。将照明灯灯泡拧紧，必要时在两者接触点加些焊锡。

2）检查照明灯灯泡是否损坏。将灯泡拆下后，检查其内部灯丝无烧断现象，此时需使用万用表检测灯泡电阻值，经检测其电阻为无穷大，说明灯泡内部有断路故障，则进行更换。

3）更换灯泡。使用相同型号的灯泡进行更换后，用手按住门开关，发现照明灯依然不亮。此时怀疑门开关也有故障。

4）检查门灯开关。先将门开关拆卸，检查其内部结构，发现其弹簧老化变形，无法对电路进行控制，致使照明灯一直处于断路状态。

5）将回复弹簧进行代换后，再次开机试运行，按住门开关后，照明灯亮，故障排除。

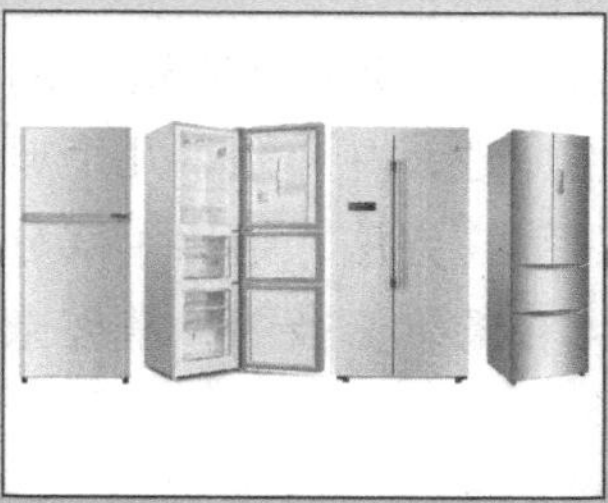

单元七 微电脑控制电冰箱的检修

【内容构架】

- 微电脑控制电冰箱的检修
  - 电路的结构原理
    - 1.微电脑控制技术的特点
    - 2.微电脑控制系统的电路结构
    - 3.主要元器件及其工作原理
    - 4.主要电源及控制电路
    - 5.微电脑控制系统的工作原理
      - 实例一 微电脑控制双温双控电冰箱电气系统原理图
      - 实例二 微电脑控制三温三控电冰箱电气系统原理图
      - 实例三 微电脑控制风冷电冰箱电气系统原理图
      - 实例四 微电脑控制变频电冰箱电气系统原理图
  - 电路板的检修
    - 1.与电路板相关的常见故障分析
    - 2.主控板
    - 3.操作显示板
    - 4.滤波板
    - 5.变频板
      - 实例一 变频电冰箱压缩机不起动故障的检测方法
      - 实例二 电冰箱操作显示屏无显示故障的检修
  - 微电脑控制电冰箱的检修
    - 1.不显示、不开机故障的检修流程
    - 2.有显示但压缩机不运转故障的检修流程
    - 3.压缩机不停机的检修流程
      - 实例一 美菱BCD-198ZE9、BCD-218ZE9微电脑控制电冰箱的检修
      - 实例二 微电脑控制电冰箱典型故障速查方法
  - 部分故障代码与维修实例
    - 1.部分美的、荣事达部分电冰箱显示代码与故障原因对照表
    - 2.部分科龙、容声冰箱故障代码
    - 3.部分海信冰箱传感器故障代码
    - 4.部分海尔冰箱传感器故障现象及代码
      - 实例一 美菱微电脑控制电冰箱不除霜故障的检修
      - 实例二 海信变频电冰箱不制冷故障的检修
      - 实例三 电冰箱运行几小时后出现故障的检修

【学习引导】

本单元的主要目标是使学生掌握新型电冰箱（微电脑控制电冰箱、变频电冰箱）的电路系统检修方法。重点讲述了电冰箱微电脑控制系统的结构及工作原理，并介绍了几个典型的微电脑控制电冰箱电气系统原理图、故障检修流程、基本检修过程与方法，给出了部分电冰箱的部分故障代码及含义。通过实例让学生学习微电脑控制电冰箱的维修技能，掌握微电脑控制技术的应用和维修。

目的与要求

1. 了解电冰箱微电脑控制技术的特点。
2. 掌握电冰箱电脑控制系统的结构。
3. 掌握微电脑控制系统的工作原理。
4. 掌握与电路板相关的常见故障分析与判断。
5. 学会滤波板、变频板、主控板、显示板的检修方法。
6. 掌握微电脑控制电冰箱的检修流程。
7. 学会微电脑控制电冰箱的基本检修过程与方法。
8. 学会微电脑控制电冰箱出现不起动不显示故障的检修方法。
9. 掌握微电脑控制电冰箱出现显示错误的故障的原因。
10. 学会微电脑控制电冰箱出现显示不起动的故障的检修方法。
11. 了解电脑控制电冰箱故障显示代码的作用。
12. 熟悉部分电脑控制电冰箱故障显示代码的含义。
13. 学会电脑控制电冰箱常见故障的检修方法。

重点与难点

重点：

1. 微电脑控制电冰箱电路的结构。
2. 微电脑控制系统的工作原理。
3. 微电脑控制电冰箱的检修流程。
4. 电路板常见故障分析。
5. 微电脑控制电冰箱的检修流程。
6. 微电脑控制电冰箱故障代码与维修。

难点：

1. 微电脑电冰箱控制系统工作原理。
2. 微电脑电冰箱电路板故障的检修。
3. 微电脑控制电冰箱故障代码与故障分析。

课题一 微电脑控制电冰箱电路的结构原理

【相关知识】

采用微电脑控制系统的电冰箱俗称电脑冰箱，其外观结构、制冷系统等与普通电冰箱基本是相同的，两者最大的区别就在于电气控制不同，也就导致了电脑冰箱检修方法在电气控制系统方面与普通电冰箱不同。为使维修者了解电冰箱微电脑控制系统的原理，掌握其检修方法，本单元将专门介绍其特点、结构和检修方法。

一、电冰箱微电脑控制技术的特点

传统电冰箱控制是采用机械温控器实现的，其最大的缺点是功能单一，控制误差大，无法实现智能化、节能运行、食品保鲜的最佳运行模式，且无法满足电冰箱发展技术的需要，因此电冰箱微电脑控制器就应运而生。

电冰箱微电脑控制系统以微型单片计算机为控制核心，结合变频技术、数字技术、传感器技术、液晶显示技术等多学科最新技术实现电冰箱智能化达到精确控温、超级节能等效果。该技术的应用促进了电冰箱行业的技术革新以及传统产业的升级换代，满足了现代潮流。

第三代数字温控电冰箱基于电脑人工智能，以精确数字温控为代表，可在箱体外采用可视化的数字温度显示，对箱体内温度进行精确控制。电冰箱微电脑控制系统具有方便的人机界面、温度灵活设定、自动模式运行、深冷速冻（使食物急速通过冰晶带，达到最佳保鲜效果）、自动除霜、实时时钟、定时报警、超温报警等功能，采用液晶显示触摸按键，还具有过、欠电压保护，MTBF 达 5 万小时，快速脉冲群干扰可达 4kV。

电冰箱微电脑控制核心技术是微型单片计算机，电冰箱智能化运行软件、操作系统、模糊算法等。据我国节能产品认证中心有关人士介绍，我国家电平均单位能耗比国际先进水平高 30% ~50%，节能潜力巨大，特别是用电大户电冰箱。如果今后全部生产微电脑温控节能电冰箱，在未来 10 年中，电冰箱能源效率将提高 40%，将减少 1200 亿 kW · h 的耗电量，为国家节约 100 亿元，同时每年还可减少二氧化碳排放 1360t，其经济效益和社会效益非常显著。

电冰箱微电脑控制系统通常具有以下功能。

1）智能运行。根据环境湿度、开门次数、食品数量自动调节经济合理的运行状态，即模糊控制。在突然断电后，到来电时仍按原方式运行。

2）保鲜功能。运用微电脑控制实现深冷、速冷、保湿，由此达到保鲜的目的，解决存放蔬菜、瓜果发生干枯的问题。

3）整机保护。意外断电后，重新起动时延时保护压缩机；电网电压过高或过低时，保护压缩机不受影响；大电流时，电冰箱仍能正常运行。压缩机保护，过电压保护，欠电压保护，断路、短路保护。

二、电冰箱微电脑控制系统的电路结构

随着单片微型计算机技术在家电产品中的广泛应用，目前很多厂商生产的电冰箱的电气系统都采用了智能化控制方式，使用微处理器来完成各种控制，这种控制系统如图 7-1 所示。微电脑芯片（CPU）及其附属电路（直流供电电源、输入/输出接口电路等）全部安装在一块电路板上，称为控制电路板，也简称主控板。控制电路板通过导线与电气系统中的其

他部件相连。

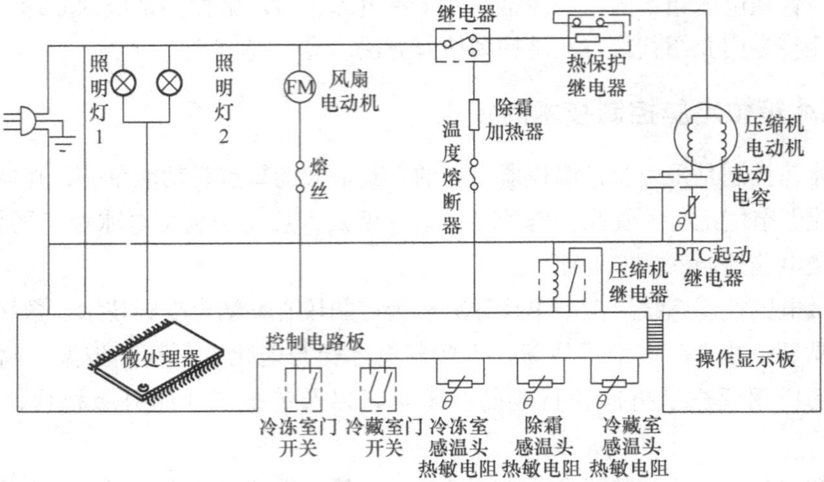

图 7-1　采用微电脑控制的电冰箱电气系统简图

图 7-2 所示为海尔 Y555 系列电冰箱主控板实物图。主控板的作用是由传感器感应箱内温度，将信息传递给单片机，由单片机系统进行各信号进行处理，再由单片机发出指令指挥各个负载的工作。

图 7-3 所示为显示板实物图。显示板的作用是显示冷藏室、冷冻室、环境温度及电冰箱的运行模式、状态，通过操作按键可进行运行模式和冷藏室、冷冻室温度的选择、调整及倒计时设定等功能。

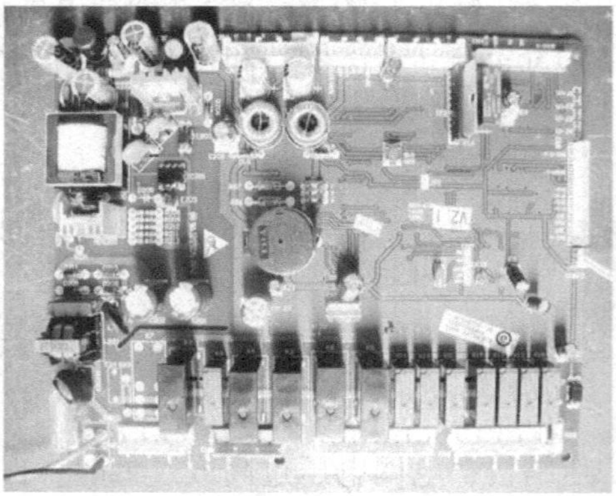

图 7-2　海尔 Y555 系列电冰箱主控板

图 7-3　显示板

在图 2-37 所示的海尔 BCD－518WS 电气系统图中，可以看到有的电冰箱微电脑控制系统还包括电源板、滤波板、变频板。

三、主要元器件及其工作原理

不同型号、不同品牌的电冰箱使用的微控制系统都不尽相同，下面就一些主要的元器件及其工作原理进行一下简单介绍。

1. 变压器变压原理

利用电磁原理对交流电压进行变压，使用的变压器多为降压变压器，即将220V的交流电压变为12V、24V等低压交流电。

2. 整流桥工作原理

利用二极管的单向导电性将交流电压变为直流电压，同时可利用其稳定压降设计保护电路。

3. 稳压块工作原理

将整流桥整流出的不太稳定的直流电压转变为稳定的直流5V电压供给单片机。其工作电压一般为DC10～18V。

4. 继电器控制电路原理

由微处理器发出指令控制继电器的线圈，进而控制继电器的吸合来控制电路的通断。

5. 晶闸管工作原理

通过外部采集信号和控制信号的比较，单片机发出指令控制晶闸管的导通和断开来控制电磁阀的换向、制冷剂的流向。

6. 晶体管工作原理

其主要结构为两个相对PN结，具有电流放大作用。芯片输出控制信号经其放大后可以控制继电器的吸合，即实现电路的开关控制。

四、主要电源及控制电路

1. 电源电路

所有的电冰箱电脑板都需要5V的工作电压才能正常工作，将220V的交流电经过变压器降压，然后利用二极管的单向导电性将交流整成直流，再通过7805/7905等稳压块系列变成稳定的5V直流电源。此外，VFD（Vacuum Fluorescent Display）真空荧光显示屏由于特殊结构，所以还需要提供－30V电压。

2. 采样电路

电冰箱整机上的传感器一般是由负温度系数的热敏电阻制成，随着温度的升高（降低），传感器阻值就会变小（变大），电脑板就是通过采集传感器分压值，来显示电冰箱内的温度的。采样电路至关重要，电冰箱的起停机和电磁阀的换向就是通过芯片内部比较器比较采集的电压值和设置温度的电压值来控制电冰箱。

3. 传感器保护

如果传感器出现开路或短路的情况，则显示屏出现相应的传感器故障显示代码，一般为F1～F7。

4. 过零检测电路

在电冰箱电脑板中此电路也格外重要，电脑板能输出正确的脉冲信号必须保证此电路的正常使用。

五、微电脑控制系统的工作原理

微处理器是电冰箱的核心控制器件，是一个具有很多引脚的大规模集成电路。其作用主要有两个：一是控制压缩机、除霜器件、显示器的工作；二是随时监控冷冻室、冷藏室的温度。其主要特点是可以接收人工操作指令和传感信息，遵循预先编制的程序自动进行工作，具有分析和判断能力。微处理器工作的基本条件是具备5V供电、复位、时钟振荡等。

冷藏室和冷冻室的温度检测信息可以随时送给微处理器，人工操作指令通过操作显示电路送给微处理器。微处理器收到这些信息后，便可对继电器、风扇电动机、除霜加热器、照明灯等进行自动控制。

输入接口电路与冷冻室感温头热敏电阻、冷藏室感温头热敏电阻和除霜感温头热敏电阻相连，并把它们分别检测到的冷冻室、冷藏室蒸发器的温度值转化为电压值输入微处理器。微处理器根据这些不同的电压值，产生相应的控制电压，送到输出接口电路。输出接口电路再根据不同的控制电压去控制各种继电器开关的吸合或释放，从而控制压缩机、风扇电动机、除霜加热器的工作状态，使电冰霜内的温度保持最佳状态。

电冰箱室内设置的温度检测器（温度传感器）将温度的变化变成电信号送到微处理器的传感信号输入端，当电冰箱内的温度到达预定的温度时电路便会自动进行控制。微处理器对继电器、电动机、照明灯等元器件的控制需要有接口电路或转换电路。接口电路用以将微处理器输出的控制信号转换成控制各种元器件的电压或电流。

【典型实例】

实例一　微电脑控制双温双控电冰箱电气系统原理图（见图7-4）

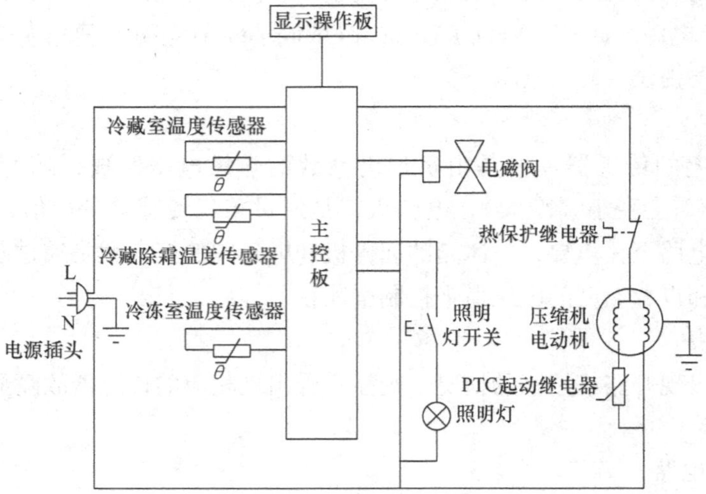

图7-4　微电脑控制双温双控电冰箱电气系统原理图（如BCD－245/E）

实例二 微电脑控制三温三控电冰箱电气系统原理图（见图 7-5）

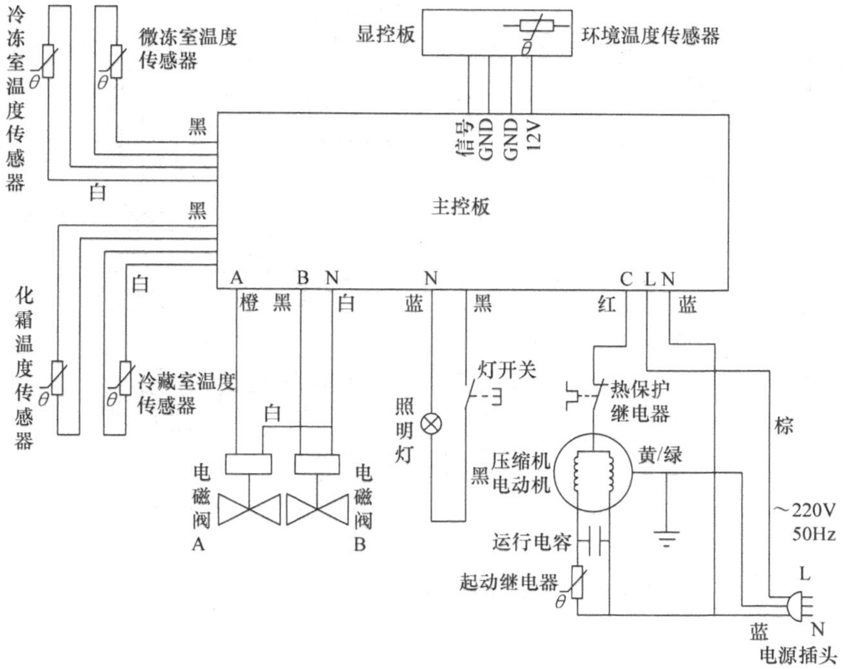

图 7-5 微电脑控制三温三控电冰箱电气系统原理图（如 BCD－258B/E）

实例三 微电脑控制风冷电冰箱电气系统原理图（图 7-6）

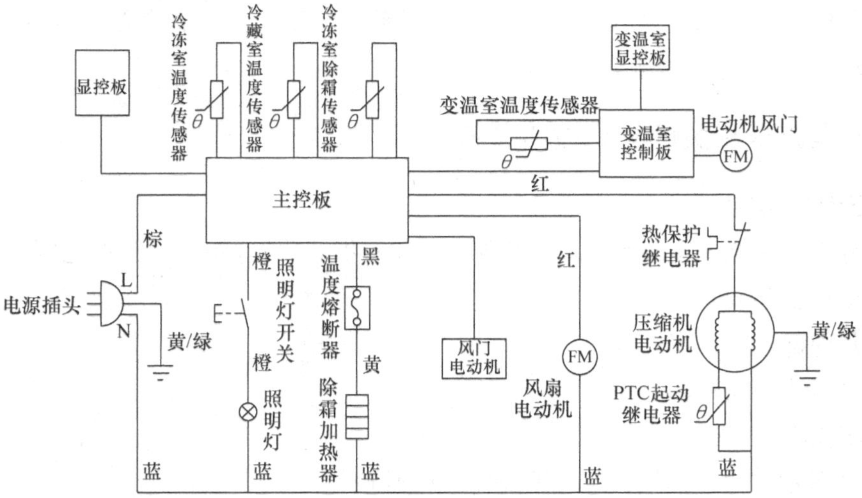

图 7-6 微电脑控制风冷电冰箱电气系统原理图（如 BCD－248W/E）

实例四　微电脑控制变频电冰箱电气系统原理图（见图 7-7）

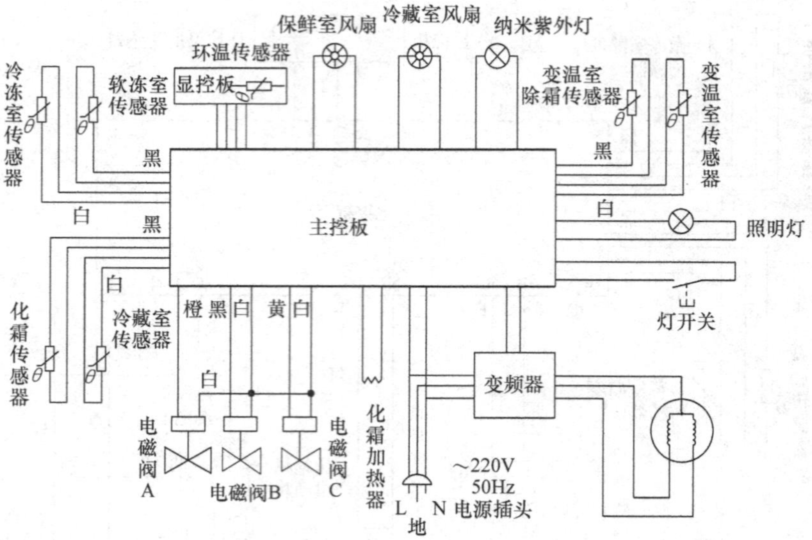

图 7-7　微电脑控制变频电冰箱电气系统原理图

课题二　电路板的检修

【相关知识】

本课题将以海尔 Y555 系列电冰箱电气控制系统电路板为例，介绍主控板、操作显示板、滤波板、变频板等的检测方法。

一、与电路板相关的常见故障分析

1. 不显示/不起动

1）电源板变压器一次或者二次开路导致不能提供芯片需要的 5V 工作电压。

2）稳压块击穿或开路。

3）芯片内部电路损坏。

4）继电器线圈断路。

2. 起动不显示

1）VFD 显示屏内部漏气，灯丝被烧坏导致不显示。

2）VFD 引脚连焊

3）箱体线短路或开路导致不显示

3. 显示不起动

首先检测电源板是否有输出正常的 PWM 信号，一般用万用表检测电压值，如为 1.6 ~

3.7V，则为正常值；或进行频率检测，正常输出频率为大于 72Hz，一般为 140Hz。

1）如果电压值、频率正常，则为变频板或压缩机问题。

2）如果电压值、频率不在正常范围内，则可能为显示板芯片或电源板、芯片或电源板晶体管损坏。此情况下，可检测电源板信号传输端口，正常状态下此端口测试直流信号为 0～5V变化；如为定值，测试晶体管好坏，即以中间脚为基点，分测另两脚的单向导电性，如未被击穿，则大体断定通信口损坏，问题是显示板故障。

4. 电磁阀有噪声

电冰箱上电电磁阀发出“吱吱”声，则损坏原因一般可能为晶闸短路导致，可用万用表测试其 1、3 管脚，通路即为损坏。

5. 电冰箱死机

此类故障原因一般为程序芯片，无法直接测量，可更换显示板电源板进行验证。

6. 不停机

这种故障的原因多为继电器故障，继电器触点引脚连焊或触点粘连、变形均可导致此现象。可用万用表测试触点的通断。

二、主控板

如图 7-8 所示，主控板一般位于电冰箱的背部，上面主要有主控电路和开关电源电路。主控电路是以微处理器为核心的电路，是新型电冰箱的核心电路，由微处理器及外围元器件（如晶体振荡器、反相器、电磁继电器、固态继电器以及各种接口）等组成。开关电源电路为电冰箱其他电路和各部件提供工作电压，由熔断器、热敏电阻器、过电压保护器、互感滤波器、桥式整流电路、开关变压器、光耦合器等元器件组成。

1. 故障现象

通电后压缩机不起动，冷藏、冷却风扇电动机不起动，冷藏风扇电动机转速慢，显示板不显示。

2. 可能的故障原因

1）不进电可能的原因为电源线或其他接插线未接插到位，或接插点不良。

2）滤波板与主控板之间的通信线路损坏。

3）主控板上的熔断器脱落或开路。

4）开关芯片 IC201 故障。

5）主芯片 IC1 故障。

6）二极管 D205 击穿。

7）电脑板上的继电器或其他元器件被损坏。

8）风扇电动机不转、转速慢可能的原因为晶体管 P10、P11 或与之在同一条线路上的其他元器件损坏。

9）压缩机不起动可能的原因为主控板与变频板之间的信号线未接触好；输出线路上的电阻或晶体管不良。

3. 检测维修方法

1）先目测检查主控板上的电路、接线端子以及各元器件有无损毁或缺少，有则修复或更换掉，无则进行下一步。

2）通电进行测试，看电冰箱是否正常工作。当主控板通电后蜂鸣器不响时，先检查蜂鸣器是否受外力脱落，如没有则用万用表直流电压挡检查主控板电源电路部分是否有电。

3）没有电则有可能是IC201损坏，可用万用表二极管挡在其断电状态下测量其四、五管脚。如反测、正测得出的值都为0.5~0.7V，则说明IC201损坏，将其更换即可。

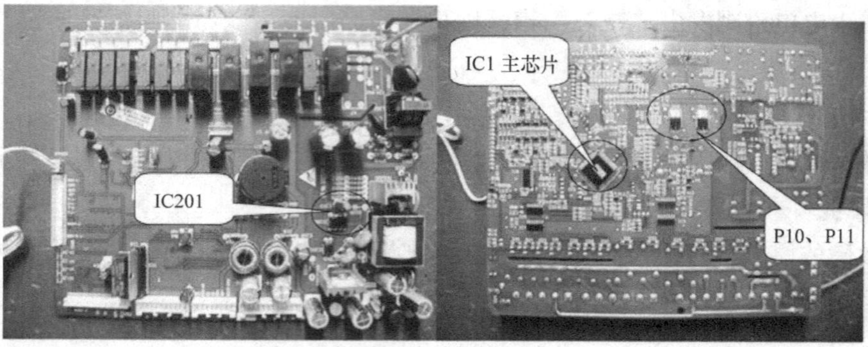

图7-8　主控板

三、操作显示板

操作显示板一般位于电冰箱的顶盖或冷藏室的门上。用户在使用电冰箱时，通过操作显示电路面板上的按键输入人工指令信号，用以对电冰箱的工作状态进行控制，同时显示屏显示电冰箱当前的工作状态。操作显示板主要由操作按键、蜂鸣器、显示屏、操作显示控制芯片、反相器以及数据接口电路等组成，如图7-9所示。

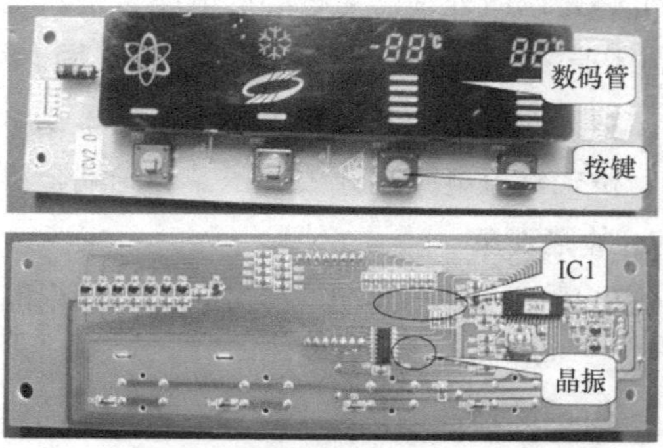

图7-9　操作显示板

常见的显示屏有LED（发光二极管/数码管/屏）、LCD（正性显示/负性显示/点阵TN、STN、TFT）和真空荧光显示屏VFD等形式。操作按键有普通按键、电容感应式触摸按键和触摸屏（液晶显示、触控操作一体化）等。

1. 故障现象

操作显示板是智能电冰箱中的人机交互的接口，若其出现故障会引起电冰箱出现控制失灵、按键无反应、显示不全、不显示、显示不均匀、数码管闪烁等故障现象。

2. 可能的故障原因

1）接插线未插到位造成不显示、按键无反应。

2）数码管本身不良造成显示不全或不显示。

3）晶振被碰坏造成不显示、按键无反应。

4）芯片被静电击穿。

5）晶振引脚短路造成数码管闪烁。

6）按键本身不良造成按键无反应。

3. 检测维修方法

当操作显示板出现故障时，可先采用观察法检查其主要元器件有无明显损坏迹象，若有则立即更换损坏的元器件。如果故障仍不能排除，应用检测仪表进行检测。

1）检测操作显示板与主控板控制电路之间的信号是否正常。若该信号正常，可排除主控板出现故障的可能。

2）若输入数据信号正常，接下来应对操作显示板中的主要器件进行检测，如按键在不同状态下的阻值是否正常。

3）依次对蜂鸣器、操作显示控制芯片等进行检测。

4）在确保引线全部正常连接的情况下，用万用表直流5V以上挡位检测主控板上5芯插座各引脚之间的电压，5芯插座各引脚主控板上印刷分别为0、5、RX、TX、ENV。将黑表笔至于“0”端，红表笔分别测“5”、“RX”两个引脚的电压。“0”与“5”之间为5V，“0”与“RX”之间为一组在0.3~1.6V之间变化的电压。若“0”与“5”之间电压为0V或低于4.5V，为显示板或主控板故障；若“0”与“RX”之间电压为5V，一般为显示板故障。

特别提示： 由于主控板、显示板故障较难区分，最简单的维修方法是替换法。首先将存疑故障板拆下放在完好电冰箱上替换，观察其是否存在故障；而不能直接将完好的电路板安装到有故障的电冰箱上替换，以防故障电冰箱将完好的电路板烧损，造成不必要的损失。

四、滤波板

1. 故障现象

通电后，显示板不显示，按键无声音，压缩机不起动，风扇电动机不转。

2. 可能的故障原因

1）滤波板与主控板之间的通信线路损坏。

2）接插点接触不良。

3）滤波板电路损坏。

4）滤波板上的元器件损坏。

5）熔丝开路。

6）电源未接好。

3. 检测维修方法

1）如图7-10所示，首先目测检查滤波板上的电路、接线端子以及各元器件有无损毁，有则修复，无则进行下一步。

2）用万用表测量熔丝是否导通，否则更换熔丝使其处于导通状态。如果导通则进行下一步。

3）将万用表调至二极管挡，测量整流桥上的4个二极管，检查是否被击穿。如果已击穿则使用电烙铁将击穿的二极管更换掉，否则进行下一步。

4）电冰箱通电进行整机测试，观察电冰箱是否起动。如依然不起动则再仔细检查有无

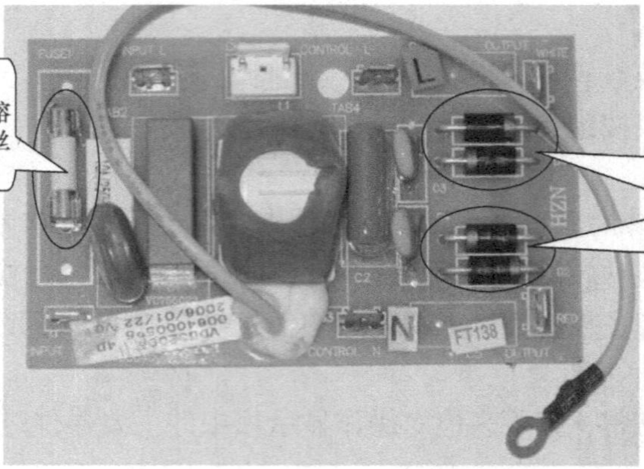

图 7-10　滤波板的检修方法

短路的地方。

五、变频板

变频板是变频电冰箱中所特有的电路模块，其主要功能就是为电冰箱的变频压缩机提供驱动电流，用来调节压缩机的转速，实现电冰箱制冷的自动控制。如图 7-11 所示，变频板主要由 6 个驱动晶体管（即 IGBT，绝缘栅双极晶体管）、驱动集成电路以及电源电路等组成。

图 7-11　变频板

特别提示：由于驱动晶体管工作时功率较大，会产生较大的热量，因此在驱动晶体管上安装有散热片。在一些新型的变频电冰箱的变频电路中有使用变频模块来代替 6 个驱动晶体管，其集成度较高，结构比较紧密。

1. 故障现象

通电后风扇电动机转动，显示板显示，按键有声音，但压缩机不起动。

2. 可能的故障原因

1）变频板上的元器件有被碰撞挤压损坏的。

2）变频板上的线路被损坏。

3）变频板与压缩机的通信线路连接点接触不良。

4）变频板与主控板之间的通信线路连接点接触不良。

5）变频板与滤波板上的电源端子接插不良或变频板上的电源线断。

6）变频板上的 IGBT 击穿或芯片损坏。

7）变频板上的大电解电容爆炸。

8）熔丝被熔断或无熔丝。

3. 检测维修方法

1）首先目测检查变频板上的电路、接线端子以及各元器件有无损毁或缺少，有则修复或更换掉，无则进行下一步。

单元一　电冰箱基础知识

一、填空题

1. 电冰箱的主要作用是________、________，储藏食品和其他物品。

2. 冷加工分为________和________。

3. 人工制冷的方法很多，根据补充能量的形式和制冷剂的方式可分为________制冷、气体的绝热膨胀制冷、绝热去磁制冷和________制冷。

4. 自然界的物质有三种状态，即________、________和________。

5. 电冰箱实现制冷循环不可缺少的部件是压缩机、________、________、________。

6. 半导体制冷系统是利用半导体的________效应，在其两端形成温差而实现制冷的。

7. 蒸气压缩式电冰箱主要由________、________、________和________四部分组成。

8. 2007 年 1 月 1 日，我国政府发布禁令：禁止在家用电器生产中使用制冷剂________和发泡剂________。常用的新型制冷剂有________和________。

9. 电冰箱按照压缩机驱动的不同，可分为________和________两大类；按电冰箱冷却方式的不同，可分为________、________和________ 3 种类型。

二、选择题

1. 为 R12 对大气臭氧层有严重破坏，可以选用（　　）代替。

A. R22　　B. R502　　C. R134a　　D. R32

2. 物质的状态从液态变为气态称为（　　）。

A. 汽化　　B. 蒸发　　C. 液化　　D. 沸腾

3. （　　）使制冷剂液体在冷凝器和蒸发器之间形成一个压力差，同时达到节流、降压的目的。

A. 干燥过滤器　　B. 毛细管　　C. 电磁阀　　D. 压缩机

4. 普通制冷的温度范围是（　　）。

A. 从环境温度到 -153.15℃　　B. -153.15 ~ -253.15℃

C. -253.15 ~ -273.15℃　　D. -153.15 ~ -273.15℃

5. 下列（　　）不是电冰箱应具有的基本功能。

A. 制冷　　B. 保温　　C. 干燥　　D. 控温

6. 半导体式电冰箱制冷系统的优点是（　　）。

A. 制冷效率较高　　B. 容量大　　C. 成本比较低　　D. 无噪声

7. 温度计显示的温度是 -70℃，其绝对温度是（　　）。

A. 257K　　B. 273 K　　C. 343 K　　D. 203 K

8. 某厂商生产的冷藏冷冻式家用无霜电冰箱，有效容积 180L，其型号为（　　）。

A. BCD—180W　　B. BCD—180A　　C. BCD—180　　D. BC—180

9. 电冰箱的蒸发压力一般为（　　）。

A. 0.03MPa　　B. 0.1MPa　　C. 0.3MPa　　D. 1.2MPa

10. 电冰箱的冷藏室的温度一般为（　　）。

A. －6～8℃　　B. 0～－12℃　　C. －12 ～－18℃　　D. 0～10℃

11. 半导体式电冰箱制冷系统的优点是（　　）。

A. 制冷效率较高　　B. 无噪声　　C. 成本比较低　　D. 容量大

12. 电冰箱按使用环境可分为四个气候类型。其中使用环境温度为 18～38℃的电冰箱属（　　）电冰箱。

A. 温带型　　B. 亚热带型　　C. 亚温带型　　D. 热带型

13. 在电冰箱制冷系统中起节流作用的器件为（　　）。

A. 冷凝器　　B. 过滤器　　C. 蒸发器　　D. 毛细管

14. 在制冷系统中，制冷剂从毛细管喷口到蒸发器的状态变化为（　　）。

A. 液态变为气态　　B. 液态变为固态　　C. 气态变为液态　　D. 固态变为气态

15. 下列相变过程中属于放热的是（　　）。

A. 液化　　B. 汽化　　C 蒸发　　D. 沸腾

16. 制冷剂在冷凝器冷却过程中，状态是（　　）。

A. 压力降低，温度不变　　B. 温度降低，压力不变

C. 等温等压变化　　D. 压力温度都变化

17. 制冷剂在蒸发器吸热蒸发过程中，状态是（　　）。

A. 压力降低，温度不变　　B. 温度降低，压力不变

C. 压力温度变化　　D. 等温等压变化

18. 在今年 2 月份，刘先生买了一台电冰箱，四个同学看到发票上写的型号为 BCD－248WA，各自说出了自己的看法，你认为谁描述的最正确（　　）。

A. 甲："是有效容积为 248L 的直冷式电冰箱，我在一本书上看到的。"

B. 乙："可能是只有冷藏室、没有冷冻室吧？"

C. 丙："是有效容积为 248L 的无霜电冰箱"

D. 丁："你们说的都不对，他是一个第三次设计的、有霜的电冰箱。"

19. 根据《家用电冰箱耗电量限定值及能源效率等级》国家标准规定，电冰箱的能效水平分为 1、2、3、4、5 五个等级，下列说法错误的是（　　）。

A. 1 级最节能　　B. 5 级最耗能

C. 必须是 1 级才是节能产品　　D. 1 级和 2 级都是节能产品

20. 电冰箱蒸发温度的获得是通过调整（　　）来实现。

A. 蒸发器　　B. 冷凝器　　C. 压缩机　　D. 毛细管

三、判断题（对的打"√"，错的打"×"）

（　　）1. 半导体式电冰箱不需要机械传动部分，具有体积小、无噪声、运行可靠等优点。

（　　）2. R600a 用于电冰箱时，电器元件采用防爆型，避免产生火花。

（　　）3. 在电冰箱制冷过程中，蒸发器吸收的热量和冷凝器放出的热量是相等的。

（　　）4. 好的电冰箱应该是可以达到能效 1 级的同时，具备较强的冷冻能力。

（　　）5. 电冰箱的星级符号越多，表明冷冻室储藏食物的时间越长。

（　　）6. R134a、R600a 是目前常见的新型无公害的制冷剂。

(　　) 7. 电冰箱星级是按电冰箱内冷冻食品储藏室或冷冻室的温度来划分的。

(　　) 8. 干燥过滤器的作用是去除电冰箱制冷系统中的水份和杂质。

(　　) 9. 双门电冰箱又称为间冷式电冰箱。

(　　) 10. 使用同样容积的电冰箱，间冷式的耗电量大于直冷式。

(　　) 11. 制冷剂在蒸发器中吸收热量而汽化，在冷凝器中放出热量而凝结，所以蒸发器中制冷剂的温度高于冷凝器中制冷剂的温度。

(　　) 12. 热可以自发地由低温物体传给高温物体。

(　　) 13. 温度高的物体比温度低的物体含有更多的热量。

(　　) 14. 电冰箱型号的第一个字母用 B 表示。

(　　) 15. 制冷剂流入蒸发器汽化吸热的过程，是它的焓值逐渐增加的过程。

四、简答题

1. 电冰箱的发展趋势是什么？

2. 什么是制冷技术？

3. 蒸气压缩式电冰箱的工作过程是怎么样？

4. 电冰箱按结构类型可分为哪几类？

5. 电冰箱的基本电气系统如何工作？

6. 电冰箱上的能效标识的作用是什么？

五、综合实训题

综合实训与考核　参观电冰箱生产厂商

实训目的	1）了解电冰箱生产的基本流程 2）简单了解电冰箱各部件的结构、作用及装配		
实训器材	本次实训主要是参观电冰箱的生产，不需要准备实训器材		
实训内容、步骤及检测评分			
序号	内容	配分	得分
1	学习学校实训要求和安全知识	15	
2	学习厂方对参观的要求和规定	15	
3	1）认识电冰箱各部件 2）了解其作用	10 10	
4	了解电冰箱的生产和装配流程	20	
5	了解电冰箱的质量检验与性能试验	20	
6	写出参观实训报告	10	
指导教师评语		总分	

单元二　电冰箱的结构与工作原理

一、填空题

1. 单门电冰箱的特点是结构________、价格________、耗电量________。

2. 双门直冷式电冰箱的________和________都有各自的蒸发器。

3. 电冰箱箱内照明灯由门开关控制，开门时________；关门后________。

4. 双门直冷冷冻室下置抽屉式电冰箱的冷冻室蒸发器为________式。

5. 双门间冷式电冰箱有________个蒸发器，且采用________式蒸发器，其蒸发器装在________之间。

6. 双门间冷式电冰箱由于是靠箱内空气强制对流来进行冷却的，所以它在直冷电冰箱的控制电路的基础上，还必须增设________的控制和________的控制等。

7. 双循环系统电冰箱的优点是________、________、________。

8. 典型的直冷双系统双门电冰箱制冷系统中电磁阀（两位三通）出口接________和________，工作状态为：优先级高的为________一路，________一路优先级较低。

9. 间直冷双系统电冰箱的冷藏室冷却形式为________，冷冻室冷却方式为________。其优点是储藏在冷藏室的食品________，储藏在冷冻室的食品则可________。

10. 变频电冰箱的核心系统由________、________和________构成。

二、选择题

1. 双门直冷式电冰箱的冷冻室和冷藏室各有一个蒸发器，箱内温度由（　　）只温度控制器进行调节。

A. 1　　B. 2　　C. 3　　D. 4

2. 双门间冷式电冰箱有（　　）个温控器。

A. 1　　B. 2　　C. 3　　D. 4

3. 直冷双系统双门电冰箱是双系统循环，采用（　　）根毛细管节流。

A. 1　　B. 2　　C. 3　　D. 4

4. 电冰箱的绝热材料多选用（　　）。

A. 膨胀珍珠岩　　B. 发泡聚氨酯

C. 聚苯乙烯泡沫塑料　　D. 稻壳

5. 在电冰箱的箱门与箱体之间装有磁性门封，下面说法错误的是（　　）。

A. 美观大方，但没有必要　　B. 为了防止漏气

C. 只要轻轻一关门就会使电冰箱的箱门和箱体吸附在一起

D. 它是在软质聚乙烯门封条内插入磁性胶条

6. 下列不属于对开门电冰箱双循环制冷系统优点的是（　　）。

A. 更省电　　B. 高保湿　　C. 拒绝串味　　D. 高效快速制冷

7. 在目前较流行的冷冻室下置内抽屉式直冷式电冰箱，蒸发器普遍采用（　　）。

A. 丝管式蒸发器　　B. 管板式蒸发器

C. 单脊翅片管式蒸发器　　D. 铝复合板式蒸发器

8. 关于间冷式电冰箱的优点，下列说法不正确的是（　　）。

A. 温度均匀　　B. 便于温度控制　　C. 省电节能　　D. 无霜

9. 直冷式电冰箱的特点是（　　）。

A. 箱内空气自然对流进行热交换　　B. 箱内壁无霜

C. 箱内各部分温度均匀　　D. 长期使用，不必人工除霜

10. 直冷式电冰箱和间冷式电冰箱的冷却方式分别是（　　）。

A. 自然对流，强制对流　　B. 强制对流，自然对流

C. 自然对流，自然对流　　D. 强制对流，强制对流

三、判断题（对打“√”，错打“×”）

（　　）1. 双门直冷式电冰箱通常不设副冷凝器和防露管。

（　　）2. 新型双门直冷式电冰箱冷藏室的空间越来越大，且常位于冷冻室之上。

（　　）3. 在旋转式压缩机双门间冷电冰箱制冷系统中，消声器还起着油气分离的作用。

（　　）4. 直冷双系统电冰箱系统中只有一个电磁阀。

（　　）5. 电子温控电冰箱既有直冷式又有风冷式（无霜）。

（　　）6. 风冷对开门电冰箱的冷藏室温度是通过控制风门来实现的。

（　　）7. 直冷双系统双门电冰箱通过两位三通电磁阀控制，两个回路可以同时工作。

（　　）8. 对开门电冰箱属于大容积电冰箱，容积在500～600L之间。

（　　）9. 风冷式电冰箱比直冷式电冰箱更静音。

（　　）10. 风冷式电冰箱耗电量大于直冷式电冰箱。

四、简答题

1. 画出单门电冰箱制冷系统工作原理图，并简述其工作过程。

2. 画出单门电冰箱电气系统图，并简述其原理。

3. 双门间冷式电冰箱电路由哪几部分组成？

4. 举例说明双系统电冰箱制冷系统工作原理。

5. 举例说明对开门电冰箱制冷系统工作原理。

五、综合实训题

综合实训与考核一　双门直冷式电冰箱的结构及组成

实训目的	1）熟悉典型双门直冷式电冰箱的箱体结构 2）掌握典型双门直冷式电冰箱的制冷系统组成及工作原理 3）掌握典型双门直冷式电冰箱的电气控制系统组成及工作原理		
实训器材	双门直冷式电冰箱一台、十字螺钉旋具和一字螺钉旋具等		
实训内容、步骤及检测评分			
序号	内容	配分	得分
1	观察实训用的双门直冷式电冰箱的外观，简要画出其外观图；记下铭牌上的性能参数；查看门封的结构	30	
2	观察实训用的双门直冷式电冰箱的制冷系统，了解其组成，简要画出其制冷系统结构图及工作原理图，弄懂其工作原理	30	
3	观察实训用的双门直冷式电冰箱的电气控制系统，了解其组成元器件，掌握这些元器件的连接情况，看懂箱体后面的电路图，画出其电气控制系统工作原理图，弄懂其工作原理	30	
4	安全文明实训	10	
指导教师评语		总分	

综合实训与考核二　双门间冷式电冰箱的结构及组成

实训目的	1）熟悉典型双门间冷式电冰箱的箱体结构 2）掌握典型双门间冷式电冰箱的制冷系统组成及工作原理 3）掌握典型双门间冷式电冰箱的电气控制系统组成及工作原理
实训器材	双门间冷式电冰箱一台、十字螺钉旋具和一字螺钉旋具等

（续）

实训内容、步骤及检测评分			
序号	内容	配分	得分
1	观察实训用的双门间冷式电冰箱的外观，简要画出其外观图；记下铭牌上的性能参数；查看门封的结构	30	
2	观察实训用的双门间冷式电冰箱的制冷系统，了解其组成，简要画出其制冷系统结构图及工作原理图，弄懂其工作原理	20	
3	观察实训用的双门间冷式电冰箱的电气控制系统，了解其组成元器件，掌握这些元器件的连接情况，看懂箱体后面的电路图，画出其电气控制系统工作原理图，弄懂其工作原理	20	
4	弄清间冷式电冰箱与直冷式电冰箱的不同之处	20	
5	安全文明实训	10	
指导教师评语		总分	

综合实训与考核三　微电脑控制双系统电冰箱的结构及组成

实训目的	1）掌握微电脑控制双系统电冰箱的制冷系统组成及工作原理 2）掌握微电脑控制双系统电冰箱的微电脑控制系统组成 3）弄清微电脑控制双系统电冰箱的结构特点
实训器材	电脑控制双系统电冰箱一台、十字螺钉旋具和一字螺钉旋具等

实训内容、步骤及检测评分			
序号	内容	配分	得分
1	观察实训用的电脑控制双系统电冰箱的外观，简要画出其外观图；记下铭牌上的性能参数；查看门封的结构	30	
2	观察实训用的电脑控制双系统电冰箱的制冷系统，了解其组成，简要画出其制冷系统结构图及工作原理图，弄懂其工作原理	20	
3	观察实训用的电脑控制系统，了解其组成元器件，掌握这些元器件的连接情况，看懂箱体后面的电路连接图	20	
4	弄清电脑控制双系统电冰箱与其他电冰箱的不同之处	20	
5	安全文明实训	10	
指导教师评语		总分	

单元三　电冰箱管路加工与连接技能

一、填空题

1. 安全的含义包括两个方面内容，________________和____________；交流电的安全电压是________、________、________。

2. 焊接前一定要检查设备是否完好，操作人员必须戴上________和________。

3. 切管器一般由________、________、________、________和________组成。

4. 扩管组件中选用不同的顶压支头，可将管口的顶压成________或________。

5. 氧乙炔焊接设备主要由________、________、________、________等组成。

6. 减压器具有两个作用：____________________和____________________。

7. 回火熔断器的作用就是________________，保证________________的安全。

8. 制冷管路的压接主要是使用专门的工具和材料，如________、________、________等把管路连接密封起来的方法。

9. 氧乙炔焊接熄火操作的具体顺序：①____________；②________________。

10. 洛克林密封液的固化时间随所接触的金属材料及现场环境温度有所变化，在20～25℃时，只要一头是铜管则固化时间约为____ min；若两头均为铝管则固化时间为____ min左右。

二、选择题

1. 氧气连接管和燃气连接管要足够长，至少不能短于（　　）m。

A. 1　　B. 2　　C. 3　　D. 4

2. 黄铜材料的洛克环不适用于（　　）之间的连接

A. 铜与铜　　B. 铜与钢　　C. 钢与钢　　D. 铝与铝

3. （　　）适宜钎焊铜管与铜管、钢管与钢管。

A. 中性焰　　B. 碳化焰　　C. 氧化焰　　D. 以上三种都可以

4. 修理压缩机时，宜损坏螺栓的工具是（　　）。

A. 固定扳手和棘轮扳手　　B. 套筒扳手和梅花扳手

C. 梅花扳手和固定扳手　　D. 活扳手和管钳子

5. 使用割管器切割铜管，（　　）。

A. 对于退火的铜管一般转动两圈进刀一次

B. 对于退火的铜管一般转动两圈进刀两次

C. 对于已退火的铜管要尽量一周切断

D. 对于未退火的铜管要尽量一周切断

6. 毛细管与干燥过滤器的焊接安装时，毛细管进端与过滤器出端口相距约（　　），或毛细管进端口距细滤网面约为（　　）合适。

A. 15mm　　B. 20mm　　C. 5mm　　D. 25mm

7. 氧气瓶不可以接触（　　）。

A. 氢气　　B. 水　　C. 油脂　　D. 氮气

8. 选用修理表阀时，必须考虑（　　）。

A. 量程范围和接管材料　　B. 接管直径和压力表直径

C. 接管直径和接头螺纹规格　　D. 量程范围和接头螺纹规格

9. 用压力表测得的压力为（　　）。

A. 绝对压力　　B. 相对压力　　C. 饱和压力　　D. 临界压力

10. 能够准确观察到制冷系统低压压力的压力仪表是（　　）。

A. 低压表　　B. 带负压低压表　　C. 真空表　　D. 高压表

三、判断题（对打“√”，错打“×”）

（　　）1. 使用尖嘴钳时，要保护好钳柄绝缘管，以免碰伤而造成触电事故。

（　　）2. 一字螺钉旋具可临时当作凿子使用。

（　　）3. 切管时滚轮刀片一次进刀不可过多，否则会造成管子变形。

（　　）4. 胀口用的顶锥其工作外径要略小于被加工铜管的外径。

（　　）5. 氧气输气胶管应为黑色，乙炔输气胶管应为红色。

（　　）6. 焊接火焰大小是通过调节焊枪的乙炔调节阀和氧气调节阀的开启度来实现的。

（　　）7. 对焊炬的焊嘴清洗，必须用专用的清洗针进行，不能用其他物体代替。

（　　）8. 毛细管与干燥过滤器焊接时，要注意毛细管的插入深度。

（　　）9. 使用封口钳时，应注意封口钳封口间隙不要调得太小，以免压断铜管。

（　　）10. 铜管扩喇叭口、冲胀和弯曲套管时，先对加工部位进行“退火”处理的目的是：软化铜管，以便于加工。

（　　）11. 焊接毛细管时，速度要快，火焰温度要高，但焊料不可加得太多。

（　　）12. 氧气瓶内的气体不允许全部用完，至少要留 0.2～0.5MPa 的剩余气量。

（　　）13. 氧气瓶内的气体，应全部用完后才可重新充注氧气。

（　　）14. 对铜管进行切割加工时，割管器的刀口与铜管一定要垂直。

（　　）15. 维修电冰箱等制冷设备时，要求使用安全照明作为临时照明。

四、简答题

1. 氧乙炔焊接时点火顺序是怎样的？

2. 如何正确使用切管器？

3. 进行气焊作业时，对气焊火焰有哪些要求？

4. 加工喇叭口需要注意哪些问题？

5. 洛克复合环连接有什么特点？

五、综合实训题

综合实训与考核　毛细管、干燥过滤器和铜管的对接钎焊

实训目的	1）学会安全文明生产，掌握焊接操作中的安全操作规程 2）掌握钎焊基本操作技能 3）掌握毛细管与干燥过滤器、毛细管与铜管、干燥过滤器与铜管的焊接		
实训器材	氧气瓶、乙炔瓶、焊炬、减压器、焊接工作台、银铜焊丝或铜磷焊丝、毛细管、干燥过滤器、铜管、扩口工具和相关劳保用品		
实训内容、步骤及检测评分			
序号	内容	配分	得分
1	毛细管与干燥过滤器焊接 1）用毛细管剪刀截取毛细管一段，剪切口要圆，端口不变形 2）将干燥过滤器夹持在焊接工作台上，然后将毛细管插入到干燥过滤器上，插入深度为15mm左右 3）点燃焊炬，调至中性焰，火力中等偏小 4）火焰移动到接缝处，先对干燥过滤器加热，同时火焰要摆动加热，对毛细管预热 5）当干燥过滤器加热到黄褐色时，将银铜焊丝放置在接缝处的上部，同时对干燥过滤器端头、毛细管和焊丝加热，焊丝熔化并从上到下流经焊缝处四周，少部分渗入到焊缝内 6）当焊缝处都已均匀地渗入钎料后，立即去除焊丝，同时移开火焰 7）检查毛细管的焊接情况，如符合要求，则可以熄灭火焰 正确使用设备、工具，正确选择火焰性质，焊接质量表面光滑、密封性好	30	

（续）

序号	内容	配分	得分
2	毛细管与铜管焊接 1）用割管器割取毛细管和 ϕ8mm 铜管各一段 2）把毛细管插入 ϕ8mm 铜管内，用钳子夹扁铜管 3）接下来进行焊接，方法同上 正确使用设备、工具，正确选择火焰性质，焊接质量表面光滑、密封性好	30	
3	干燥过滤器与铜管焊接 1）用割管器割取 ϕ6mm 铜管各一段 2）对铜管进行倒角处理，并对其端头进行加工，套接在干燥过滤器上 3）接下来进行焊接，干燥过滤器与铜管焊接要求采用黄铜钎焊，用黄铜焊丝和焊剂 正确使用设备、工具，正确选择火焰性质，焊接质量表面光滑、密封性好	30	
4	遵守安全文明操作规程，填写实训报告	10	
指导教师评语		总分	

单元四　电冰箱维修基本技能

一、填空题

1. 电冰箱的检漏的方法很多，有__________、__________、__________、__________、__________等方法。

2. 氮气瓶属________压容器，制冷剂钢瓶属____________压容器。

3. 为了保护环境，制冷剂不可直接排放到空气中，需要使用____________进行回收。

4. 电冰箱维修时，氮气主要是用来对制冷管路进行________和________时使用的。

5. 对制冷管路系统进行抽真空，这项工作就需要____________来完成。

6. 低压单侧抽真空是利用压缩机壳上的________进行，其工艺比较________，焊接口________。

7. 高低压双侧抽真空是在____________的进口处另设一根工艺管，与压缩机壳上的____________并联在____________上，同时进行抽真空。

8. 对电冰箱充注制冷剂之前，要先根据电冰箱上铭牌标识，了解该电冰箱的________以及____________，然后根据制冷剂钢瓶上的标识选用正确的制冷剂。

9. 电冰箱的电气安全检测通常有_________________检测、_________________检测、____________检测（冷态）、____________检测。

10. 电冰箱制冷剂的充注方法有____________、____________、____________。

二、选择题

1. 充氮检漏的压力数值一般不要超过（　　）MPa。

A. 0.1 ~0.2　　B. 0.6 ~0.8　　C. 0.2 ~0.3　　D. 2 ~3

2. 储藏制冷剂的钢瓶，（　　）使用。

A. 不能相互调换　　B. 氟利昂制冷剂可以调换

C. R12 和 R22 可以互换　　D. R22 和 R502 可以互换

3. 电冰箱电气系统的绝缘电阻不应小于（　　）MΩ（冷态）。

A. 2　　B. 3　　C. 5.5　　D. 20

4. 用（　　）方法判断制冷剂的充注量是否合适是不正确的。

A. 看回气管是否结露　　B. 听回气声　　C. 测压力　　D. 测电流

5. 变频电冰箱的泄漏电流不应超过（　　）。

A. 0.75mA　　B. 1.5mA　　C. 0.5mA　　D. 2mA

6. 制冷系统二次充注的制冷剂量是（　　）。

A. 与一次时一样　　B. 正常灌注量的 90%

C. 正常灌注量的 110%　　D. 正常灌注量的 120%

7. 对于抽空的要求，以下（　　）说法是正确的。

A. 真空度达到 100Pa 以下　　B. 真空度 6Pa 以下

C. 抽空时间 30min 以上即可　　D. 在真空度 100Pa 以下保持 20min 以上

8. 电冰箱安全性能中，接地电阻不应超过（　　）。

A. 1Ω　　B. 10Ω　　C. 0.1Ω　　D. 0.01Ω

9. 真空泵空载时真空计数应大于（　　），小于（　　）。

A. 0.1Pa　　B. 1Pa　　C. 0.6Pa　　D. 6Pa

10. 对R600a系统的电冰箱进行保压，充注的压力为（　　）。

A. 0.6MPa　　B. 0.8MPa　　C. 1.0MPa　　D. 1.2MPa

11. 制冷系统中有过量的空气，会使排气温度过高，促使润滑油蒸发而生成（　　）。

A. 油气　　B. 油膜　　C. 碱类　　D. 积炭

12. 制冷剂充注过多，在吸气管道表面就会出现（　　）现象。

A. 结霜　　B. 结露　　C. 恒温　　D. 过热

13. 钎焊使用的焊料是（　　）。

A. 铅锡合金　　B. 焊锡　　C. 铜磷合金　　D. 硼砂

14. R600a制冷剂的电冰箱系统，禁止采用的抽真空的方法是（　　）。

A. 低压单侧抽真空　　B. 高低压双侧抽真空

C. 二次抽真空　　D. 高压单侧抽真空

15. 真空泵对制冷系统抽真空完毕，应（　　）。

A. 先关闭真空泵再关闭截止阀　　B. 先关闭截止阀再关闭真空泵

C. 使真空泵和截止阀同时关闭　　D. 真空泵和截止阀随机关

三、判断题（对打"√"，错打"×"）

（　　）1. 卤素检漏灯是电冰箱维修的检漏设备。

（　　）2. 电子卤素检漏仪的精度很高，使用时要求检测区空气保持洁净、流动，不然会产生误差和损坏仪器。

（　　）3. 在使用卤素灯或电子检漏仪检漏时，室内必须通风良好，以免产生错误判断。

（　　）4. 对清洗后的系统一定要将清洗剂冲吹干净，不能留有水分，以免造成冰堵。

（　　）5. 电子检漏仪在沿制冷系统连接管道慢慢移动检漏时，电子检漏仪发出"嘟……"的长鸣声时，说明该处正常。

（　　）6. 氮气钢瓶满瓶时的压力为15MPa左右。

（　　）7. R600a是新型环保制冷剂，比较安全，充注时可以用明火封口。

（　　）8. 电冰箱制冷系统内如果杂质含量大，就会部分或全部堵塞干燥过滤器。

（　　）9. 充注制冷剂时，R134a要求采用耐腐蚀性的连接管和密封圈，与R12的要求是一样的。

（　　）10. 充注R600a制冷剂时，要求一次性充注成功，不宜多次充注。

四、简答题

1. 压力试漏时用何种气体？为什么？

2. 抽真空的目的有哪些？

3. 怎样正确选用真空泵？对制冷系统进行抽真空一般有哪些方法？

4. 两次抽真空与一次抽真空有哪些区别？

五、综合实训题

综合实训与考核一　电冰箱的检漏、干燥、抽真空及充注制冷剂

实训目的	1）了解直冷式电冰箱制冷系统的结构组成和各部件的作用 2）掌握制冷系统的检漏方法 3）掌握制冷系统干燥、抽真空的操作方法 4）掌握充注制冷剂的操作方法
实训器材	直冷式电冰箱演示实验台一个、真空泵一台、气焊设备、氮气瓶、R12、钢瓶、三通阀、真空压力表、卤素检漏灯、肥皂水、白纱布、毛刷等

实训内容、步骤及检测评分

序号	内容	配分	得分
1	观察制冷系统。在电冰箱制冷系统演示实验台中，观察电冰箱的蒸发器、冷凝器、干燥过滤器、毛细管、压缩机、压缩机的吸气管和排气管，并把观察到的情况做好记录。然后给演示实验台接通电源，观察演示实验台的起动及运行情况。运行 15min 后，用手摸制冷系统各部件的温度，静听各部分的声音	10	
2	制冷系统检漏 1）用白纱布按住怀疑泄漏的地方，观察白纱布上是否有油迹，并用牙刷蘸肥皂水涂在制冷管道的焊缝等连接处，若有泄漏，会有肥皂泡冒出 2）把制冷系统演示实验台的三通阀门打开，放掉制冷系统的制冷剂。把氮气瓶橡胶管接到制冷系统演示实验台的三通阀上，打开氮气瓶阀门，充入氮气，使系统内升压至 1.0MPa 的压力。旋紧三通阀和氮气瓶阀门。用肥皂水检查各焊接口有无泄漏现象，再用卤素检漏灯检查。若有漏点，放出气体进行补漏，再充入氮气重新检漏	25	

（续）

序号	内容	配分	得分
3	制冷系统抽真空。检漏合格后，打开实验台的三通阀，放出所有氮气，把真空泵与三通阀连接。接通真空泵电源，对系统进行抽真空。当低压真空度在133Pa以下并稳定时，关闭三通阀门，切断真空泵电源，拆下连接管，停止抽真空	25	
4	充注制冷剂。将R12钢瓶上的输液管与三通阀连接，但螺母不要拧紧，稍稍开启R12钢瓶阀门，放出一小部分制冷剂，用来排除连接管内的空气；然后马上拧紧连接螺母，关闭R12钢瓶阀门。 正式充注制冷剂时，将R12阀门开启，打开三通阀，制冷剂便进入制冷系统。观察真空压力表的压力（低压压力表的压力）。待压力升到196.1kPa时，关闭R12钢瓶阀门。接通实验台电源，压缩机运转，低压压力表的压力下降。若压力稳定在58.8～68.8kPa，则制冷剂充注量合适；若低压压力高于上述值，则制冷剂过多，应放掉一部分制冷剂；若低压压力低于上述值，则制冷剂过少，应补加制冷剂。充注完毕后，拧紧三通阀门和R12钢瓶阀门，拆下输液管	25	
5	遵守操作规程，填写实训报告	15	
指导教师评语		总分	

综合实训与考核二　观测电冰箱运行状况

实训目的	1）掌握观测电冰箱运行状况的方法 2）学会根据运行状况的参数来判断电冰箱是否正常
实训器材	电冰箱演示实验台、万用电表、绝缘电阻表、真空压力表等

实训内容、步骤及检测评分

序号	内容				配分	得分
1	按课题一的操作分别对三台电冰箱充注制冷剂过量、不足和合适					
2	对这三台电冰箱的运行状况进行观测，将结果填写到下面表格中					
3	观测项目	甲电冰箱	乙电冰箱	丙电冰箱		
	电源电压				10	
	绝缘电阻				10	
	起动电流				10	
	运行电流				10	
	低压压力				10	
	湿手摸蒸发器				10	
	顺制冷剂流向摸冷凝器				10	
	回气管温度				10	
	压缩机停开比				10	
4	判断电冰箱运行状况				5	
5	结论				5	
指导教师评语					总分	

单元五　电冰箱制冷系统部件的检修

一、填空题

1. 压缩机是电冰箱制冷系统的动力源，可驱使＿＿＿＿＿＿在管道中往复循环，通过＿＿＿＿＿＿变化进行热能转换达到制冷的目的。

2. 电冰箱压缩机按其结构特性可分为＿＿＿＿、＿＿＿＿、＿＿＿＿等。

3. 电冰箱所使用的压缩机的壳体上引出的 3 根管子分别是＿＿＿＿、＿＿＿＿和＿＿＿＿。

4. 电冰箱冷凝器的作用是将＿＿＿＿排出的＿＿＿＿的制冷剂，通过对流，将其热量散发掉而凝结为＿＿＿＿的制冷剂。

5. 电冰箱冷凝器按照形态结构可分为＿＿＿＿、＿＿＿＿、＿＿＿＿和＿＿＿＿。

6. 电冰箱用的蒸发器按传热面的结构形状及其加工方法不同，可分为＿＿＿＿、＿＿＿＿、＿＿＿＿＿＿、＿＿＿＿＿＿、＿＿＿＿＿＿等几种。

7. 蒸发器常见故障主要有＿＿＿＿、＿＿＿＿＿＿。

8. 一般往复活塞式压缩机还可分为＿＿＿＿和＿＿＿＿两种，它们的主要区别是采用的传动机构不同，滑管往复活塞式压缩机采用＿＿＿＿作为传动机构，而连杆往复活塞式压缩机采用＿＿＿＿作为传动机构。

9. 常用的干燥过滤器有＿＿＿＿和＿＿＿＿两种类型。

10. 毛细管材料是＿＿＿＿，通常呈盘曲状。毛细管是电冰箱的节流降压部件，它将高压制冷剂液体由＿＿＿＿压力降到＿＿＿＿压力。

二、选择题

1. 关于蒸发器的结构特点的描述，以下说法中正确的是（　　）。

A. 铝平板式蒸发器的特点是热效率高、结构紧凑、成本高

B. 管板式蒸发器结构牢固可靠、设备简单、传热性能好，但使用寿命短

C. 翅片盘管式蒸发器具有坚固、可靠性高、散热效率高的特点

D. 层架盘管式蒸发器制造工艺复杂、成本较高、冷却速度慢

2. 电冰箱上使用上毛细管长度一般为（　　）m，通常呈盘曲状。

A. 0.5～0.8　　B. 2～3　　C. 5～8　　D. 0.2～0.3

3. R134a 电冰箱其干燥过滤器必须用（　　）。

A. XH－7 或 XH－9　　B. XH－5 或 XH－6

C. XH－9　　D. XH－6

4. 压缩机在正常情况下，运转绕组 CM 的阻值（　　），起动绕组 CS 的阻值（　　），M、S 端子之间的阻值是运转绕组 CM 和起动绕组 CS 的阻值之和。

A. 最大　　B. 较小　　C. 较大　　D. 最小

5. 干燥过滤器的安装部位在（　　）。

A. 压缩机和冷凝器之间　　B. 压缩机和蒸发器之间

C. 冷凝器和毛细管之间　　D. 毛细管和蒸发器之间

6. 电冰箱干燥过滤器中的吸潮剂采用的是（　　）。

A. 氯化钙　　B. 分子筛　　C. 硅胶　　D. 活性氧化铝

7. 关于压缩机的输入功率马力（即 HP）与瓦之间的关系，1/6HP 约为（　　）。

A. 125W　　B. 30W　　C. 100W　　D. 250W

8.（　　）是使制冷剂气体放出热量变成液体的热交换设置。

A. 压缩机　　B. 冷凝器　　C. 蒸发器　　D. 干燥过滤器

9. 滑片旋转式压缩机的曲轴沿气缸内壁滚动旋转一周，完成（　　）全过程。

A. 膨胀、吸气、压缩、排气　　B. 吸气、膨胀、压缩、排气

C. 膨胀、排气、吸气、压缩　　D. 吸气、压缩、排气、吸气

10. 一般电冰箱的电动机都是采取（　　）作为保护装置。

A. PTC 保护器　　B. 重力式保护器　　C. 弹力式保护器　　D. 双金属保护器

11. R600a 专用的干燥过滤器型号为（　　）。

A. XH－7　　B. XH－9　　C. XH－8　　D. XH－6

12. 在电冰箱中将毛细管与回气管捆绑在一起的作用叙述不正确的是（　　）。

A. 避免制冷剂提前汽化　　B. 节省空间

C. 防止压缩机液击　　D. 提高制冷系统效率

13. 目前在电冰箱中应用最多的旋转式压缩机是（　　）。

A. 滚动转子式和滑片式　　B. 螺杆式和滑片式

C. 滚动转子式和螺杆式　　D. 涡旋式和连杆式

14. 间冷式电冰箱蒸发器主要使用（　　）。

A. 复合铝板吹胀式　　B. 层架盘管式

C. 翅片盘管式　　D. 管板式

15. 下列哪项不是变频压缩机的优点（　　）。

A. 恒温　　B. 精确控温　　C. 省电　　D. 降噪

三、判断题（对的打“√”，错的打“×”）

（　　）1. 大多数电冰箱的压缩机采用的是与驱动电动机组合而成的全封闭式压缩机。

（　　）2. 压缩机质量的好坏，决定了电冰箱的制冷能力、能效水平、噪声水平等。

（　　）3. 若压缩机的吸气管有结霜或滴水的情况出现，则说明制冷剂太少了。

（　　）4. 冷凝器的温度从入口处到出口处应该是逐渐递增的。

（　　）5. 干燥过滤器出现脏堵时，会使制冷量下降或者根本不制冷的情况。

（　　）6. 二位三通电磁阀用在单压缩机的双温双控电冰箱中。

（　　）7. 电冰箱在正常运转过程中，用手触摸压缩机表面时应有温热感觉。

（　　）8. 蒸发器中翅片的最大作用就是增大传热面积，提高蒸发器的传热效率。

（　　）9. 如果通过观察发现干燥过滤器的周围有结霜现象，则表明干燥过滤器有堵塞故障。

(　　) 10. 用于 R12 系统的毛细管同样适用于 R600a 系统，流量也是相同的。

四、简答题

1. 旋转式压缩机有何特点?

2. 电冰箱的毛细管为什么一般缠绕在温度较低的吸气管（回气管）上?

3. 干燥过滤器在整个制冷管路系统中有何作用?

4. 单向阀的主要作用有哪些?

5. 毛细管在整个制冷管路系统中有何作用?

6. 蒸发器在整个制冷管路系统中有何作用?

五、综合实训题

综合实训与考核一　压缩机的简单检测

实训目的	1）熟悉电冰箱压缩机的运行状况 2）初步掌握压缩机运行状况检测方法
实训器材	全封闭压缩机若干（有好的和坏的）、万用电表及绝缘电阻表各一只、一字和十字螺钉旋具各一套、带电源线的电源插头

实训内容、步骤及检测评分

序号	内容				配分	得分
	对压缩机进行通电，检测其运行状况。将结果填写到下面表格中					
	观测项目	压缩机（甲）	压缩机（乙）	压缩机（丙）		
	绝缘电阻				10	
	绕组阻值	R_{CM} = R_{CS} = R_{SM} =	R_{CM} = R_{CS} = R_{SM} =	R_{CM} = R_{CS} = R_{SM} =	20	
	起动电流				10	
	空载电流				10	
	排气能力				10	
	噪声				10	
	温升				10	
	连载能力				10	
	压缩机运行状况				10	
指导教师评语					总分	

综合实训与考核二　电冰箱压缩机的更换

实训目的	1）进一步熟悉全封闭压缩机的结构及检测方法 2）初步掌握压缩机常见故障的判断方法 3）学会压缩机的更换
实训器材	全封闭压缩机若干（有好的和坏的）、万用电表及绝缘电阻表各一只、一字和十字螺钉旋具各一套、带电源线的电源插头、绝缘胶布、电冰箱一台、真空压力表、真空泵一台、气焊设备、氮气瓶、R12 钢瓶、三通阀、卤素检漏灯、肥皂水、白纱布、毛刷等

实训内容、步骤及检测评分

序号	内容	配分	得分
1	1）压缩机好坏的判别 2）压缩机绕组的识别 3）压缩机绕组好坏的判断 4）通电检查	15	

（续）

序号	内容	配分	得分
2	拆卸压缩机	15	
3	1）安装压缩机 2）固定压缩机 3）焊接压缩机吸气管与蒸发器连接管道 4）焊接压缩机排气管与冷凝器连接管道 5）安装起动器、过载保护器	10	
4	打压检漏	20	
5	抽真空，充注制冷剂	20	
6	观察压缩机的内部结构 把有故障的压缩机放在工作台上，用钢锯锯开，取出压缩机组观察内部结构	10	
7	填写实训报告	10	
指导教师评语		总分	

单元六　电冰箱电气控制系统部件的检修

一、填空题

1. 电冰箱电气控制系统主要由________、________、________、________、________及各种电加热器（丝）等组成。

2. 常用的起动器有两种分别是________________和________________。

3. 万用电表是一种用来测量________、________ 和________等参数的测量仪表。用万用电表测直流电流时，应将万用电表与被测电路________。

4. 单相电动机起动电路可以分为________起动型电路、________起动型电路、________电路、电容起动电容运转型电路。

5. 机械式温度控制器从结构上可以分为________温度控制器、________温度控制器、________温度控制器、________控制器。

6. 电子式（热敏电阻式）温度控制器利用________作为传感器，通过电子电路控制________的开闭，从而控制温度的变化。

7. 机械式温度控制器典型故障有________、________、________。

8. 除霜定时器触点频繁通断，使用久了会出现触点________、除霜定时器线圈________、________等现象，引起除霜定时器不运转，造成不除霜或压缩机不工作。

9. 门开关是用来对________ 和________进行控制的部件。

10. 热保护继电器常见的有________热保护继电器和________热保护继电器两种形式。

二、选择题

1. PTC 在常温下其阻值在（　　）之间，则说明正常可用。

A. 0Ω　　B. 15 ~ 40Ω　　C. 1 ~ 2kΩ　　D. 无限大

2. 温度控制器标识为“WDF20”，表示该温度控制器属于（　　）。

A. 普通型温度控制器　　B. 半自动除霜型温度控制器

C. 定温复位型温度控制器　　D. 风门温度控制器

3. 定温复位型温度控制器控制压缩机开停的端子是（　　）。

A. H – L　　B. C – L　　C. H – C　　D. 以上三种都可以

4. PTC 启动继电器的特性是（　　）

A. 常温下阻值很小，通过大电流时元件发热，阻值急剧增大

B. 常温下阻值很大，通过大电流时元件发热，阻值急剧减小

C. 常温下阻值很大，通过大电流时元件发热，阻值缓慢减小

D. 常温下阻值很小，通过大电流时元件发热，阻值缓慢增大

5. 一般家用冰箱的电动机都是采取（　　）作为保护装置。

A. PTC 保护器　　B. 重力式保护器　　C. 弹力式保护器　　D. 双金属保护器

6. 间冷式电冰箱门灯和风扇电动机的开停可以通过（　　）来控制的。

A. 温度控制器　　B. 过载保护器　　C. 门开关　　D. 除霜定时器

7. 碟形热继电保护器安装时，(　　)。

A. 紧贴压缩机外　　B. 压缩机内　　C. 除霜加热器上　　D. 冷凝器上

8. 下列器件中与除霜无关的是（　　）。

A. 双金属恒温器　　B. 除霜定时器

C. 温度熔断器　　D. 普通型温度控制器

9. 下列说法中错误的是（　　）。

A. 双金属恒温器与除霜定时器配合进行自动除霜

B. 双金属恒温器是串联在除霜电路中的

C. 双金属恒温器直接接受蒸发器表面的热量而引起双金属片变形

D. 双金属恒温器在除霜电路中具有温度控制作用

10. 压缩机不起动不需要检查的部位是（　　）。

A. 起动器　　B. 热保护器　　C. 温控器　　D. 蒸发器

三、判断题（对打“√”，错打“×”）

(　　) 1. 使用万用电表时，在通电测量状态下可任意转换量程选择开关。

(　　) 2. 用万用电表测电阻时，不必每次进行欧姆调零。

(　　) 3. 钳形电流表是一种在不断电路的情况下，就能测量交流电流的专用仪表。

(　　) 4. 电冰箱内的照明系统主要是通过门开关控制照明灯的点亮与熄灭的。

(　　) 5. 不同型号的压缩机配有不同型号的保护器，维修过程中不可以将保护器混用。

(　　) 6. 蒸发器的温度上升时，温度控制器感温元件内部的压力会降低。

(　　) 7. 过载过热保护器触点在电冰箱正常工作时处于常开状态。

(　　) 8. 过载过热保护器与压缩机以串联的形式连接。

(　　) 9. 很多电冰箱使用温控磁性开关替代传统电冰箱的温度补偿开关。

(　　) 10. 温度控制器的波纹管收缩时，主弹簧的拉力不超过波纹管的压力。

四、简答题

1. 电冰箱的基本电气系统如何工作?

2. 重锤式起动器的检查方法有哪些?

3. 碟形热保护继电器一般有哪些常见故障？如何检测？

4. 低温补偿电路的主要器件有哪些？主要的作用有哪些？

5. 电冰箱温度的调节是通过什么器件实现的？

五、综合实训题

综合实训与考核一 电冰箱电气元器件的认识和性能测试

<table>
<tr><td>实训目的</td><td colspan="3">1）认识电冰箱常用的电气器件，了解其结构及工作原理
2）掌握判别元器件的性能测试方法
3）掌握判别元器件好坏的方法</td></tr>
<tr><td>实训器材</td><td colspan="3">直冷式电冰箱实训台、间冷式电冰箱实训台、万用电表、螺钉旋具等</td></tr>
<tr><td colspan="4">实训内容、步骤及检测评分</td></tr>
<tr><td>序号</td><td>内容</td><td>配分</td><td>得分</td></tr>
<tr><td>1</td><td>认识并写出直冷双门、间冷式双门电冰箱所用的电气器件名称、型号与规格</td><td>10</td><td></td></tr>
<tr><td>2</td><td>热保护器的测试
测量保护器两个引出端之间的电阻 R = ________ Ω</td><td>10</td><td></td></tr>
<tr><td>3</td><td>PTC 起动器的测试
测量 PTC 两端的电阻 R = ________ Ω</td><td>10</td><td></td></tr>
<tr><td>4</td><td>重锤式起动器的测试
可单独提供一个起动器，先拿它上下用力晃动，可以感受到内部重锤的上下跳动；再用万用电表的 R×200 档测量两触点的通断情况，从而确定其正常的安装方法；再测量电流线圈的电阻，通常应为 1 ~2Ω 左右</td><td>10</td><td></td></tr>
<tr><td>5</td><td>温度控制器的测试
通常 WSF、WPF 和 WDF 的温控触点 L－C 是闭合的，若测得为无穷大则可判断管路已断裂、感温剂泄漏。对 WSF 还可用力按下其除霜按键，两触点应断开，松手后应能自动复位闭合，否则也可判断管路断裂或感温剂泄漏。对 WDF 的手动开关 H－L，当旋柄逆时针旋到底时应断开，顺转时可感受到 H－L 触点的动作</td><td>10</td><td></td></tr>
</table>

（续）

序号	内容	配分	得分
6	电容器的测试 首先认识电容器的型号与规格，电冰箱用的起动电容器和运行电容器均为交流无极性电容器，它有两个指标，一是电容量，二是耐压 测量时应先将电容器两端用导体（如螺钉旋具）短接一下，让其放电完毕，然后用万用电表的 R×1k 或 R×10k 挡测量电容器的两端，观察其充放电的情况，对容量较大的电容器，将有较大的充电电流，故指针有较大的偏转，甚至出现“打针”，但由于放电会使指针很快返回	10	
7	门触开关功能的测试，并记录测试结果	5	
8	除霜温度控制器和温度熔断器的测试。因在室温下，只能测量它是否处于接通状态，并观察其密封是否完好	10	
9	定时除霜时间继电器的测试 判别四个引出脚；测量同步电动机的 M_d 的阻值，$R=$________ Ω	10	
10	除霜电热管的测试 用万用电表测量它的阻值，$R=$________ Ω	5	
11	补偿电热管的测试 用万用电表测量它的阻值，$R=$________ Ω	5	
12	照明灯的测试 用万用电表测量它的阻值，$R=$________ Ω	5	
指导教师评语		总分	

综合实训与考核二　直冷式电冰箱电气线路连接

实训目的	1）掌握直冷式电冰箱电气线路的接线步骤和方法 2）掌握绝缘电阻表的使用方法及对压缩机绝缘性能的测试 3）学会判断接线的正确性与安全性
实训器材	直冷式电冰箱实训台、绝缘电阻表、万用电表、钳形电流表、螺钉旋具等

实训内容、步骤及检测评分

序号	内容	配分	得分
1	阅读双门直冷冰箱电路图	10	
2	用万用电表判断所有元器件端子及好坏	10	
3	选择好匹配的起动器和热保护器，并将起动器和保护器接到压缩机端子上	10	
4	温控器冰箱灯泡、灯开关连接	10	
5	补偿加热器的接线及补偿加热开关连接	10	
6	箱内和箱外连接线接线	5	
7	电源线连接及接地	5	

（续）

序号	内容	配分	得分
8	1）用绝缘电阻表测量线路的绝缘电阻，应符合要求 2）测量电源插头两端的阻值，该阻值是大于 R_{CM} 呢还是小于 R_{CM} 呢？应该是多少，分析之	10	
9	起动电流与工作的电流的测量 1）用钳形电流表测量起动电流和运行电流 2）接通 220V 交流电源，注意观测起动瞬时的起动电流和稳定运行时的工作电流，读取数据并记录之。$I_{起}$ = ________ A、$I_{运}$ = ________ A 3）关机，约停数秒钟后，再次起动，观察能否起动？并分析之	10	
10	操作温度控制器开关，通过电流表观察压缩机的起动状态，并记录结果	10	
11	手动操作电冰箱的门触开关，观察照明灯的亮暗状态变化，并记录结果	10	
指导教师评语		总分	

综合实训与考核三　间冷式电冰箱电气线路连接

实训目的	1）掌握间冷式电冰箱电气线路的接线步骤和方法 2）学会判断接线的正确性与安全性		
实训器材	间冷式电冰箱实训台、绝缘电阻表、万用电表、螺钉旋具等		
实训内容、步骤及检测评分			
序号	内容	配分	得分
1	阅读间冷冰箱电路图	10	
2	用万用电表判断所有电器元件端子及好坏	10	
3	选择好匹配的起动器及热保护器，并将起动器和热保护器接到压缩机端子上	10	
4	连接电冰箱风扇、风扇开关及门开关	10	
5	连接电冰箱灯泡及与门联动的门开关	10	
6	连接温度控制器除霜定时器	10	
7	连接除霜定时器、除霜开关及除霜温度熔丝	10	
8	连接除霜加热器及辅助加热器	10	
9	连接电源线及接地	5	
10	接通电源，开机调试	5	
11	进行接线的正确性与安全性检查	10	
指导教师评语		总分	

单元七　微电脑控制电冰箱的检修

一、填空题

1. 电冰箱微电脑控制系统是以________为核心，结合________、________、________、液晶显示技术等多学科最新技术实现电冰箱智能化达到________、________等效果。

2. 电冰箱微电脑控制系统通常具有________、________、________等功能。

3. 主控板的作用是由________感应箱内温度，将信息传递给________，由单片机系统进行各信号处理，再由单片机发出指令指挥________的工作。

4. 操作显示板一般位于电冰箱的顶盖或________，用户通过操作显示电路面板上的按键输入________________，用以对________________，同时显示屏________________。

5. 电冰箱整机上的传感器一般是________的热敏电阻制成。

6. 主控板一般位于电冰箱的________，上面主要有________和________。

7. 变频板是________________中所特有的电路模块，其主要功能就是为电冰箱的变频压缩机提供________，用来调节压缩机的________，实现电冰箱制冷的________。

8. 微处理器是微电脑控制电冰箱的核心控制器件，是一个具有很多引脚的________，其作用主要有两个，一是控制________________________的工作，二是随时监控____________________。

9. 开关电源电路是为电冰箱其他电路和各部件________，由熔断器、________、________、________、________、开关变压器、光耦合器等元器件组成。

10. 滤波板出现故障后，可能的原因有：滤波板与________之间的通信线路损坏、接插点接触不良、滤波板线路损坏、________、________等。

二、选择题

1. 所有的电冰箱电脑板正常工作都需要给芯片提供（　　）的工作电压才能工作。

A. −5V　　B. 5V　　C. −12V　　D. 12V

2. 滤波板出现故障了，通电后，会出现下列（　　）现象。

A. 显示板不显示　　B. 压缩机不起动　　C. 风扇电动机不转　　D. 以上现象都有可能

3. 主控板化霜输出电压是（　　）V。

A. 220　　B. 12　　C. 5　　D. 36

4. 主控板输出及显示板输入端有（　　）V 直流电压。

A. 220　　B. 12　　C. 5　　D. 36

5. 区别电冰箱制冷系统是单系统还是双系统的器件是（　　）。

A. 风机　　B. 主控板　　C. 传感器　　D. 电磁阀

6. 晶闸管有（　　）。

A. 3 个 PN 结，3 个电极　　B. 2 个 PN 结，3 个电极

C. 1 个 PN 结，3 个电极　　D. 3 个 PN 结，2 个电极

7. 东芝 GR－204E 型电冰箱的电源电路中经整流、滤波得到一个（　　）的电压供控

制电路中两个继电器 RY01、RY02 使用。

A. DC6. 8V　　B . DC12V　　C. DC14V　　D. DC16V

8. 电脑控温电冰箱又称智能电冰箱，是指电路系统中采用（　　）进行控制的电冰箱。

A. 微处理器　　B. 多个温控器　　C. 变频电路　　D. 网络技术

9. 变频电冰箱是在智能电冰箱的基础上，应用（　　）技术，由变频电路对变频压缩机进行控制，从而实现变频制冷的功能。

A. 节能　　B. 智能　　C. 网络　　D. 变频

10. 稳压电路的主要特性指标有（　　）。

A. 最大输出电流及调节电压范围

B. 最大输出电流，最大输出电压及调节电压范围

C. 最大输出电流，最大输出电压

D. 最大输出电压及调节电压范围

三、判断题

（　　）1. 微电脑控制电冰箱与普通电冰箱最大的区别就在于电气控制不同。

（　　）2. 如果晶体谐振器损坏或者失去时钟振荡信号，微处理器也不能正常工作。

（　　）3. 用户在使用微电脑控制电冰箱时，可以通过操作显示板上的按键输入人工指令信号。

（　　）4. 检测传感器时，对应阻值对比实际测试的阻值只要相差不超过 5%，可判断传感器正常。

（　　）5. 传感器只有短路或断路才是故障。

（　　）6. 一般的微电脑控制电冰箱初次上电会自动设定为人工智能状态。

（　　）7. 钳形电流表测量交流电流时，只需将一根导线放入钳口内。

（　　）8. 利用稳压二极管的正、反向伏安特性都可以做稳压电源。

（　　）9. 电容器的常见故障有击穿短路、开路或漏电，检测时可用万用电表来判定。

（　　）10. 电路板带电时，严禁任何导电材料接触到电路板。

四、简答题

1. 普通电冰箱和微电脑控制电冰箱自动化霜的方法有什么不同?

2. 什么叫电冰箱单压缩机的双温双控功能?

3. 操作显示板出现故障时，如何进行检修？

五、综合实训题

综合实训考核　微电脑控制系统的连接与检修

实训目的	1）熟悉微电脑控制系统的组成与结构 2）学会微电脑控制系统的连接 3）掌握微电脑控制电冰箱的检修方法		
实训器材	微电脑控制电冰箱一台、十字和一字螺钉旋具等		
实训内容、步骤及检测评分			
序号	内容	配分	得分
1	读懂电气控制系统图	10	
2	按电气控制系统图把微电脑控制系统连接起来	30	
3	练习使用维修测试程序进行检测	30	
4	练习电路板、电磁阀的检测	20	
5	填写实训报告	10	
指导教师评语		总分	

单元八　电冰箱综合故障的分析与维修

一、填空题

1. 电冰箱检修的基本原则________、________、________。

2. 在检修电冰箱时，先排除________________故障，再考虑________________，最后判断是否因制冷系统故障导致电气系统故障。

3. 电冰箱制冷系统是否发生故障，在现场可采用________、________、________、________方法进行现场检查，获得第一手信息，然后进行综合分析，选择适当方法去修理。

4. 电冰箱制冷系统的堵塞分________________和________________两种，发生堵塞的部位大多在________、________。

5. 在电冰箱的管路系统中容易发生泄漏的部位常出现在焊接处，如________________、________________、________________、________________等。

二、选择题

1. 电冰箱运行1h后，蒸发器应（　　）。

A. 温热　　B. 结霜且有粘手感　　C. 有轻微凉感　　D. 烫手

2. 冷冻室温度已下降到－20℃，但压缩机一直不停机原因可能是（　　）。

A. 起动器　　B. 压缩机　　C. 温度控制器　　D. 过载保护器

3. 电冰箱压缩机运转，但不制冷，原因可能是（　　）。

A. 蒸发器漏　　B. 温控器不良　　C. 起动器坏　　D. 环境温度高

4.（　　）性能不良会使压缩机不停机。

A. 起动器　　B. 温控器　　C. 蒸发器　　D. 冷凝器

5. 电冰箱制冷系统中，制冷剂经过（　　）元件，压力减小。

A. 压缩机　　B. 冷凝器　　C. 蒸发器　　D. 毛细管

6. 内胆开裂可用哪一种溶剂修复（　　）。

A. 环戊烷　　B. 水　　C. 二氯甲烷　　D. 异丁烷

7. 电冰箱在正常使用时压缩机的实际功率只有额定功率的（　　）。

A. 60%　　B. 80%　　C. 90%　　D. 110%

8. 关于国标对电冰箱噪声的新规定，小于250L的直冷式冰箱噪声不超过（　　）dB。

A. 38　　B. 45　　C. 48　　D. 52

9. 采用（　　）真空度最高。

A. 低压单侧抽真空　　B. 高压单侧抽真空

C. 高、低双侧二次抽真空　　D. 高、低双侧一次抽真空

10. 电冰箱制冷系统中容易产生冰堵的部位是（　　）。

A. 蒸发器　　B. 压缩机　　C. 毛细管和干燥过滤器　　D. 冷冻室蒸发器

三、判断题（对的打“√”，错的打“×”）

（　　）1. 如果遇到压缩机不能工作，且有规律的发出“咔”“咔”“咔”的响声，可

以肯定就是压缩机已经损坏。

(　　) 2. 正常情况下家用电冰箱压缩机停止工作时，家里电表转盘就不会转动。

(　　) 3. 对开门冰箱门体高低不平，应首先调节底角。

(　　) 4. 电冰箱维修时，只要打开系统就必须要更换干燥过滤器。

(　　) 5. 电冰箱冷冻室中的霜层不断加厚，不会影响蒸发器的换热能力。

(　　) 6. R12 压缩机较 R600a 压缩机相比，由于排气压力、工作温度更高，更容易发生阀片积碳的故障。

(　　) 7. 电冰箱的除霜方式有人工化霜、半自动化霜、全自动化霜三种。

(　　) 8. 一台良好的电冰箱在电源电压 187 ~242V 范围内都能正常开启、停止。

(　　) 9. 压缩机上出现凝霜是由于有液体制冷剂进入压缩机产生的，其实质上是因制冷剂充注量过少引起的。

(　　) 10. 如制冷系统管道接头或焊接处有油迹，表示该处有泄漏可能。

四、简答题

1. 画出电冰箱不制冷故障的检修流程。

2. 画出电冰箱制冷效果差的检修流程。

3. 电冰箱振动及噪声过大的主要原因是什么？如何排除？

五、综合实训题

综合实训与考核　电冰箱综合故障的分析与维修

实训目的	1）认识电冰箱常用的电气器件，了解其结构及工作原理 2）掌握判别元器件的性能测试方法 3）掌握判别元器件好坏的方法
实训器材	直冷式电冰箱实训台、间冷式电冰箱实训台、万用电表、螺钉旋具等

实训内容、步骤及检测评分

序号	内容	配分	得分
1	认识并写出直冷双门、间冷式双门电冰箱所用的电气器件名称、型号与规格	10	
2	热保护器的测试 测量保护器两个引出端之间的电阻 $R=$ ________ Ω	10	
3	PTC 起动器的测试 测量 PTC 两端的电阻 $R=$ ________ Ω	10	
4	重锤式起动器的测试 可单独提供一个起动器，先拿它上下用力晃动，可以感受到内部重锤的下下跳动；再用万用电表的 R×200 挡测量两触点的通断情况，从而确定其正常的安装方法；再测量电流线圈的电阻，通常应为 1～2Ω	10	
5	温度控制器的测试 通常 WSF、WPF 和 WDF 的温控触点 L－C 是闭合的，若测得为无穷大则可判断管路已断裂、感温剂泄漏。对 WSF 还可用力按下其除霜按键，两触点应断开，松手后应能自动复位闭合，否则也可判断管路断裂或感温剂泄漏。对 WDF 的手动开关 H－L，当旋柄逆时针旋到底时应断开，顺转时可感受到 H－L 触点的动作	10	
6	电容器的测试 首先认识电容器的型号与规格，电冰箱用的起动电容器和运行电容器均为交流无极性电容器，它有两个指标，一是电容量，二是耐压 测量时应先将电容器两端用导体（如螺钉旋具）短接一下，让其放电完毕，然后用万用表的 R×1k 或 R×10k 挡测量电容器的两端，观察其充放电的情况，对容量较大的电容器，将有较大的充电电流，故指针有较大的偏转，甚至出现“打针”，但由于放电会使指针很快返回	10	
7	门触开关功能的测试，并记录测试结果	5	
8	除霜温度控制器和温度熔体的测试。因在室温下，只能测量它是否处于接通状态，并观察其密封是否完好	10	
9	定时除霜时间继电器的测试 判别四个引出脚；测量同步电动机的 M_d 的阻值，$R=$ ________ Ω	10	
10	除霜电热管的测试 用万用电表测量它的阻值，$R=$ ________ Ω	5	
11	补偿电热管的测试 用万用电表测量它的阻值，$R=$ ________ Ω	5	
12	照明灯的测试 用万用电表测量它的阻值，$R=$ ________ Ω	5	
指导教师评语		总分	

附录　考试试卷与参考答案

附录 A　《电冰箱结构原理与维修》期中考试

理论考试试卷

注意事项：

1. 本试卷为闭卷，满分 100 分，考试时间为 90 分钟。
2. 将班级、考号、姓名填在密封线内。

题号	一	二	三	四	五	六	总分
得分							

一、填空题（本大题共有 8 小题，每空 1 分，共 20 分。）

1. 四星级的电冰箱，冷冻室温度低于________℃，冷冻室对食物的储存期为________。
2. 自然界的物质有三种状态，即________、________和________。
3. 蒸气压缩式电冰箱主要由________、________、________和________四部分组成。
4. 电冰箱实现制冷循环不可缺少的部件是压缩机、________、________、________。
5. 洛克林密封液的固化时间随所接触的金属材料及现场环境温度有所变化，在 20～25℃时，只要一头是铜管，则固化时间约为________ min；若两头均为铝管，则固化时间为_____ min 左右。
6. 焊接前一定要检查设备是否完好，操作人员必须戴上________和________。
7. 熄火操作的具体顺序：①________________；②________________。
8. 氧乙炔气焊设备上的减压阀具有两个作用：________________和________________。

二、单选选择题（本大题共有 10 小题，每题 2 分，共 20 分。在每小题所给出的四个选项中，只有一项是符合题目要求的。）

1. 描述物体冷热程度的物理量是（　　）。

A. 压力　　B. 温度　　C. 湿度　　D. 含湿量

2. 电冰箱冷藏室显示的温度是 5℃，其绝对温度是（　　）。

A. 278K　　B. 293K　　C. 273K　　D. 305K

3. 储藏制冷剂的钢瓶，（　　）使用。

A. 不能相互调换　　B. 氟利昂制冷剂可以调换

C. R12 和 R22 可以互换　　D. R22 和 R502 可以互换

4. 变频电冰箱的泄漏电流不应超过（　　）。

A. 0.75mA　　B. 1.5mA　　C. 0.5mA　　D. 2mA

5. R600a 制冷剂的电冰箱系统，禁止采用的抽真空的方法是（　　）。

A. 低压单侧抽真空　　B. 高低压双侧抽真空

C. 二次抽真空　　D. 高压单侧抽真空

6. 物质的状态从液态变为气态称为（　　）。

A. 汽化　　B. 蒸发　　C. 液化　　D. 沸腾

7. 制冷系统中有过量的空气，会使排气温度过高，促使润滑油蒸发而生成（　　）。

A. 油气　　B. 油膜　　C. 碱类　　D. 积碳

8. 直冷式电冰箱和间冷式电冰箱的冷却方式分别是（　　）。

A. 自然对流，强制对流　　B. 强制对流，自然对流

C. 自然对流，自然对流　　D. 强制对流，强制对流

9. 用压力表测得的压力为（　　）。

A. 绝对压力　　B. 相对压力　　C. 饱和压力　　D. 临界压力

10. 黄铜材料的洛克环不适用于（　　）之间的连接。

A. 铜与铜　　B. 铜与钢　　C. 钢与钢　　D. 铝与铝

三、多项选择题（本大题共有 4 小题，每题 3 分，共 12 分。在每小题所给出的选项中，有多项是符合题目要求的，选对所有选项方可得分，多选少选均不得分。）

1. 影响电冰箱耗电量的因素有（　　）。

A. 放入食品过多　　B. 环境温度过高　　C. 温控器挡位太低　　D. 开门次数过多

2. 测量测量冰箱安全性能的三个指标是（　　）。

A. 泄漏电流　　B. 绝缘电阻　　C. 接地电阻　　D. 电磁泄漏

3. 电冰箱制冷剂的充注方法有（　　）。

A. 称重充注法　　B. 定量充注法　　C. 控制低压充注法　　D. 温度控制充注法

4. 电冰箱的检漏的方法有（　　）。

A. 外观检漏　　B. 肥皂水检漏　　C. 卤素检漏仪检漏　　D. 电子检漏仪检漏

四、判断题（本大题共有 10 小题，每题 1 分，共 10 分。对的打“√”，错的打“×”。）

（　　）1. 电冰箱的星级符号越多表明冷冻室储藏食物的时间越长。

（　　）2. R134a、R600a 是目前常见的新型无公害的制冷制。

（　　）3. 充注 R600a 制冷剂时，要求一次性充注成功，不宜多次充注。

（　　）4. 电冰箱型号的第一个字母用 B 表示。

（　　）5. 风冷式电冰箱比直冷式电冰箱更静音。

（　　）6. 双门直冷式电冰箱通常不设副冷凝器和防露管。

（　　）7. 电子温控电冰箱既有直冷式又有风冷式（无霜）。

（　　）8. 毛细管与干燥过滤器焊接时，要注意毛细管的插入深度。

（　　）9. 一字螺钉旋具可临时当作凿子使用。

（　　）10. R600a 是新型环保制冷剂，比较安全，充注时可以用明火封口。

五、作图分析题（本大题共有 2 小题，每题 5 分，共 10 分。）

1. 画出单门电冰箱制冷系统工作原理图，并标注主要部件的名称。

2. 双门直冷式电冰箱电气系统原理图，并标注主要元器件的名称。

六、**简答题**（本大题共有 3 小题，每题 6 分，共 18 分。）

1. 什么是制冷技术？

2. 双门间冷式冰箱电路由哪几部分组成？

3. 洛克复合环连接有什么特点？

附录B 《电冰箱结构原理与维修》期中考试

技能考试试卷

项目名称	技能考核内容	操作过程中相关记录	评分标准	配分	得分	备注
设备、仪器与材料	1. 正确使用相关设备、仪器 2. 识别主要设备、仪器的型号	卤素灯的型号为________ 电子检漏仪的型号为________ 真空泵的型号为________ 制冷剂为________	1. 操作过程应注意节约与环保，离场前应将工具与剩余材料等摆放整齐，否则扣2分 2. 根据实训室实际情况填写相关设备、仪器及材料的型号，每空2分	10		
检漏	1. 肥皂水检漏 2. 卤素灯检漏 3. 电子卤素检漏仪检漏	1. 当用肥皂水检漏时，氮气减压阀压力指示为________MPa 2. 此时三通修理阀压力表指示为________________MPa 3. 当用卤素灯检漏时，先要对制冷系统充入__________MPa的制冷剂 4. 当用电子卤素检漏仪检漏时，先要对制冷系统充入____MPa的制冷剂	1. 肥皂水检漏操作错误，扣4～6分 2. 卤素灯检漏操作错误，扣4～6分 3. 电子卤素检漏仪检漏操作错误，扣4～6分 4. 操作过程中相关记录，每空2分	25		
抽真空	1. 管路连接连接 2. 抽真空操作	1. 当真空压力表指示值小于________Pa时，表示抽真空结束 2. 当抽真空结束时，应先关闭________，后关停________	1. 管路连接连接错误，扣4～7分 2. 抽真空操作错误，扣4～7分 3. 操作过程中相关记录，每空2分	20		
充注制冷剂试运行	1. 充注制冷剂操作 2. 充注制冷剂量的判断 3. 试运行	1. 一般家用电冰箱需充注________g制冷剂 2. 制冷剂充注结束后，需进行试运行和封口。运行____min后，蒸发器结霜均匀	1. 充注制冷剂操作错误，扣5～10分 2. 充注制冷剂量过多或者过少，扣5～10分 3. 操作过程中相关记录，每空2分	25		
封口	封口操作	1. 封口应在压缩机____时进行（运行，停止） 2. 先在距离压缩机机壳____mm处开始封口，然后在距离封口________mm处切断铜管	封口操作错误，扣5～10分	10		
安全文明操作	1. 遵守纪律，爱护设备，有良好的职业道德 2. 穿戴与操作规范，安全操作规程		1. 不遵守纪律，扣3～5分 2. 操作不规范，扣3～5分 3. 违反安全操作规程，本项得0分	10		
时间	在150min完成所有操作	开始时间：________结束时间：________ 实际时间：________	1. 超时30min以上为总评成绩不合格 2. 超时30min以内，每超5分钟扣5分			

监考老师签字：

附录 C 《电冰箱结构原理与维修》期末考试
理论考试试卷

注意事项：

1. 本试卷为闭卷，满分 100 分，考试时间为 90 分钟。
2. 将班级、考号、姓名填在密封线内。

题号	一	二	三	四	五	六	总分
得分							

一、填空题（本大题共有 7 小题，每空 1 分，共 20 分。）

1. 电冰箱冷凝器的作用是将________排出的________________的制冷剂，通过对流，将其热量散发掉而凝结为________________的制冷剂。

2. 常用的新型制冷剂有________和________两种，制冷剂在蒸发器内吸收热量而________。

3. 电冰箱所使用的压缩机的壳体上引出的 3 根管子分别是____、________和________。

4. 热保护继电器常见的有________热保护继电器和________热保护继电器两种形式。125W 的压缩机过载保护器应采用________ HP。

5. 蒸气压缩式电冰箱的制冷系统主要由__________、冷凝器、__________、________、________组成。

6. 在检修电冰箱时，先排除________故障，再考虑________，最后判断是否因制冷系统故障导致电气控制系统故障。

7. 主控板的作用是由________感应箱内温度，将信息传递给________，由单片机系统进行各信号进行处理，再由单片机发出指令指挥各个负载的工作。

二、单选选择题（本大题共有 10 小题，每题 2 分，共 20 分。在每小题所给出的四个选项中，只有一项是符合题目要求的。）

1. （　　）适宜钎焊铜管与铜管、钢管与钢管。

A. 中性焰　　B. 碳化焰　　C. 氧化焰　　D. 以上三种都可以

2. 关于国标对电冰箱噪声的新规定，小于 250 升的直冷式冰箱噪声不超过（　　）分贝。

A. 38　　B. 45　　C. 48　　D. 52

3. R134a 电冰箱其干燥过滤器必须用（　　）。

A. XH－7 或 XH－9　　B. XH－5 或 XH－6　　C. XH－9　　D. XH－6

4. 主控板除霜输出电压是（　　）V。

A. 220　　B. 12　　C. 5　　D. 36

5. 区别电冰箱制冷系统是单系统还是双系统的器件是（　　）。

A. 风扇电动机　　B. 主控板　　C. 传感器　　D. 电磁阀

6. 某厂商生产的冷藏冷冻式家用无霜电冰箱，有效容积 180L，其型号为（　　）。

A. BCD—180W　　B. BCD—180A　　C. BCD—180　　D. BC—180

7. 在目前较流行的冷冻室下置内抽屉式直冷式电冰箱，蒸发器普遍采用（　　）。

A. 丝管式蒸发器　　B. 管板式蒸发器

C. 单脊翅片管式蒸发器　　　　D. 铝复合板式蒸发器

8. 电冰箱的绝热材料多选用（　　）。

A、膨胀珍珠岩　　B. 发泡聚胺酯　　C. 聚苯乙烯泡沫塑料　　D. 稻壳

9. 温度计显示的温度是 -70℃，其绝对温度是（　　）。

A. 257K　　B. 273K　　C. 343K　　D. 203K

10. 电冰箱的蒸发压力一般为（　　）。

A. 0.03MPa　　B. 0.1MPa　　C. 0.3MPa　　D. 1.2MPa

三、多项选择题（本大题共有 4 小题，每题 3 分，共 12 分。在每小题所给出的选项中，有多项是符合题目要求的，选对所有选项方可得分，多选少选均不得分。）

1. 变频压缩机的优点（　　）。

A. 恒温　　B. 精确控温　　C. 省电　　D. 降噪

2. 滤波板出现故障了，通电后，会出现下列（　　）现象。

A. 显示板不显示　　B. 压缩机不起动　　C. 风扇电动机不转　　D. 按键无声音

3. 压缩机不起动需要检查的部位是（　　）。

A. 起动器　　B. 热保护器　　C. 温控器　　D. 蒸发器

4. 在电冰箱中将毛细管与回气管捆绑在一起的原因是（　　）。

A. 避免制冷剂提前汽化　　B. 节省空间

C. 防止压缩机液击　　D. 提高制冷系统效率

四、判断题（本大题共有 10 小题，每题 1 分，共 10 分。对的打"√"，错的打"×"。）

（　　）1. 电冰箱维修时，只要打开系统就必须要更换干燥过滤器。

（　　）2. 过热保护器触点在电冰箱正常工作时处于常开状态。

（　　）3. 传感器只有短路或断路才是故障。

（　　）4. 用于 R12 系统的毛细管同样适用于 R600a 系统，流量也是相同的。

（　　）5. 如果晶体谐振器损坏或者失去时钟振荡信号，微处理器也不能正常工作。

（　　）6. 很多电冰箱使用温控磁性开关替代传统电冰箱的温度补偿开关。

（　　）7. 温度高的物体比温度低的物体含有更多的热量。

（　　）8. 二位三通电磁阀用在单压缩机的双温双控电冰箱中。

（　　）9. 切管时滚轮刀片一次进刀不可过多，否则会造成管子变形。

（　　）10. 若压缩机的吸气管有结霜或滴水的情况出现，则说明制冷剂太少了。

五、画图分析题（本大题共有 2 小题，每题 5 分，共 10 分。）

1. 画出电容分相起动型的电路图。

2. 下图是微电脑控制双温双控电冰箱电气系统原理图，补充部分未标注的元器件名称。

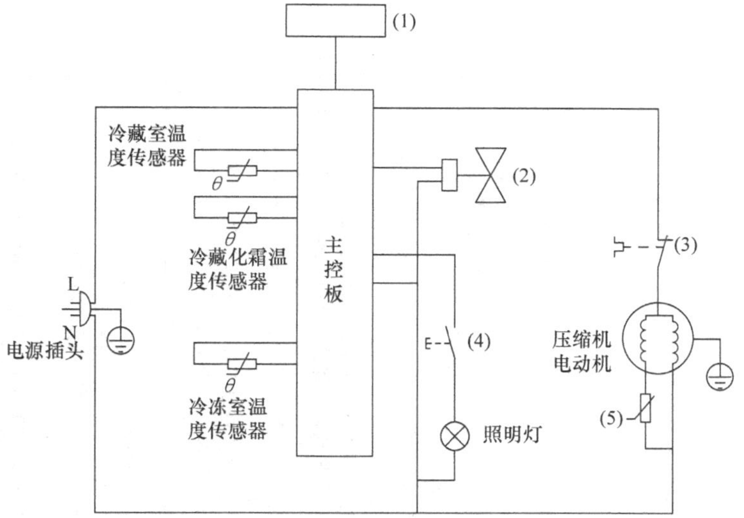

（1）－______　（2）－______　（3）－______　（4）－______　（5）－______

六、简答题（本大题共有3小题，共18分。）

1. 双门直冷式与双门间冷式电冰箱在结构上有哪些区别？（7分）

2. 干燥过滤器的作用是什么？（4分）

3. 画出电冰箱制冷效果差的检修流程。（7分）

附录 D 《电冰箱结构原理与维修》期末考试

技能考试试卷

项目名称	技能考核内容	操作过程中相关记录	评分标准	配分	得分	备注
设备、仪器与材料	1. 正确使用相关设备、仪器 2. 识别主要设备、仪器的型号	1. 直冷式电冰箱型号为________ 2. 温控器的型号为________ 3. 压缩机的型号为________ 4. 干燥过滤器的型号为________ 5. 制冷剂为________	1. 操作过程应注意节约与环保，离场前应将工具与剩余材料等摆放整齐，否则扣 2 分 2. 根据实训室实际情况填写相关设备、仪器及材料的型号，每空 2 分	10		
观察故障现象	1. 考核之前，监考老师随机设置 7 种典型故障中的一种。 2. 熟练观察直冷式电冰箱的典型故障	1. 压缩机电动机不运转 2. 压缩机电动机频繁起动 3. 箱体漏电 4. 电冰箱发出异常声音 5. 压缩机电动机正常运转 30min 后，蒸发器不结霜 6. 压缩机电动机正常运转 30min 后，蒸发器局部结霜 7. 压缩机电动机正常运转，但结霜除霜交替出现 根据观察，此时电冰箱的故障现象是________（1 ~7）	观察故障现象不熟练或观察有误，扣 1 ~10 分	10		
判断故障结果	判断故障范围	1. 通过分析判断，该电冰箱故障在________系统。（电气控制、制冷） 2. 报验故障结果为________	1. 判断故障方法不熟练或判断有误，扣 1 ~10 分 2. 第一次报验故障结果正确，不扣分 3. 第二次报验故障结果正确，扣 20 分 4. 第三次报验故障结果正确，扣 30 分。以后均不得分 5. 故障判断定时 30min，每超过 2 min 扣 1 分	50		
故障检修步骤	1. 正确进行故障的检修 2. 写出故障检修步骤	1. ________ 2. ________ 3. ________ 4. ________ 5. ________ 6. ________ 7. ________ 8. ________ 导致电冰箱产生故障的故障点是________	1. 故障检修步骤正确且操作熟练，不扣分 2. 故障检修步骤基本正确且操作熟练，扣 1 ~10 分 3. 故障检修步骤不正确且操作不熟练，扣 10 ~20 分 4. 故障点修复不成功或有误，扣 1 ~10 分 故障检修定时 30min，每超过 2 min 扣 1 分	20		
安全文明操作	1. 遵守纪律，爱护设备，有良好的职业道德 2. 穿戴与操作规范，安全操作规程		1. 不遵守纪律，扣 3 ~5 分 2. 操作不规范，扣 3 ~5 分 3. 违反安全操作规程，本项得 0 分	10		
时间	在 120min 完成所有操作	开始时间：________结束时间：________ 实际时间：________	1. 超时 120min 以上为总评成绩不合格 2. 超时 120min 以内，每超 5min 扣 5 分			

监考老师签字：

附录E 参考答案

单元一 电冰箱基础知识

一、填空题

1. 保鲜、保质
2. 冷冻、冷藏
3. 蒸气压缩式、半导体的温差电效应
4. 固态、液态、气态
5. 冷凝器、毛细管、蒸发器
6. 珀尔贴
7. 箱体、制冷系统、电气控制系统、附件
8. R12、R11、R600a、R134a
9. 普通电冰箱（恒频电冰箱）、变频电冰箱、直冷式、间冷式、间直冷混合式

二、选择题

1. C 2. A 3. B 4. A 5. C 6. D 7. C 8. A 9. B 10. D

11. B 12. B 13. D 14. A 15. A 16. B 17. D 18. C 19. C 20. D

三、判断题

1. √ 2. √ 3. × 4. √ 5. × 6. √ 7. √ 8. √ 9. × 10. √ 11. × 12. × 13. × 14. √ 15. ×

四、简答题

1. 答：随着新技术的不断进步，展望未来几年，我国家用电冰箱发展将呈现出如下趋势：新型环保电冰箱成为市场主流，向大容量、多门、多温区方向发展，向多元化发展，向隐形化发展，向智能化、网络化方向发展。

2. 答：制冷技术是一种用人工方法取得低温的技术，即用人工的方法，通过一定的设备在一定时间内使某一空间内物体的温度低于周围环境的温度，并维持这个低温的过程。

3. 答：蒸气压缩式电冰箱的工作过程可概括为蒸发、压缩、冷凝、节流四个过程，即液态制冷剂在蒸发器中吸收被冷却的物体热量，汽化成低压、低温的蒸气，被压缩机吸入并压缩成为高压、高温的蒸气，然后排入冷凝器中向冷却物质（水或空气）放热而冷凝成为稍高于常温的高压液体。这种制冷剂液体先通过干燥过滤器将制冷剂中可能混有的污垢和水分清除后，再经毛细管节流以后变为低压、低温的制冷剂液体进入蒸发器吸热汽化。如此反复循环，从而使电冰箱内温度逐渐降低，达到人工制冷的目的。

4. 答：按照结构类型分类即按电冰箱门数量的多少来区分，一般可划分为单门电冰箱、双门电冰箱、对开双门壁柜电冰箱、三门电冰箱、多门电冰箱。

5. 答：电冰箱的基本电气系统比较简单，给压缩机电机绕组的两端加上交流 220V 电压后，电源经温控器、定时器为压缩机电动机供电。压缩机开始工作，制冷系统运行，电冰箱开始制冷。在压缩机供电系统中设有温度控制器，当电冰箱内温度达到预定温度时，温度控制器会切断压缩机的供电通路，则压缩机停机。如果电冰箱内温度上升，超过预定温度时，温度控制器会自动接通压缩机的供电电路，则压缩机可实现自动起动。

6. 答：能效标识是突出表明该产品能源消耗量的大小和能效等级。贴有此种标识的产

品能得到直观的能耗信息和估算日常消费费用，以判断同类型产品中哪些型号能效更高、使用成本更低。

五、综合实训题（答案略）

单元二　电冰箱的结构与工作原理

一、填空题

1. 简单、便宜、较小
2. 冷冻室、冷藏室
3. 灯开关闭合，灯亮；灯开关断开，灯熄
4. 外露
5. 一、翅片盘管、冷冻室和冷藏室
6. 风扇电动机、除霜加热器及除霜
7. 节能、控温更准确、节省制冷剂量
8. 冷藏毛细管、冷冻毛细管、冷藏毛细管、冷冻毛细管
9. 自然冷却、强制风冷；在自然冷却时不被风干，保持水分和新鲜风味；实现快速冷冻
10. 智能电路、变频板、变频压缩机

二、选择题

1. A　2. B　3. B　4. B　5. A　6. A　7. B　8. B　9. A　10. A

三、判断题

1. ×　2. √　3. √　4. ×　5. √　6. √　7. ×　8. √　9. ×　10. √

四、简答题

1. 答：单门电冰箱单一箱体的制冷系统都由压缩机、冷凝器、干燥过滤器、毛细管及蒸发器组成，其制冷系统工作原理图如图 1 所示。

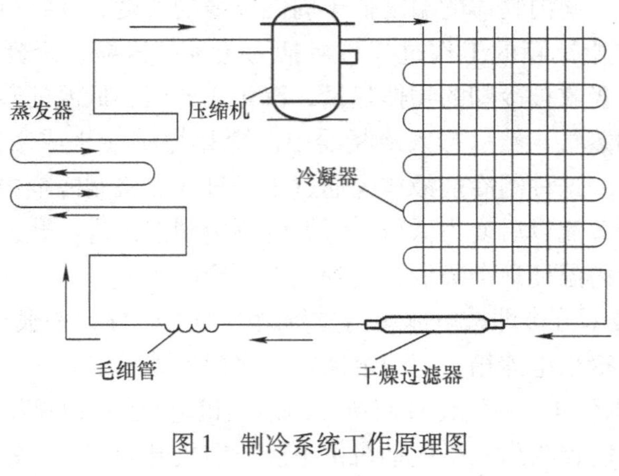

图 1　制冷系统工作原理图

当电冰箱通电运行时，制冷剂经冷凝器→干燥过滤器→毛细管→蒸发器，被压缩机吸回，即为一个单系统循环（俗称单系统）。被吸回的低温低压制冷剂为气态，经压缩机压缩变为高温高压过热蒸气，经排气管进入冷凝器；高温高压气体在冷凝器中散热，变为高压中

温液态，然后经过干燥过滤器滤除杂质和水分后，进入毛细管；在毛细管中经节流降压后进入蒸发器内蒸发；在蒸发器中，制冷剂液体汽化为干饱和蒸气，从而大量吸收箱内空气和食物的热量，达到制冷目的；在回气管中，制冷剂过热气体再次被吸入压缩机，如此周而复始地实现制冷循环。

2. 答：单门电冰箱的电气系统，由全封闭压缩机电动机、起动器、保护器、箱灯、灯开关、温度控制器和电源插头等组成，具有代表性的单门直冷式电冰箱（PTC）电路图如图2所示。

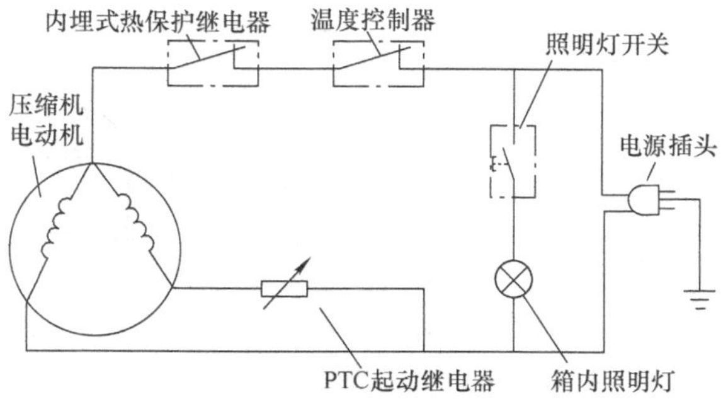

图2　单门直冷式电冰箱（PTC 起动器）电路图

当电冰箱通电时，电流经电源插头一端→温度控制器→保护器→压缩机→起动器→电源插头另一端构成一条回路，压缩机即起动运行。箱灯受门触开关控制，能实现关门灯熄、开门灯亮功能。单门电冰箱的温度控制器一般与灯盒、门触开关组合在一起。当调节温度控制器旋钮在上限温度值时，温度控制器触点接通，使压缩机起动运转；当达到下限温度值时，温度控制器触点断开，压缩机停止运转，从而实现箱温控制和压缩机自动开停的功能。当电源电压过低或由于某种原因引起压缩机过载时，电路中的保护器便可起到对压缩机的保护作用。

3. 答：双门间冷式电冰箱电路由五个部分组成：

1）压缩机电路。它是由压缩机电动机、起动器、过流过热保护器组成。

2）温控电路。用一温度控制器来控制冷冻室的温度。

3）除霜电路。其中包括排水管加热器、除霜温度控制器、除霜加热器和除霜加热过热熔断器。

4）各种加热防冻加热器。包括排水管加热器、感温风门外壳加热器、风扇口加热器、接水盘加热器、出水口加热器等电热丝加热电路。

5）由风扇电动机、照明灯和二个门开关组成的通风及照明电路。

4. 答：以海信 BCD－231T、BCD－251T 为例说明微电脑控温双系统电冰箱制冷系统工作原理。

海信 BCD－231T、BCD－251T 电冰箱制冷系统工作原理如图3所示，系统由压缩机排出高温、高压制冷剂气体，经左右冷凝器冷却成中温、高压液体后，经过干燥过滤器、毛细管截流后在蒸发器里蒸发成气体，从而进行制冷，制冷剂气体再回到压缩机从而循环。本系统两条制冷回路，分别受冷藏室温度控制器、冷冻室温度控制器的控制。初开机时，制冷剂从压缩机→左冷凝器→右冷凝器→干燥过滤器→电磁阀→冷藏毛细管→冷藏室蒸发器→冷冻

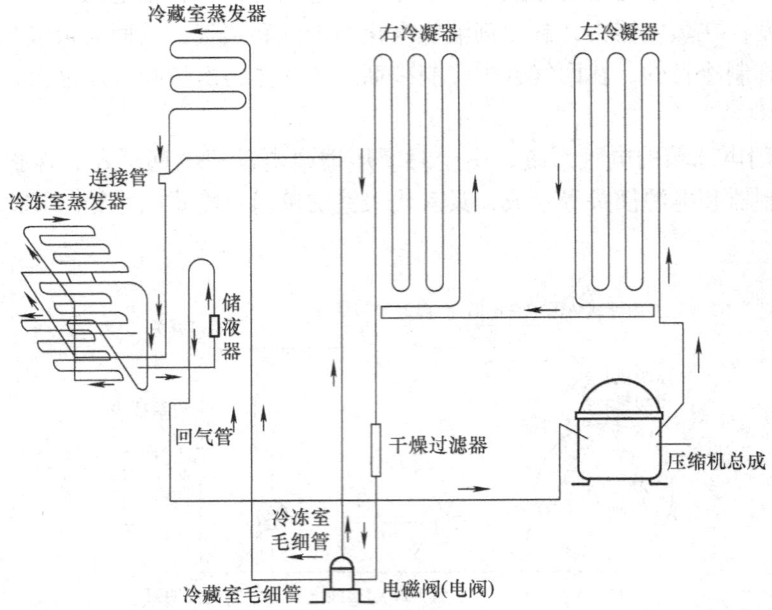

图3　海信 BCD－231T、BCD－251T 电冰箱制冷系统工作原理图

室蒸发器→压缩机；冷藏室温度达到设定要求后，电磁阀动作换向，制冷剂从压缩机排出后改经左冷凝器→右冷凝器→干燥过滤器→电磁阀→冷冻毛细管→冷冻室蒸发器→压缩机。在冷藏室温度、冷冻室温度均达到设定要求后，压缩机停止运转。

5. 答：对开门电冰箱属于大容积电冰箱，容积在 500～600L 之间。下面以海尔 BCD—518WS 双系统电脑控制电冰箱为例说明对开门电冰箱制冷系统工作原理（图4）。

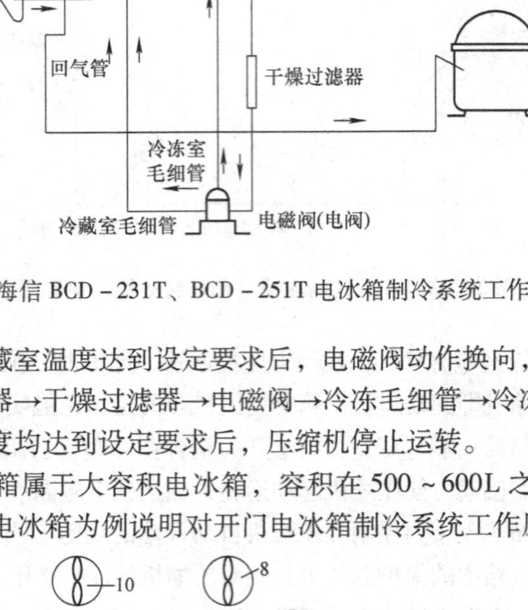

图4　海尔 BCD－518WS 制冷系统工作原理图

1—压缩机　2—底部冷凝器　3—冷凝风扇电动机　4—侧板冷凝器　5—干燥过滤器
6—电磁阀　7—冷藏蒸发器　8—冷藏风扇电动机　9—冷冻蒸发器　10—冷冻风扇电动机

制冷剂通过压缩机压缩变为高压气体，经过冷凝器以及除露管散热变成高压液体，经过干燥滤器除去水分，通过电磁阀进入毛细管，经过毛细管节流后，经过蒸发器液态制冷剂吸热由液态转变成气态，最后经过回气管回到压缩机，如此循环。

五、综合实训题（答案略）

单元三　电冰箱管路加工与连接技能

一、填空题

1. 人身的安全 、设备的安全 、36V、24V、12V

2. 护目镜、手套

3. 支架、手轮、刀片、导轮、伸缩杆

4. 圆柱形口（杯形口）、喇叭口

5. 氧气瓶、乙炔瓶、焊炬、减压器

6. 减压作用、稳压作用

7. 截留回火气体、乙炔瓶

8. 压接钳、洛克管、密封液

9. 先关闭焊枪上的氧气开关；再关闭焊枪上的乙炔开关

10. 2 ~ 4、15

二、选择题

1. B　2. D　3. A　4. D　5. A　6. A、C　7. A　8. D　9. B　10. B

三、判断题

1. √　2. ×　3. √　4. ×　5. ×　6. √　7. √　8. √　9. √　10. √　11. ×　12. √　13. ×　14. √　15. √

四、简答题

1. 答：氧乙炔焊接时点火顺序如下：

1）打开焊枪上的乙炔气开关，并点燃它。

2）打开焊枪上的氧气开关。

3）根据焊接需要，调整乙炔、氧气开关开度。

2. 答：

1）切管时滚轮刀片一次进刀不可过多，否则会造成管子变形。

2）在切管的过程中，切口要始终垂直于铜管，吃刀量要小，多转动切管器，保证切口光滑整齐，变形小。

3）滚轮刀片磨损严重或有缺口、破损时，应立即更换。

4）直径小于 3mm 的铜管不能用切管器切割，可用专用的毛细管剪刀进行切割。

5）用切管器上的简易刮刀修整时，注意不要让金属铜屑掉进管内。

3. 答：进行气焊作业时，对气焊火焰的一般要求是：

1）火焰要有足够高的温度。

2）火焰体积要小，焰心要直，热量应集中。

3）火焰应不使或很少使焊缝金属增炭和吸氢。

4. 答：加工喇叭口要注意以下几点：

1）切管时减小铜管端口的变形，如有变形应用扁锉将变形部分锉去后方可进行扩口操作。

2）在顶压器上安装扩口用的顶锥。

3）将待加工的铜管用夹具夹持，并要求端口超出工作平面2～4mm（根据铜管直径的大小和要求而定）。

4）在顶压器上安装夹具，对铜管端部进行加工。喇叭口要扩得均匀，大小要适中，扩小了连接密封不好，扩大了管口容易开裂，尤其是薄壁铜管，更应精心操作。

5）扩完喇叭口，必须仔细检查喇叭口内表面的质量，要求无划伤、坑，不得呈歪状。

5. 答：洛克复合环实现了在现场维修、节省时间、高可靠性等维修方面的需求，具有以下特点：

1）是目前连接制冷管路最快的方式。

2）只要一把工具就可以解决所有8mm以下管子的连接问题。

3）操作简单易懂，不需要专门的培训。

4）可靠性更高。

五、综合实训题（答案略）

单元四　电冰箱维修基本技能

一、填空题

1. 外观检漏、肥皂水检漏、卤素检漏仪检漏、电子检漏仪检漏、压力检漏、抽真空检漏

2. 高、低

3. 制冷剂回收机

4. 吹洗、检漏

5. 真空泵

6. 加液工艺管、简单、少

7. 干燥过滤器、工艺管、一台真空泵

8. 制冷剂型号、充注量

9. 泄漏电流、绝缘电阻、电气强度、接地电阻

10. 称重充注法、定量充注法、控制低压充注法

二、选择题

1. B　2. A　3. A　4. B　5. B　6. B　7. D　8. C　9. AD　10. B　11. D　12. A　13. C　14. C　15. B

三、判断题（对打“√”，错打“×”）

1. √　2. √　3. √　4. √　5. ×　6. √　7. ×　8. √　9. ×　10. √

四、简答题

1. 答：对于电冰箱制冷系统的压力试漏，所用的压力气体为氮气。因为氮气是一种比较安全的气体，它比较干燥、价格较低、不易燃烧，对制冷系统没有腐蚀性，而压缩空气中

含有水蒸气，不易去净，易造成制冷系统运行中的冰堵。

2. 答：抽真空的目的有三个：

1）将系统中残留的试压气体氮气抽走。

2）进一步检查制冷系统有无渗漏。

3）排除系统中的水。

3. 答：真空泵主要用于给制冷系统冲注制冷剂前的抽真空。选用时，应认真通读使用说明书，并了解真空泵的使用方法及注意事项。查看真空泵油位，如果少要加，如果多要放出，使油位处在油标的中心位置。使用时按工作需要接好进气管、排气管，接好电源，即可起动真空泵进行抽真空。

对制冷系统进行抽真空方法一般有：低压单侧抽真空、高低压双侧抽真空和二次抽真空3种。

4. 答：两次抽真空和一次抽真空的区别是：一次抽真空时，制冷剂高压部分的残余气体必须通过毛细管后才能到达工艺管被抽除，由于受毛细管阻力的影响，抽真空时间加长，而且效果不理想。两次抽真空是在一次抽真空后向系统充入气体，使高压部分空气被冲淡，剩余气体中的空气比例减小，从而达到较为理想的真空度。

五、综合实训题（答案略）

单元五　电冰箱制冷系统部件的检修

一、填空题

1. 制冷剂、物态
2. 往复活塞式、旋转活塞式、涡旋式
3. 排气管、回气管、工艺管
4. 压缩机、高温高压气态、高压液态
5. 百叶窗式、钢丝盘管式、内藏式、翅片式
6. 管板式、铝复合板式、丝架式、单脊翅片管板式、翅片盘管式
7. 泄漏、堵塞
8. 滑管式、连杆式、滑管、连杆
9. 单入口、双入口
10. 纯铜管、冷凝、蒸发

二、选择题

1. C　2. B　3. A　4. DC　5. D　6. B　7. A　8. B　9. D　10. D　11. B　12. B　13. A　14. C　15. B

三、判断题（对的打“√”，错的打“×”）

1. √　2. √　3. ×　4. ×　5. √　6. √　7. ×　8. √　9. √　10. ×

四、简答题

1. 答：旋转式压缩机具有以下特点：

① 旋转活塞式压缩机运转平稳、振动小、噪声低，适合采用变频调速技术，是节能型压缩机。

② 旋转活塞式压缩机的效率高，可靠性好。

③ 旋转活塞式压缩机的体积小、重量轻，可减少安装空间位置。

④ 旋转活塞式压缩机主要零部件的加工精度比较高，配套电动机的起动转矩大，电动机的绝缘等级高。由于要靠运动间隙中的润滑油进行密封，为从排气中分离出油，机壳内须做成高压。

⑤ 搬运时可以任意倾斜，对压缩机无影响。

2. 答：为了避免制冷剂提前汽化，需要毛细管中的制冷剂保持较低的温度。因此，常将毛细管与温度较低的吸气管（回气管）焊接在一起，互利互惠，节省能源。

3. 答：干燥过滤器安装在冷凝器和毛细管之间，它的作用主要有两个：第一是清除制冷系统中的残留水分，防止产生冰堵，并减少水分对制冷系统的腐蚀作用；第二是滤除制冷系统中的杂质，如灰尘、金属屑和各种氧化物，以防止杂质堵塞毛细管或损坏压缩机。

4. 答：单向阀的主要作用是防止旋转式压缩机在停机时，其内部大量的高温高压蒸气倒流向蒸发器，使蒸发器升温，从而导致制冷效率降低。在压缩机回气管路中接入单向阀，可使压缩机停转时制冷系统内部高、低压能迅速平衡，以便再次起动。

5. 答：毛细管是制冷系统内非常重要的节流降压元件。安装在干燥过滤器和蒸发器之间，从冷凝器流出的高压液态制冷剂经干燥过滤器干燥后便被送入毛细管，由于毛细管又细又长，液态制冷剂通过它时会受到较大的阻力而产生压力降，这样就将制冷剂由原本的中温高压状态转变成了低温低压状态，为其在蒸发器中汽化创造了条件。

6. 答：蒸发器是电冰箱和空调器制冷系统中重要的热交换部件。在制冷系统中，经过冷凝、节流、降压的制冷剂液体需要在蒸发器中从外界吸收热量，以便制冷剂能够达到汽化条件，使周围温度下降，达到制冷的效果。

五、综合实训题（答案略）

单元六　电冰箱电气控制系统部件的检修

一、填空题

1. 压缩机电动机、温度控制继电器、起动继电器、过载保护继电器、照明灯
2. 重锤式电流起动继电器、PTC 起动器
3. 电流、电压、电阻、串联
4. 阻抗分相、电容分相、电容运转型、
5. 普通型、半自动除霜型、定温复位型、风门温度
6. 热敏电阻、继电器
7. 温度控制器感温毛细管固定不良、感温腔感温剂泄漏、触点粘连
8. 接触不良或粘连、烧坏而断路、定子和转子之间卡阻
9. 照明灯、风扇
10. 内埋式、碟形

二、选择题

1. B　2. C　3. B　4. A　5. D　6. C　7. A　8. D　9. C　10. D

三、判断题（对打“√”，错打“×”）

1. ×　2. ×　3. √　4. √　5. √　6. ×　7. ×　8. √　9. √

10. ×

四、简答题

1. 答：电冰箱的基本电气系统比较简单，给压缩机电动机绕组的两端加上交流 220V 电压后，电源经温度控制器、定时器为压缩机电动机供电。压缩机开始工作，制冷系统运行，电冰箱开始制冷。在压缩机供电系统中设有温度控制器，当电冰箱内温度达到预定温度时，温度控制器会切断压缩机的供电通路，则压缩机停机。如果电冰箱内温度上升，超过预定温度时，温度控制器会自动接通压缩机的供电电路，则压缩机可实现自动起动。

2. 答：对重锤式起动器的好坏判别，主要是检测其触点接触是否良好，其方法：

1）晃。有响声，说明动触点与静触点无阻卡，无粘连。

2）看。线圈无焦黑，说明线圈没有烧坏。

3）测。将其垂直放置（动触点落下到位），然后将万用电表调至 R×1Ω 挡，将两表笔分别检测起动继电器绕组的阻值和接点间的阻值，一般绕组阻值较小。若测出的电阻值为 0Ω 或 1～2Ω（通路），则说明动、静触点接触良好可以使用；若测出的电阻值无限大，则说明动、静触点无接触不可使用。

3. 答：碟形热保护器的常见故障有双金属片不能复位、线圈烧坏、触点粘连、触点接触不良。碟形热保护器损坏后，发出断续的“咔咔”声，压缩机不能正常工作。

碟形热保护器故障的检查方法如下：将万用表的两只表笔分别连接碟形热保护器的两个连接引脚。如果测得该热保护继电器两个引脚之间的阻值为 1Ω 左右，则说明热保护继电器正常；如果测得的阻值过大，甚至达到无穷大，则说明热保护继电器已经损坏，内部有断路现象，需要更换新的热保护继电器。

4. 答：温度补偿开关和补偿电热组件组成低温补偿电路，防止电冰箱在环境温度过低时电冰箱不起动或起动时间过长，使冷藏室温度过冷、冷冻室温度偏高。

5. 答：电冰箱温度的调节是通过温度控制器实现控制的。电冰箱温度控制器的感温头固定在蒸发器的表面，当感温头感知的温度达到设置要求时，温度控制器自动断开，切断压缩机供电，停止制冷。一段时间后，随着冰箱箱内温度的升高，当温度控制器感知的温度达到一定值时，温度控制器自动转入接通状态，电路再次对压缩机供电，压缩机再次运转制冷。

五、综合实训题（答案略）

单元七　微电脑控制电冰箱的检修

一、填空题

1. 微型单片计算机、变频技术、数字技术、传感器技术、精确控温、超级节能

2. 智能运行、保鲜功能、整机保护

3. 传感器、单片机、各个负载

4. 冷藏室的门上、人工指令信号、电冰箱的工作状态进行控制、显示电冰箱当前的工作状态

5. 负温度系数

6. 背部、主控电路、开关电源电路

7. 变频电冰箱、驱动电流、转速、自动控制

8. 大规模集成电路；压缩机、除霜器件、显示器；冷冻室、冷藏室的温度

9. 提供工作电压、热敏电阻器、过压保护器、互感滤波器、桥式整流电路

10. 主控板、滤波板上的元器件损坏、熔体开路

二、选择题

1. B　2. D　3. A　4. C　5. D　6. A　7. B　8. A　9. D　10. B

三、判断题

1. √　2. √　3. √　4. √　5. ×　6. √　7. √　8. ×　9. √　10. √

四、简答题

1. 答：普通电冰箱采用除霜定时器定时加热除霜，微电脑控制电冰箱根据霜层厚度控制加热除霜。

2. 答：电冰箱单压缩机的双温双控功能就是通过电磁阀的通断控制冷冻室单独制冷和冷冻室、冷藏室同时制冷。当冷藏、冷冻室都需要制冷时，电磁阀不通电，制冷剂通过毛细管一进入冷藏室蒸发器，然后再进入冷冻室蒸发器，两个间室同时制冷。当冷藏室达到指定温度，或处于关闭状态不需要再制冷时，电磁阀通电，制冷剂通过毛细管二直接进入冷冻室蒸发器制冷。

3. 答：当操作显示板出现故障时，可先采用观察法检查其主要元器件有无明显损坏迹象，若有则立即更换损坏的元器件。如果故障仍不能排除，应用检测仪表进行检测。

1）检测操作显示板与主控板控制电路之间的信号是否正常。若该信号正常，可排除主控板出现故障的可能。

2）若输入数据信号正常，接下来则应对操作显示板中的主要器件进行检测，如按键在不同状态下的阻值是否正常。

3）依次对蜂鸣器、操作显示控制芯片等进行检测。

4）在确保引线全部正常连接的情况下，用万用电表直流5V以上挡位检测主控板上5芯插座各引脚之间的电压，5芯插座各引脚主控板上印刷分别为0、5、RX、TX、ENV。将黑表笔至于“0”端，红表笔分别测“5”、“RX”两个引脚的电压。“0”与“5”之间为5V，“0”与“RX”之间为一组在0.3～1.6V之间变化的电压。若“0”与“5”之间电压为0V或低于4.5V，为显示板或主控板故障；若“0”与“RX”之间电压为5V，一般为显示板故障。

五、综合实训题（答案略）

单元八　电冰箱综合故障的分析与维修

一、填空题

1. 先外后内、先电后冷、先易后难

2. 电气控制系统、制冷系统

3. 看、听、摸、测

4. 冰堵、脏堵、毛细管、干燥过滤器

5. 压缩机工艺管的封口处、排气管连接处、吸气管连接处、干燥过滤器连接处

二、选择题

1. B　2. C　3. A　4. B　5. D　6. C　7. B　8. B　9. C　10. C

三、判断题（对的打“√”，错的打“×”）

1. ×　2. ×　3. √　4. √　5. ×　6. √　7. √　8. √　9. ×　10. √

四、简答题

1. 画出电冰箱不制冷故障的检修流程（图5）。

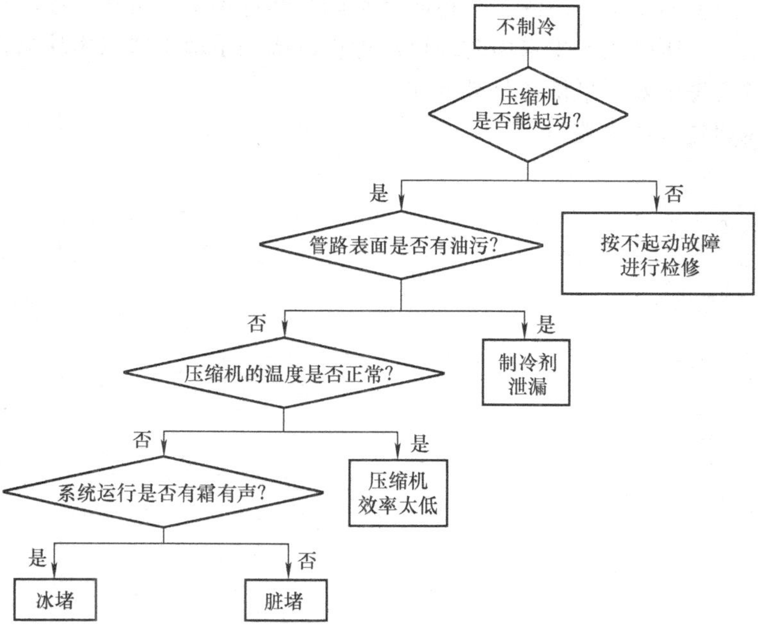

图5　电冰箱不制冷故障的检修流程

2. 画出电冰箱制冷效果差的检修流程（图6）。

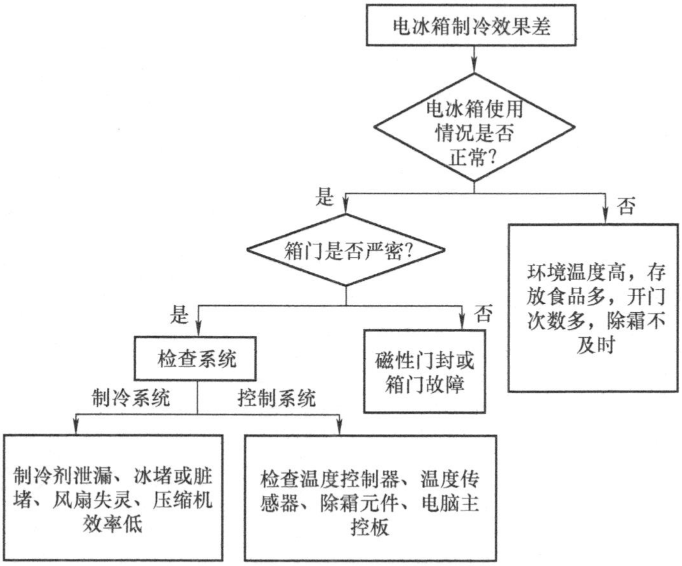

图6　电冰箱制冷效果差的检修流程

3. 答：电冰箱振动及噪声过大的主要原因有：1）放置不当。2）压缩机内发出异常噪声。3）管道共振和零件松动。4）因为系统抽空不净造成的咕噜声。5）还有一些噪声是因为配件装配问题造成的：比如门灯开关、门绞链等这只需要在发出噪声处加一点润滑油就可以了；对于温度控制器、电磁阀和重锤式起动器就需要将相应的元器件进行更换。

电冰箱振动及噪声过大的排除方法：在运转过程中，当用手按住某一部位时，若振动明显减小或消除，则说明找到了声源。若箱底水平调节螺钉不平，可在电冰箱顶盖上放置水平仪进行检查、校准。压缩机产生噪声时，可用橡皮锤或用手锤子垫以木块从机壳侧面不同处进行敲击，以判定是吊簧不平衡还是被卡住。

五、综合实训题（答案略）

《电冰箱结构原理与维修》期中考试

理论考试试卷

参考答案

一、填空题

1. －24、6～8个月
2. 固态、液态、气态
3. 箱体、制冷系统 、电气控制系统 、附件
4. 冷凝器、毛细管、蒸发器
5. 2～4、15
6. 护目镜、手套
7. 先关闭焊枪上的氧气开关、再关闭焊枪上的乙炔开关
8. 减压作用、稳压作用

二、单选选择题

题号	1	2	3	4	5	6	7	8	9	10
答案	B	A	A	B	C	A	D	A	B	D

三、多项选择题

1. ABD　2. ABC　3. ABC　4. ABCD

四、判断题

题号	1	2	3	4	5	6	7	8	9	10
答案	×	√	√	√	×	×	√	√	×	×

五、作图分析题

1. 画出单门电冰箱制冷系统工作原理图，并标注主要部件的名称。

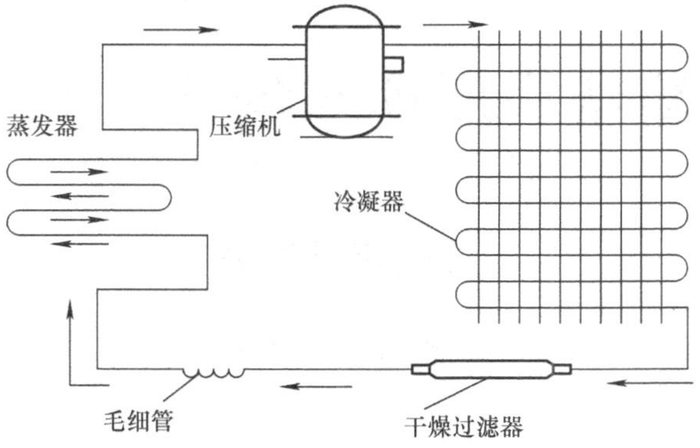

2. 双门直冷式电冰箱电气系统原理图，并标注主要元器件的名称。

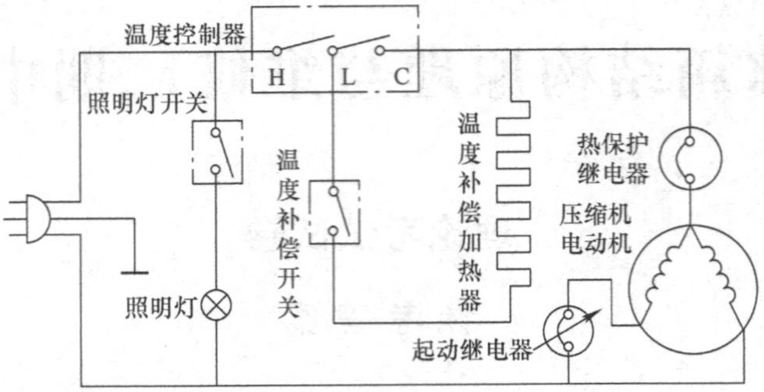

六、简答题

1. 什么是制冷技术?

答：制冷技术是一种用人工方法取得低温的技术，即用人工的方法，通过一定的设备在一定时间内使某一空间内物体的温度低于周围环境的温度，并维持这个低温的过程。

2. 双门间冷式冰箱电路由哪几部分组成?

答：双门间冷式冰箱电路由五个部分组成：

1）压缩机电路。它是由压缩机电动机、起动器、过流过热保护器组成。

2）温控电路。用一温控器来控制冷冻室的温度。

3）除霜电路。其中包括排水管加热器、除霜温度控制器、除霜加热器和除霜加热过热熔断器。

4）各种加热防冻加热器。包括排水管加热器、感温风门外壳加热器、风扇口加热器、接水盘加热器、出水口加热器等电热丝加热电路。

5）由风扇电动机、照明灯和二个门开关组成的通风及照明电路。

3. 洛克复合环连接有什么特点?

答：洛克复合环实现了在现场维修、节省时间、高可靠性等维修方面的需求，具有以下特点：

1）是目前连接制冷管路最快的方式。

2）只要一把工具就可以解决所有8mm以下管子的连接问题。

3）操作简单易懂，不需要专门的培训。

4）可靠性更高。

《电冰箱结构原理与维修》期中考试

技能考试试卷

参考答案（略）

《电冰箱结构原理与维修》期末考试

理论考试试卷

参 考 答 案

一、填空题

1. 压缩机、高温高压气态、高压液态
2. R600a 、R134a 、汽化
3. 排气管、回气管、工艺管
4. 内埋式、碟形 、1/6
5. 压缩机、毛细管、干燥过滤器、蒸发器
6. 电气控制系统、制冷系统
7. 传感器、单片机

二、单选选择题

题号	1	2	3	4	5	6	7	8	9	10
答案	A	B	A	A	D	A	B	B	C	B

三、多项选择题

1. ACD　2. ABCD　3. ABC　4. ACD

四、判断题

题号	1	2	3	4	5	6	7	8	9	10
答案	√	×	×	×	√	√	×	√	√	×

五、画图分析题

1. 画出电容分相起动型的电路图。

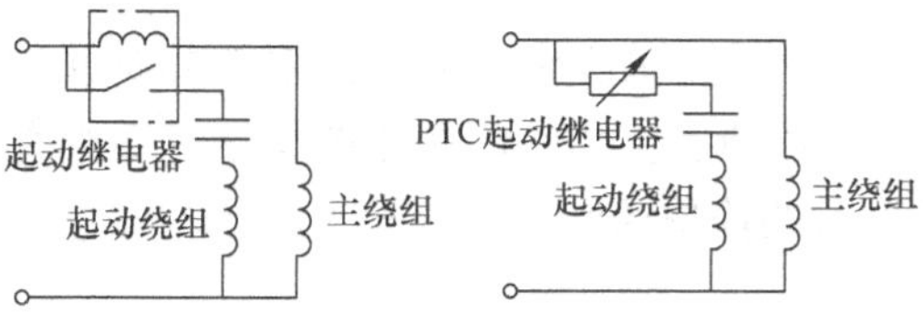

2. 下图是微电脑控制双温双控电冰箱电气系统原理图，补充部分未标注的元器件名称。

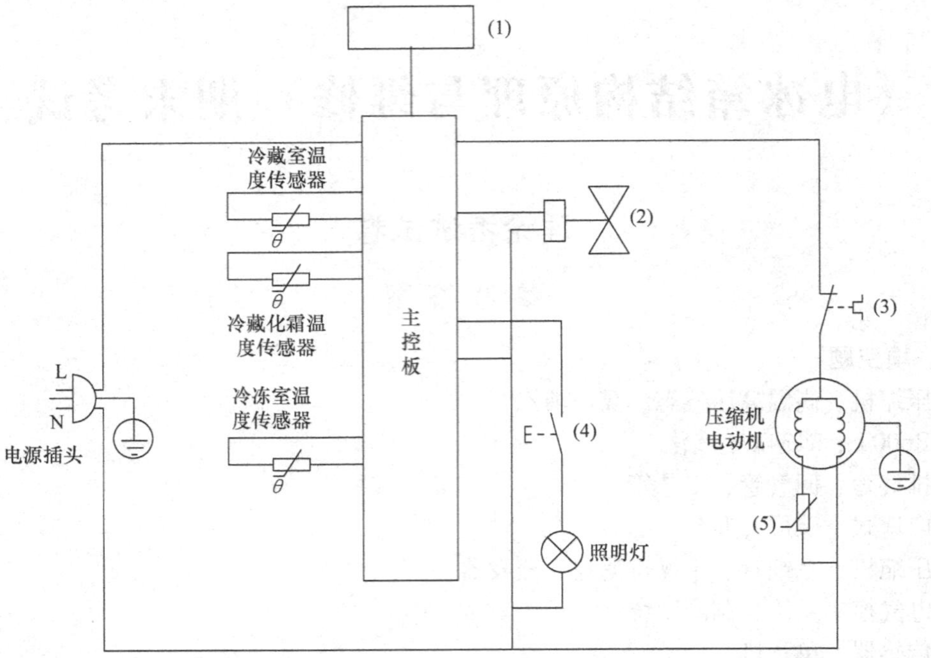

(1)—显示操作板 (2)—电磁阀 (3)—热保护器 (4)—照明灯开关 (5)—PTC 起动继电器

六、简答题

1. 双门直冷式与双门间冷式电冰箱在结构上有哪些区别？（7 分）

答：双门直冷式与双门间冷式电冰箱在结构上的主要区别：一是蒸发器及冷却方式不同。双门直冷式电冰箱的冷冻室和冷藏室各有一个蒸发器，冷冻室和冷藏室是隔开的，箱内温度由冷藏室内一只温度控制器进行调节，直冷式电冰箱蒸发器的金属表面直接与食品或空气相接触进行自然冷却。双门间冷式电冰箱的蒸发器装在冷冻室和冷藏室之间，小风扇装在蒸发器后面，利用冷气强制循环使箱内降温，利用冷藏室风门调节器调温。

二是除霜系统不同。间冷式电冰箱装有全自动定时除霜系统，能自动除去霜层，而双门直冷式电冰箱比双门间冷式电冰箱要少一些零部件，如除霜定时器、双金属除霜温度控制器、除霜加热器、除霜保护熔断器等。

2. 干燥过滤器的作用是什么？（4 分）

答：干燥过滤器安装在冷凝器和毛细管之间，它的作用主要有两个：第一是清除制冷系统中的残留水分，防止产生冰堵，并减少水分对制冷系统的腐蚀作用；第二是滤除制冷系统中的杂质，如灰尘、金属屑和各种氧化物，以防止杂质堵塞毛细管或损坏压缩机。

3. 画出电冰箱制冷效果差的检修流程。（7 分）

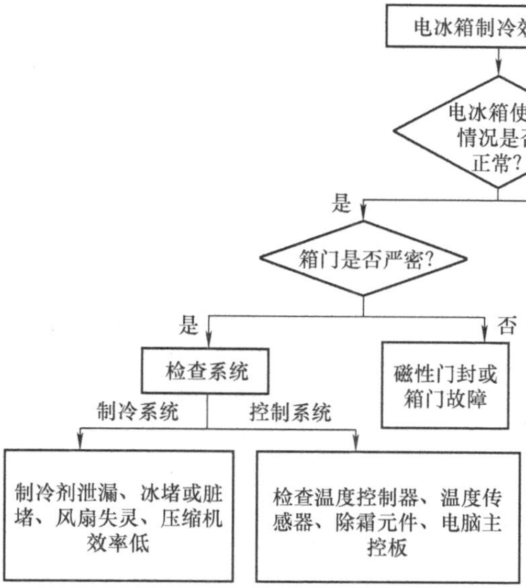

《电冰箱结构原理与维修》期末考试

技能考试试卷

参考答案（略）

2）使用万用表测量变频板上的各个二极管是否被击穿，如已被击穿处于短路状态则用电烙铁将其拆下来再复测。如仍处于短路状态则更换二极管。如未被击穿则进行下一步。

3）使用万用表测量变频板上的6个IGBT，看有无被击穿的。如被击穿则用十字螺钉旋具和电烙铁将其拆除更换，无则进行下一步测试。

如以上均无异常，将电冰箱通电进行整机测试，看电冰箱压缩机是否起动，如不起动则用万用表测量变频板上的各贴片电阻和电容，看是否有虚焊或损坏的，并返回第一步仔细检测。

特别提示：在进行微电脑控制电冰箱的检修过程中，要注意以下几点：①维修人员在带电测量时严禁身体部位触及电路板及板上任何元器件，以防触电。②无他人在场时，不允许独自一人进行带电测量，以防安全事故。③电路板带电时，严禁任何导电材料接触到电路板。④在测量过程中，检查万用表落针点是否有胶或其他绝缘物，若有必须清除。⑤认真执行每一步以减少故障的漏判、误判。

【典型实例】

实例一　变频电冰箱压缩机不起动故障的检测

首先检测电冰箱各个温室是否在开机点，在确保引线全部正常连接的情况下，然后测主控板输出方波信号是否正常。其方法是用万用表直流电压5V以上挡位，将表笔分别放在变频板插座“T6”两引脚金属片上，正常情况下电压值应该在1.6~2.7V之间（此电压限于0064000778主控板，其他主控板会在此范围内上下浮动0.5V左右。而且由于万用表红、黑表笔放置位置的不同，电压显示会有正有负，不影响判断）。

若电压值正常压缩机不起动，再用万用表交流220V以上挡位检测变频板插座CH1的N端与变频板插座CH2（靠近变频板上电容C2端）两端的电压是否在220V左右（此电压为变频板工作电压，对于板带电抗的智能变频板是这种测量方法，对没有电抗器的变频板只要测量输入端的C1和C2时间的电压即可）。如是，则更换变频板，看压缩机是否起动来判断是否是变频板问题。

若主控板输出方波信号电压值为0V或5V，则是显示板或主控板损坏。

由于变频板输出信号无法用普通万用表测量，因此请按照以下方法进一步判断是压缩机故障还是控制问题。

1. 制作检测工装

（1）所需材料　电冰箱废灯座3个（带接插件连线）、电冰箱照明灯泡3个、电冰箱电源线一根（将插头剪断）、废毛细管3根（每根长度30mm）、小塑料盒1个。

（2）组装方法　将灯座连线按图7-12的方式连接（Y形联结）；剩余三根灯座线分别与电源线连接并焊牢，将电源线的另一端分别与三根毛细管焊接；将各焊点用绝缘胶布包好并仔细检查，防止漏电。在毛细管与电源线焊接处套上绝缘套管。

此负载连接方式采用Y形联结（也可采用△形联结，为防止灯泡烧坏应在各负载上串联一个相同功率的灯泡）。

2. 检测步骤（只对压缩机不起动故障）

1）将变频压缩机控制接线盒打开，取下控制接线端子，测量压缩机各绕组阻值（在测得的压缩机绕组阻值正常的情况下进行下一步测量）。

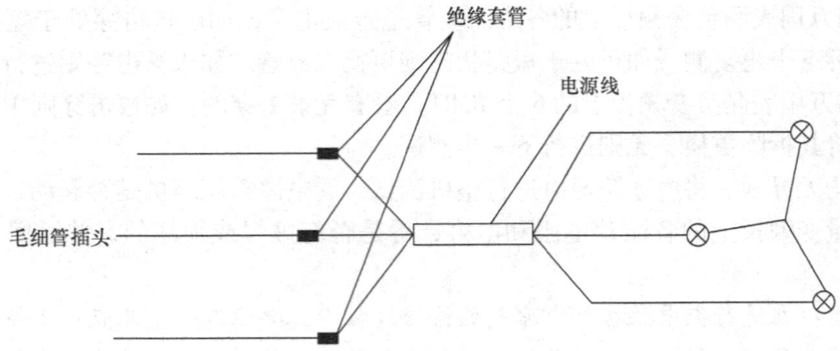

图 7-12　压缩机不起动故障检测简易工装

2）检测工装的三根毛细管插头分别插入变频控制器输出接线端子孔中固定好。

3）电冰箱插电，延时 5min 后即可观察到检测工具的三个灯泡是否闪亮（闪亮时间为 15～20s），快速检测时可通过调节电冰箱操作接键解除延时。

3 个灯泡分别以 2 个为一组轮流闪亮。由于检测工装测量方法是模拟变频压缩机的负载进行，采用的是阻性元件，所以灯泡在闪亮后会造成变频控制板保护电路工作，停止电压输出，在延时 5min 后又重新闪亮，观察到的信号是周期性闪亮。

3. 判断方法

1）灯闪亮。主控板、变频控制器正常，压缩机故障。

2）灯不亮。主控板、变频控制器故障，压缩机正常。

压缩机与主控板、变频控制器同时发生故障是少见的，检测中应根据其实际故障加以测量。

实例二　电冰箱操作显示屏无显示故障的检修

（1）故障现象　海尔 Y555 型王中王电冰箱工作，但操作显示屏无显示。

（2）检查与分析　根据现象和原理分析，该故障可能发生在控制系统，原因及检测方法主要有以下几点：

1）通电后显示屏无显示，用万用表测试主控板与显示板输入端是否有 5V 直流电压。如主控板有 5V 直流电压输出，说明主控板正常，显示板有问题。

2）如主控板无 5V 直流电压输出，说明主控板不良。

该机经查为显示板不良。

（3）检修结果　更换显示板后，故障排除。

课题三　微电脑控制电冰箱的检修

【相关知识】

一、不显示、不开机故障的检修流程

微电脑控制电冰箱通电后，显示屏不显示，电冰箱也不开机，出现该故障可按以下流程

进行检修流程，如图 7-13 所示。

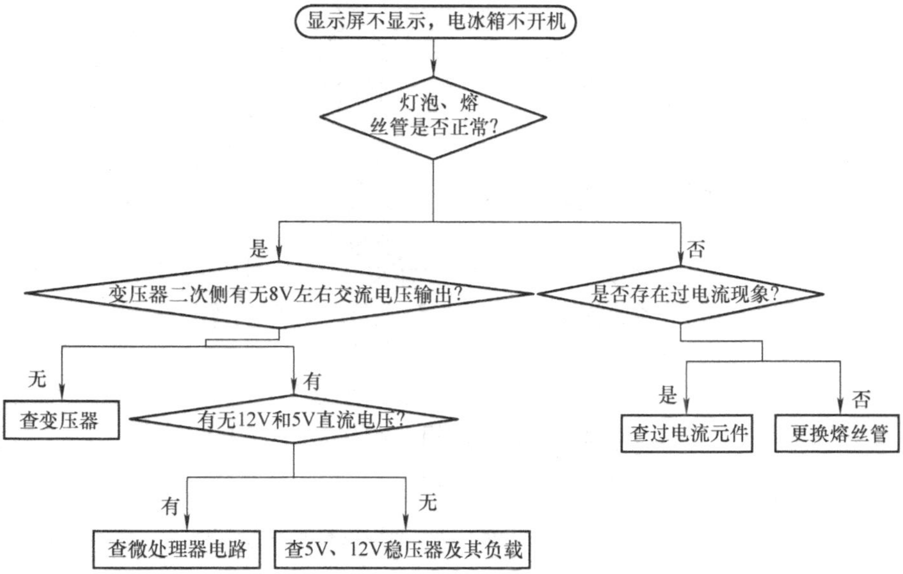

图 7-13 不显示、不开机故障的检修流程

二、有显示但压缩机不运转故障的检修流程

微电脑控制电冰箱通电后，显示屏有显示但压缩机不运转。出现该故障后可用特殊程序的检修流程处理，其流程如图 7-14 所示。

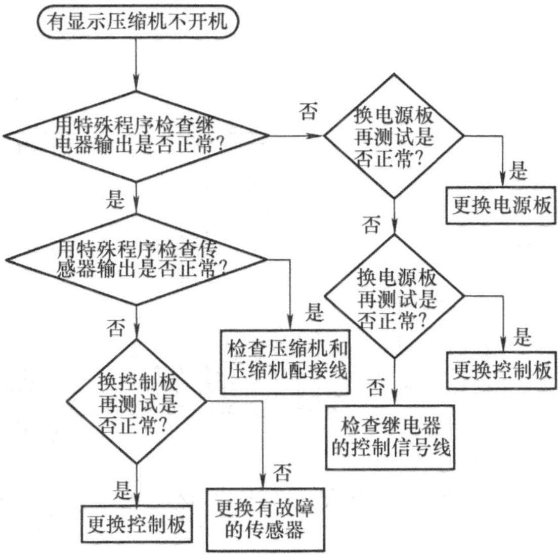

图 7-14 有显示但压缩机不运转故障的检修流程

三、压缩机不停机故障的检修流程

出现压缩机不停机故障可用特殊程序进行检修，其流程如图 7-15 所示。

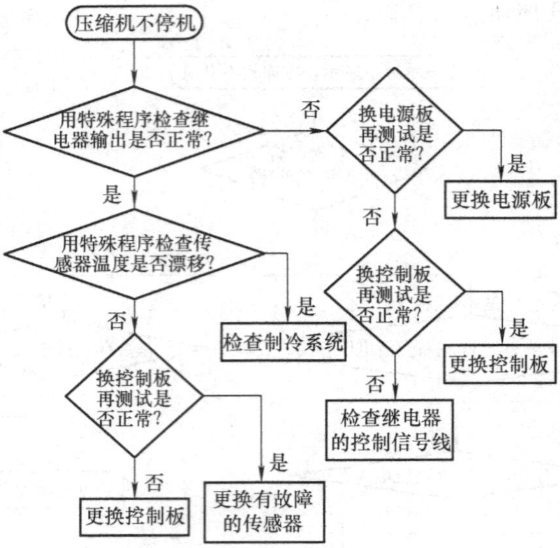

图 7-15　压缩机不停机故障的检修流程

【典型实例】

实例一　美菱 BCD－198ZE9、BCD－218ZE9 微电脑控制电冰箱的检修

下面以美菱 BCD－198ZE9、BCD－218ZE9 微电脑控制电冰箱为例，介绍一下微电脑控制电冰箱的基本维修程序。美菱 BCD－198ZE9、BCD－218ZE9 电冰箱电气原理图如图 7-16 所示。

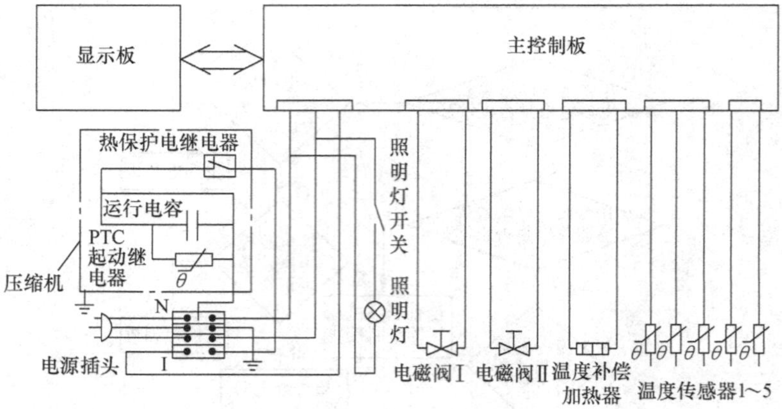

图 7-16　美菱 BCD－198ZE9、BCD－218ZE9 电冰箱电气原理图

1. 使用维修测试程序

断电，同时按住“∧”和“∨”键再接通电源，蜂鸣器鸣叫两声，速冻及自动运行指示同时点亮，冷藏温度显示“C1”（其余均不亮），进入维修测试程序。

按“设定选择”键，冷藏温度可循环显示“C1”～“C9”。

显示“C1”时，按“确认”，继电器Ⅰ（压缩机）闭合，其他继电器断开。

显示“C2”时，按“确认”，向电磁阀Ⅰ施加正向脉冲串，其他继电器断开。
显示“C3”时，按“确认”，向电磁阀Ⅱ施加正向脉冲串，其他继电器断开。
显示“C4”时，按“确认”，冷冻区域显示冷藏室实测温度，所有继电器断开。
显示“C5”时，按“确认”，冷冻区域显示冷冻室实测温度，所有继电器断开。
显示“C6”时，按“确认”，冷冻区域显示冷藏除霜传感器温度，所有继电器断开。
显示“C7”时，按“确认”，冷冻区域显示软冻室实测温度，所有继电器断开。
显示“C8”时，按“确认”，冷冻区域显示冰温室实测温度，所有继电器断开。
显示“C9”时，按“确认”，继电器Ⅱ（补偿加热器）闭合，其他继电器断开。
关闭电源将结束测试程序，若5min内无任何按键操作，也将结束测试并恢复正常程序。

2. 故障代码含义

故障时，通用信息和对应分项信息同时闪烁，其代码见表7-1。

表7-1　故障代码含义

序号	故障类型	分项信息	通用信息	电冰箱工作情况
1	冷藏传感器故障	冷藏温度显示“E0”	报警	电冰箱制冷正常
2	冷冻传感器故障	冷冻温度显示“E0”	报警	电冰箱制冷正常
3	软冻传感器故障	软冻温度显示“E0”	报警	电冰箱制冷正常
4	冷藏除霜传感器故障	自动	报警	不控制除霜，制冷正常
5	冰温室传感器故障	速冻	报警	补偿加热器不工作，制冷正常
6	两个或以上传感器故障		报警	停止工作

3. 显示面板的拆装

显示面板的下部有两个缺口，从此处用去刃的薄刀片向外撬即可取下显示面板组件；再将固定显示板的几个固定爪稍向外拨开少许，取下显示板，拔下与显示屏的连接线头取出显示板。由于此显示屏为触摸屏，易碎，拆装时要小心。该屏的结构示意图如图7-17所示。

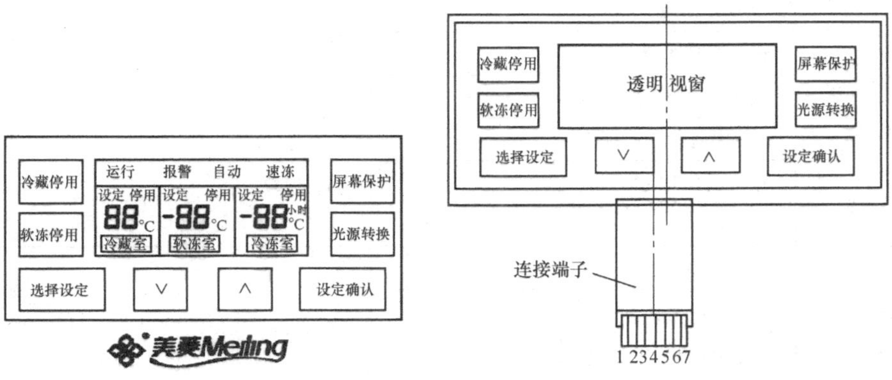

图7-17　美菱BCD-198ZE9、BCD-218ZE9触摸屏的结构示意图

此触摸屏由屏体与连线组成，连线上有7个线头从左向右的编号定义为1~7号。“冷藏停用”“软冻停用”“选择设定”“∧”“∨”“设定确认”“光源转换”“屏幕保护”键分别

对应线头为“1－3”“2－3”“3－7”“4－7”“5－7”“6－7”“2－6”“1－6”。当对应的按键按下或断开时，相应的两线头测量的电阻应为小于25kΩ或断开，否则说明该按键或连接线有问题。

4. 常见故障排除方法

(1) 显示板上的指示灯均不亮　打开冷藏室门，观察照明灯不亮，重点检查电源供电回路（变压器、熔丝、压敏电阻的故障率高），检查显示板与主控制板之间的连接插件连接是否良好。

(2) 按压显示板上的功能按钮时无反应　检查显示灯，同时按下冷冻室温度设定按钮和速冻按钮，此时显示灯应该全部亮，否则应该检查显示灯。另外，检查显示板装配是否良好。在按压按钮时，检查印制电路板上的轻触开关是否被按下，否则应重新装配。

(3) 除霜不良或不除霜　检查除霜加热器的加热情况。连续按压两下主控板的测试按钮，若加热器仍不加热，便表明确有故障。应首先检查测试温度熔断器是否断开，其次检查除霜传感器是否异常（除霜传感器的温度在13℃以上时，则返回初始状态）。另外，还应检查排水管道是否堵塞，若堵塞，应及时清除堵塞物；若蒸发器表面残留余霜较多，则检查除霜传感器的附着情况和冷冻室箱门的密封性能是否良好。

(4) 冷冻室内温度偏高　检查风扇电动机工作是否正常。按压一下主控板的测试按钮，风扇电动机应立即起动工作，若不起动，则检查风扇电动机和有关的导线接触是否良好。

检查除霜是否正常。如果蒸发器表面霜层较厚，也会使冷冻室内温度偏高。先按除霜不良的步骤检查，然后检查冷冻室温度传感器的安装位置是否发生移位，用万用表测量传感器的阻值是否正常。

实例二　微电脑控制电冰箱典型故障速查方法

微电脑控制电冰箱典型故障速查方法见表7-2。

表7-2　微电脑控制电冰箱典型故障速查表

故障现象	故障可能原因	故障模块
不起动不显示	主芯片损坏	通信电路
	电容失效/短路	
	通信口晶体管损坏	
	通信口电阻开路/短路	
	主芯片振荡引脚损坏	振荡电路
	振荡电容失效/短路	
	晶振损坏	
	7812/7805损坏	供电电路
	12V滤波电容损坏	
	主芯片/单片机5V短路	
	芯片复位脚开路/短路	
	电阻开路/短路	复位电路
	电容失效/短路	
	复位晶体管损坏	

（续）

故障现象	故障可能原因	故障模块
显示不起动	变频板 IGBT 损坏	压缩机驱动电路
	变频板二极管损坏	300V 整流电路
	变频板单片机损坏	单片机控制电路
不进电	变压器一次开路	降压电路
	变压器二次开路	
	滤波电容损坏	整流电路
	整流二极管损坏	
变温室/饮品室/冷藏室不制冷/结冰	晶闸管短路（电磁阀有噪声）	电磁阀驱动控制电路
	晶闸管开路	
	电阻开路/短路	
	光耦合器损坏	
	芯片损坏	
	电容失效/短路	
	晶体管损坏（开路/短路）	
冷藏照明灯不亮/常亮	芯片损坏	冷藏照明控制电路
	晶体管损坏（开路/短路）	
	电阻开路/短路	
	电容失效/短路	
	继电器坏	
冷藏风扇电动机不转/不停	芯片坏	风扇电动机控制电路
	电容失效/短路	
	电阻开路/短路	
	继电器坏	
	晶体管损坏（开路/短路）	
变温室结冰/饮品室结冰	芯片坏	除霜加热丝控制电路
	控制晶体管坏	
	电阻开路/短路	
	电容失效/短路	
	加热丝控制继电器坏	
按键不灵/无用	触控芯片损坏（感应式）	键控电路
	轻触开关损坏（机械式）	
显示错误	传感器偏值电阻损坏	传感器控制电路
	电容失效/短路	
	电阻开路/短路	
	排插不良	

（续）

故障现象	故障可能原因	故障模块
显示暗/不全	显示屏损坏	显示电路
	电阻开路/短路	
	电容失效/短路	
	显示驱动芯片坏	
压缩机灯不亮/常亮	继电器坏	压缩机控制电路
	晶体管损坏（开路/短路）	
	电阻开路/短路	
	电容失效/短路	
	芯片坏	

课题四　部分微电脑控制电冰箱的故障代码与维修实例

【相关知识】

一、部分美的、容事达电冰箱显示代码与故障原因对照表（见表7-3）

表7-3　部分美的、容事达电冰箱显示代码与故障原因对照表

故障代码	故障原因	重点检查	型号
E1	冷藏室感温头短路或断路	相应接插件和传感器回路	186A/E、216A/E、258B/E、208/E、248W/E、195/E、205/E、262/E
E2	冷冻室感温头短路或断路	相应接插件和传感器回路	248W/E
E2	微冻室传感器短路或断路	相应接插件和传感器回路	258B/E、208/E
E3	冷冻室感温头短路或断路	相应接插件和传感器回路	186A/E、216A/E、258B/E、208/E、195/E、205/E、262/E
E3	冷冻室除霜传感器短路或断路	相应接插件和传感器回路	248W/E
E4	环温传感器短路或断路	相应接插件和传感器回路	208/E、195/E、205/E
E4	E^2PROM 出现读写故障		248W/E
E5	冷冻室超温报警		248W/E
E5	E^2PROM 出现读写故障		186A/E、216A/E、258B/E、208/E、262/E
E6	环温传感器短路或断路	相应接插件和传感器回路	248W/E
E6	冷冻室温度持续过高	制冷剂泄漏	186A/E、216A/E、195/E、205/E、262/E、265/E
E7	通信故障	接插件及线是否接错或断路	258B/E、195/E、205/E
rS	冷藏室传感器故障		212He、212Hse、192He、192Hse
dS	副蒸发器传感器故障		212He、212Hse、192He、192Hse

二、部分科龙、容声电冰箱故障代码

容声电冰箱对于传感器的故障基本上是从冷藏室往下进行排列，用“En”表示，与哪个室有关的传感器出现故障，其故障代码就出现在该室的温度显示区。如冷藏室传感器和冷藏室蒸发器传感器故障，故障代码就显示在冷藏室温度显示区。

1. BCD－181YQ、BCD－201YQ 系列感温头故障状态时的显示

当冷藏室感温头回路出现开路或短路时，则冷藏室显示“E”；冷冻室感温头回路出现开路或短路时，则冷冻室显示“E”；冷藏室蒸发器感温头回路出现开路或短路时，上电时冷藏室显示“E”2 秒钟；（在全亮显示之后）环境感温头故障不显示。

2. BCD－209TYS、BCD－239TYS 系列感温头故障状态时的显示

当冷藏室感温头回路出现开路或短路时，则冷藏室显示“E”；冷冻室感温头回路出现开路或短路时，则冷冻室显示“E”；冷藏室蒸发器感温头回路出现开路或短路时，上电时冷藏室显示“E”2 秒钟；（在全亮显示之后）环境感温头回路出现开路或短路时，上电时冷冻室显示“E”2s（在全亮显示之后）。

3. BCD－200YM、BCD－215YM 感温头故障状态时的显示

当冷藏室感温头回路出现开路或短路时，则冷藏室显示“E”；冷冻室感温头回路出现开路或短路时，则冷冻室显示“E”。

4. BCD－238YMP（K）感温头故障状态时的显示

当冷藏室感温头回路出现开路或短路时，则冷藏室显示“E1”；变温室感温头回路出现开路或短路时，则变温室显示“E2”；冷冻室感温头回路出现开路或短路时，则冷冻室显示“E3”；环境感温头回路出现开路或短路时，则冷冻室显示“E4”。

5. BCD－199WAK、BCD－219WAK、BCD－199WA/HC、BCD－219WA/HC 系列感温头故障状态时的显示

当冷藏室感温头回路出现开路或短路时，则冷藏室显示“E1”；冷藏室蒸发器感温头回路出现开路或短路时，为“E2”，一般不显示；变温室感温头回路出现开路或短路时，则变温室显示“E3”；变温室蒸发器感温头回路出现开路或短路时，则变温室显示“E4”。

6. BCD－162A/HC、BCD－172A/HC、BCD－180A/HC、BCD－188A/HC、BCD－200A/HC、BCD－205A/HC、BCD－220A/HC、BCD－270A/HC、BCD－162AY、BCD－172AY、BCD－182AY、BCD－202AY、BCD－208AY、BCD－222AY、BCD－272AY 系列感温头故障状态时的显示

当冷藏室感温头回路出现开路或短路时，则冷藏室显示“E1”；冷冻室感温头回路出现开路或短路时，则冷冻室显示“E2”；除霜感温头回路出现开路或短路时，则冷藏室显示“E3”（冷冻室门打开为前提）。

三、部分海信电冰箱传感器故障代码

BCD－262VBPG、BCD－282VBPG、BCD－252BP、BCD－239e、BCD－252e 电冰箱传感器故障（含短路或断路）代码含义如下

1）冷藏室传感器坏，冷藏室显示“F1”。

2）变温室传感器坏，变温室显示“F2”。

3）冷冻室传感器坏，冷冻室显示“F3”。

4）环境传感器坏，冷藏室显示“F4”。

5）环境传感器与冷藏室传感器坏，冷藏室显示“F5”。

四、部分海尔电冰箱传感器故障现象及代码

海尔 BCD－252WBCS、BCD－272WBCS、BCD－252WBCS H、BCD－272 WBCS H 电冰箱传感器故障现象及故障代码。

1．冷藏蒸发器传感器故障现象及故障代码

当冷藏蒸发器传感器发生故障（短路或断路）时，温度值显示区显示“F1”（注：在冷藏温度显示区显示）；若此时处于人工智能状态，且环境温度超过40℃，则冷藏室温度由冷藏空间温度传感器控制（开机为10℃，关机为8℃）。

2．环境传感器故障现象及故障代码

当环境传感器发生故障（短路或断路）时，温度值显示区显示“F2”（注：在冷冻温度显示区显示），电冰箱不能进入人工智能状态和速冻状态运行。

3．冷藏空间温度传感器故障现象及故障代码

当冷藏空间传感器发生故障（短路或断路）时，温度值显示区显示“F3”（注：在冷藏温度显示区显示）；电冰箱不能进入人工智慧、速冻状态；冷冻室控制正常时，冷藏室不要求单独开机，每次冷冻开机时，冷藏室先制冷 8min 后，冷冻室单独制冷。

4．冷冻温度传感器故障现象及故障代码

当冷冻传感器发生故障（短路或断路）时，温度值显示区显示“F4”（注：在冷冻温度显示区显示）；电冰箱不能进入人工智能状态；超温报警及冷冻温度显示功能不能执行。冷藏室控制正常时，在每次冷藏室要求停机时，冷冻室继续单独制冷 10min 后停机。

5．变温室温度传感器故障处理及故障代码

当变温室传感器发生故障（短路或断路）时，温度值显示区显示“F5”（注：在变温室温度显示区显示）；变温室温度设置显示功能不能执行。冷藏室控制正常时，在每次冷藏室要求停机时，变温室制冷 15min 后停机。

6．冷藏空间温度传感器和冷冻温度传感器同时损坏时的故障现象

在每次变温室要求停机时，冷藏室和冷冻室进入开机 20min、停机 20min 的固定循环。其中在开机 20min 中，前 8min 同时制冷，后 12min 冷冻室单独制冷。

7．冷藏空间温度传感器、变温室温度传感器同时损坏时的故障现象

在每次冷冻室要求开机时，冷藏室和变温室先制冷 20min。在这 20min 中，前 10min 冷藏室制冷，后 10min 变温室制冷。

8．冷冻温度传感器、变温室温度传感器同时损坏时的故障现象

在每次冷藏室要求停机时，冷冻室和变温室继续制冷 20min。在这 20min 中，前 10min 变温室制冷，后 10min 冷冻室单独制冷。

9．三个温度传感器都损坏时的故障现象

三个温度传感器都损坏时，进入开机 30min、停机 20min 的固定循环。开机的 30min 中，冷藏室、变温室、冷冻室分别制冷 10min。

10. 除霜传感器故障处理及故障代码

当除霜传感器发生故障（短路或断路）时，温度值显示区显示“F6”（注：在变温室温度显示区显示）。如电冰箱未处于除霜状态，则不进入除霜状态；如处于除霜状态，则立即退出除霜状态。

11. 冰温室传感器故障处理及故障代码

当冰温室传感器发生故障（短路或断路）时，温度值显示区显示“F7”（注：在冷藏室温度显示区显示），不影响电冰箱制冷。

【典型实例】

实例一　美菱微电脑控制电冰箱不除霜故障的检修

1. 故障现象

美菱 BCD－195WN、185WN、205WN、235WN 电冰箱不除霜。

2. 分析与检修

（1）检查传感器　先检查显示屏上有无显示“E0”，如有，则需检查传感器探头的阻值及除霜传感器的接头是否牢固。

（2）检查加热器及电源板

1）拆下冷冻风道面板，拔出除霜加热器的插头，检查加热器的电阻是否为 372Ω 左右，若阻值过大或过小则要换加热器。如加热器的阻值正常，则再启用自检程序检查。当显示“C1”时，按“自动”键，检查加热器插座上有无 220V 的交流电压。

2）上述自检程序检查时，如压缩机后盖板附近的电源板上有吸合声音，而除霜加热器插座上无 220V 的电压，则要检查电源板上的加热器输出插座有无电压、接线头有无松动及电源板到冷冻室内除霜加热器处的插头间连接线通断情况。输出插座电压不正常或继电器无吸合声音则要更换电源板。

实例二　海信变频电冰箱不制冷故障的检修

1. 故障现象

海信 BCD－209BP 型电冰箱不制冷。

2. 分析与检修

检查发现压缩机不起动，用万用电表测电源电压正常，将控制板盒盖打开，观察电路板无明显断路，用万用电表测量驱动板无电压输出。判断驱动板电路故障，维修人员更换驱动板后压缩机正常起动。将控制板盒盖装上，试机正常。处理变频系列电冰箱不制冷故障时应首先检查电路板电源部分。

实例三　电冰箱运行几小时后出现故障的检修

1. 故障现象

容声 BCD－208AY 电冰箱初次上电制冷正常，但几小时后出现故障，冷藏室及冷冻室温度均超过开机温度，且电冰箱不开机。

2. 分析与检修

经初步判断为主控板故障，但更换主控板后，故障依旧。经观察及测量，冷藏室显示温度为 +8℃时，感温头阻值为 3.3kΩ；冷冻室显示温度为 －11℃时，感温头阻值为 9.2kΩ，基本正常。检测冷藏室除霜感温头，阻值为 6.2kΩ，对照 R－t 图，查得对应温度为 1℃。

从电冰箱控制原理可以看出，电冰箱进入除霜的条件是：在非速冻状态下连续通电时间≥6h，退出除霜的条件是：TV≥5℃。可以看出冷藏室除霜感温头故障，从而电冰箱一直处于除霜状态，故电冰箱不开机。

按冷藏室除霜感温头故障处理，在主控板上甩掉除霜感温头，用4kΩ左右固定电阻代替，故障排除。

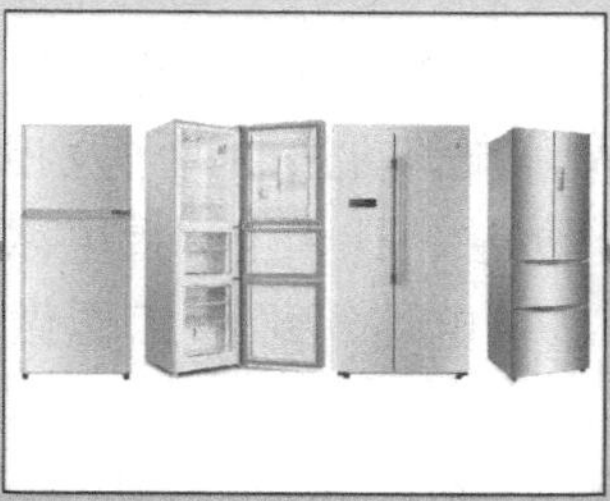

单元八 电冰箱综合故障的分析与维修

【内容构架】

- 电冰箱综合故障的分析与维修
  - 检修的基本原则和方法
    - 1.电冰箱检修的基本原则
    - 2.电冰箱的一般检修程序
    - 3.电冰箱故障判断的基本方法
      - 实例一　电冰箱十大假性故障的判断
      - 实例二　电冰箱简单故障的快速处理
  - 压缩机不运转的故障维修
    - 1.低温补偿功能的故障
    - 2.电路电源的故障
    - 3.电气元器件的故障
    - 4.压缩机电动机的故障
    - 5.压缩机机械的故障
      - 实例一　接插件松脱，压缩机不运转
      - 实例二　温控器损坏，压缩机不运转
      - 实例三　电机绕组短路，压缩机不能起动
      - 实例四　热保护器损坏，压缩机不运转
      - 实例五　晶闸管损坏，压缩机不运转
      - 实例六　低温补偿加热器烧毁，电冰箱不起动
  - 电冰箱不制冷故障的维修
    - 1.系统内制冷剂全部泄漏
    - 2.制冷系统堵塞
    - 3.压缩机效率低
      - 实例一　干燥过滤器脏堵，冰箱不制冷
      - 实例二　毛细管冰堵，电冰箱不制冷
      - 实例三　系统泄漏，电冰箱不制冷
      - 实例四　压缩机阀片损坏，电冰箱不制冷
      - 实例五　箱体内部管路泄漏，开背板维修
  - 电冰箱制冷效果差故障的维修
    - 1.系统中充注的制冷剂过多
    - 2.系统中充注的制冷剂过多
    - 3.制冷系统微堵
    - 4.蒸发器管路中有冷冻机油
    - 5.蒸发器霜层过厚
    - 6.风扇风量不足或不运转
    - 7.风门失灵
    - 8.压缩机效率低下
    - 9.制冷系统内有空气
      - 实例一　冷凝器散热不好，电冰箱制冷效果差
      - 实例二　温度传感器损坏，电冰箱制冷效果差
      - 实例三　干燥过滤器堵塞，电冰箱制冷效果差
      - 实例四　风扇风量不足，电冰箱制冷效果差
      - 实例五　化霜温控器老化，电冰箱制冷效果不佳
  - 电冰箱不停机故障的维修
    - 1.温控器失灵
    - 2.温度调整不当
    - 3.感温失控
    - 4.箱体内胆脱离
      - 实例一　控器故障，电冰箱不停机
      - 实例二　感温失控，电冰箱不停机
      - 实例三　温控器温度调节不当，压缩机运转不停
      - 实例四　感温管不灵敏，不停机
      - 实例五　传感器损坏，压缩机不停机
  - 其他故障维修
    - 1.压缩机在运转中突然停机
    - 2.电冰箱漏电
    - 3.电冰箱振动及噪声过大
      - 实例一　制冷管道相碰，发出噪声
      - 实例二　触及箱门把手有麻电感
      - 实例三　开机后不停机，停机后不开机
      - 实例四　门封不严，结霜严重

【学习引导】

本单元的主要目标是让学生掌握电冰箱综合故障的分析与维修。本单元介绍了电冰箱检修的基本原则、一般检修程序和故障判断方法；通过典型的综合故障维修方法的讲解及相应的典型示例，向学生全面介绍了电冰箱常见故障现象及分析和处理方法，让学生掌握电冰箱综合故障的分析和维修，进一步强化电冰箱维修技能，为将来从事电冰箱维修工作做好准备。

目的与要求

1. 掌握电冰箱维修的基本原则和方法。
2. 学会电冰箱假性故障的判断和简单故障的快速处理。
3. 掌握压缩机不起动故障的检修流程。
4. 了解影响压缩机不起动的因素。
5. 学会压缩机不起动故障的排除方法。
6. 掌握电冰箱不制冷故障的检修流程。
7. 了解造成电冰箱不制冷的原因。
8. 学会电冰箱不制冷故障的排除方法。
9. 掌握电冰箱制冷效果差故障的检修流程。
10. 了解引起电冰箱制冷效果差的原因。
11. 学会排除电冰箱制冷效果差的故障。
12. 掌握电冰箱不停机故障的检修流程。
13. 了解引起电冰箱不停机的原因。
14. 学会排除电冰箱不停机的故障。
15. 掌握压缩机突然停机故障的排除方法。
16. 掌握电冰箱漏电故障的排除方法。
17. 掌握电冰箱振动及噪声过大故障的排除方法。
18. 掌握无霜电冰箱不除霜故障的排除方法。

重点与难点

重点：

1. 电冰箱维修的基本原则和方法。
2. 压缩机不起动故障的维修方法。
3. 电冰箱不制冷故障的维修方法。
4. 电冰箱制冷效果差故障的维修方法。
5. 电冰箱不停机故障的维修方法。
6. 压缩机突然停机故障的维修方法。
7. 电冰箱振动及噪声过大故障的维修方法

难点：

1. 压缩机故障判断和维修技能。
2. 制冷故障判断和维修技能。
3. 停机故障判断和维修技能。

课题一 电冰箱检修的基本原则和方法

【相关知识】

一、电冰箱检修的基本原则

1. 先外后内

“先外后内”是先排除外界因素的影响，再检查电冰箱内部实质性故障。先检查电冰箱工作环境温度是否达到要求，电冰箱是否接入电源及电源电压是否正常。在确认电冰箱工作环境符合要求，使用方法正常，而且家庭用电正常的情况下，才能对电冰箱本身进行检查。

2. 先电后冷

“先电后冷”是指先把电气故障排除，使压缩机正常运转，再考虑制冷故障。先检查压缩机是否运行正常，只有在电冰箱压缩机运行正常的情况下，才能对制冷系统进行检查。而在压缩机不能运行或运行不正常的情况下，要先对电路系统进行检查，这是因为制冷系统受控于电气系统。

3. 先易后难

“先易后难”是指先检查易发生、常见的、单一的故障，以及查易损、易拆卸的部位，后考虑复合、故障率低、难拆卸的元器件。一个故障现象往往涉及多个方面、多个器件与部位。对有怀疑的对象，应从最简单的入手查起，最后再检查较为复杂的。也就是说，要先检查易损件及易漏点的部位，后考虑故障率低、较为复杂和拆卸困难的器件与部位。此外，应先考虑单一性故障，后考虑综合性故障。

二、电冰箱的一般检修程序

在检修电冰箱时，先排除电气系统故障，再考虑制冷系统，最后判断是否因制冷系统故障导致电气控制系统故障。

1. 电气控制系统检修程序

电气件是否完整→连接方法是否与电路图相一致→是否有短路或断路现象→绝缘状况→检查压缩机、起动器、过载保护器、温度控制器是否完好→起动性能检查。

2. 除霜回路维修程序

旋转除霜定时器钮→除霜温度控制器→除霜加热→除霜过热保护器→除霜定时器。

3. 制冷系统检修程序

观察内外制冷管路→放气→打压查漏→更换器件或补漏→吹通→更换干燥过滤器→抽真空→加注制冷剂→试机→封口→补发泡。

三、电冰箱故障判断的基本方法

电冰箱的结构复杂，出现某种故障的原因可能多种多样。实践证明，正确运用“问、闻、看、听、摸、测”的方法，能有效地分析判断出现故障的原因。

1. 问

“问”是指向用户仔细询问电冰箱的运输、使用环境及使用过程中的各种情况，向用户了解电冰箱的故障现象，并根据具体故障，询问用户电冰箱发生故障时及以前有无异常响声、气味等。通过用户的自述或对用户的询问，初步判断出电冰箱出现的问题属于哪种类型，是起动类、制冷类还是其他类，并初步确定故障发生在制冷系统、电气系统还是保温系统中。对于上门维修，要先根据对用户的询问，确定需要携带的器件和工具。

2. 闻

“闻”是指闻各温室风扇电动机线圈、各电磁阀线圈、箱体内接线柱或线路、大功率整流管、开关电源芯片、压敏电阻、晶体管、继电器线圈有无烧焦味。

3. 看

“看”是指用眼睛观察电冰箱各部分的情况。

1）看箱内灯或屏显，若灯不亮或屏显无显示，则说明电源不通。

2）看电冰箱放置位置散热和箱门密封程度良好与否。

3）打开箱门看蒸发器的结霜情况，若蒸发器结霜不均匀（或者不完全结霜），则是不正常现象。

4）观察毛细管、干燥过滤器是否有凝露，压缩机吸气管是否结霜，箱门四周是否凝露，由此可判断制冷管路是否阻塞、制冷剂是否过量、毛细管是否有故障。

5）检查制冷系统管道表面（特别是各接头处）有无油污的迹象，如果有油污，说明有泄漏。

6）看各保温室指示灯、门开关、室内温度操作显示是否正常。

7）主、辅电源熔丝是否熔断。

8）电路板元器件有无炸裂、鼓包、漏液；线路及各接插件有无氧化、锈蚀、断线。

9）风扇电动机是否停转、转速低或时转时停，制冷机工作情况；变频压缩机工作情况。

4. 听

“听”是指用耳朵听电冰箱运行的声音，听在通电开机或工作时是否有风扇电动机、阀门、电动机或压缩机正常工作的运转声。如电动机是否运转、压缩机工作时是否有噪声、蒸发器内是否有气流声、起动器与热保护继电器是否有异常响声等。

若有下列响声则属于不正常现象：“嗒嗒嗒”，是压缩机内部金属的撞击声，说明其内部运动部件因松动而碰撞。“咄咄咄”，是压缩机内吊簧断裂、脱钩后发出的撞击声。若听不到蒸发器内的气流声，说明制冷系统有堵塞。

5. 摸

“摸”是指用手触摸电冰箱各部分的温度。电冰箱正常运转时，制冷系统各个部件的温度不同，压缩机的温度最高，其次是冷凝器，蒸发器的温度最低。

1）摸压缩机运转时的温度。室温在30℃以下时，若用手摸压缩机感到烫手，则属压缩机温度过高，应停机检查原因。

2）摸干燥过滤器表面的冷热程度。过滤器表面正常温度应与环境温度差不多，手摸有微温的感觉。若出现显著低于环境温度或结霜的现象，说明其中滤网的大部分网孔已被阻塞，使制冷剂流动不畅，而产生节流降温。

3）摸排气管的表面温度。排气管的温度很高，正常的工作状态时，夏季烫手，冬季也较热，否则说明不正常。

4）摸蒸发器的表面温度。摸蒸发器的表面，正常情况下，将沾有水的手指放在蒸发器表面，会有冰冷、粘连的感觉；若手感觉不到冷，则为不正常。

5）摸冷凝器的冷热程度。一台正常的电冰箱在连续工作时，冷凝器的温度为55℃左右。其上部最热，中间稍热，下部接近室温。冷凝器的温度与环境温度有关。冬天气温低，冷凝器温度低一些，发热范围小一些；夏天气温高，冷凝器的温度也就高一些，发热范围大一些。

6）摸吸气管的表面温度。摸一下距压缩机200mm处的吸气管，正常情况下其温度应与环境温度差不多，感觉在稍凉或稍热的范围内。若比环境温度高出5℃以上，或温度过低有冰凉感，或吸气管表面结露甚至结冰，均为不正常（但夏季环境湿度较大时也属正常）。

7）摸箱体的振动程度来衡量风扇电动机及压缩机工作状况。

8）对于变频电冰箱，断电后摸大功率电子元器件、集成电路及散热器的温度，判断其工作状况。

6. 测

1）用万用表检查用户市电电源电压的高低、电动机绕组电阻值是否正常。

2）用绝缘电阻表测量电冰箱的绝缘电阻是否在2MΩ以上。若各项指标均正常，则可以通电试运行。

3）用电流表测量起动电流和运行电流的大小。

4）用温度计测量电冰箱内的降温速度。如果降温速度比平常运转时明显减慢，则是反常现象。

5）用万用电表测量各接口电路控制电压及工作点电压；各风扇电动机反馈信号电压；门开关、加热器、指示灯、风扇电动机、阀门电阻值，判断是否存在短路、漏电、开路、碰壳。

经“问、闻、看、听、摸、测”之后，就可进一步分析故障所在部位及故障程度。由于制冷系统彼此互相连通又互相影响，因此要综合起来分析，一般需要找出两个或两个以上的故障现象，由表及里判断其故障的实际部位，以减少维修中的麻烦。平时多看、多听、多摸，体会不同季节、不同环境下的不同感觉，当电冰箱出现故障时，就很容易根据这六方面判断出电冰箱的故障。

【典型实例】

实例一　电冰箱十大假性故障的判断

有很多新购买电冰箱的用户，由于缺乏对电冰箱基本知识的了解，把电冰箱工作时的正常现象误认为是电冰箱的故障而招来烦恼，甚至送维修部门修理。常引起用户误认为是电冰箱故障的正常现象有以下几种：

1. 新电冰箱，长时间不停机

刚买的新电冰箱，通电工作了半天，压缩机仍不停，这不是故障。因为新买的电冰箱箱内箱外的温度相同，要使电冰箱箱内温度降低，压缩机必须连续运行5~8h（视环境温度和温度控制器旋钮置的位置不同而有差别）。因此，要冷冻的食品最好在电冰箱压缩机运行3h后，放入冷冻室为好。

夏季环境温度较高或堆放食物较多时，压缩机工作时间较长也为正常现象。

2. 新电冰箱运行时有较大的“嗡嗡”声

电冰箱在初次使用或在起动时，由于电冰箱的运行状态没有稳定，故电冰箱在开始运行时，会发出较大的“嗡嗡”声，运行稳定后，声音就会减小。

3. 电冰箱经常发出“咔嗒”的声音

电冰箱在开停时，主控板、继电器等电气件会由于动作而发出“咔嗒”声，这是发出的正常响声。但有时由于电冰箱放置不稳固，或箱内食品放置不平稳，伴随着这种响声的同时，还会听到较大的振颤声。遇到这种情况，只要把电冰箱或箱内食品放置平稳，即可消除这种振颤声。

4. 偶尔听到“咔咔”或“啪啪”声

在电冰箱压缩机开始运转或停止运转几分钟后，有时能听到“咔咔”或“啪啪”声。这是由于电冰箱在工作时，由于温度的热冷的变化，蒸发器、冷凝器和管路会由于热胀冷缩发出“咔咔”或“啪啪”的声音。这种声音不会影响电冰箱的正常使用和使用寿命。

5. 轻微的“滴嗒、滴嗒”的响声和吹风似的声音

有的电冰箱在上部可以听到轻微的“滴嗒、滴嗒”的响声和吹风似的声音。“滴嗒、滴嗒”声是设有自动除霜装置的电冰箱，其定时除霜继电器转动时发出的声音。似吹风声音是间冷式电冰箱蒸发器小风扇运转时的吹冷气声，这两种声音是电冰箱在正常工作时必然要发出的声音。

6. 电冰箱工作时有过液声

从电冰箱压缩机开始起动，一直到电冰箱压缩机停止运转后1～2min，电冰箱上部的蒸发器内会发出“咕噜、咕噜”似流水的响声。这种响声是电冰箱工作时，制冷剂在制冷系统中循环的“过液”声。在压缩机停机1～2min，制冷剂仍在制冷系统中流动一段时间。这种过液声有的电冰箱听起来大一些，有的电冰箱听起来小一些，但如果都在标准范围内，是电冰箱正常工作中必然产生的一种声音，不会影响制冷性能。

7. 电冰箱工作时，箱后背发热

电冰箱箱后背是冷凝器，是专门用来散热的部件，其工作温度一般可达55℃。它的作用是保证制冷剂在制冷系统中能正常地进行工作。如果电冰箱工作时，冷凝器不热，那才是电冰箱发生故障了。

8. 电冰箱箱口四周和上、下两门之间的中前梁处发热

在这些部位，由于仅用门封隔热，而温度又较低，每遇阴雨潮湿季节，空气中的相对湿度较高时，水气接触到冷金属表面，便会凝结出露珠，严重时露珠会流到地面上（这是正常的自然现象）。

为了防止凝露，在箱口四周和中前梁处内表面，装设一套加热除露管，以提高这些部位外表面的温度，使其不低于箱外空气的露点温度。所以，电冰箱箱口四周和中前梁处发热是正常现象。

空气湿度较大时电冰箱外部可能出现水珠，用软布擦干即可，这是正常现象。

9. 电冰箱工作时，压缩机外壳烫手

压缩机连续运转时，电动机的定子铁心和运行绕组的温度可达100～110℃，压缩机的活塞对制冷剂的压缩产生压缩热，其温度也可达100℃左右。这些热量大部分是通过压缩机外壳向空气中散发的，所以在夏天，压缩机的外壳温度可达到90℃，这是电冰箱工作时的正常现象。

10. 电冰箱停止工作时，电能表仍转

电冰箱停止工作时，家里的电能表转盘仍在转动（其他家用电器和照明灯都停用）。这是由于在电冰箱电路中，有防冻、热补偿电热丝、定时除霜继电器等，在电冰箱停止工作时它们仍在工作，需消耗电能，故电表转盘仍在转动，这并不是电冰箱的故障。

实例二 电冰箱简单故障的快速处理

如果电冰箱不能正常工作或出现一些异常情况，可以按以下方法自行进行快速处理，见表8-1。

表8-1 电冰箱简单故障分析与处理

故障现象	分析及处理
电冰箱不能工作	检查电源是否有故障
	检查电源插头是否接触良好
	检查温控器调温旋钮刻度指示是否在“关”点
冷藏室的食物冻结	调温旋钮刻度设置过高
	存放的食物接触后壁冷源
冷藏室后壁结露严重	温度设定不当
	门未关严或食品将门顶住未能关上
	门开启太频繁
	天气炎热
	温度过大
冷冻室冷冻不充分	环境温度低于10℃，未将温度补偿开关置于“开”位置
	食品存放量过大，放置拥挤，冷气流通不畅；箱门未关好
	门封条有损伤或变形，密封不严
	电冰箱外部通风不良
化霜水溢流于箱内或地板上	检查出水孔有无阻塞
	检查接水盒安置的位置是否适当
噪声异常	安置不平稳
	碰到墙壁
	接水盒脱落
	外部制冷管道相互碰触或制冷管道与箱壁碰触
冬天不开机	环境温度低于10℃时，未将温度补偿开关置于“开”位置
	调温旋钮刻度设置太低
夏天高温不停机	调温旋钮设置的刻度过高
	误将温度补偿开关打到“开”位置
	电冰箱外部通风不良
	门未关紧或门封不严
	开门过于频繁
	冷藏室放入热的食物过多

（续）

故障现象	分析及处理
电冰箱按键操作无效	请检查电冰箱是否处于断电状态
	请检查电冰箱是否处于锁定状态，若是请在解除锁定后再操作
	按键操作是否有误
主控屏自动跳档	温度显示跳挡：请检查是否有中间断电或电压波动现象
	速冻显示跳挡：属速冻功能的自动运行，为正常现象
	人工智能下温度显示跳档：环境温度变化时，电冰箱自动进行温度调节，为正常现象
电冰箱内有异味	有气味的食品应该严密包住
	检查有无变坏食品
	电冰箱内部需要清洁
灯不亮	灯泡是否损坏

课题二 压缩机不运转故障的维修

【相关知识】

压缩机不运转，多是电动机、电路或机械方面出现了故障，检修时需一步步检查才能找出根源，一般可按以下流程进行检修，如图 8-1 所示。

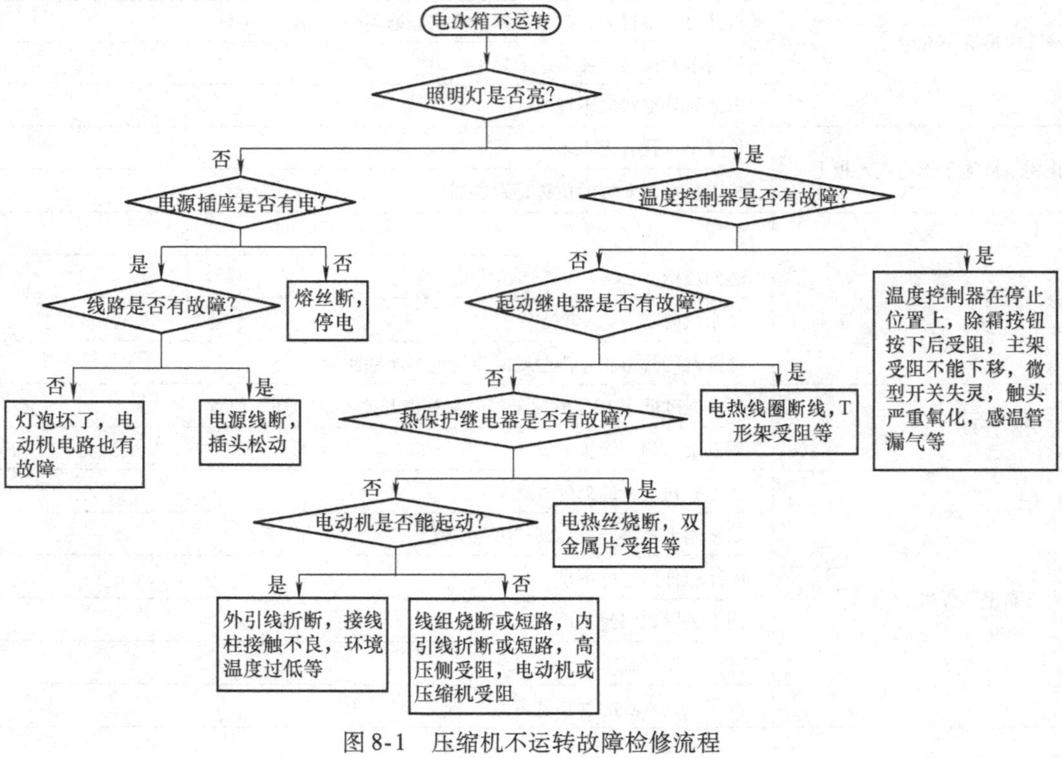

图 8-1 压缩机不运转故障检修流程

一、低温补偿功能的故障

1. 故障分析

1）低温补偿开关（又称节电开关）没有打开。

2）低温补偿加热器的电阻丝断路。

2. 排除方法

1）打开低温补偿开关。

2）检查低温补偿加热器的电阻为无穷大，则表明其断路，应更换低温补偿加热器。

二、电路电源的故障

1. 故障分析

1）电源断电或电源插头接触不良引起。

2）电源电压低。可按图 8-2 所示的方法，用万用表测试插座的电压，若电压低于额定电压的 10%（198V 以下），压缩机不能起动运转。

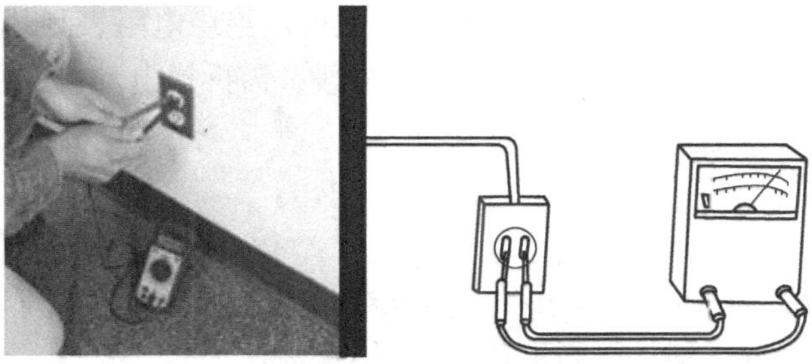

图 8-2　测电源电压

3）若用户电源插头是多用的，电冰箱的起动也会受影响。

4）开关接触不良、熔丝熔断等。

2. 排除方法

1）检查电源输入电路是否有电，即进入闸刀开关的电路是否有电，一般可以用万用电表和验电笔测定。如发现熔丝熔断，应查明原因，然后按原规格换上新的熔丝。

2）查看各接点的触头是否完好，插头是否紧合，有无损坏。如果接头接触不良，电动机也会不转或发出“嗡嗡”响声。发现有损坏的，应维修或更换。

3）查看是否有多个用电器共用电冰箱插座的情况，若有共用，应立即拔去。

4）用电压表测量电源电压，若确属电压低，需指导用户购买稳压器以升高电源电压。

三、电气元器件的故障

1. 故障分析

1）温度控制器失效，触点未闭合或接触不良。

2）过电流过热保护器碟形双金属片受阻不能复位闭合，电热丝烧断。

3）起动继电器未闭合，或接头有尘埃、接触不良。

4）电容器断路或短路。

2. 排除方法

1）用万用电表检查温度控制器的触点是否导通，若不通可将开关钮轴转动，使其闭合；如果运转，检查发现仅触点接触不良时，用细砂纸磨平后修复或更换温度控制器；若确认温度控制器损坏，需更换新温度控制器。

2）检查起动电容器，用万用电表的电阻挡检查，事先应先放电。在正常的情况下，万用电表表针摆至一端且慢慢返回。电阻值为0 Ω表示短路，电阻值为∞表示断路（击穿）。

3）起动继电器和保护器若损坏，应更换新件。

四、压缩机电动机的故障

1. 故障分析

当电动机绕组烧毁或匝间短路时，往往会出现熔丝反复熔断的现象，特别是一推上刀开关便熔断。

2. 排除方法

用万用电表检查接线柱与外壳是否短路，并测量各相电阻，如是短路或某相电阻较小，说明绕组匝间有短路现象，绝缘被烧毁。检查时也可用绝缘电阻表测其绝缘电阻，若其电阻低于2M Ω，则说明绝缘层已被击穿。如电动机烧毁，需拆换电动机或压缩机。

五、压缩机的机械故障

1. 故障分析

1）抱轴。大多由于润滑油不够引起，润滑系统油路堵塞或供油中断，润滑油有污物杂质使黏性增加等都会导致抱轴，镀铜也会造成抱轴。

2）卡缸。由于活塞与气缸之间配合间隙过小，或因热胀关系而卡死。

抱轴与卡缸的判断方法：在电冰箱通电后，压缩机不起动运转，但是细听可听到轻微的嗡嗡声，热保护继电器几秒钟后动作，触点断开。如此反复动作，压缩机也不起动。

2. 排除方法

若压缩机磨损或润滑不良，可加润滑油，如不能解决，宜更换压缩机。压缩机高压阀片漏气或抱轴、卡缸，宜进行检修或更换压缩机。

【典型实例】

实例一　接插件松脱，压缩机不运转

1. 故障现象

一台电冰箱完全不制冷，压缩机不运转。

2. 分析及修理

完全不制冷，首先应检查压缩机是否运转。如不运转，则肯定是电气系统（包括压缩机电动机）发生故障；如运转，压缩机常转不停却不制冷，则肯定是制冷系统（包括压缩机）发生故障。在家庭条件下，如何判断压缩机是否运转呢？常用方法有以下两种：

1）将温度控制器置于不停机位置，以手背触及压缩机机壳，感到微微振动或发热，则表明压缩机运转；感觉不到任何振动或一点都不热，则表明压缩机不运转。注意只能以手背（不要以手掌）触及压缩机机壳，因为万一漏电，电击手背使肌肉收缩，能迅速脱离机壳，避免触电。

2）将温度控制器置于不停机位置，把除电冰箱之外的其他家用电器全部停用，看家庭安装的电能表是否转动。如转动则表明压缩机运转，否则表明压缩机不运转。

经检查，该电冰箱的压缩机不运转。检查电源插座的电压为220V，电冰箱的电源线等也完好无损，均属正常。将温度控制器置于不停机位置，从电源插头处测量电阻值为“∞（无穷大）”，说明电气回路不通。进一步仔细检查，拆开压缩机接线盒保护盖后，发现盒内有一个接插件松脱。插上后，再试机，一切恢复正常。接插件松脱，大多数是因为运输或搬动中颠簸、碰撞等引起的。为了避免接插件松脱，运输与搬动应该轻抬轻放。

实例二　温度控制器损坏，压缩机不运转

1. 故障现象

一台电冰箱压缩机不运转，即使把温度控制器旋钮顺时针旋到底，置于“不停”位置，压缩机也不运转。

2. 分析及修理

使用万用表测量电源电压正常，为220V。打开箱门，箱内照明灯亮。把温度控制器旋钮顺时针旋到底，再逆时针旋到底，无论如何旋动调节，压缩机都不运转，也无任何声响。这种故障有两种可能：一是温度控制器损坏断路；二是压缩机或过载保护器等损坏断路。为了进行判断，拆下温度控制器，把接温度控制器触点的两根导线短接，插上电冰箱的电源插座，观察压缩机是否运转。如运转，则肯定故障是温度控制器损坏，触点断路、不能闭合；如不运转，则肯定故障在压缩机或过载保护器等部件。本实例实际情况是前者，则肯定故障在温度控制器。

仔细检查温度控制器，发现旋转温度控制器旋钮时，温度控制器轴并不旋动，即旋钮指示的数字与温度控制器触点的位置不相对应。温度控制器触点始终处于断开位置，所以压缩机不运转。这表明温度控制器经过长期使用或者质量差使机械动作失灵，一般没有修理价值，即使勉强修好也维持时间不长，应该更换新的同型号温度控制器。

判断温度控制器好坏的简便方法有如下两种：

1）电冰箱压缩机停机5min之后，把温度控制器旋钮顺时针旋到底，即旋至“强冷”（不停）位置，压缩机应运转；运转10min后，再把温度控制器旋钮旋至数字“1”的位置，压缩机应停止运转；停止运转5min后，再把温度控制器旋钮旋至“强冷”位置，压缩机又起动运转。

符合上述过程的，说明温度控制器良好；否则，说明温度控制器可能有故障，需作进一步的检查。例如压缩机完全不起动运转，可能是因为温度控制器触点不闭合，也可能是因为压缩机回路中有其他的断开点。

2）拆下温度控制器，将其旋钮置于中间位置，即相当于数字“3”、“4”的位置。把万用电表置于电阻挡，例如R×10、R×100挡均可，两表笔分别与温度控制器的温控插片相连。如果温度控制器只有两个插片，则这两个插片即为温控插片；如果温度控制器有3个插片，则标字母“L”、“C”的两个插片为温控插片（万宝、日芝等双门直冷式电冰箱的温度控制器均如此，另1个标字母“H”的插片与“L”插片组成温度补偿开关），也有的标数字“2”、“3”的两个插片为温控插片（如雪花双门直冷式电冰箱等）。万用电表表笔与温控插片连接，在室温下（室温≥10℃），万用电表表针应指零，表明温度控制器触点导通。

把温度控制器放入正在运转制冷的电冰箱的冷藏室内，当温度降至一定值时，温度控制器触点断开，万用表表针应指∞（无穷大）。再把温度控制器由电冰箱内取出，在室温下（室温≥10℃），稍过一些时间，其温度控制器触点应接通，万用电表表针应指零。符合上述测试结果的，说明温度控制器良好；否则，说明温度控制器一定有故障，需要检修或更换。

实例三　电动机绕组短路，压缩机不运转

1. 故障现象

一台 BCD－216 电冰箱接通电源后，听到起动器有剧烈打火的“噼啪”声，随即听到“啪”的一声，热保护器切断压缩机电源，压缩机不能运转。

2. 分析及修理

压缩机不能运转一般有以下 3 种原因：①压缩机本身故障；②电源电压过低；③系统管路堵塞。可以通过排除法进行判断。拔下压缩机起动器，使用万用电表的电阻挡测量压缩机的运行绕组和起动绕组。正常时，旋转式压缩机运行绕组的电阻值一般为 20～35 Ω，起动绕组的电阻值为 40～100 Ω。三接线端子与壳体之间的电阻值大于 2M Ω，其运行绕组和起动绕组的电阻值应等于总绕组的电阻值。

这里测得压缩机运行绕组的直流电阻值为 25 Ω，阻值正常；测量压缩机起动绕组的直流电阻值，阻值为 0 Ω，说明压缩机起动绕组短路。应清洗制冷系统，更换压缩机和干燥过滤器。

实例四　热保护继电器损坏，压缩机不运转

1. 故障现象

一台 BCD－177A 电冰箱压缩机不运转，也无声音。

2. 分析及处理

出现此故障时应先检测压缩机、供电电源及相关元器件（温控器、起动器和热保护继电器）。拔下压缩机的起动器和热保护器，用万用电表测量压缩机的直流电阻值，正常。检查起动器运行绕组插座 M 端与电源插头之间的导通情况，此时，起动器 M 端与电源插头之间导通，说明工作正常。

用万用电表测量热保护器插座与电源插头的导通情况，测量时电路不通，然后再测量热保护继电器两端，测量时也不导通，说明热保护继电器损坏。

热保护继电器是由电热丝与碟形双金属片串联组成的，当热保护器中的电热丝烧断、双金属片不能复位或双金属片接触不良时，都会导致电路不通。

热保护继电器起保护压缩机的作用。当电压不稳、制冷系统管路不畅通、压缩机性能不好、起动器性能不好时，均会导致压缩机过电流。发烫时，热保护继电器会自动切断压缩机电源，保护压缩机。热保护继电器是易损元器件，在更换损坏的热保护继电器时，要注意观察电冰箱的工作情况，找出热保护继电器损坏的原因。

实例五　晶闸管损坏，压缩机不运转

1. 故障现象

一台 BCD－255W 电冰箱压缩机不运转，不制冷。

2. 分析及处理

经检查发现电冰箱压缩机不工作。经进一步检查，发现压缩机无输入电压。该 BCD－255W 电冰箱控制电路框图如图 8-3 所示。温度传感器将状态信息传递给微电脑，微电脑通过运算处理，控制双向晶闸管的导通或截止，从而控制压缩机的运转或停止运转。双向晶闸管的 T1 极和 T2 极之间有 220V 电压，说明双向晶闸管没有导通，故障出在晶闸管控制电路或晶闸管损坏。测得晶闸管控制极 G 有电压，说明晶闸管已损坏。

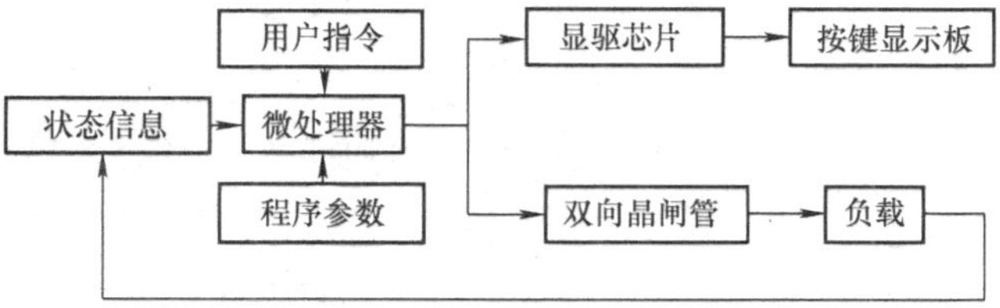

图 8-3　BCD－255W 型电冰箱控制电路框图

双向晶闸管的外形和电路图形符号如图 8-4 所示。

用电烙铁从电路控制板上焊下双向晶闸管，对双向晶闸管进行测量。正常时，用万用表 R×1 挡测量 G－T1 极之间的正、反向电阻值，应在几十欧姆至 200 Ω之间；G－T2、T1－T2 极之间的正、反向电阻值应均为无穷大。而实测双向晶闸管 G－T1 极之间的正、反向电阻值均为无穷大，进一步证明双向晶闸管已损坏。更换耐压和电流相同的双向晶闸管，故障排除。

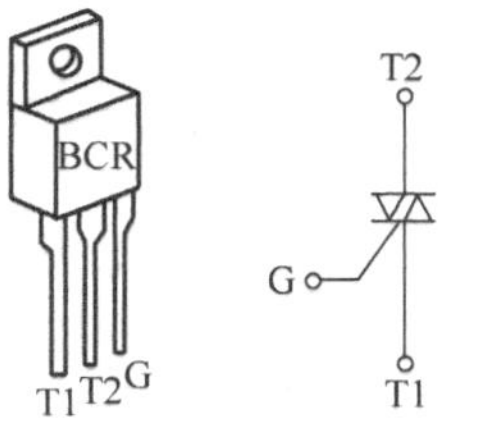

a) 外形图　b) 电路图形符号

图 8-4　双向晶闸管

实例六　低温补偿加热器烧毁，压缩机不运转

1. 故障现象

海信 BCD－186U6 压缩机不运转。

2. 分析与检修

经过全部检查，压缩机供电线路正常，压缩机线圈正常，起动继电器，更换热保护继电器后仍无效果。再经过检查，低温补偿开关正常，确认为低温补偿加热器烧毁。决定先剪开后背板后，找出旧低温补偿加热器，更换新的加热盘管，重新用铝箔粘贴好，最后发泡修复开背处。

特别提示： 电冰箱长期放置，会可能导致压缩机不能起动。电冰箱长期放置，会使压缩机转动不灵活。把电源插头拔下，再插下，反复几次。如果压缩机运转情况有改善，一般能恢复正常；如果没有改善，需要拆开压缩机修理或更换压缩机。

课题三　电冰箱不制冷故障的维修

【相关知识】

当电冰箱的压缩机能正常运转的时候，其蒸发器不挂霜，箱内温度不下降，这种现象称为不制冷。不制冷的原因很多，也较复杂，检修时需要特别注意造成这种现象的直接原因有哪些，可从以下流程进行分析，如图 8-5 所示。

一、系统内制冷剂全部泄漏

1. 故障分析

电冰箱制冷系统出现泄漏点后，若没能及时维修，制冷剂会全部漏掉。渗漏有两种：一

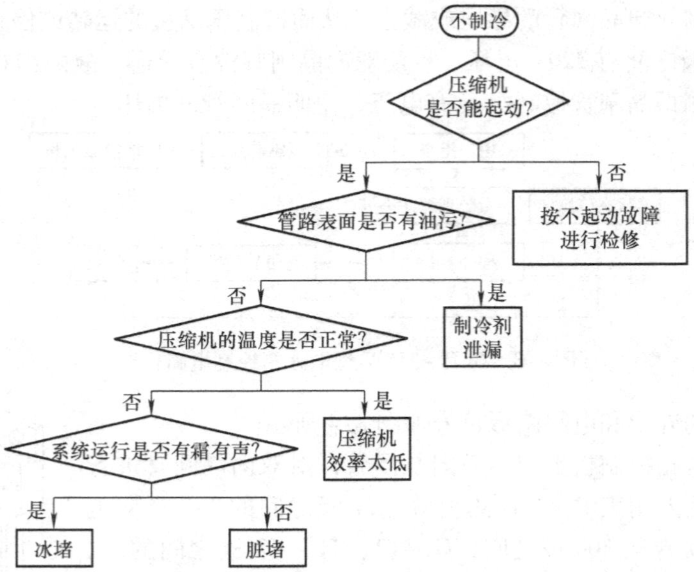

图 8-5　不制冷故障的检修流程

种情况是慢漏，即电冰箱一段时间没使用，到使用时才发现泄漏，有时是在使用过程中发现制冷效果逐渐变差，最后不制冷了；另一种情况是快漏，即由于系统管路突然破裂等情况，制冷剂迅速漏完。

制冷剂全部泄漏完的主要表现如下：

1）检漏。用目测、手摸或卤素检漏仪检查可发现有泄漏点。

2）查霜。蒸发器根本不结霜。

3）查冷凝器。表面根本无热感与室温相同。

4）运转电流。用钳形电表测试运转电流小于正常值，但因不制冷，空运转耗电量不低。

5）制冷剂检查。停机后切开工艺管无制冷剂喷出。

6）听声音。蒸发器处听不到液体流动声，压缩机起动很轻松。

2. 排除方法

应对电冰箱整机进行检查，主要检查那些容易渗漏的部位。发现渗漏部位后，可根据具体情况进行维修或更换新元器件，最后抽真空并充注制冷剂。

二、制冷系统堵塞

电冰箱的制冷系统中存在各种堵塞现象，具体表现在以下几个方面。

1. 冰堵

（1）故障分析　若制冷系统中的主要零部件干燥处理不当，整个系统抽真空效果不理想，或制冷剂中所含水分超量，在电冰箱工作一段时间后，毛细管就会出现冰堵现象。

出现冰堵的表现是电冰箱一会儿制冷，一会儿不制冷。电冰箱开始工作时是正常的，持续一段时间后，堵塞处开始结霜，蒸发温度达0℃以下，水分在毛细管狭窄处聚集，逐渐将管孔堵死，然后蒸发器处出现融霜，也听不到气流声，吸气压力呈真空状态。这种现象是间断出现的，时好时坏。

判断冰堵的方法：可用热毛巾敷在蒸发器的毛细管进口附近，耳朵贴近蒸发器监听，若突然出现液体流动声，可判断为冰堵。

（2）排除方法 如果制冷系统中水分过多，可以放掉制冷剂，用氮气吹干管路，然后重新充注经过过滤器处理的制冷剂。但一般采用的方法是在制冷系统中串入一个装有吸潮剂（硅胶、无水氯化钙）的过滤器，将系统中的水分过滤掉，然后更换过滤器，重新抽空注液。

2. 毛细管处脏堵

（1）故障分析 毛细管的进口处最容易被系统中较粗的粉状污物或冷冻机油堵塞，污物较多时会将整个过滤网堵死，使制冷剂无法通过。脏堵与冰堵的表现有相同之处，即吸气压力高，排气温度低，听不到蒸发器中的气流声。不同之处为脏堵时经敲击堵塞处（一般为毛细管和过滤器接口处），有时可通过一些制冷剂，有些变化，而对加热无反应，用热毛巾敷时不能听到制冷剂的流动声，且无周期变化，排除冰堵后即认为是脏堵所致。

（2）排除方法 打开制冷系统，拆下干燥过滤器，用氮气吹通冲洗管路后，重新装上新过滤器，然后抽真空，充注制冷剂。

3. 干燥过滤器堵塞

（1）故障分析 干燥过滤器完全堵塞的情况一般不多见，大多是系统中填充的材料或其他粉尘因使用时间较长而呈糊状封住了干燥过滤器，或污物渐积于干燥过滤器内所致。有时敲击干燥过滤器后会出现通气的现象，用手触摸干燥过滤器时有比正常时凉的感觉。

（2）排除方法 同毛细管脏堵故障。

三、压缩机效率低

1. 故障分析

压缩机是靠吸、排气阀的开、闭将制冷剂排出、吸入来进行工作的，如阀片碎裂，压缩机不做功，制冷剂就无法排出，也就不能制冷了。

2. 排除方法

判断这一故障比较困难，它往往同其他故障有相似的表现。在检修时，可首先注意压缩机有无异常声响（有时阀片破碎后会顶缸），触摸压缩机外壳是否烫手也有助于判断故障。切开排气口，运转压缩机后，用手指在排气口处无压力。这时应立即停机，有条件的话可打开气缸盖检查阀片，进行修理或更换压缩机。

【典型实例】

实例一 干燥过滤器脏堵，电冰箱不制冷

1. 故障现象

一台 BCD－239DVC 变频电冰箱压缩机运转正常，但不制冷，荧光显示屏显示故障代码。

2. 分析及处理

通电试机，可听到压缩机正常工作时的运转声，手摸外壳可感觉有轻微的振动，有一定的温感，测得运转电流为 0.9A。但用手摸干燥过滤器时感觉冰凉，初步判断故障产生的原因是干燥过滤器堵塞。

脏堵是干燥过滤器经常发生的故障。由于电冰箱压缩机长期运行，机械磨损产生杂质，或制冷系统在装配焊接时未清洗干净，制冷剂和冷冻油中有杂质均会导致干燥过滤器脏堵。用钢丝钳在干燥过滤器的出口处剪断毛细管时，可明显看到随制冷剂喷出的油污，说明管路油堵。起动压缩机，使油尽量随制冷剂排出，反复数次后，冷凝器里的油便可排出。更换干燥过滤器后，故障排除。

实例二　毛细管冰堵，电冰箱不制冷

1. 故障现象

一台 BCD－230 电冰箱，维修后出现间断制冷。

2. 分析及处理

开机工作时状态正常，10～30min 后压缩机声音加大，冷冻室原来结的冰慢慢的化掉，判定为冰堵。为了证实，再开机后听到压缩机声音加大时，拔掉电冰箱电源仔细听电冰箱内有无气流声。一开始没有，打开冷冻室门，等待有 10min 左右以后听到冷冻室后部有气流声，再开压缩机又可以制冷。过一段时间，又会出现不能制冷的情况，证实了冰堵引起的工作不正常。

切开压缩机的工艺管放出制冷剂，用 100W 的白炽灯泡放到电冰箱的冷冻室内加温，将原来的干燥过滤器换掉，再压缩机工艺口接上维修阀。加热约 2h 后开启真空泵，对系统抽空处理，抽空时间在 1h 以后，取出加热灯泡，关掉真空泵，加 100g 制冷剂，开机 30min 左右没有发现冰堵现象。为了安全起见，再次对系统抽真空，同时还要加热冷冻室，同时对干燥过滤器加温，使其在 100℃左右，约 1h 后再加氟开机试验，一切正常。

实例三　系统泄漏，电冰箱不制冷

1. 故障现象

一台直冷单系统双门电冰箱，因不制冷送修。

2. 分析及处理

通电试机，经 30min 后电冰箱运转正常，而冷冻室和冷藏室蒸发器不结霜，触摸冷凝器不热，倾听箱体无气流声。断开压缩机低压工艺管，无气体排出，复查压缩机吸气感良好，由此可确定制冷剂泄漏。连接修理阀充入氮气压力平衡至 0.9MPa，用浓肥皂水对外露部件管路全面检漏，未发现漏孔；试压 1h 后，表压力由 0.9MPa 降为 0.85MPa，故判定为内漏。根据制冷系统管路分析，可能是门防露排热管、左右冷凝器或冷冻室蒸发器内漏。在进行分段压力检漏前又反复对外露接头施涂肥皂水进行检漏，发现冷冻室蒸发器与冷藏室蒸发器露出的管体内侧泄漏，用镜片反光可以看到冒气泡连续不止。由于操作空间局限，放出气体采用胶粘剂吸堵法补漏固化后，经抽空、充注制冷剂制冷，观察一切正常，故障排除。

实例四　压缩机阀片损坏，电冰箱不制冷

1. 故障现象

一台 BCD－216 电冰箱不制冷，但压缩机一直运转。

2. 分析及处理

压缩机运转而不制冷有以下 3 种情况：①系统泄漏；②系统堵塞；③压缩机排气压力不够或无排气压力。

切开压缩机工艺管，有大量的制冷剂喷出，说明制冷系统没有泄漏。用手指堵住工艺管，重新开启压缩机。工艺管口对手指没有吸力（正常时应有吸力）。将压缩机排气管和冷凝器焊开，重新开启压缩机，用手能够很容易堵住压缩机排气口（正常情况下，压缩机排气压力可以达到 1.4MPa，手指无法堵住排气口），说明压缩机阀片已损坏。须清洗该电冰箱制冷系统，更换压缩机和干燥过滤器。

实例五　箱体内部管路泄漏，开背板维修

1. 故障现象

一台新购电冰箱使用时间三个月，不制冷，但压缩机一直运转。

2. 分析及处理

通过制冷系统检漏，判定为箱体内部管路泄漏（内漏），则必须开背板维修。具体操作如下。

1）通常电冰箱内部管路耐腐蚀性强，使用寿命较长，机器短时间内出现内漏多数为箱体内管路连接焊点泄漏，维修时先查看相关资料了解焊点位置。

2）准备开背维修所需工具：一字螺钉旋具一把、木槌一个、撬棍两根（自制）。

3）如图 8-6 所示，首先用大开口螺钉旋具和撬棍从箱体底部将背板左右均匀撬起 20cm 左右。

4）扒开发泡层对铜铝接头打压检漏。如有泄漏，可用洛克环连接，也可以用铝焊条焊接。焊接时需将焊点与发泡料隔开，以防止发泡料燃烧。

5）机器修复后用台虎钳将背板整形，用木槌将背板复位即可。如需更换新的背板可从厂家售后服务部门购买。

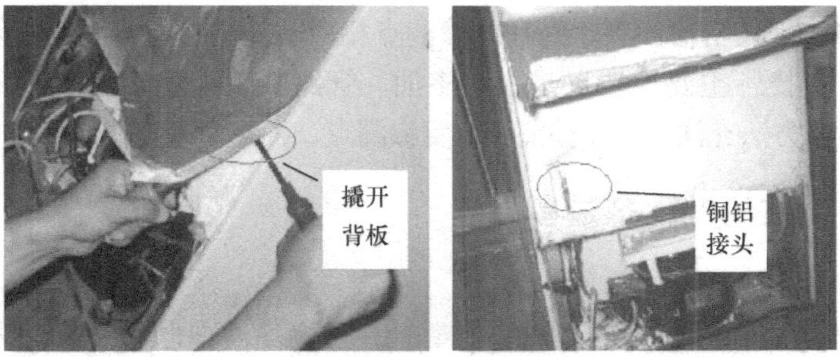

图 8-6　开背维修

课题四　电冰箱制冷效果差故障的维修

【相关知识】

制冷效果差是指电冰箱压缩机能运转，但在规定的工作条件下，其箱内温度降不到原定温度。造成这种现象的原因较多，可按以下流程进行分析检修，如图 8-7 所示。

一、系统中制冷剂不足

1. 故障分析

在电冰箱的制冷系统中，如果制冷剂存在泄漏，制冷量就会不足，其现象表现为吸、排

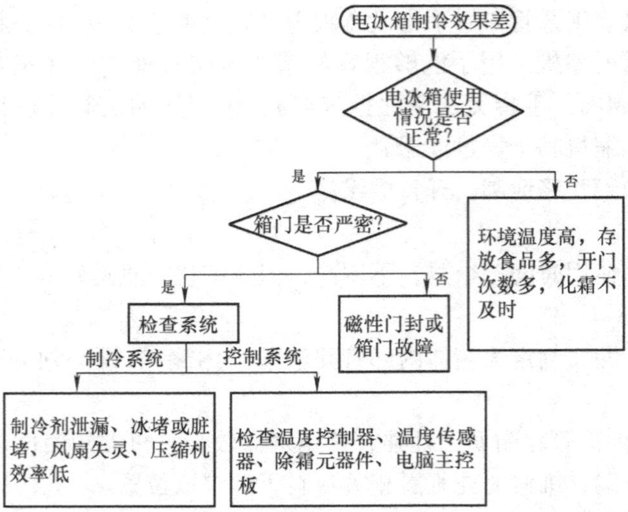

图 8-7　制冷效果差的检修流程

气压力低而排气温度高，排气管路烫手，在毛细管出口处能听到比平时要大的断续的“吱吱”气流声，蒸发器不挂霜或挂较少量的浮霜，停机后系统内的平衡压力一般低于相同环境温度所对应的饱和压力。

2. 排除方法

当制冷剂发生泄漏后，不能急于向系统内充注制冷剂，而应立即查找泄漏点，经修复后再充注。

由于电冰箱接头多，密封面多，潜在的渗漏点相应就多。在检修时，必须注意摸索易漏的环节，根据经验来查找各主要连接点是否有渗油、管路断裂等现象。如果没有发现较大渗漏点，可按正常的检修方法充注氮气、检漏、修复渗漏点、抽真空、充注制冷剂，然后运转试机。

二、系统中充注的制冷剂过多

1. 故障分析

制冷系统中充注的制冷剂超过系统的容量时，过多的液态制冷剂就会占去蒸发器一定的容积，减小散热面积，使其制冷效率降低。出现的异常现象是吸、排气压力普遍高于正常压力值，冷凝器温度高，压缩机电流增大，蒸发器结霜不实，箱温降得慢，回气管挂霜。

制冷剂充注过量时，不能在蒸发器里蒸发的液态制冷剂将返回到压缩机中，会发生液击现象。当液态制冷剂进入压缩机底部的冷冻机油中时，会立即蒸发，发生起泡，严重时泡沫充满机壳而被吸入活塞中，产生液压缩，将导致压缩机部件受损。

2. 排除方法

按照操作程序，在停机几分钟后打开注液管放掉制冷剂，更换干燥过滤器，抽真空后重新注液封口。

三、制冷系统微堵

1. 故障分析

由于制冷系统清洗不干净，经过长时间的使用后，污物淤积在过滤器中，部分网孔被堵塞，致使流量减小，影响电冰箱的制冷效果。

系统中发生微堵时的反常现象是排气压力偏低，排气温度下降，被堵塞部位的温度比正常温度低。

2. 排除方法

可对管路进行冲洗，更换干燥过滤器后重新注液封口。

四、蒸发器管路中有冷冻机油

1. 故障分析

在制冷循环过程中，有些冷冻机油残留在蒸发器管路内，经过较长时间的使用，蒸发器内残留的冷冻机油较多时，会严重影响其传热效果，出现制冷效果差的现象。

2. 排除方法

判断蒸发器管路内冷冻机油的影响是较困难的，因为这种现象易于与其他几种故障混淆。一般来说，可以根据蒸发器的挂霜情况来判断。若蒸发器上的霜既结得不全，也结得不实，而此时未发现有其他故障，则可判断是带油所致的制冷效果劣化。清除蒸发器内的冷冻机油时，需将蒸发器拆下来，进行吹洗后再烘干。如果不易拆卸，可从蒸发器进口处充灌制冷剂冲洗几次，然后用氮气吹干。

五、蒸发器霜层过厚

1. 故障分析

直冷式电冰箱在长期使用之后，蒸发器需要定时除霜。若不进行除霜，蒸发器管路上的霜层会越积越厚。当霜层将整个管路包住形成透明冰层时，将会严重地影响传热，致使箱内温度降不到要求范围内。

2. 排除方法

应停机除霜。打开箱门让空气流通，也可用风扇电动机等加速空气流通，缩短除霜时间。切勿用铁器、木棒等敲击霜层，以防损坏蒸发器管路。

六、风扇风量不足或不运转

1. 故障分析

间冷式电冰箱的冷风吹送靠一小风扇，若风扇不转或转速不够，冷风对流不足，箱内温度下降得慢，出现制冷效果差的现象。

2. 排除方法

检查风扇线路有无故障，若有进行检修；然后再看风扇电动机是否烧毁、短路，看风扇是否有冻住不转现象。若确认损坏，更换同型号的风扇。

七、风门失灵

1. 故障分析

无霜间冷式电冰箱的感温风门被卡住或开度过小，使冷气循环不良，冷藏室温度偏高。

2. 排除方法

将感温风门拆下并进行检查、调整。

八、压缩机效率低下

1. 故障分析

制冷压缩机效率低下是指在制冷剂不变的情况下，压缩机实际排气量下降，这必然使压缩机的制冷量相应地减少。这种现象多发生在使用时间较长的压缩机上，压缩机的运动件受到很大程度的磨损、老化，各部件配合间隙增大，气阀的密封性能降低，进而引起实际排气量下降。

2. 排除方法

采用真空压力表检测高压、低压压力是否正常，检查压缩机发出的声音是否存在异常以及外壳的温度是否过高，然后切开排气口，使压缩机运转后，用手指在排气口处测试有没有压力（对于正常的压缩机，用手指稍稍用力是无法挡住排气口的）。

九、制冷系统内有空气

1. 故障分析

空气在制冷系统中会使制冷效率降低，突出的现象是吸、排气压力升高（不高于额定值），压缩机出口至冷凝器进口处的温度明显升高，气体喷发声断续且明显增大。

2. 排除方法

在停机几分钟后重新打开管路抽真空，充注制冷剂。

【典型实例】

实例一　冷凝器散热不好，电冰箱制冷效果差

1. 故障现象

一台万宝 BCD－158 型电冰箱制冷效果差。

2. 分析及处理

电冰箱制冷效果差，除了压缩机本身的故障外，大部分的原因是冷凝器和蒸发器堵塞以及制冷剂泄漏等。经观察发现，压缩机运转时间延长，电冰箱背部的冷凝器积尘很厚，并粘结有较厚的油污。初步判定是油污、积尘过多影响了冷凝器的散热效果，以致压缩机排气温度和冷凝温度升高，导致冷凝器表面过热，使冷凝器的热量不能及时散发出去，造成制冷剂的冷凝温度升高，箱内降温时间延长，引起热交换效率下降，影响了制冷效果。

清洗冷凝器外侧的积尘和污垢，电冰箱制恢复正常。

实例二　温度传感器损坏，电冰箱制冷效果差

1. 故障现象

一台海尔金王子 BCD－208B 电冰箱在冬季时冷冻室温度偏高，肉冻不结实。

2. 分析及处理

经检查发现，电冰箱显示面板的超温报警指示灯（F）以 1Hz 的频率闪烁，说明故障出在温度传感器。

该电冰箱有 3 只温度传感器：环境温度传感器、冷藏室温度传感器和冷冻室温度传感器。由环境温度传感器对环境温度进行监测，并通过微电脑来自动控制电冰箱的温度补偿。若环境温度传感器检测到环境温度低于 16℃，则在压缩机停止运转状态下，温度补偿加热器将自动对冷藏室蒸发器进行加热，使冷藏室蒸发器的温度回升到 4℃（压缩机的起动温度）时的时间缩短，使冷藏室和冷冻室的温度相匹配，从而保证了冷冻室的正常制冷温度。当环境温度传感器发生故障，并且在环境温度低于16℃时，电冰箱无法进行温度补偿，冷藏室温度回升缓慢，使压缩机停机时间过长，造成冷冻室温度升高，因此应重点检查环境温度传感器。

经测量发现，环境温度传感器的阻值较正常值小很多，说明环境温度传感器的性能已变坏。更换相同型号的温度传感器后，故障排除。

实例三 干燥过滤器堵塞，电冰箱制冷效果差

1. 故障现象

新飞220L的双门双温双控电冰箱压缩机运转不停，但制冷效果差。

2. 分析及处理

此机是双温双控的电冰箱，关闭冷冻室的温控器，观察冷藏室的制冷效果，15min后保鲜室的后板上结了很多的霜，证明冷藏室工作正常。打开冷冻室的温度控制器，关闭冷藏室的温度控制器，15min以后冷冻室的蒸发器上只有少量的霜，大约有40cm的蒸发器管上挂霜，其他的地方只有露水，证明冷冻室工作不正常，怀疑内部堵塞现象。从多方面考虑怀疑是电磁阀与毛细管的连接处阻塞，或者是干燥过滤器与电磁阀之间堵塞，或者电磁阀工作不正常。先断开电磁阀与干燥过滤器的连接，开启压缩机观察气流状态有些减小，有可能是干燥过滤器阻塞。于是更换过滤器再试验气流不错，再焊开毛细管与电磁阀之间的连接，打压发现又脏东西吹出，说明原来的修理工在维修当中由于焊接的问题使过多的脏物进入系统内。于是加压吹出脏东西，观察气流（从毛细管吹出的、电磁阀吹出的）都正常，也没有杂质后，在连接好管路，抽真空，加注制冷剂。后一切正常，故障排除。

实例四 风扇风量不足，电冰箱制冷效果差

1. 故障现象

华凌BCD－182冰箱压缩机长时间运行，测量冷藏室温度高于10℃，冷冻室温度为－10℃左右。

2. 分析及处理

打开冷冻室门，按住门开关，风扇能转动，但转速偏低，而且转动无力。拆下风扇检查，用万用电表测得其绕组阻值比正常值低，怀疑风扇绕组匝间短路。打开前后端盖，检查发现部分绕组绝缘确已损坏，更换同型号风扇后装配试机，故障排除。

实例五 除霜温控器老化，电冰箱制冷效果不佳

1. 故障现象

一台无霜电冰箱制冷效果不佳。

2. 分析及处理

因无霜电冰箱的除霜温度控制器要在冷冻状态下测量它是否通，在常温下是否断。先通上电一天，再进行检查。

打开上门，按着门开关，看风扇有无旋转；如没有转，则拔出风扇插头，按着门开关，测量插头有无电压；如无则检查门开关，如有可直接换风扇电动机。如风扇是因积冰卡而不转的还要查除霜系统。

如风扇转则查除霜系统：先测量除霜温度控制器是否呈通态（先测的原因是趁正处于冷冻状态），如断开则温度控制器坏，如闭合则取出待其到常温再测。常温时如断开则正常，如仍旧闭合则温度控制器已被损坏。

无论除霜温度控制器是否正常，都应顺便检测除霜加热管和除霜温度熔断器，除霜加热管和温度熔断器是串联的，一起测量时阻值大约为 300 Ω。有问题的部件就更换，如都无问题，就剩下除霜定时器了。

除霜定时器的检查：通过透明窗口看里面的齿轮是否转动，如不转则要换掉；如转动还要做如下的试验：

把除霜定时器慢慢旋转到压缩机“停”位，短路除霜温度控制器，此时除霜加热管应发热，且除霜定时器不动。再断开除霜温度控制器的短路线，此时除霜温度控制器应转动，且大约过 15min 后压缩机恢复起动。

最后发现除霜温度控制器变色、进水等，工作不正常，可能是除霜定时器偷停，引起电冰箱不除霜，应进行更换。

特别提示：制冷效果不好时，除应进行上述检查外，还应考虑以下几个方面的因素：用户在箱内放置的物品过多、过密，内部冷风循环不良；若环境温度过高，通风条件差，散热不良，将造成不停机；电冰箱箱体绝热层的绝热效果降低或门封不严时，箱内的制冷量损失严重；温度控制器温度设置与季节不相适应。

课题五　电冰箱不停机故障的维修

【相关知识】

电冰箱出现连续运转不停机的通常有以下三种情况：一是制冷效果差，电冰箱箱内温度达不到温度控制器停机要求，这种情况按制冷效果差的故障处理；二是不制冷，这种情况按不制冷的故障处理；三是制冷系统正常，箱内温度极低，很有可能是控制系统（温度控制器、感温包、传感器、主控板等）有故障。

压缩机运转不停机的故障有些与前面课题中的故障属同一种情况，有些则不尽相同，可按以下流程进行检修，如图 8-8 所示。

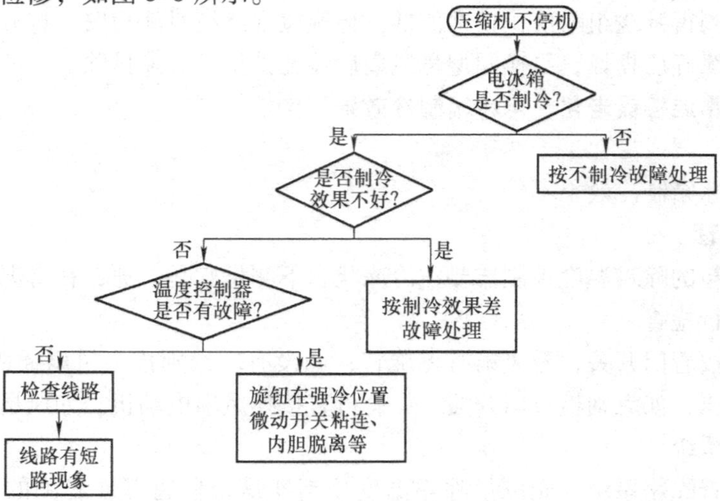

图 8-8　不停机故障检修流程

一、温度控制器失灵

（1）故障分析　温度控制器失灵，如温度控制器触点粘连，无法切断压缩机电源，会使压缩机连续运转，并使箱内温度降得很低，一般是温度控制器的触点不能断开。

（2）排除方法　拆下温度控制器检查，如确定是温度控制器失灵，可换用新的温度控制器。

二、温度调整不当

（1）故障分析　温度旋钮调至（或设置）强冷点，此点为速冻点或连续运转点，其关机温度太低，电冰箱不停机，箱内温度越来越低。

（2）排除方法　查看温度控制器旋钮的位置是否在最冷点，并调到合适的温度。

三、感温管失控

（1）故障分析　感温管盘制到固定盒内的圈数少，感知温度不灵敏；感温毛细管与所贴压的蒸发器表面固定松动、脱位；温度传感器热敏电阻工作不正常。

（2）排除方法　重新固定、盘制感温毛细管，温度传感器损坏时更换新件。

四、箱体内胆脱离

（1）故障分析　箱体内胆与蒸发器脱离，固定在内胆表面的温度控制器感温管不能正确感知蒸发器制冷温度，使电冰箱一直制冷，不停机。

（2）排除方法　这种故障的出现比较少见，出现以后也比较麻烦。一般都需要拆箱体后盖和泡沫板，然后重新定位。

【典型实例】

实例一　温度控制器故障，电冰箱不停机

1. 故障现象

一台 BCD－185 电冰箱，箱内温度很低，用温度计测定，冷藏室与冷冻室温度均达到要求，但压缩机运转不停。

2. 分析与检修

电冰箱箱温如果能降到规定的温度，而压缩机运转不停，这便是温度控制器故障。检查发现，当前该电冰箱温度控制器温度调节旋钮置于“3”的位置，调温合适。但顺时针或逆时针旋转温度调节旋钮，故障仍不能排除，初步判断为温度控制器失调或损坏。把温度调节旋钮逆时针方向旋转至接近“停”位，再用小螺钉旋具顺时针调节温度范围调节螺钉，同时配合调节温度调节旋钮，压缩机能自动起停，恢复正常工作。

实例二　感温管失控，电冰箱不停机

1. 故障现象

一台双门直冷式电冰箱，压缩机运转不停，用温度计测量箱温正常。

2. 分析与检修

打开箱门，仔细观察，发现冷藏室温度控制器感温管脱离蒸发器表面而悬在空中。一般情况下，温度控制器的感温管紧贴在蒸发器表面，以感应蒸发器表面的温度来控制压缩机的起停。如果感温管离开蒸发器表面，感温管所感受的温度要比紧贴在蒸发器表面时高，温度控制器的动、静触点不能断开，致使压缩机运转不停。按原来位置固定好感温管，电冰箱恢复正常工作。

实例三　温度控制器温度调节不当，压缩机运转不停

1. 故障现象

一台日立 R－175 电冰箱，冬季时压缩机运转不停。

2. 分析与检修

打开箱门发现冷冻室蒸发器结霜均匀、丰满，冷藏室蒸发器结霜，制冷情况良好。电冰箱能制冷，但压缩机运转不停，故障应在温度控制器。仔细分析可能是由于温度控制器温度控制太低。经检查发现，温度控制器温度调节旋钮旋在“7”的位置。逆时针旋转温度调节旋钮至“2”的位置，压缩机能自动起停，故障被排除。

实例四　感温管不灵敏，电冰箱不停机

1. 故障现象

一台 BCD－168 电冰箱，使用一段时间后，制冷正常，但不停机。

2. 分析与检修

制冷正常，但不停机，初步判断是温控器有故障。经检查温度控制器基本正常，于是怀疑感温管不灵敏。拔掉感温管的塑料套后，能自动开机、停机，故障被排除。

拔掉感温管的塑料套之所以能排除不停机故障，是因为感温管直接与蒸发器表面接触，感受更低的温度，因而使温度控制器动、静触点容易脱离而停机。温度控制器感温管的塑料套有防漏电作用，因此感温管的塑料管拔掉后，应注意检查电冰箱是否漏电。

需要注意的是，如果增大蒸发器表面与感温管之间热阻，就可减少压缩机每小时的起停次数。

实例五　传感器损坏，电冰箱不停机

1. 故障现象

一台新飞 BCD－305WB 电冰箱不停机，冷冻室温度过低。

2. 分析与检修

此故障是控制电路故障，而不是制冷系统故障。首先在电冰箱工作状态下小心打开电冰箱后背主控板后盖，主控板如图 8-9 所示。

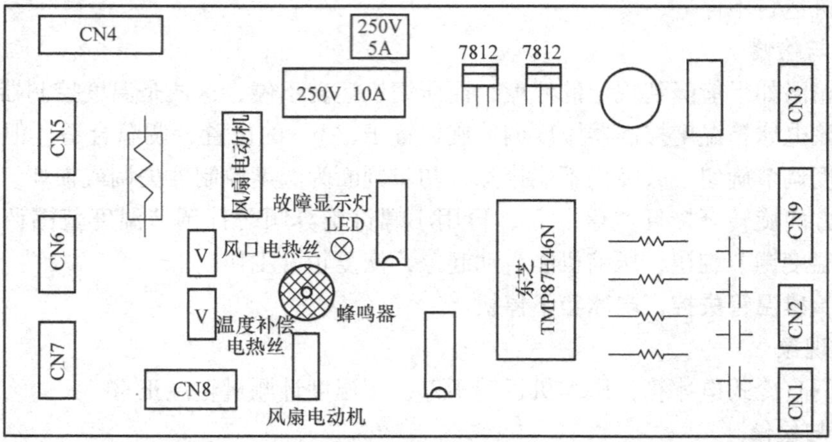

图 8-9　新飞 BCD－305WB 电冰箱主控板

通过主控板上故障显示灯 LED 的显示状态，可以判断故障原因。新飞 BCD－305WB 电冰箱主控板上故障显示灯 LED 的显示状态和故障现象的对应关系见表 8-2。

表 8-2　故障显示灯 LED 的显示状态与故障现象的对应关系

故障现象	LED 显示状态
F 温度传感器损坏	◎
R 温度传感器损坏	◎◎
DEF 传感器损坏	◎◎◎
TH 传感器损坏	◎◎◎◎
风门故障	◎◎◎◎◎
除霜不良	○◎
F 室温度过高	○◎◎
R 室温度过高	○◎◎◎
过、欠电压指示	○◎◎◎◎

注：F 表示冷冻，R 表示冷藏，DEF 表示制冰，TH 表示环境温度，LED 表示发光二极管，◎表示灯亮 0.5s，○表示灯亮 2s。

例如，R 室温度过高故障时，LED 显示为“○◎◎◎”，LED 的显示规律如图 8-10 所示。

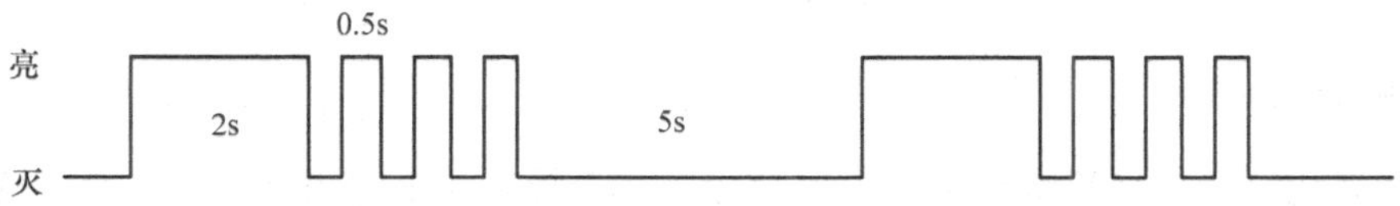

图 8-10　R 室温度过高故障 LED 的显示规律

通过检查该电冰箱，LED 显示规律应如图 8-11 所示。

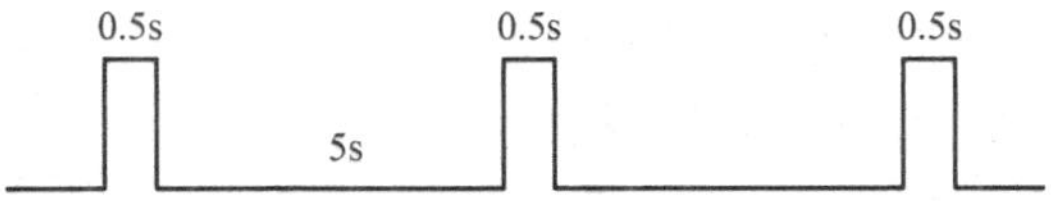

图 8-11　LED 显示规律

经过对比可知 F 传感器损坏，往往是由于 F 传感器受潮等原因而使阻值变小，造成不停机故障。更换一只与冷冻室同型号的温度传感器，故障排除。

特别提示：在维修过程中，如果保护器接错，压缩机、照明灯均能工作，但温度控制器失去控制，会导致不停机；三端子温度控制器是定温复位型，若将其线路接错，压缩机也不能停机。

课题六　其他故障的维修

【相关知识】

在使用过程中电冰箱除常出现上述故障外，还会出现运转中突然停机、漏电、振动及噪声过大等故障。

一、压缩机在运转中突然停机

压缩机在运转过程中突然停机（不包括正常停机和突然断电停机），主要是吸气、排气压力超过规定的范围导致压力保护继电器切断电源所致。排气压力过高引发的停机主要有以下两个方面的原因。

1. 系统中充入的制冷剂过多

故障分析：制冷系统中的制冷剂充入过多时，会出现结霜不实、制冷效果差的现象。过多的制冷剂将占去蒸发器的一部分容积，使散热面积减小，也可能产生液击现象，同时回气管可能出现结露或结霜，排气压力显著上升，超过正常值后保护继电器断电。

排除方法：打开管路，重新抽真空和充注制冷剂。

2. 系统内有残余空气

故障分析：系统内有空气时的主要表现是排气压力高，排气温度高，排气管烫手，制冷效果差，压缩机运转不久，排气压力将超过正常值，迫使继电器动作而停机。

排除方法：检查空气是怎样进入制冷系统内的。一般有两个环节需要注意：一是维修时不慎吸入空气或抽真空时空气没有抽尽；二是制冷系统的低压端有渗漏点。渗漏点多出现在低温部件中，这是因为低温设备蒸发温度低，低压端的压力也低，空气易于进入系统内。一旦断定系统中有空气存在，必须打开管路重新抽真空，充注制冷剂。

二、电冰箱漏电

电冰箱老化、使用环境潮湿以及电路故障，都会导致漏电，可从以下几个方面对漏电情况进行分析。检查流程如图 8-12 所示。

1. 故障分析

首先检查接地线是否松动或锈蚀。电源进线、温度控制器和起动继电器及电动机等连接线是否因绝缘塑胶变质、受潮、碰伤或磨损等原因造成绝缘性能下降，产生漏电，使电路系统的元器件或部件是否损坏。

2. 排除方法

用手触摸金属部位时有发麻的感觉，用验电笔检查时有亮光，对此首先确认接地是否良好，确保人身安全。若接地良好，则应马上停机，用万用电表仔细的查找绝缘性能不好的导线或器件，然后进行更换。

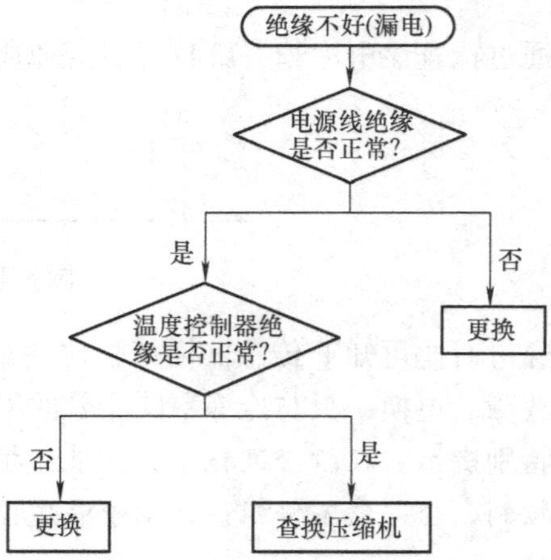

图 8-12　电冰箱漏电检修流程

三、电冰箱振动及噪声过大

1. 故障分析

噪声是电冰箱最常出现的故障之一，电冰箱振动及噪声过大的原因如下：

1）放置不当。地面不平，电冰箱放置不稳时，开机容易发生振动和产生噪声。若电冰箱底脚的几只调平螺钉未调好，电冰箱即使放在水平地面上也会发生振动和产生噪声。

2）压缩机内发出异常噪声。机壳内的 3 只吊簧失去平衡，碰撞壳体，发出撞击声。有时压缩机零件磨损也会引起噪声。

3）管道共振和零件松动。管道密集、排列不合理或零件松动，也会引起振动与噪声。

4）因为系统抽真空不净造成的“咕噜”声。这时需要将系统重新打开，抽真空，加注制冷剂，一般如此可以将故障排除。

5）还有一些噪声是因为配件装配问题造成的，比如门灯开关、门绞链等等这只需要在发出噪声处加一点润滑油就可以了；对于温度控制器、电磁阀和重锤式起动器就需要将相应的元器件进行更换。

2. 排除方法

在运转过程中，当用手按住某一部位时，若振动明显减小或消除，则说明找到了声源。若箱底水平调节螺钉不平，可在电冰箱顶盖上放置水平仪进行检查、校准。压缩机产生噪声时，可用橡皮锤或用手锤垫以木块从机壳侧面不同处进行敲击，以判定是吊簧不平衡还是被卡住。

【典型实例】

实例一 制冷管道相碰，发出噪声

1. 故障现象

一台电冰箱发出金属相碰的噪声。

2. 分析及修理

仔细倾听，噪声发自电冰箱背后，经检查，低压回气管、高压排气管与箱体、冷凝器相碰。压缩机起动与运转时存在着一定的振动，这种振动引起低压回气管、毛细管、高压排气管与冷凝器振动。如果它们之间相碰，则会发出金属相碰的噪声。再者，压缩机运转时制冷剂在制冷系统中循环，由于压力与阻力的变化，也往往引起管路特别是毛细管部分的振动，与冷凝器相碰发出噪声。长期相碰摩擦，还将磨穿毛细管造成泄漏。用手将管路掰开一定距离或在相碰处缠上布条，即可消除金属相碰的噪声。掰开管路时，不要使用金属工具，也不要用力过猛，以免造成管路泄漏，甚至断裂。

结合本例，对电冰箱的噪声问题阐述如下：

1）电冰箱噪声的评价标准。按照国家标准规定：距离电冰箱正面 1m，与地面垂直距离 1m 处，用声级计 A 计权网络测量，噪声不应高于 42dB。但是，通常维修点与家庭都不具备测量条件，只能凭听觉粗略判断。

压缩机运转时，人站在电冰箱正面距离 1m 远处，应基本听不到声音。如果听到响声很大，则为不合格。当然这是粗略的判断，因为人耳各异，不同的人有不同的感觉，再者人耳对声音的感受与环境噪声有关，环境噪声强则感觉电冰箱噪声小，环境安静（噪声弱）则感觉电冰箱噪声大。

2）电冰箱噪声的来源。电冰箱噪声的来源主要有以下三个：

① 制冷系统部件与管路振动产生的噪声，如本例单门电冰箱管路与冷凝器振动相碰所产生的噪声。

② 制冷剂在制冷系统中循环产生的噪声，以蒸发器最为明显。制冷剂由毛细管进入蒸发器，压力急剧降低，制冷剂迅速气化沸腾，产生“嘶嘶”的气流声。这种噪声比较柔和，

属于正常现象。

③ 压缩机运转产生的噪声，包括压缩机电动机运转、机械部分运转以及吸排制冷剂的噪声。正常运转时，噪声不大而且比较柔和。如果发出“嗒嗒嗒”的撞击声或其他异常的噪声，或者运转噪声突然增大，则表明压缩机发生故障，应立即切断电冰箱的电源，进行仔细检查。

实例二　触及箱门把手有麻电感

1. 故障现象

触及箱门把手有麻电感，以验电笔测试，氖灯发亮。

2. 分析及修理

用万用电表 R×1k 或 R×10k 挡测量电冰箱的电气线路与箱体间电阻，若指针指为零，则肯定漏电，无需再用绝缘电阻表摇测。为了缩小故障范围，可把电气线路分成几部分检查：在压缩机接线柱处把起动继电器、过载保护器取下来；然后再在电冰箱背后把通往温度控制器、照明灯的绝缘导线断开，分别检查压缩机、起动继电器与过载保护器、温度控制器与照明灯这三部分的绝缘电阻。结果发现本例电冰箱的温度控制器与照明灯部分漏电，即有接地点。经检查发现温度控制器内有积水，积水使其带电的部分与外壳相连，外壳带电，经感温管连至蒸发器，使得箱体带电。在没有烘箱的情况下，作为应急修理，应清除积水，擦拭干净，再用一盏 100W 的灯泡点亮放在温度控制器下部或旁边，进行烘烤，使温度控制器内部的水分蒸发干净。经过这样的处理后，麻电感消失，一切正常。

进一步分析，温度控制器内怎么会有积水呢？原因可能为：①由于空气潮湿，温控器内在较低温度下形成凝露水，长期积聚，积少成多，温度控制器内形成积水。②除霜水流入温度控制器，例如温度控制器装设位置如果较低，蒸发器的除霜水将沿着感温管流入。为了避免积水，要尽量减少开门次数，不使潮湿空气进入箱内；发现箱内有凝露水，应及时擦拭干净；注意防止除霜水流入温度控制器，温度控制器安装的位置应稍高一些，或者在保证感温准确的前提下，感温管安装低一些。

如果发现压缩机内有漏电部位，则需更换压缩机。

实例三　开机后不停机，停机后不开机

1. 故障现象

只有把温控旋钮置于位置“7”（强冷），压缩机才能开机运转，开机后不停机（温控旋钮置 1~6 各位置都不停机）；只有把温控旋钮置于位置“停”，才能停机，停机后又不能开机（温控旋钮置于 1~6 各位置都不开机），只有置于“7”（强冷）才能再开机。

2. 分析及修理

压缩机能够正常运转，说明供电电源与压缩机良好，能制冷说明制冷系统常、但是，开机后能制冷，温度已降低很多，甚至冷藏室结了冰，却不停机；停机后温度回升，已升高较多，却不开机，说明温度控制器动作失灵，已损坏。这样的温度控制器一般没有修理价值，应采用更换的办法。更换新的温度控制器后，一切恢复正常。

更换安装温度控制器时，除了注意前述实例所说明的问题外。还需注意：①感温管不应过度弯曲，以免断裂漏气。②导线的各接线端子处应套上塑料软管，以加强绝缘。③安装之后应试机，温控旋钮置于“强冷”位置应立即开机，置于“停”位置应立即停机，置于中间位置（如“3”或“4”）应开开停停。至于开机、停机的时间长短与气温高低、箱内储存食品的多少等因素有关。

实例四 门封不严，结霜严重

故障现象：一台 BCD－261 电冰箱冷冻室结霜严重，压缩机开机时间长。

分析及处理：经检查发现，冷冻室和冷藏室蒸发器可以结满霜，说明制冷系统正常，重点检查门封。如果门封不严，则电冰箱保温不好，增加了电冰箱的热负荷，使压缩机开机时间延长。另外，由于门封不严，外界的湿空气进入冷冻室，使冷冻室蒸发器结霜严重。经检查，冷冻室的门封局部损坏，使箱门关不严。更换同样规格的门封条后，故障排除。

参考文献

[1] 冯玉琪，卢道卿. 实用空调、制冷设备维修大全 [M]. 北京：电子工业出版社，1990.

[2] 杨象忠. 电冰箱修理大全 [M]. 杭州：浙江科学技术出版社，1991.

[3] 徐士毅. 家用空调器电冰箱应急维修实例 [M]. 武汉：湖北科学技术出版社，1992.

[4] 杨立平. 小型制冷与空调装置 [M]. 北京：机械工业出版社，2002.

[5] 杜天保. 电冰箱修理入门 [M]. 北京：人民邮电出版社，2003.

[6] 吴疆，李嫕，周鹏. 看图学修电冰箱 [M]. 北京：人民邮电出版社，2006.

[7] 韩雪涛，等. 电冰箱常见故障实修演练 [M]. 北京：人民邮电出版社，2007.

[8] 孙唯真，王忠诚. 电冰箱、空调器维修入门与提高 [M]. 北京：电子工业出版社，2007.

[9] 白秉旭. 电冰箱、空调器设备原理与维修 [M]. 北京：人民邮电出版社，2008.

[10] 肖凤明，于丹，周冬生. 新型绿色电冰箱单片机控制技术与维修技巧一点通 [M]. 北京：机械工业出版社，2008.

[11] 韩雪涛. 新型电冰箱维修技能“1 对 1”培训速成 [M]. 北京：机械工业出版社，2011.

[12] 韩雪涛. 新型电冰箱维修技能速练速通 [M]. 北京：机械工业出版社，2012.

[13] 王亚平. 制冷和空调设备维修操作技能与维修 [M]. 北京：机械工业出版社，2011.

[14] 周大勇. 电冰箱结构原理与维修 [M]. 北京：机械工业出版社，2011.

[15] 刘炽辉. 家用冰箱、空调安装与维修 [M]. 北京：机械工业出版社，2012.

电冰箱结构原理与维修习题册

主　编　周大勇
副主编　张天知
参　编　魏文校　高夕庆　魏国祥
　　　　周继伟　袁开华
主　审　邓高聪

机　械　工　业　出　版　社

目　　录